人力资源和社会保障部全国计算机信息高新技术考试指定教材

Occupational Skill Testing Authority Ministry of MOLSS
全国计算机信息高新技术考试指定教材
OSTA
BHP
人力资源和社会保障部职业技能鉴定中心
北京希望电子出版社
Beijing Hope Electronic Press

图形图像处理（3ds max平台）

3ds max 9中文版
职业技能培训教程

★（图像制作员级）★

国家职业技能鉴定专家委员会
教材编写委员会
编写

北京希望电子出版社
Beijing Hope Electronic Press
www.bhp.com.cn

内容简介

由人力资源和社会保障部职业技能鉴定中心在全国统一组织实施的全国计算机信息高新技术考试是面向广大社会劳动者举办的计算机职业技能考试，考试采用国际通行的专项职业技能鉴定方式，测定应试者的计算机应用操作能力，以适应社会发展和科技进步的需要。

本书主要介绍了 3ds Max 基本建模，二维建模，放样建模，复合对象，修改器建模，材质贴图，灯光、摄影机与渲染和基础动画等。

本书内容丰富，条理清晰，繁简得当，边讲边练，讲练结合，具有很强的操作性。本书可以作为图形图像培训的参考教材，对图形图像处理感兴趣的广大读者也可以参考。本书配套素材文件和电子教案将在高新考试教材服务网（www.citt.org.cn）上提供。

需要本书或技术支持的读者，请与北京海淀区中关村大街 22 号中科大厦 A 座 9 层 906 室（邮编：100190）发行部联系，电话：010-62978181（总机），传真：010-82702698，E-mail：bhpjc@bhp.com.cn。体验高新技术考试教材及其网络服务，请访问 www.bhp.com.cn 或 www.citt.org.cn 网站。

图书在版编目（CIP）数据

图形图像处理（3ds Max 平台）3ds Max 9 中文版职业技能培训教程：图像制作员级 / 全国计算机信息高新技术考试教材编写委员会编写. -- 北京 ：北京希望电子出版社, 2015.2

人力资源和社会保障部全国计算机信息高新技术考试指定教材

ISBN 978-7-83002-252-5

Ⅰ. ①图… Ⅱ. ①全… Ⅲ. ①三维动画软件－技术培训－教材 Ⅳ. ①TP391.41

中国版本图书馆 CIP 数据核字(2015)第 031993 号

出版：北京希望电子出版社
地址：北京市海淀区中关村大街 22 号
中科大厦 A 座 9 层 906 室
邮编：100190
网址：www.bhp.com.cn
电话：010-62978181（总机）转发行部
010-82702675（邮购）
传真：010-82702698
经销：各地新华书店

封面：张　洁
编辑：石文涛
校对：全　卫
开本：787mm×1092mm　1/16
印张：18
印数：1-500
字数：462 千字
印刷：北京教图印刷有限公司
版次：2015 年 7 月 1 版 1 次印刷

定价：35.00 元

国家职业技能鉴定专家委员会

计算机专业委员会名单

主 任 委 员：路甬祥

副主任委员：张亚男　周明陶

委　　　员：（按姓氏笔画排序）

丁建民　王　林　王　鹏　尤晋元　石　峰

冯登国　刘　旸　刘永澎　孙武钢　杨守君

李　华　李一凡　李京申　李建刚　李明树

求伯君　肖　睿　何新华　张训军　陈　钟

陈　禹　陈　敏　陈　蕾　陈孟锋　季　平

金志农　金茂忠　郑人杰　胡昆山　赵宏利

赵曙秋　钟玉琢　姚春生　袁莉娅　顾　明

徐广懋　高　文　高晓红　唐　群　唐韶华

桑桂玉　葛恒双　谢小庆　雷　毅

秘　书　长：赵伯雄

副 秘 书 长：刘永澎　陈　彤　何文莉　陈　敏

全国计算机信息高新技术考试

教材编委会名单

顾　　问：陈　宇　陈李翔

主任委员：刘　康　张亚男　周明陶

副主任委员：袁　芳　吕　莉

委　　员：（按姓氏笔画排序）

丁文花　马　进　王　潜　石文涛　皮阳文

朱厚峰　刘南平　杨　莉　邱　璟　何新华

张　慧　张发海　张灵芝　陈　捷　陈　敏

罗　辑　周宝龙　周鹏举　徐建华　韩培付

本书执笔人：肖松岭　王炳坤　豆玉杰

全国计算机信息高新技术考试简介

全国计算机信息高新技术考试是根据原劳动部发[1996]19 号《关于开展计算机信息高新技术培训考核工作的通知》文件，由人力资源和社会保障部职业技能鉴定中心统一组织的计算机及信息技术领域新职业国家考试。

原劳动部劳培司字[1997]63 号文件明确指出，参加培训并考试合格者由原劳动部职业技能鉴定中心统一核发**《全国计算机信息高新技术考试合格证书》**。“该证书作为反映计算机操作技能水平的基础性职业资格证书，在要求计算机操作能力并实行岗位准入控制的相应职业作为上岗证；在其他就业和职业评聘领域作为计算机相应操作能力的证明。通过计算机信息高新技术考试，获得操作员、高级操作员资格者，分别视同于中华人民共和国中级、高级技术等级，其使用及待遇参照国家相应规定执行；获得操作师、高级操作师资格者，参加技师、高级技师技术职务评聘时分别作为其专业技能的依据”。

劳社鉴发[2004]18 号文中，又进一步明确**“全国计算机信息高新技术考试作为国家职业鉴定工作和职业资格证书制度的有机组成部分”。**

全国计算机信息高新技术考试面向各类院校学生和社会劳动者，重点测评考生掌握计算机各类实际应用技能的水平。其考试内容主要是计算机信息应用技术。考试采用了一种新型的国际通用的专项职业技能鉴定方式。根据计算机信息技术在不同应用领域的特征，划分模块和平台，各模块按不同平台、不同等级分别进行考试。个人可根据实际需要选取考试模块，可根据职业和工作的需要选取若干相应模块进行组合而形成综合能力。目前划分了以下五个级别。

序号	级别	与国家职业资格对应关系
1	高级操作师级	中华人民共和国职业资格证书国家职业资格一级
2	操作师级	中华人民共和国职业资格证书国家职业资格二级
3	高级操作员级	中华人民共和国职业资格证书国家职业资格三级
4	操作员级	中华人民共和国职业资格证书国家职业资格四级
5	初级操作员级	中华人民共和国职业资格证书国家职业资格五级

目前划分了 14 个模块，45 个系列，67 个软件版本。

序号	模块	模 块 名 称	编号	平　台
1	00	初级操作员	001	Windows/Office（初级操作员）
		办公软件应用	002	Windows 平台（MS Office）（中、高级）
			003	Windows 平台（WPS）（中级）
2	01	数据库应用	012	Visual FoxPro 平台（中级）
			013	SQL Server 平台（中级）
			014	Access 平台（中级）
3	02	计算机辅助设计	021	AutoCAD 平台（中、高级）
			022	Protel 平台（中级）
4	03	图形图像处理	032	Photoshop 平台（中、高级）
			034	3D Studio MAX 平台（中、高级）
			035	CorelDRAW 平台（中、高级）
			036	Illustrator 平台（中级）

续表

序号	模块	模块名称	编号	平台
5	04	专业排版	042	PageMaker 平台（中级）
			043	Word 平台（中级）
6	05	因特网应用	052	Internet Explorer 平台（中级）
			053	ASP 平台（高级）
			054	电子政务（中级）
7	06	计算机中文速记	061	双文速记平台（初、中、高级）
8	07	微型计算机安装调试维修	071	IBM-PC 兼容机（中级）
9	08	局域网管理	081	Windows NT/2000 平台（中、高级）
			083	信息安全（中、高级）
10	09	多媒体软件制作	091	Director 平台（中级）
			092	Authorware 平台（中、高级）
11	10	应用程序设计编制	101	Visual Basic 平台（中级）
			102	Visual C++平台（中级）
			103	Delphi 平台（中级）
			104	Visual C#平台（中级）
12	11	会计软件应用	111	用友软件系列（中、高级）
			112	金蝶软件系列（中级）
13	12	网页制作	121	Dreamweaver 平台（中级）
			122	Fireworks 平台（中级）
			123	Flash 平台（中级）
			124	FrontPage 平台（中级）
			125	Macromedia 平台（高级）
14	13	视频编辑	131	Premiere 平台（中级）
			132	After Effects 平台（中级）

全国计算机信息高新技术考试密切结合计算机技术迅速发展的实际情况，根据软硬件发展的特点来设计考试内容和考核标准及方法，尽量采用优秀国产软件，采用标准化考试方法，重在考核计算机软件的操作能力，侧重专门软件的应用，培养具有熟练的计算机相关软件操作能力的劳动者。在考试管理上，采用随培随考的方法，不搞全国统一时间的考试，以适应考生需要。向社会公开考题和答案，不搞猜题战术，以求公平并提高学习效率。

人力资源和社会保障部职业技能鉴定中心根据“统一标准、统一命题、统一考务管理、统一考评员资格、统一培训考核机构条件标准、统一颁发证书”的原则进行质量管理，每一个考核模块都制定了相应的鉴定标准和考试大纲以及专门的培训教材，各地区的培训和考试都执行国家统一的标准和考试大纲，并使用统一教材，以避免“因人而异”的随意性，使证书获得者的水平具有等价性。

全国计算机高新技术考试面对广大计算机技术应用者，致力于计算机应用技术的普及和推广，提高应用人员的操作技术水平和高新技术装备的使用效率。为高新技术应用人员提供一个应用能力与水平的标准证明，以促进就业和人才流动。

详情请访问全国计算机信息高新技术考试教材服务网站（www.citt.org.cn），或是拨打咨询电话（010-82626210、010-62978181）进行咨询。

出 版 说 明

全国计算机信息高新技术考试是根据原劳动部发［1996］19号《关于开展计算机信息高新技术培训考核工作的通知》文件，由人力资源和社会保障部职业技能鉴定中心统一组织的计算机及信息技术领域新职业国家考试。

根据职业技能鉴定要求和劳动力市场化管理需要，职业技能鉴定必须做到操作直观、项目明确、能力确定、水平相当且可操作性强的要求。因此，全国计算机信息高新技术考试采用了一种新型的、国际通用的专项职业技能鉴定方式。根据计算机不同应用领域的特征，划分了模块和平台，各平台按等级分别独立进行考试，应试者可根据自己工作岗位的需要，选择考核模块和参加培训。

全国计算机信息高新技术考试特别强调规范性，人力资源和社会保障部职业技能鉴定中心根据“统一命题、统一考务管理、统一考评员资格、统一培训考核机构条件标准、统一颁发证书”的原则进行质量管理。每一个考试模块都制定了相应的鉴定标准和考试大纲，各地区进行培训和考试都执行统一的标准和大纲，并使用统一教材，以避免“因人而异”的随意性，使证书获得者的水平具有等价性。

为保证考试与培训的需要，每个模块的教材由两种指定教材组成。其中一种是汇集了本模块全部试题的《试题汇编》，一种是用于系统教学使用的《培训教程》。

本书是人力资源和社会保障部全国计算机信息高新技术考试中的图形图像处理模块（3ds Max平台）3ds Max图像制作员级培训教程，根据《全国计算机信息高新技术考试图形图像处理模块技能培训和鉴定标准》及《图形图像处理（3ds Max平台）图像制作员级考试大纲》编写，供各考试站组织培训、考试使用。

本书分为10章。主要介绍了3ds Max基本建模，二维建模，放样建模，复合对象，修改器建模，材质贴图，灯光、摄影机与渲染和基础动画等。本书图文并茂，简单易懂。

本书也能作为社会各界组织计算机应用技能培训的教材，为各级各类学校组织计算机教学提供参考，也可作为图形图像爱好者的自学教材。

本书执笔人有肖松岭、王炳坤、豆玉杰、赵兰英、肖帅领、王艺霏、窦西河、李海龙、李建超、杜满、范红芳、尹熙富、杨超、周卫芹、周文光、赵运辉、翟文良等。

关于本书的不足之处，敬请批评指正。

目　录

第 1 章　3ds Max 基础知识

欢迎来到 3ds Max 世界！

利用 3ds Max，可以创建 3D 场景和角色、3D 对象以及任何类型的主题；可以将它们安排在各种设置和环境中，为电影、游戏或可视化效果搭建场景；可以为角色设置动画，让角色说话、唱歌和跳舞，或者踢腿和拳击；最后，可以为整个虚拟场景拍摄电影。

因为本书是以操作员级学员为学习对象，所以本书的内容以创建场景为主，动画则作为辅助的教学内容。

下面就让我们先来了解一下 3ds Max 的基本工作过程吧！

1．学习基本概念和基本方法

如果您是 3D 建模和动画的新手，可以先从学习基本概念和基本方法着手，这样可以帮助您将草图或想法融入到 3D 建模中。

2．设置场景

通过建模的方法来设置场景。3dx Max 提供了多种建模方法，可以根据需要选择不同的建模方法。

3．设置灯光、摄影机和材质

通过设置灯光、摄影机和材质可以增加场景的深度和真实感。

4．创建角色对象

角色即角色对象，通过创建角色对象，使角色对象之间彼此交互或与场景中的其他对象交互。

5．制作动画

为场景中的角色对象添加动作，可以帮助您完成一个动作或故事。

6．渲染及环境设置

最后是为添加场景气氛，渲染、输出产品。可以使用所设置的灯光、材质及环境设置（如背景和大气）为场景添加气氛。

章节	对应《试题汇编》单元	对应考核技能点	试题相关分数
第 1 章		基础操作	
第 2 章	第一单元	创建模型、组合调整、渲染效果	15 分
第 3 章	第二单元	绘制图形、创建模型、渲染效果	10 分
第 4 章	第三单元	绘制图形、创建模型、材质渲染	10 分
第 5 章	第四单元	绘制图形、复合建模、渲染效果	10 分
第 6 章	第五单元	创建模型、修改模型、渲染效果	15 分
第 7 章	第六单元	材质贴图、纹理参数、渲染效果	15 分
第 8 章	第七单元	创建灯光、环境效果、渲染输出	10 分
第 9 章	第八单元	设置场景、制作动画、记录动画	15 分
第 10 章		场景合并、合并调整	

1.1 3ds Max 操作窗口

双击桌面上的"Autodesk 3ds Max"快捷方式或执行"程序"内的 Autodesk 3ds Max 命令打开 3ds Max 窗口，3ds Max 窗口如图 1-1 所示。

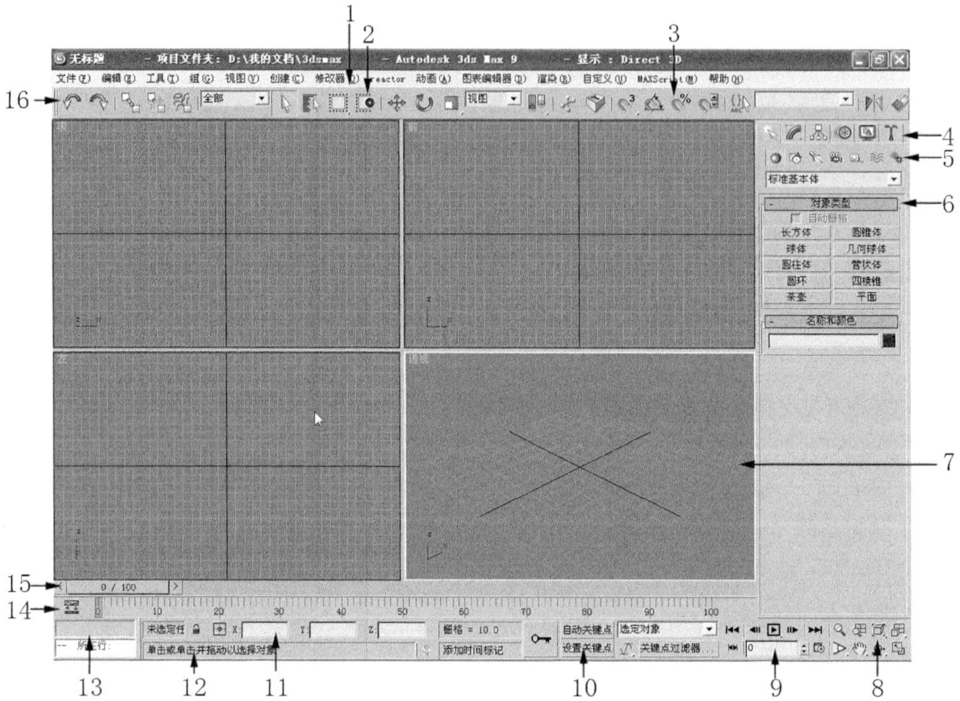

图 1-1

图中从 1 到 16 分别是：菜单栏、窗口/交叉选择切换、捕捉工具、命令面板、对象类别、卷展栏、活动视口、视口导航控制、动画播放控制、动画关键点控制、绝对/相对坐标切换和坐标显示、提示行和状态栏、MAXScript 迷你侦听器、轨迹栏、时间滑块以及主工具栏。

1.1.1 菜单栏

菜单栏将 3ds Max 的命令进行分类，大部分命令均可以通过菜单栏来访问。

1.1.2 工具栏

工具栏中列出了使用频率较高的工具按钮，参考坐标系快捷菜单以及选择过滤器快捷菜单等。

1.1.3 提示行和状态栏

提示行和状态栏显示关于场景和活动命令的提示和信息。提示行和状态栏中还包含有控制选择和精度的系统切换按钮以及属性显示。

1.1.4 视口

视口是 3ds Max 的主要工作区域，是建立场景的空间。可以显示 1～4 个视口。

说明：视口可以显示同一个几何体的多个视图，以及“轨迹视图”、“图解视图”和其他信息。

1.1.5 视口导航按钮

视口导航按钮位于主窗口的右下角，通过它可以对视口进行缩放、平移和导航控制。

1.1.6 命令面板

3ds Max 有 6 大命令面板，分别为：“创建”命令面板包含所有对象创建工具，“修改”命令面板包含修改器和编辑工具，“层次”命令面板包含链接和反向运动学参数，“运动”命令面板包含动画控制器和轨迹，“显示”命令面板包含对象显示控制的相关命令，“工具”命令面板包含其他一些有用的工具。

说明：默认情况下，命令面板位于窗口的右边。右击命令面板会显示一个菜单，可以通过该菜单显示或隐藏命令面板；也可以将命令面板拖放至任意位置。

视口占据了主窗口的大部分，可在视口中查看和编辑场景。窗口的剩余区域用于容纳控制功能按钮以及显示状态信息。

3ds Max 的多功能性是它最重要的特征之一。许多程序功能可以通过多个用户界面元素来实现。例如，可以从“主工具栏”和“图形编辑器”菜单中打开“轨迹视图”来控制动画。但要在“轨迹视图”中获得某个特定对象的轨迹，最容易的方法是右击该对象，然后从右键四元菜单中选择“曲线编辑器”菜单命令来实现。

1.2 特殊控制

1.2.1 右键菜单

在 3ds Max中有几种不同类型的右键菜单。可以使用四元菜单来进行对象编辑和动态着色控制。右键菜单效果如图 1-2 所示。

说明：四元菜单上出现的命令会因正在编辑的对象和所在模式的不同而有所不同。例如，右击视口的标签会显示视口右键菜单，从中可以更改视口显示设置，选择视口中要显示的视图等。同样，“命令面板”和“材质编辑器”也有右键菜单，从中可以管理卷展栏和快速导航面板。包括“图解视图”和“轨迹视图”在内的大多数窗口也都有右键菜单，从中可以快速使用一些常用功能。

1.2.2 弹出按钮

弹出按钮类似于普通菜单。不同的是，它上面的项目是按钮。弹出按钮的效果如图 1-3 所示。

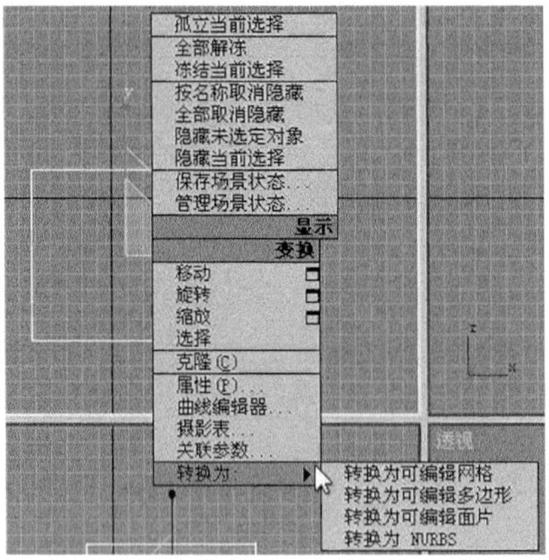

图 1-2

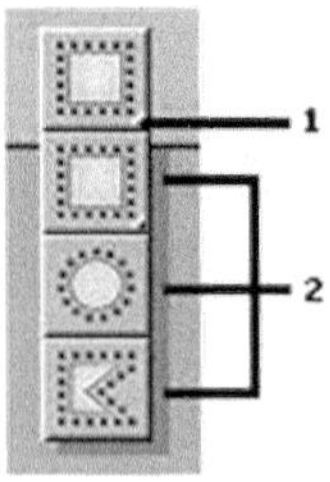

1——弹出按钮箭头

2——弹出按钮

图 1-3

说明：要显示弹出按钮，可以单击某一按钮右下角的小箭头并按住一小会儿即可出现相关的弹出按钮。然后在弹出按钮上选择所需按钮，再释放鼠标，即可选中相应的按钮。

1.2.3 卷展栏

“卷展栏”效果如图 1-4 所示。

图 1-4

“卷展栏”是命令面板和对话框中的区域，可以展开（铺开）或折叠（卷起）它来管理屏幕空间。在图 1-4 中，“键盘输入”卷展栏是折叠的，用“+”符号表示；而“参数”卷展栏是展开的，用“–”符号表示。

“卷展栏”无论是在折叠或展开状态下都是可以移动的，可将“卷展标题栏”拖至命令面板或对话框中的其他位置。

说明：在拖动过程中，将会有半透明的“卷展标题栏”图像跟随光标移动，在释放鼠标前，在要放置卷展栏的位置会出现一条蓝色的水平线。释放鼠标后，卷展栏就会被放置在新的位置上。

1.2.4 滚动面板和工具栏

有时候工具栏和命令面板的大小不够显示其所有的内容。在这种情况下，可以将鼠标指针放在工具栏或命令面板的空白区域处，工具栏和命令面板的非活动部分会显示一个平移光标（“手形”）。此时，单击工具栏可以左右拖动工具栏，单击命令面板可以上下拖动命令面板。

说明：当程序窗口比全屏小的时候，某些工具按钮将不可见。此时，滚动面板的右边也会显示一个细小的滚动栏，可以使用鼠标来拖动滚动栏。

1.2.5 微调器

“微调器”效果如图 1-5 所示。

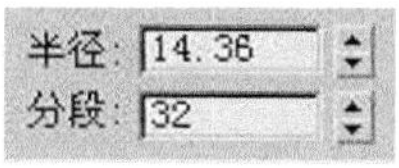

图 1-5

“微调器”是一种使用鼠标来控制的数值字段。可以单击微调器箭头，或在微调器上按住鼠标上下拖动鼠标来更改字段的值。单击微调器的向上箭头即可增加数值，单击微调器的向下箭头即可减小数值。单击并按住箭头即可连续改变数值。

说明：通过在微调器上拖动鼠标来更改字段的值。向上拖动增加值，向下拖动减小值。上下拖动鼠标时如果按住 Ctrl 键可以加大数值改变的速率，按住 Alt 键则可以降低数值改变的速率。如果右击微调器可以将字段重置为其最小值。

1.2.6 撤消操作

单击主工具栏上的“撤销”或“重做”按钮，可以撤消对场景和视口所做的更改。也可以使用“编辑”菜单上的“暂存”和“取回”命令来撤销操作。

说明：单击工具栏的“撤消”和“重做”按钮可以反转大多数场景操作的效果。也可以使用 Ctrl+Z 来执行“撤消”命令，Ctrl+Y 来执行“重做”命令。

1.3 导入、合并、替换和外部引用场景

从场景或其他程序中合并几何体会大大提高工作效率。3ds Max 的“导入”、“合并”和“替换”命令支持这项技术。

1.3.1 从其他程序中导入文件

3ds Max 可以导入其他程序产生的外部文件，例如“3ds 文件”、“AI 文件”及“DWG 文件”等。下面举例说明导入文件的过程。

（1）执行 “文件”>“导入”菜单命令，打开“选择要导入的文件”对话框，如图 1-6 所示。

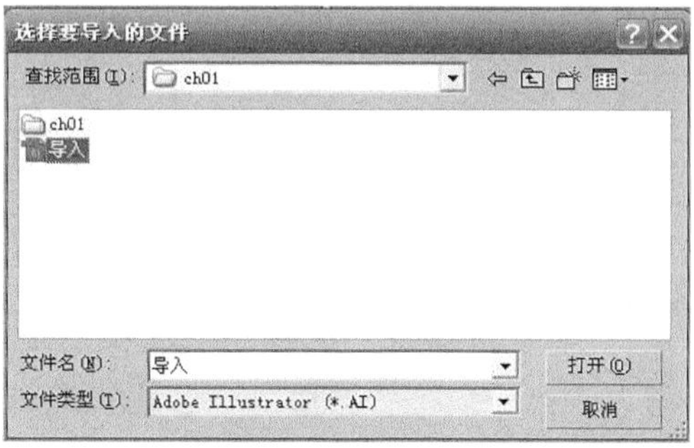

图 1-6

（2）从“文件类型”下拉列表中选择要导入的文件类型，这里选择了“Adobe Illustrator (*.AI)”。

说明：在“选择要导入的文件”对话框中的“文件类型”列表中列出了可以导入的文件类型。

（3）导航到要导入文件所在的位置，如“Samples\ch01\导入.ai”。

（4）选择要导入的文件（如“导入”），单击“打开”按钮，出现“AI 导入”对话框，如图 1-7 所示。

（5）选择合适的选项，单击“确定”按钮，接着会出现一个“图形导入”对话框，如图 1-8 所示。

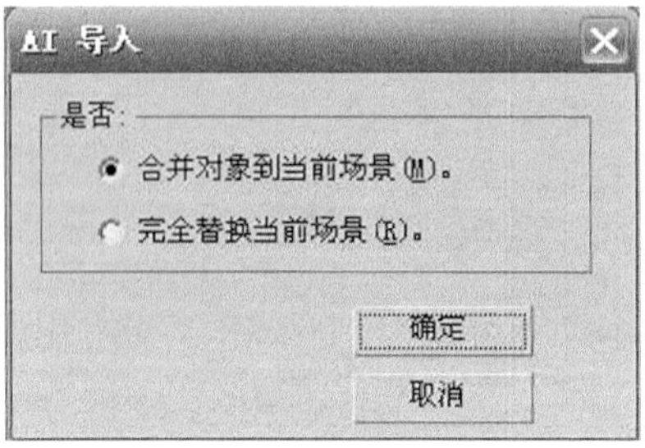

图 1-7

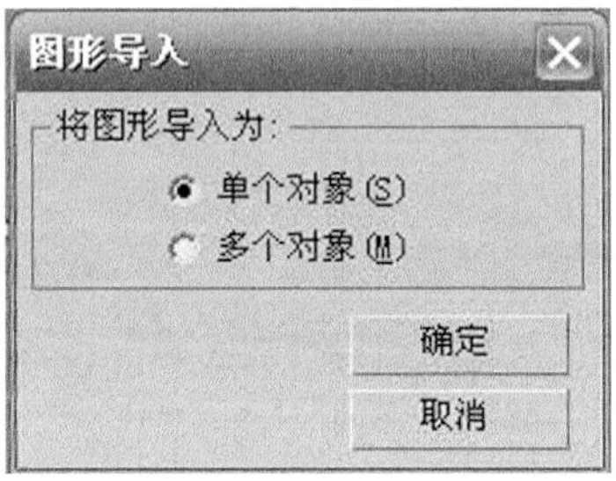

图 1-8

（6）选择合适的选项，单击“确定”按钮，这样就可以将要导入的文件导入到当前场景中，如图 1-9 所示。

图 1-9

说明：在导入 AI 文件时，导入文件的方向与选择的视图无关，导入的文件始终与透视图的栅格平行。

1.3.2 将场景合并在一起

使用“合并”命令可以将多个场景合并成一个单独的大型场景。

如图 1-10 所示，为合并场景的示意图（烟斗和烟灰缸模型合并在一个场景中）。

说明：如果要合并的对象与场景的对象名称相同，可以重命名或跳过合并对象。

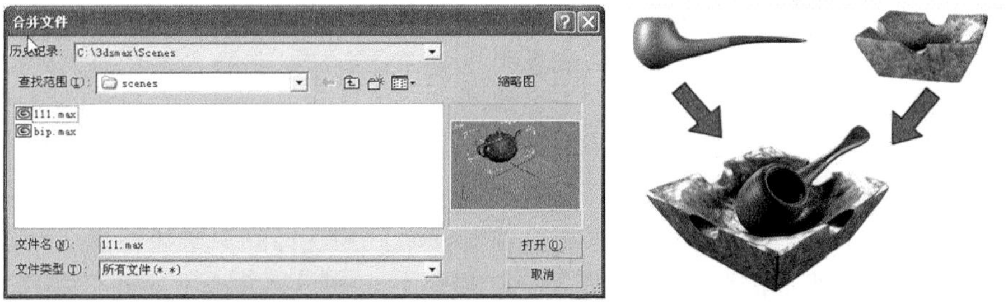

图 1-10

1.3.3 替换场景对象

使用“替换”命令可以将场景中的对象替换成另一个场景中拥有相同名称的对象。如果想在设置场景和设置场景动画时使用简化对象，然后在渲染前将简化对象替换成复杂对象，“替换”命令就很有用。

说明:“替换”对话框与“合并”对话框的外观和功能均相同，不同的是“替换”对话框只列出与当前场景中的对象有相同名称的对象。

1.3.4 使用外部引用

使用“外部参照对象”和“外部参照场景”命令能在场景中使用其他三维软件生成的对象和场景，或一个小组内其他成员提供的MAX文件（外部MAX文件）。这些功能允许与工作组的其他成员共享文件，更新和保护外部文件。

1.4 设置视口布局

3ds Max 默认采用两上两下的视口排列方式。还有 13 种其他布局，但屏幕上视口的数量最多保持在 4 个以内。布局面板如图 1-11 所示。

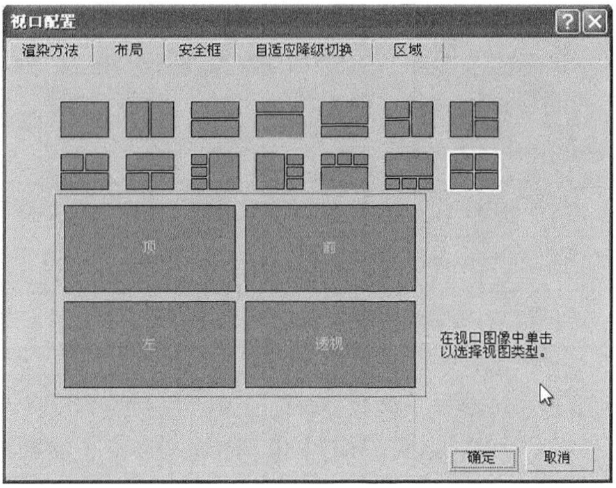

图 1-11

说明：执行“自定义”>“视口配置”菜单命令，然后选择“布局”标签，使用“视口配置”对话框中的“布局”面板来配置视口，在每个布局中自定义视口。视口配置将与工作一起被保存下来。

1.4.1 调整视口大小

在选择布局后，可以调整视口大小，通过移动分割视口的分隔条，使这些视口拥有不同的比例，调整大小后的视口效果如图 1-12 所示。仅在显示多个视口时此操作才可用。

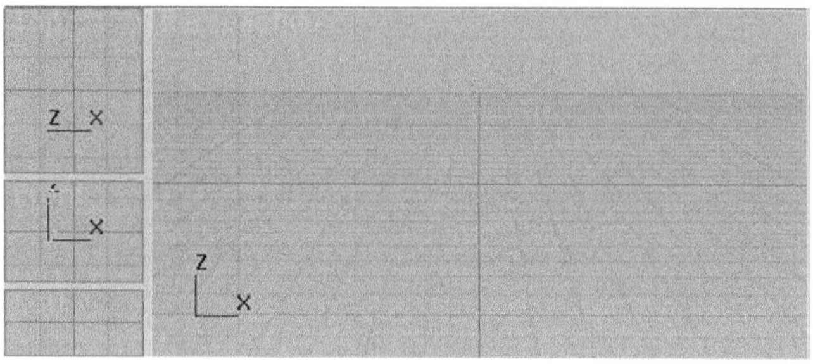

图 1-12

1.4.2 更改视图类型

工作时可快速更改任一视口中的视图。例如，可以从前视图切换到后视图。下表中列出了相应操作的快捷方式。

键	视图类型
T	顶视图。
B	底视图。
F	前视图。
L	左视图。
C	摄影机视图。如果所在的场景只有一台摄影机，或在使用该键盘快捷键前已选择摄影机，那么摄影机提供该视图。如果所在的场景拥有多台摄影机，并且未选择任何摄影机，屏幕将显示摄影机列表。
P	透视视图。保留前一视图的查看角度。
U	用户（三向投影）视图。保留前一视图的查看角度。允许使用区域缩放。
无	右视图。使用视口右击菜单。
无	图形视图。使用视口右击菜单。将视图与选定的图形范围和其局部 XY 轴自动对齐。

说明：更改视图的方法有以下两种。

（1）右击希望更改的视口标签，选择“视图”菜单命令，然后再选择所需的视图类型。

（2）单击希望更改的视口，然后按上表中的某个键盘快捷键。

1.5 视图操作

"视图控制"按钮位于窗口的右下角，可以通过"视图控制"按钮对视图进行操作控制。"视图控制"按钮如图 1-13 所示。

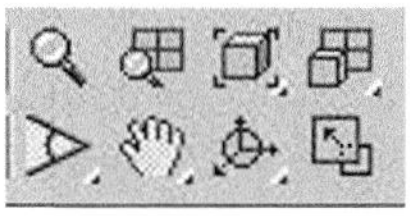

图 1-13

1.5.1 缩放视图

单击"缩放"或"缩放所有视图"按钮，并且在视口中拖动鼠标以更改视图的缩放。"缩放"只能更改活动视图，而"缩放所有视图"可以同时更改所有非摄影机视图。

如果透视图为活动视图，可以单击"视野"（FOV）按钮。然后在透视图中拖动鼠标，以改变透视图视野的大小。更改视野与更改摄影机上的镜头效果相似。

视野越大，场景中可看到的部分越多且透视图会扭曲，这与使用广角镜头相似。视野越小，场景中可看到的部分越少且透视图会展平，这与使用长焦镜头类似。

注意：使用极端"视野"设置时务必谨慎。相应操作可能会产生意外的结果。

1.5.2 缩放区域

单击"缩放区域"按钮，可以在活动视口中拖动出一个矩形区域，并且放大此区域以填充视口。"缩放区域"可用于所有标准视图。

1.5.3 缩放至范围

单击"最大化显示"或者"所有视图最大化显示"按钮，可以更改视图的放大和位置，并显示场景中对象的范围。

单击"最大化显示选定对象"按钮，可以缩放活动视口中心可见或选定对象到最大范围。

单击"所有视图最大化显示选定对象"按钮，可以缩放所有视口中的可见对象或选择对象到最大范围。

1.5.4 平移视图

单击"平移视图"按钮并在视口中拖动，可以平行于视口平面移动视图。在任何工具处于活动状态时，也可以通过按住鼠标中键并拖动的方式来平移视口。

1.5.5 旋转视图

单击"弧形旋转"、"弧形旋转选定对象"或"弧形旋转子对象"按钮，可以分别围绕视图中心、选定的对象或当前选定的子对象旋转视图。旋转正交视图（例如顶视图）时，它会转换为"用户"视图。

注意：使用“弧形旋转”时，如果对象靠近视口的边缘，则可能会被旋转出视图。

在单击“弧形旋转选定对象”按钮的情况下，视图将围绕选定的对象旋转，选定的对象会停留在视口中相同的位置。如果没有选择任何对象，则此功能会还原为标准的“弧形旋转”。

在单击“弧形旋转子对象”按钮的情况下，视图将围绕选定对象的子对象旋转，选定的子对象或对象会停留在视口中相同的位置。

注意：按住 Alt 键的同时使用鼠标中键在视口中拖动鼠标，可以旋转视图。这将使用当前的“弧形旋转”模式，无论“弧形旋转”按钮是否处于活动状态。也可以通过按“Ctrl+R”组合键来激活“弧形旋转”。

1.6　视口背景

使用“视口背景”对话框，可以控制活动视口中背景图像的显示。每个视口都可以显示不同的背景。可以使用此功能建模，即通过将前、顶或侧视图草图放置在对应的视口中，然后根据草图来创建模型。

下面举例说明添加“视口背景”的方法。

（1）激活要设置背景图像的视口（如顶视口）。

（2）执行“视图”＞“视口背景”菜单命令以显示“视口背景”对话框，如图 1-14 所示。在“纵横比”组中点选 “匹配位图”按钮，然后勾选“显示背景”复选框。

说明：执行“视图”＞“视口背景”菜单命令，或使用快捷键“Alt+B”，均可以打开“视口背景”对话框。

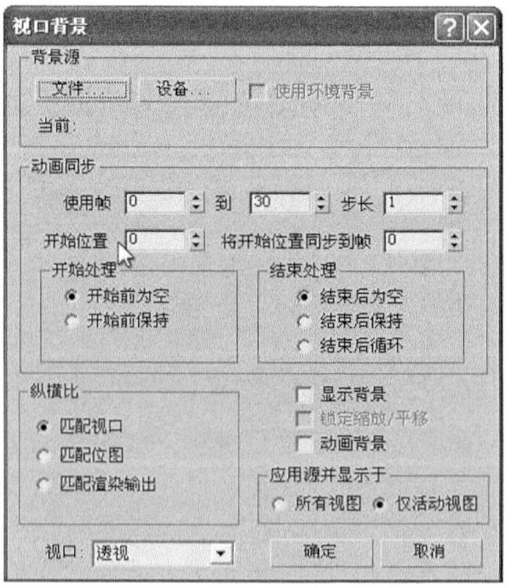

图 1-14

（3）在“背景源”组中，单击“文件”按钮以显示“选择背景图像”对话框，如图 1-15 所示。

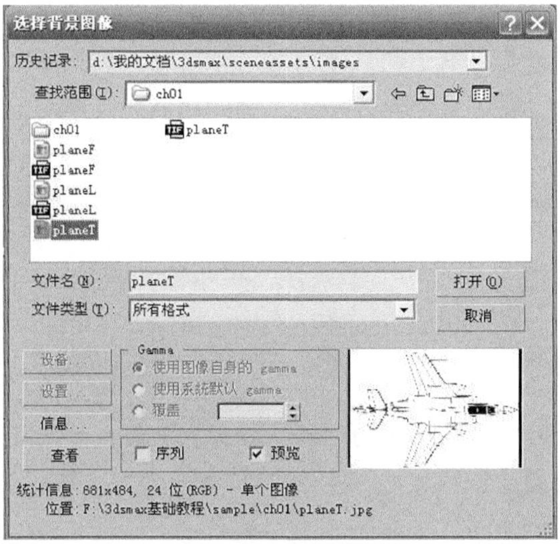

图 1-15

（4）导航到文件所在位置，选择所要使用的图像或动画（例如 Samples\ch01\planeT.jpg），然后单击“打开”按钮，退出“选择背景图像”对话框。

（5）单击“视口背景”对话框中的“确定”按钮，图像在顶视图中显示出来，如图 1-16 所示。

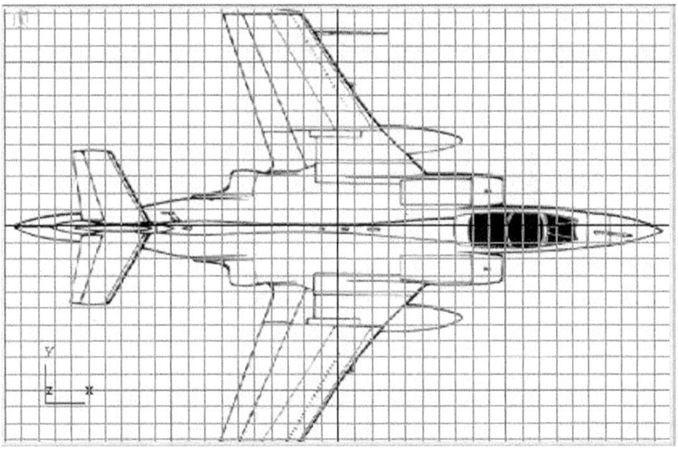

图 1-16

说明：如果需要在所有视口中显示图像，在“应用源并显示于”组中点选“所有视图”按钮，这样图像将在所有视口中显示。

（6）按照同样的方法可以为其他视口添加背景。

1.7　选择对象

3ds Max 中的大多数操作都是对场景中的选定对象执行的。必须在视口中选择对象，然后才能应用命令。因此，选择操作是建模和设置动画过程的基础。

除使用鼠标和键盘选择单个和多个对象的基本技术外，本节还将介绍命名选择集的方法，以及其他有助于管理对象选择的功能，例如隐藏和冻结对象。此外还包括子对象选择简介，这在建模及修改模型的过程中是非常必要的。最后，本节还将介绍对象的分组技术。

1.7.1 选择一个对象

选择对象最简单的方法是使用“选择”按钮。下面是主工具栏中常用的选择对象的按钮。

“选择”按钮仅仅用来选择对象，单击或拖动均可选择一个对象。

说明：选择对象时有四种不同的区域选择方式。第一种是矩形方式，第二种是圆形方式，第三种是自由多边形方式，第四种是套索方式。

“按名称选择”按钮用于根据名字选择对象，可以在“选择对象”对话框中选择一个或多个对象。

1.7.2 选择多个对象

选择对象的时候，常常希望选择多个对象或者从选择的对象中取消某个对象的选择，这就需要将鼠标操作与键盘操作结合起来。下面给出了选择多个对象的方法。

- Ctrl+单击——向选择的对象中增加对象。
- Ctrl 或者 Alt+单击——从当前选择的对象中取消某个对象的选择。
- 在要选择的一组对象周围单击并拖曳，画出一个完全包围对象的区域。当释放鼠标左键的时候，区域内的对象都将被选择。

如图 1-17 所示，是使用画矩形区域的方式选择对象的效果。

注意：在默认的状态下，选择区域是矩形的。还可以通过主工具栏中的按钮将选择方式改为圆形（Circular）区域选择方式、任意（Fence）形状区域选择方式或者套索（Lasso）选择方式。

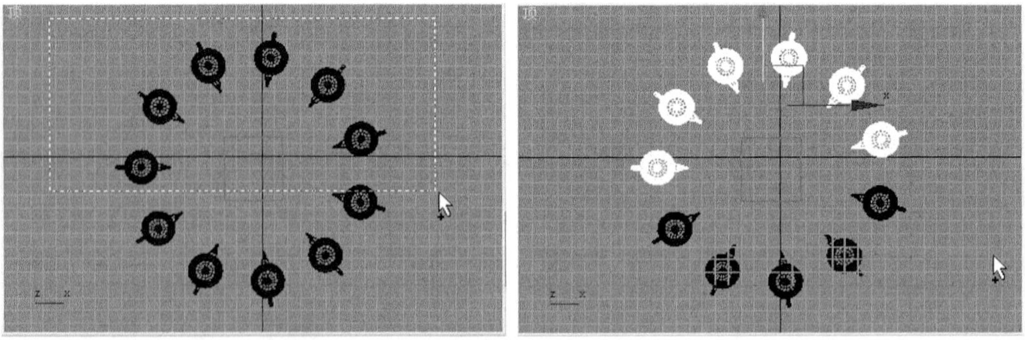

选择过程中　　　　选择结果

图 1-17

1.7.3 窗口选择和交叉选择

当使用矩形选择区域选择对象的时候，主工具栏中有一个按钮用来决定矩形区域如何影响对象。这个触发按钮有以下两个选项。

窗口选择：选择完全在选择框内的对象。

交叉选择：在选择框内和与选择框相接触的对象都被选择。

1.7.4 根据名称来选择

在主工具栏中有一个“按名称选择”按钮。单击这个按钮后就会出现“选择对象”对话框，该对话框显示场景中所有对象的列表。按键盘上的 H 键也可以访问这个对话框。通过使用“选择对象”对话框可以选择场景中的对象。

技巧：当场景中有许多对象的时候，它们会在视口中相互重叠，这时在视口中采用单击的方法选择它们将是很困难的。但是使用“选择对象”对话框就可以很好地解决这个问题。

下面举例说明如何根据名称来选择对象。

（1）启动 3ds Max，执行“文件”＞“打开”菜单命令，打开素材文件 Samples\ch01\客厅家具.max。该场景是一个简单家具的组合，如图 1-18 所示。

（2）在主工具栏中单击“按名称选择”按钮，出现“选择对象”对话框。

（3）在“选择对象”对话框中单击“adads02”。

（4）按下 Ctrl 键，然后单击“Box98”。这时“选择对象”对话框的列表中有两个对象被选择，如图 1-19 所示。

图 1-18

图 1-19

（5）在“选择对象”对话框中单击“选择”按钮。这时“选择对象”对话框消失，场景中有两个对象被选择，在被选择的对象周围有白色框。

（6）按键盘上的“H”键，出现“选择对象”对话框。

（7）在“选择对象”对话框中单击“FH0A0435 桌板 01”。

（8）按下 Shift 键，然后单击“FH0A0435 桌面 03”。此时，在两个被选择对象中间的对象都被选择了，如图 1-20 所示。

（9）在“选择对象”对话框单击“选择”按钮，在场景中选择了 12 个对象。

注意：如果场景中的对象比较多，会经常使用“按名称选择”功能。这就要求合理地命名对象。如果对象名组织得不好，使用这种方式选择就会变得非常困难。

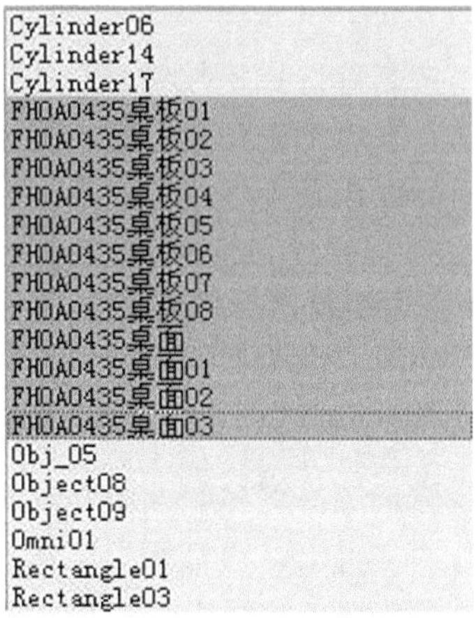

图 1-20

1.7.5 锁定选择的对象

为了便于后面的操作，当选择多个对象的时候，最好将选择的对象锁定。锁定选择的对象后，就可以保证不误选其他的对象或者丢失当前选择的对象。

说明：可以单击状态栏中的“锁定选择”按钮来锁定选择的对象，也可以按键盘上的“空格键”来锁定选择的对象。

1.7.6 选择集

“选择集（Selection Sets）”允许给一组选择对象的集合指定一个名字。由于经常需要对一组对象进行变换等操作，所以选择集非常有用。当定义选择集后，就可以通过一次操作选择一组对象。

下面举例说明如何创建选择集和使用选择集。

（1）继续前面的练习，或者执行“文件”>“打开”菜单命令，打开素材文件 Samples\ch01\客厅家具.max。

（2）在主工具栏上单击“按名称选择”按钮，出现“选择对象”对话框。

（3）在“选择对象”对话框中单击“FH0A0435 桌板 01”。

（4）按下 Shift 键，然后单击“FH0A0435 桌面 03”。在两个被选择对象中间的对象都被选择了。

（5）在“选择对象”对话框单击“选择”按钮，组成桌子的 12 个对象被选择了，如图 1-21 所示。

图 1-21

（6）单击状态栏中的“锁定选择”按钮，对选择对象进行锁定。

说明：试着在前视口中用单击的方式选择其他对象。结果，由于“锁定选择”按钮已经处于打开状态，因此不能选择其他对象。

（7）在主工具栏处将光标移动到“命名选择集”区域。

（8）在“命名选择集”键盘输入区域，键入“茶几”茶几，然后按“Enter”键。这样就命名了选择集。

注意：如果没有按 Enter 键，选择集的命名将不起作用。这是初学者经常遇到的问题。

（9）按空格键关闭“锁定选择”按钮的设定。

（10）单击前视口的任何地方，原来选择的对象将不再被选择。

（11）在主工具栏处单击“命名选择集”区域向下的箭头，然后在弹出的列表中选择茶几 茶几，桌子的对象又被选择了。

（12）按键盘上的“H”键，出现“选择对象”对话框。

（13）在“选择对象”对话框中，对象仍然是作为个体被选择的。

（14）在“选择对象”对话框中单击“取消”按钮，关闭该对话框。

（15）保存文件，以便后面使用。

注意：右击选择物体，在右键菜单中执行相应命令可以对对象进行隐藏或冻结等操作。

1.7.7 组

组（Groups）也被用来在场景中组织多个对象。但是它们的工作流程和编辑功能与选择集不同。

说明：当创建一个组后，组成组的多个单个对象被作为一个对象来处理；不再在场景中显示组成组的单个对象的名称，而显示组的名称；在对象列表中，组的名称被用括号括了起来；在“名称和颜色”卷展栏中，组的名称是粗体的；当选择组成组的任何一个对象后，整个组都被选择；要编辑组内的单个对象，需要打开组。

创建组的步骤如下：

（1）选择需要成组的所有对象。

（2）执行“组”＞“成组”菜单命令，出现“组”对话框，如图 1-22 所示。

（3）在“组”对话框中的“组名”区域，输入“茶几”，然后单击“确定”按钮。

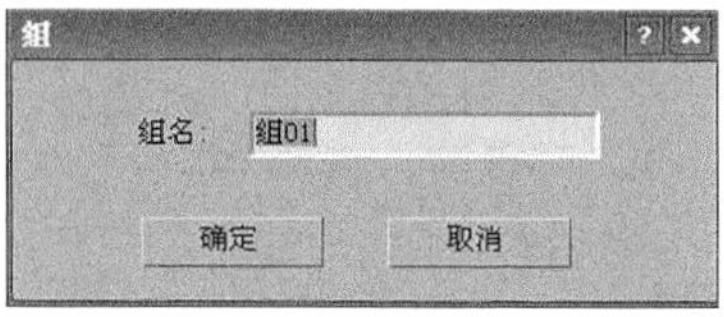

图 1-22

（4）按键盘上的“H”键，出现“选择对象”对话框。

（5）在“选择对象”对话框中“茶几”被用方括号括了起来，组内的对象不再在列表中出现。

（6）在“选择对象”对话框中单击“选择”按钮。

（7）在前视口单击组外的对象，组不再被选择。

（8）在前视口单击“茶几”组中的任何对象，组内的所有对象都被选择了。

（9）执行“组”＞“取消组”菜单命令，组被取消了。

（10）按键盘上的“H”键。在“选择对象”对话框中看不到“茶几”组了，列表框中显示单个对象的列表。

1.8 对象变换

3ds Max 提供了许多工具，但并不是在每个场景的工作中都要使用所有的工具。基本上在每个场景的工作中都要移动、旋转和缩放对象。完成这些功能的基本操作称之为“变换”。执行“变换”操作，还需要理解“变换”操作中使用的“变换坐标系”、“变换轴”和“变换中心”，还要经常使用“捕捉”功能。

1.8.1 变换

通过“变换”操作可以移动、旋转和缩放对象。要进行变换，可以从主工具栏上单击相应的变换按钮，也可以使用快捷菜单访问变换按钮。主工具栏上的变换按钮包括：“选择并移动”，“选择并旋转”，“选择并等比例缩放”，“选择并不等比例缩放”以及“选择并挤压变形”。

1.8.2 变换轴

选择对象后，每个对象上都会显示一个三维坐标，如图 1-23 所示。坐标系的原点就是轴心点。每个坐标系上有三个箭头，分别标记 *X*、*Y* 和 *Z*，代表 3 个坐标轴。被创建的对象将自动显示坐标系。

当选择“变换”操作按钮后，坐标系将变成“变换 Gizmo”，如图 1-24、图 1-25 和图 1-26 所示，分别是移动、旋转和缩放的 Gizmo。

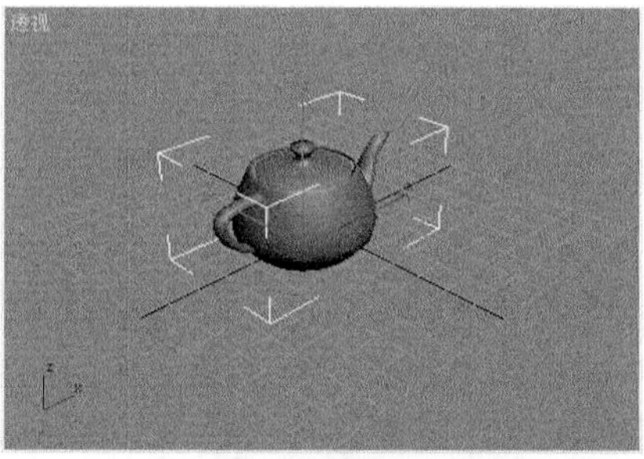

图 1-23

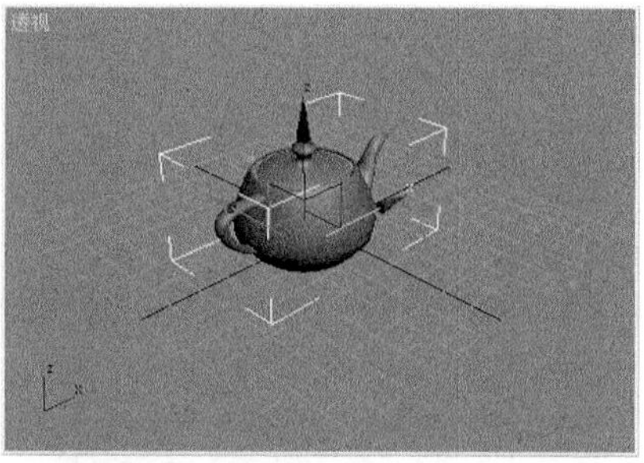

图 1-24

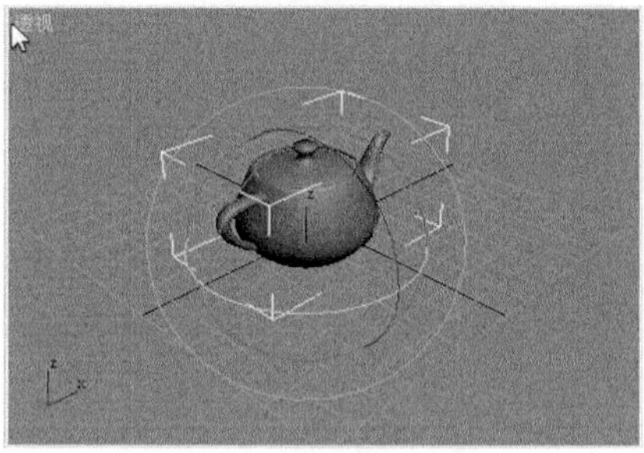

图 1-25

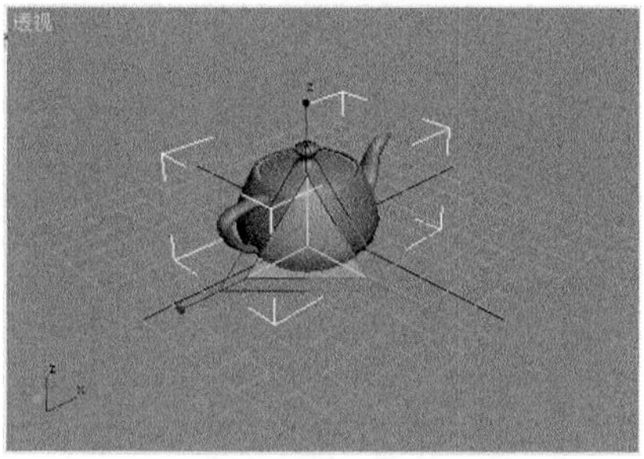

图 1-26

1.8.3 变换的键盘输入

有时需要通过键盘输入而不是通过鼠标操作来调整数值。3ds Max 支持许多键盘输入功能，包括使用键盘输入给出对象在场景中的准确位置，使用键盘输入给出具体的参数数值等。可以使用“移动变换输入”对话框（如图 1-27 所示）进行变换数值的输入。可以通过右击主工具栏的变换工具来访问“移动变换输入”对话框，也可以直接使用状态栏中的键盘输入区域。

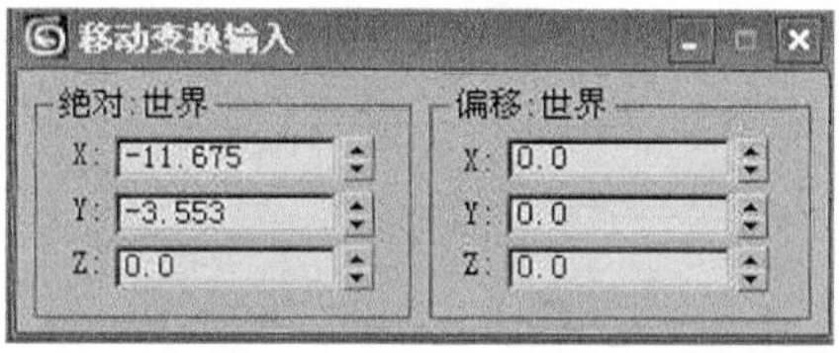

图 1-27

说明：要显示“移动变换输入”对话框，首先应该单击变换工具，激活它，然后再右击激活的变换工具。

“移动变换输入”对话框由两个数字栏组成。一栏是“绝对：世界”，另外一栏是“偏移：世界”（如果选择的视图不同，可能有不同的显示）。下面的数字是被变换对象在世界坐标系中的准确位置，键入新的数值后，将使对象移动到该数值指定的位置。例如，如果在“移动变换输入”对话框中的“绝对：世界”下面分别给 X、Y 和 Z 输入区键入数值 0、0 和 40，那么对象将移动到世界坐标系中的（0，0，40）处。

在“偏移：世界”一栏中键入数值将相对于对象的当前状态移动、旋转或缩放对象。

例如，在“偏移：世界”一栏中分别给 X、Y 和 Z 输入区键入数值 0、0 和 40，那么将把对象沿着 Z 轴移动 40 个单位。

“移动变换输入”对话框是非模式对话框，这就意味着当执行其他操作时，对话框仍然可以被保留在屏幕上。

也可以在状态栏中通过键盘输入数值（如图 1-28 所示）。它的功能类似于“移动变换输入”对话框，只是需要通过一个按钮来切换“绝对（Absolute）”和“偏移（Offset）”。

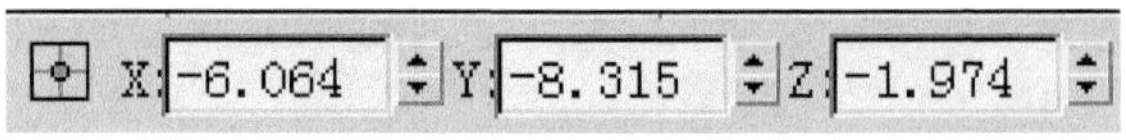

绝对变换状态

偏移变换状态

图 1-28

1.8.4 变换应用举例：使用变换来安排对象

（1）启动 3ds Max，执行“文件” > “打开”菜单命令，打开素材文件 Samples\ch01\ch01_01.max。

这是一个有桌子、茶壶和球体的简单室内场景，如图 1-29 所示。

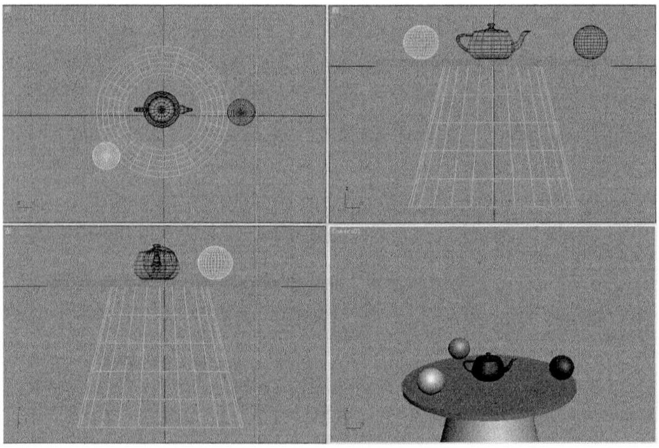

图 1-29

（2）单击主工具栏中的“按名称选择”按钮。

（3）在“选择对象”对话框中，单击“Teapot01”，然后再单击“选择”按钮。此时在摄像机视口中，中间茶壶的周围将出现一个白色的边界盒，表明它处于被选择状态，如图 1-30 所示。

（4）单击主工具栏中的“选择并移动”按钮。

（5）右击顶视口，激活它。将鼠标移到 Y 轴上，直到光标变成选择并移动图标的样子后再单击并拖曳，将茶壶向上移动到桌面边缘，如图 1-31 所示。

注意观察摄像机视口中的变化。茶壶被移到了桌子的边缘，如图 1-32 所示。

（6）单击主工具栏上的“选择并旋转”按钮，激活它。

（7）在前视口将光标移动到茶壶变换 Gizmo 的 Z 轴上（水平圆代表的轴）。

（8）单击并拖曳茶壶，将它绕 Z 轴旋转大约−45°。这时的透视视口如图 1-33 所示。

技巧：当旋转对象的时候，仔细观察状态栏中变换数值的键盘输入区域，可以了解具体的旋转角度。

图 1-30

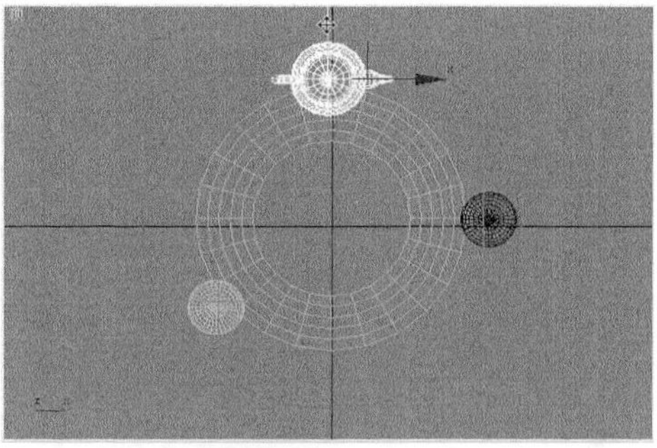

图 1-31

图 1-32

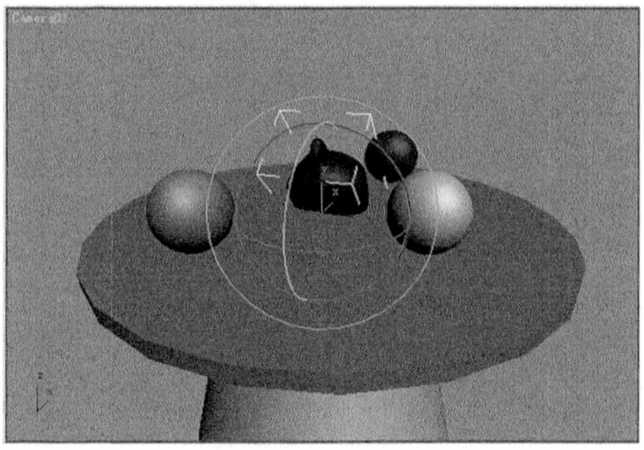

图 1-33

（9）在摄像机视口单击“Sphere01”，选择它，如图 1-34 所示。

（10）在主工具栏单击“选择并等比缩放”按钮。

（11）将鼠标移动到变换 Gizmo 的中心，按住鼠标左键并向上拖拽在摄像机视口将“Sphere01”放大到大约 130%的样子，如图 1-35 所示。

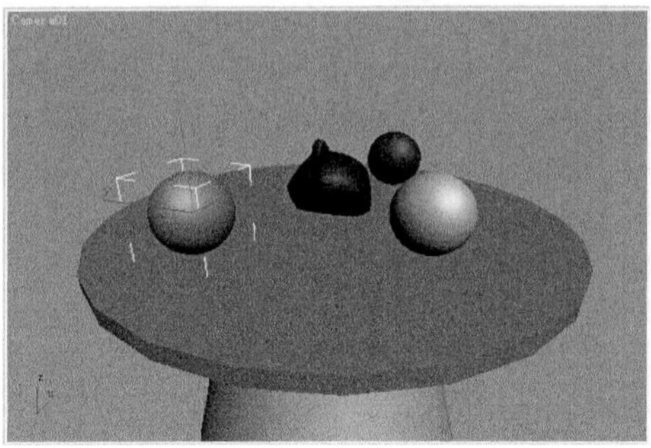

图 1-34

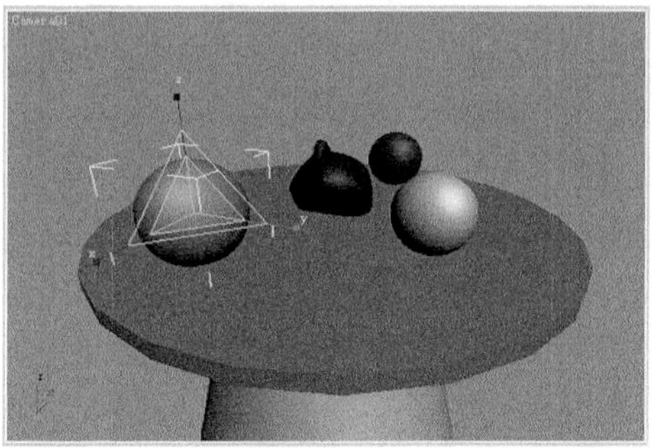

图 1-35

注意：在 3ds Max 中使用缩放工具时，即使选取了等比例缩放工具，也可以进行不均匀比例缩放。因此，一定要将鼠标定位在变换 Gizmo 的中心，以确保进行等比例缩放。

技巧：当缩放对象的时候，仔细观察状态栏中变换数值的键盘输入区域，可以了解具体的缩放百分比。

（12）单击主工具栏上的“选择并等比缩放”按钮，将其激活，然后再右击该工具，将出现“缩放变换输入”对话框，如图 1-36 所示。

图 1-36

（13）在“缩放变换输入”对话框的“绝对：局部”一栏中将每个轴的缩放数值均设置为 100。Sphere01 被恢复到原来的大小。

（14）关闭“缩放变换输入”对话框。

（15）单击“选择对象”按钮，在摄像机视口选择桌面对象“Cylinder01”。

（16）单击主工具栏上的“选择并操纵”按钮，圆柱体被一个绿色的圆环绕。

（17）在顶视口将光标移动到刚才选择的凳子顶上，直到绿色的圆变成红色为止，如图 1-37 所示。

（18）在顶视口单击鼠标并向右拖曳红色的圆，以便增大圆柱的半径。现在改变了圆柱的半径（Radius）参数，而没有改变圆柱的缩放比例，如图 1-38 所示。

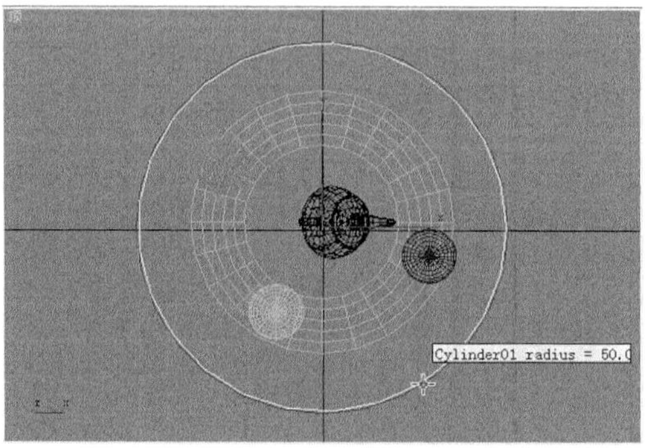

图 1-37

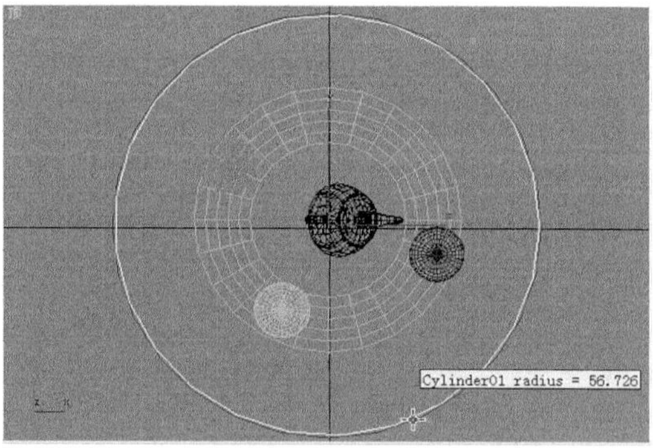

图 1-38

说明：操纵（Manipulate）模式与选择的变换操作方式无关。不管选择了什么变换操作工具，当在操纵模式下单击并拖曳鼠标时，圆柱的半径都会发生改变。

1.9　创建副本和阵列

使用 3ds Max 可以在变换操作期间快速创建一个或多个选定对象的多个版本。在移动、旋转或缩放选定对象时，如果按下 Shift 键，可以完成对象的复制操作。复制对象的通用术语为“克隆”。

说明：复制对象时通常有三个选项（“副本”、“实例”和“参考”）。“副本”方法用于创建与原始对象完全无关的克隆对象，修改一个对象时不会对其他对象产生影响。“实例”方法用于创建与原始对象完全可以交互的克隆对象，修改其中的任何一个对象时都会对其他对象产生影响。“参考”方法用于创建与原始对象有关的克隆对象。修改源对象时，会对克隆对象产生影响，而修改克隆对象时不会影响源对象。

1.9.1　克隆对象

1．克隆对象

（1）启动 3ds Max，执行“文件”>“打开”菜单命令，打开素材文件 Samples\ch01\ch01_02.max，如图 1-39 所示。

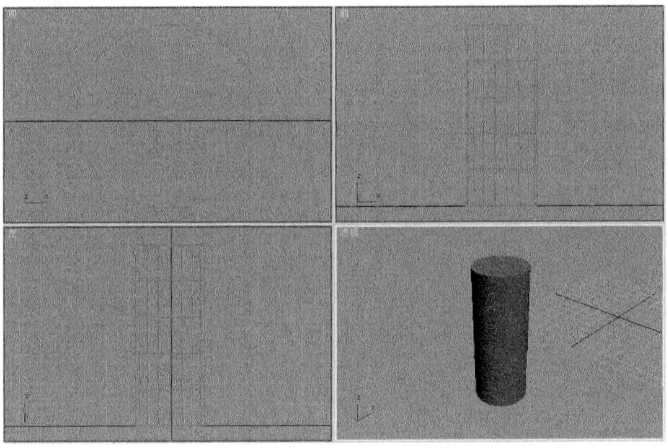

图 1-39

（2）选择场景中的圆柱体，从“编辑”菜单中选择“克隆”命令，或者按下键盘上的“Ctrl+V”快捷命令，打开“克隆选项”对话框，如图 1-40 所示。

（3）更改设置或接受默认值，然后单击“确定”按钮，这样就可以在原位置复制出一个新的圆柱体。

说明：每个新克隆的对象与原始对象占用的空间相同。按名称选择克隆对象可移动或修改克隆对象。

2．克隆和变换对象

（1）启动 3ds Max，执行“文件”>“打开”菜单命令，打开素材文件 Samples\ch01\ch01_02.max。

（2）按下键盘快捷命令“Alt+Ctrl+H”，暂存场景。

（3）选择圆柱体对象，在主工具栏上单击“选择并移动”按钮，按住 Shift 键并在透视图中沿 X 轴移动圆柱体到合适的位置，然后松开鼠标，出现“克隆选项”对话框，如图 1-41 所示。

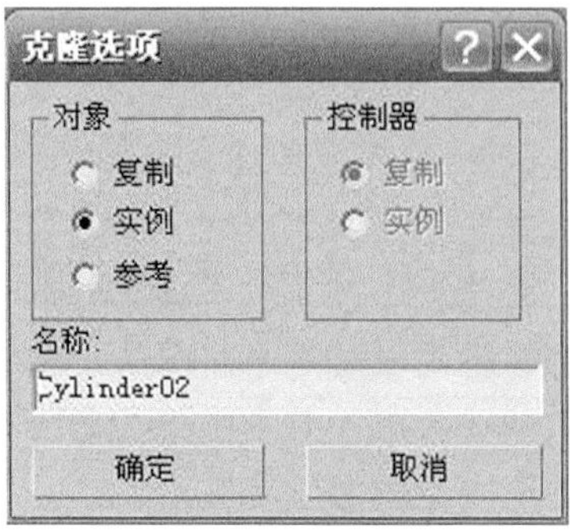

图 1-40

图 1-41

（4）输入要复制的副本数数量，比如“2”，然后单击“确定”按钮退出“克隆选项”对话框，这样就可以另外复制出两个新的圆柱体，如图 1-42 所示。

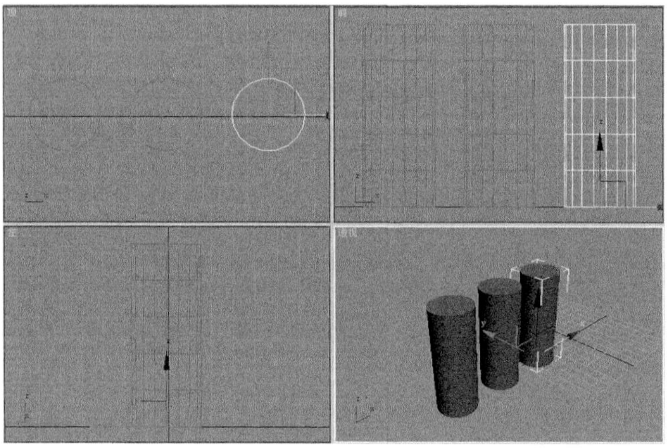

图 1-42

（5）按下键盘上“Alt+Ctrl+F”快捷命令，取回暂存场景。

（6）在主工具栏上单击“选择并旋转”按钮，按住 Shift 键，在前视图中沿 Z 轴拖动鼠标到合适位置松开鼠标，出现“克隆选项”对话框，如图 1-43 所示。

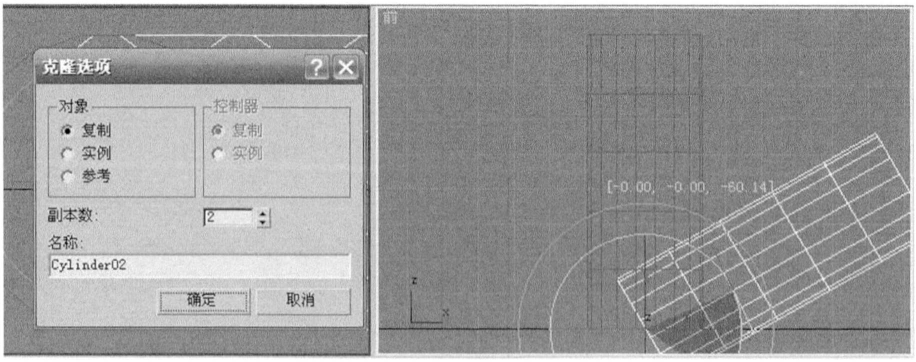

图 1-43

（7）输入副本数，例如 2，单击“确定”按钮退出“克隆选项”对话框，效果如图 1-44 所示。

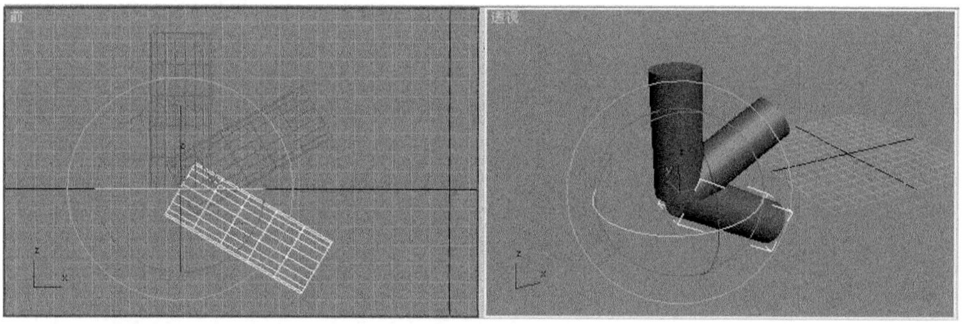

图 1-44

（8）按下键盘快捷命令“Alt+Ctrl+F”，取回暂存场景。

（9）在主工具栏上单击“选择并等比例缩放”按钮，按住 Shift 键，在透视图中沿坐标轴中心拖动鼠标到合适位置松开鼠标，在出现“克隆选项”对话框、设置选项后确定，观察前视图效果，如图 1-45 所示。

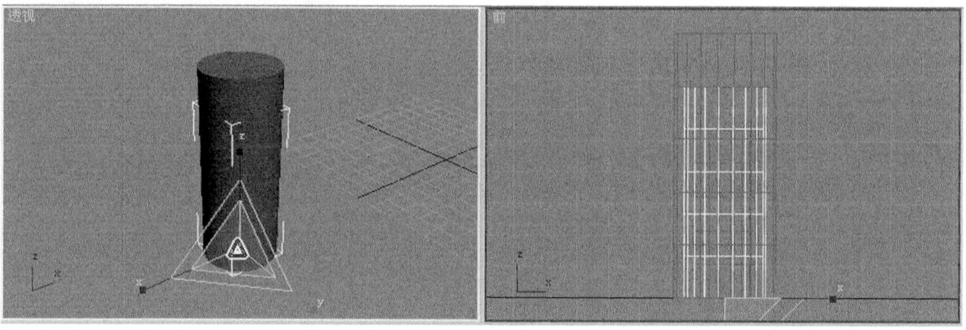

图 1-45

说明：缩放复制后的对象由于叠加在一起，所以从透视图中看不出复制的效果。按名称选择克隆对象可移动或修改克隆对象。

1.9.2 线性阵列

“阵列”工具可以同时对对象进行“移动”、“旋转”和“缩放”操作，或者三者中的一种操作，可以一次克隆多个对象，并可以在多个空间维度方向上对这些对象进行精确变换和定位。使用“阵列”可以获得的很多效果是使用“Shift+克隆”技术无法获得的。

（1）启动 3ds Max，执行“文件”>“打开”菜单命令，打开素材文件 Samples\ch01\ch01_03.max，如图 1-46 所示。

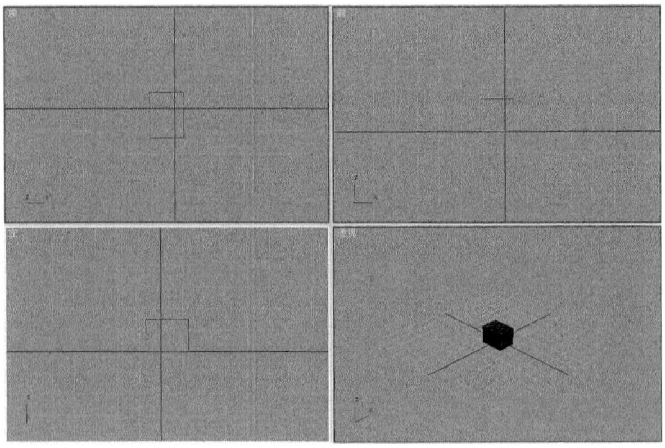

图 1-46

（2）选择长方体对象。

（3）右击主工具栏中的空白区域，从“自定义显示”右键弹出菜单中选择“附加”菜单命令，会出现“附加”工具栏。

（4）在附加工具栏上单击“阵列”按钮，或执行“工具”>“阵列”菜单命令。显示“阵列”对话框，如图 1-47 所示。

（5）在该对话框上设置阵列参数：X 轴移动增量为 20，阵列维度 1D 数量为 10，然后单击“预览”按钮，设置与效果如图 1-48 所示。

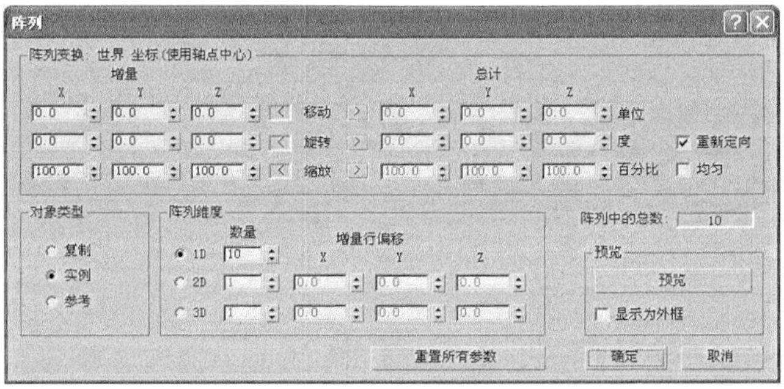

图 1-47

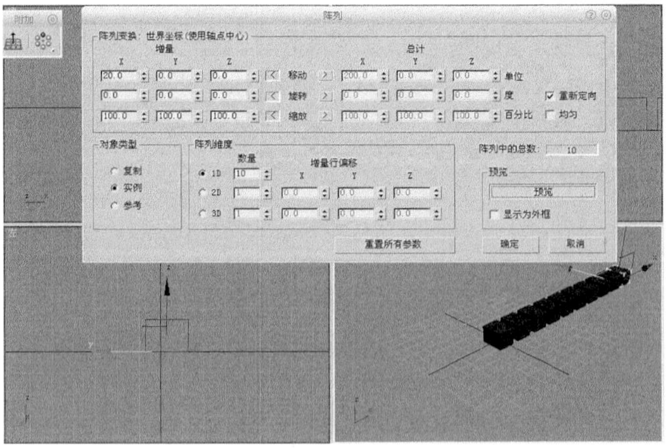

图 1-48

注意：“阵列”按钮位于“附加”工具栏上，该按钮默认情况下处于禁用状态。通过右击主工具栏的空白区域并从“自定义显示”右键弹出菜单中选择“附加”命令来切换此工具栏的显示。

（6）继续设置阵列维度：2D 数量为 5，增量行偏移 Y 为 25；3D 数量为 5，增量行偏移 Z 为 20，设置及预览效果如图 1-49 所示。

说明：通过“阵列”工具，不仅可以进行“移动”阵列操作，也可以进行“旋转”阵列操作或“缩放”阵列操作。

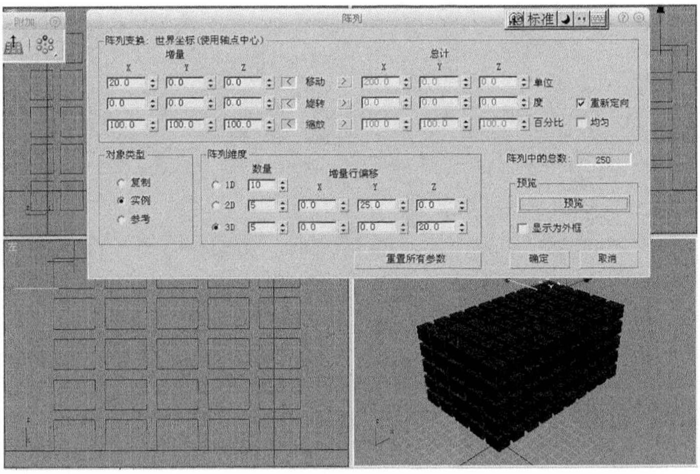

图 1-49

创建阵列时，切记以下几点。

- “阵列”操作与坐标系、变换中心以及当前选择的视口设置有关。
- 可以为“阵列”操作指定任意轴向上的变换操作。
- 可以为阵列创建设置动画。通过更改默认的“动画”首选项设置，可以激活所有变换中心按钮，可以围绕选择坐标中心或局部轴直接设置动画。
- 如果要生成层次链接的对象阵列，在单击“阵列”之前应选择层次中的所有对象。

1.9.3 圆形阵列

圆形阵列类似于线性阵列，但圆形阵列是基于围绕着公共中心旋转而不是沿着某个轴向移动。下列步骤使对象在主栅格的 XY 平面上排列成圆形，其中以 Z 轴为中心。

要创建一个圆形阵列，可执行以下操作。

（1）在主工具栏上单击“使用变换坐标中心”按钮以便使栅格中心成为阵列中心。

（2）选择一个对象并将其放置在距栅格中心一定距离的位置上。

（3）这一距离就是完成圆形阵列的半径。

（4）单击“阵列”按钮或执行“工具”>“阵列”菜单命令，显示“阵列”对话框。

注意：“阵列”按钮位于“附加”工具栏上，该按钮默认情况下处于禁用状态。通过右击主工具栏的空白区域并从“自定义显示”右键弹出菜单中选择“附加”命令来切换此工具栏的显示。

（5）在“阵列”对话框上的“总计旋转 Z”字段中输入 360。

（6）这是对阵列的完全旋转，旋转完整的一圈。如果要创建部分旋转，输入小于 360 的值即可。

（7）选择“1D”并输入一个“数目”值（可以是任意数值），然后单击“确定”。

3ds Max 在指定的总计旋转角度内阵列该数目的克隆，效果如图 1-50 所示。

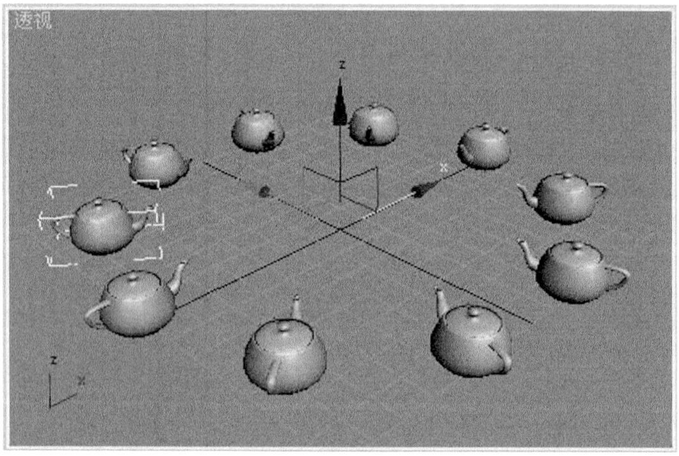

图 1-50

1.9.4 螺旋形阵列

最简单的螺旋形阵列是旋转圆形阵列的同时将其沿着中心轴移动。这会形成同样的圆形，但是圆形不断上升。

如果 Z 轴是中心轴，那么输入“增量移动 Z”的值。然后在形成圆的同时每个克隆并以该增量向上移动。

螺旋形阵列效果如图 1-51 所示。

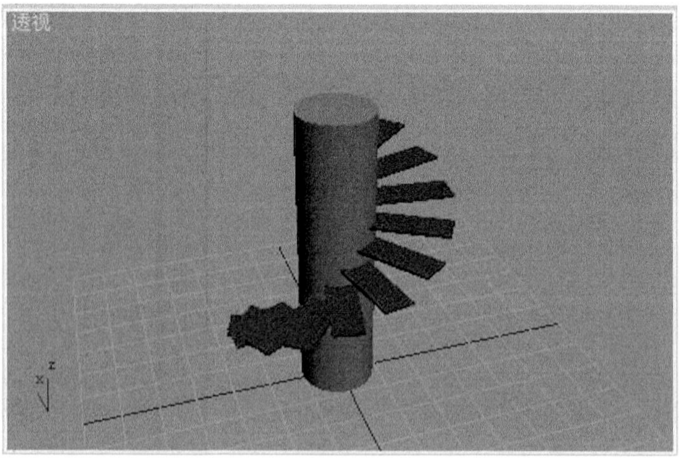

图 1-51

在螺旋形阵列中，旋转的方向由螺旋形的方向决定：向上或向下旋转。

对于逆时针螺旋输入正向旋转角度。对于顺时针螺旋输入负向旋转角度。

默认情况下，当将每个对象阵列复制时，对象围绕其自己的中心旋转。通常我们需要重新定义对象的旋转中心。

1.10　镜像与对齐

1.10.1　镜像

“镜像”工具可以用来创建选定对象的镜像克隆或在不创建克隆的情况下镜像对象。在确定提交操作之前，可以预览镜像设置的效果。

以下是镜像操作的一般步骤。

（1）首先选择要进行镜像操作的对象。

（2）在主工具栏上单击“镜像”按钮，或执行“工具” >“镜像”菜单命令，将显示“镜像”对话框，如图 1-52 所示。标题栏指出当前正在使用的坐标系为“屏幕 坐标”。

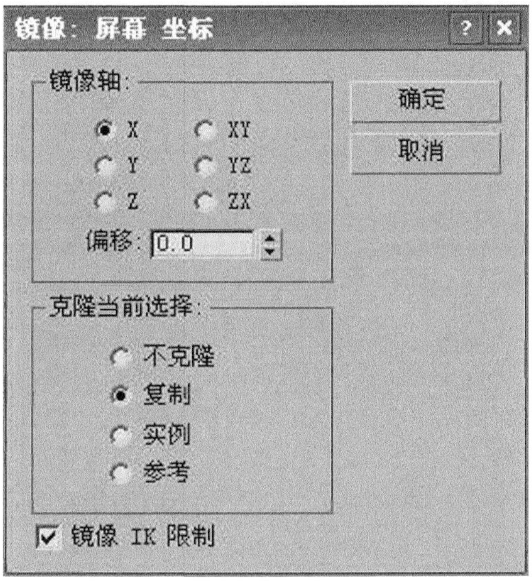

图 1-52

1.10.2　对齐

要对齐一个对象，必须先选择一个对象，然后单击主工具栏上的“对齐”按钮，然后再单击想要对齐的对象，就会出现“对齐当前选择”对话框，如图 1-53 所示。

这个对话框有 3 个区域，分别是对齐位置、对齐方向和匹配比例。“对齐位置”选项和“对齐方向”选项提示对齐的时候使用的是哪个坐标轴。

当选择了某一选项后，与该选项对应的对齐效果会立即显示在视口中。

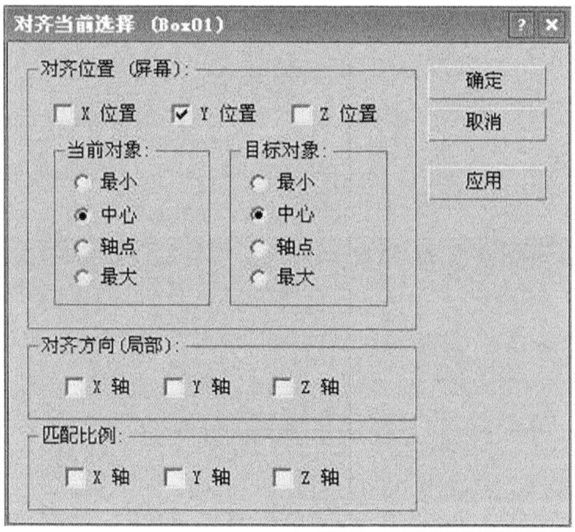

图 1-53

“对齐”工具还是一个弹出按钮，在该工具上按住鼠标左键 2 秒钟，会出现下面的弹出按钮。

法线对齐：根据选择面的法线对齐两个对象。对齐后两个选择面的法线完全相对。

放置高光：用来调整灯光的位置，以便在对象的指定面上出现高光点。

对齐摄像机：用来调整摄像机的位置，以便使摄像机观察特定的面。

对齐视图：将对象或者摄像机与特定的视口对齐。

1.11 间隔工具

利用“间隔工具”可沿着一条样条线或两个点定义的路径，将当前选择对象进行复制分布。分布的对象可以是当前选定对象的副本、实例或参考。通过拾取样条线或两个点并设置相关参数的方式定义路径。同时也可以设置对象之间的间隔方式，以及对象的相交点是否与样条线的切线对齐。

如图 1-54 所示，是使用“间隔工具”沿着弯曲的街道两侧分布花瓶。花瓶之间均等距，在较短一边花瓶的数量较少。

图 1-54

要沿路径分布对象，可执行以下操作。

（1）选择一个或多个要分布的对象。

（2）单击“阵列”按钮右下角的小三角，并停留 2 秒钟，在弹出按钮中选择“间隔”按钮，或执行“工具”＞“间隔”菜单命令，出现“间隔工具”对话框。

注意：“阵列”按钮位于“附加”工具栏上，该按钮默认情况下处于禁用状态。通过右击主工具栏的空白区域并从“自定义显示”右键弹出菜单中选择“附加”命令来切换此工具栏的显示。

（3）在“间隔工具”对话框中，单击“拾取路径”按钮或“拾取点”按钮来指定路径。

说明：如果单击“拾取路径”按钮，从场景中选择要用作路径的样条线。如果单击“拾取点”按钮，单击一个起点和一个终点，以定义一条样条线作为路径。使用完“间隔工具”后，3ds Max 会删除此样条线。

（4）从“参数”组底部的下拉列表中，选择一个间隔选项。

可用于“计数”、“间隔”、“始端偏移”和“末端偏移”的参数取决于所选择的间隔选项。

（5）通过输入“计数”值或通过使用微调器，可以指定要分布的对象数量。

（6）根据所选择的间隔选项，调整间隔和偏移。

（7）在“前后关系”组中，可执行以下操作之一。

- 边——指定通过各对象边界框的相对边确定间隔距离。
- 中心——指定通过各对象边界框的中心确定间隔距离。

（8）要将分布对象的相交点与样条线的切线对齐，勾选“跟随”复选框。

（9）在“对象类型”组中，选择要输出的对象类型（复制、实例或参考），或单击“应用”按钮。

1.12　对象捕捉

当变换对象的时候，经常需要捕捉到栅格点或者捕捉到对象的节点上。3ds Max 支持精确的对象捕捉，相关的捕捉选项都可以通过主工具栏上的相关按钮进行访问。

1.12.1　绘图中的捕捉

有 3 个选项支持绘图时对象的捕捉，它们是“3D Snap（三维捕捉）”、“2.5D Snap（2.5 维捕捉）”和“2D Snap（二维捕捉）”。

不管选择了哪个捕捉选项，都可以选择是捕捉到对象的栅格点、节点、边界，还是捕捉到其他的点。要选取捕捉的元素，可以右击捕捉按钮，这时就出现“栅格和捕捉设置”对话框，如图 1-55 所示，可以在这个对话框上进行捕捉的设置。

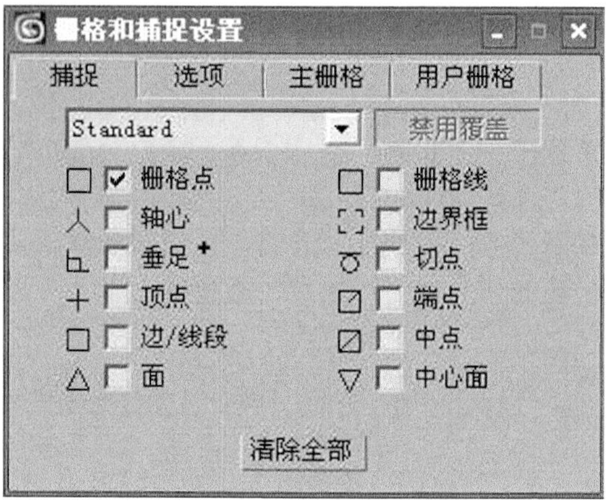

图 1-55

在默认的情况下，“栅格点”复选框是勾选的，其他复选框则没有勾选。这就意味着在绘图的时候光标将捕捉栅格线的交点。一次可以勾选多个复选框。如果一次勾选的复选框多于一个，那么在绘图的时候将捕捉到最近的元素。

说明：在“栅格和捕捉设置”对话框中复选了某个选项后，可以关闭该对话框，也可以将它保留在屏幕上。即使对话框关闭，复选框的设置仍然起作用。

1．三维捕捉

当“三维捕捉”打开的情况下、绘制二维图形或者创建三维对象的时候，鼠标光标可以在三维空间的任何地方进行捕捉。例如，如果在“栅格和捕捉设置”对话框中勾选了“顶点”复选框，鼠标光标将在三维空间中捕捉二维图形或者三维几何体上最靠近鼠标光标处的节点。

2．二维捕捉

“三维捕捉”的弹出按钮中还有“二维捕捉”和“2.5 维捕捉”两个按钮。按住“三维捕捉”按钮将会看到弹出按钮，找到合适的按钮后释放鼠标左键即可选择该按钮。

“三维捕捉”捕捉三维场景中的任何元素，而“二维捕捉”只捕捉激活视口构建平面上的元素。例如，如果打开二维捕捉并在顶视口中绘图，鼠标光标将只捕捉位于 XY 平面上的元素。

3．2.5 维捕捉

“2.5 维捕捉”是二维捕捉和三维捕捉的混合。“2.5 维捕捉”将捕捉三维对象在构建平面上的投影。

下面举例解释这个问题。假设有一个一面倾斜的字母 E（如图 1-56 所示）。该对象位于构建平面之下，面向顶视图。

如果要跟踪字母 E 的形状，可以使用“顶点”选项在顶视图中画线。如果打开的是三维捕捉，那么画线时捕捉的是三维对象的实际节点，如图 1-57 所示。

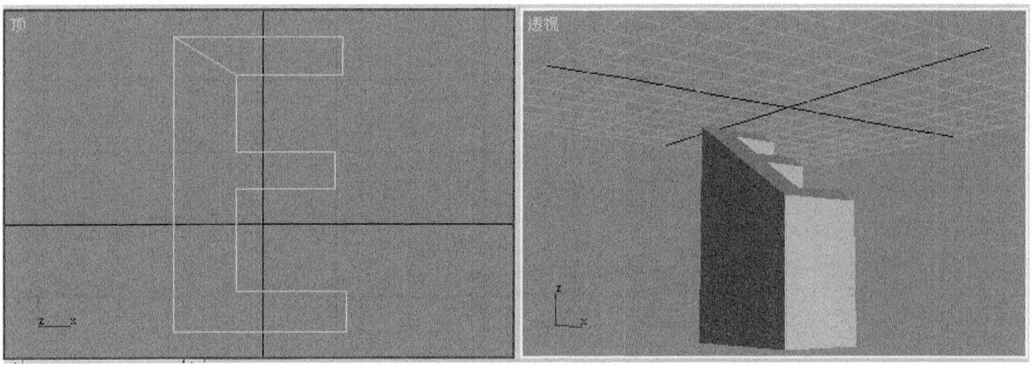

图 1-56

如果使用的是“2.5 维捕捉”，那么所绘制的线是在对象之上的构建平面上，如图 1-58 所示。

图 1-57

图 1-58

1.12.2 增量捕捉

除了对象捕捉之外，3ds Max 还支持“增量捕捉”。通过使用“角度捕捉（Angle Snap）”，可以使旋转按固定的增量（例如 10°）进行；通过使用“百分比捕捉（Percent Snap）”，可以使比例缩放按固定的增量（例如 10%）进行；通过使用“微调器捕捉（Spinner Snap）”，可以使微调器的数据按固定的增量进行。

Angle Snap（角度捕捉）：使对象或者视口的旋转按固定的增量进行。默认状态下的增量是 5°。例如，如果单击“角度捕捉”按钮并旋转对象，它将先旋转 5°，然后再旋转 10° 及 15° 等。“角度捕捉”也可以用于旋转视口。当打开“角度捕捉”后，再单击“弧形旋转”旋转视口，那么旋转将按固定的增量进行。

Percent Snap（百分比捕捉）：使“比例缩放”按固定的百分比增量进行。例如，当打开“百分比捕捉”后，再使用“缩放”按钮缩放对象时，任何对象的缩放将按固定的百分比的增量（默认为 10%）进行。

Spinner Snap（微调器捕捉）： 单击该按钮后，当单击微调器箭头的时候，参数的数值按固定的增量增加或者减少。

说明：“增量捕捉”的增量是可以改变的，要改变角度捕捉和百分比捕捉的增量，需要使用“栅格与捕捉设置”对话框中的选项标签。微调器捕捉的增量设置可以通过右击微调器按钮进行。右击微调器捕捉按钮后就出现“首选项设置”对话框。可以在“首选项设置”对话框中的微调器区域设置捕捉的数值。

1.12.3 使用捕捉变换对象举例

（1）启动 3ds Max，在顶视图中创建一个茶壶模型。

（2）在摄像机视口单击茶壶，选择它。

（3）单击主工具栏中的“选择并旋转”按钮。

（4）单击捕捉区域中的“角度捕捉切换”按钮。

（5）右击透视视口，激活透视图。

（6）在顶视口绕 Z 轴旋转茶壶。

（7）注意观察状态栏中键盘输入区域数字的变化，旋转的增量是“5°”。

（8）单击“角度捕捉切换”按钮，关闭角度捕捉。

（9）单击捕捉区域中的“百分比捕捉切换”按钮。

（10）单击主工具栏中的“选择并均匀缩放”按钮。

（11）在顶视口缩放茶壶，同时注意观察状态栏中数据的变化。茶壶放大或者缩小的增量为 10%。

1.13 变换坐标系

在每个视口的左下角有一个由红、绿和蓝 3 个轴组成的坐标系图标。这个可视化的图标代表的是 3ds Max 的世界坐标系。三维视口（摄像机视口、用户视口、透视视口和灯光视口）中的所有对象都使用世界坐标系。

下面就来介绍如何改变坐标系，并讨论各个坐标系的特征。

1.13.1 改变坐标系

通过在主工具栏中单击“参考坐标系”下拉按钮，然后在下拉式列表中选择一个坐标系类型（如图 1-59 所示），可以改变变换操作中使用的坐标系类型。

当选择了一个对象后，坐标系的轴心点将出现在对象的轴心点或者中心位置。默认状态下使用的坐标系是视图（View）坐标系。为了理解各个坐标系的作用原理，必须首先了解世界坐标系。

1.13.2 世界坐标系

“世界坐标系”的图标总是显示在每个视口的左下角。如果在变换时想使用这个坐标系，就可以从“参考坐标系”下拉列表中选择它。

当选取了世界坐标系后，每个选择对象的轴显示的是世界坐标系的轴，如图 1-60 所示。可以使用这些轴来移动、旋转和缩放对象。

图 1-59

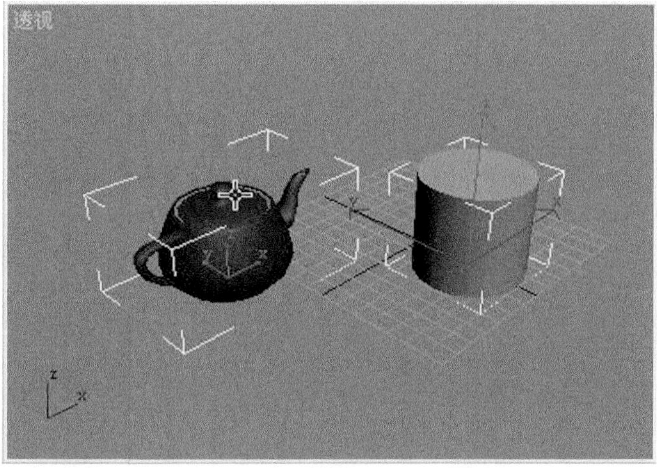

图 1-60

1.13.3 屏幕坐标系

当参考坐标系被设置为“屏幕坐标系（Screen）”的时候，每次激活不同的视口，对象的坐标系都会发生改变。不论激活哪个视口，X 轴总是水平指向视口的右边，Y 轴总是垂直指向视口的上面。这意味着在激活的视口中，变换的 XY 平面总是面向用户。

说明：在诸如前视口、顶视口和左视口等正交视口中，使用屏幕坐标系是非常方便的。但是在透视视口或者其他三维视口中，使用屏幕坐标系就会出现问题。由于 XY 平面总是与视口平行，会使变换的结果不可预测。而“视图坐标系”则可以解决在使用“屏幕坐标系”时所遇到的问题。

1.13.4 视图坐标系

“视图坐标系”是世界坐标系和屏幕坐标系的混合体。在正交视口，视图坐标系与屏幕坐标系一样，而在透视视口或者其他三维视口，视图坐标系与世界坐标系一致。

“视图坐标系”结合了屏幕坐标系和世界坐标系两者的优点。

1.13.5 局部坐标系

任何一个对象本身都会有一个属于自己的坐标系，这个坐标系我们把它叫做“局部坐标系”。“局部坐标系”的方向与对象被创建的视口相关。例如，当圆柱被创建后，它的局部坐标系的 Z 轴总是垂直于视口，它的局部坐标系的 XY 平面总是平行于计算机屏幕。当切换视口或者旋转圆柱，它的局部坐标系的 Z 轴总是指向高度方向。

从“参考坐标系”列表中选择“局部坐标系（Local Coordinate System）”后，可以看到局部坐标系的效果，如图 1-61 所示。

图 1-61

说明：通过轴心点可以移动或者旋转对象的局部坐标系。对象的局部坐标系的原点就是对象的轴心点。

1.13.6 其他坐标系

除了世界坐标系、屏幕坐标系、视图坐标系和局部坐标系外，还有以下 4 个坐标系。

父对象坐标系：该坐标系只对有链接关系的对象起作用。如果使用这个坐标系，当变换子对象的时候，它使用父对象的变换坐标系。

栅格坐标系：该坐标系使用当前激活栅格系统的原点作为变换的中心。

万向坐标系：该坐标系与局部坐标系类似，但其三个旋转轴并不一定要相互正交。它通常与“Euler xy2”旋转控制器一起使用，本书基本上不涉及“万向坐标系”的使用。

拾取坐标系：该坐标系使用特别的对象作为变换的中心。该坐标系比较重要，将在后面详细讨论。

1.13.7 变换和变换坐标系

每次进行“变换”操作的时候都可以设置不同的坐标系。3ds Max 会记住上次在某种变换中使用的坐标系。例如，选择了主工具栏中的“选择并移动”按钮，并将变换坐标系改为“局部”。此后，即使又使用了其他工具来进行变换操作，且变换操作时使用的是“局部坐标系”以外的其他坐标系，当返回到“选择并移动”按钮时，坐标系也会自动改变成“局部坐标系”。

技巧：当用户想使用特定的坐标系时，首先选择合适的变换操作工具，然后再选择合适的变换坐标系。这样，当执行变换操作的时候，才能保证使用的是正确的坐标系。

1.13.8 变换中心

在主工具栏上“参考坐标系”右边还有一个按钮，是“变换中心”弹出按钮，可以用它改变物体变换操作的中心。每次执行旋转或者比例缩放操作的时候，都是基于对象的轴心点进行变换的。这是因为默认的变换中心是轴心点。

3ds Max 的“变换中心”有以下 3 个。

使用轴心点中心（Use Pivot Point Center）：使用选择对象的轴心点作为变换的中心。

使用选择集中心（Use Selection Center）：当多个对象被选择的时候，使用所有选择对象的公共中心作为变换的中心。

使用变换坐标系的中心（Use Transform Coordinate Center）：使用当前激活坐标系的原点作为变换的中心。

说明：当旋转多个对象的时候，这些选项非常有用。如果选择“使用轴心点中心”，旋转时将围绕每个对象自己的轴心点旋转对象，如果选择“使用选择集中心”，旋转时将围绕所有选择对象的共同中心点旋转对象。

1.13.9 拾取坐标系

假如希望围绕空间中某个特定点旋转一系列对象，最好使用“拾取坐标系”。使用“拾取坐标系”，即使选择了其他对象，变换的中心仍然是特定对象的轴心点。

说明：如果要绕着某个对象周围按圆形排列一组对象，那么使用“拾取坐标系”将非常方便。例如，可以使用“拾取坐标系”安排桌子和椅子等。

下面举例说明如何使用“拾取坐标系”。

（1）启动 3ds Max，打开素材文件 Samples\ ch01\ch01_04.max。这个场景非常简单，只有一个圆柱体和一个茶壶，如图 1-62 所示。

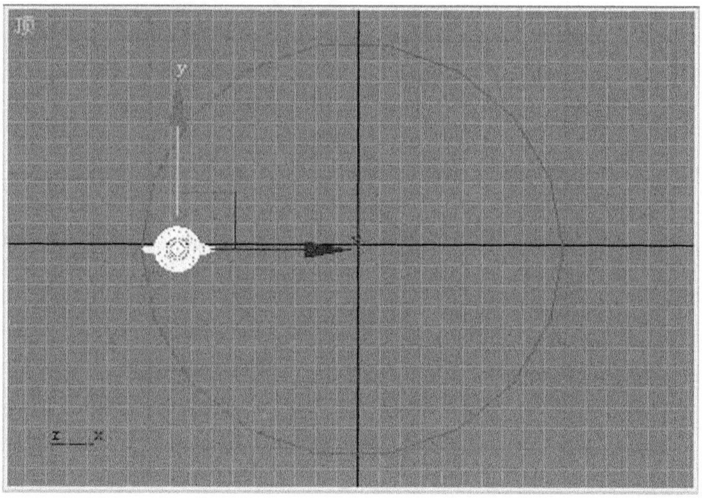

图 1-62

下面将把茶壶绕圆柱体复制一周。

（2）单击主工具栏中的“角度捕捉开关”按钮，使其处于激活状态。

（3）单击主工具栏中的“选择并旋转”按钮。

（4）在参考坐标系列表中选取“拾取”。

（5）在顶视口单击“圆柱体”，选择它，对象名“Cylinder01”出现在参考坐标系区域内。

（6）单击主工具栏中的“使用变换坐标中心”按钮。接下来将绕着桌面的中心旋转并复制茶壶。

（7）在前视口单击茶壶 Teapot01，如图 1-63 所示。

说明：如图 1-47 所示，可以看出即使选择了茶壶，但是变换中心仍然在圆柱体中心处。这是因为现在使用的是“拾取坐标系”的中心，而“拾取坐标系”被设置在圆柱体的中心上。

（8）在顶视口按下 Shift 键，并围绕 Z 轴旋转–45°，如图 1-64 所示。

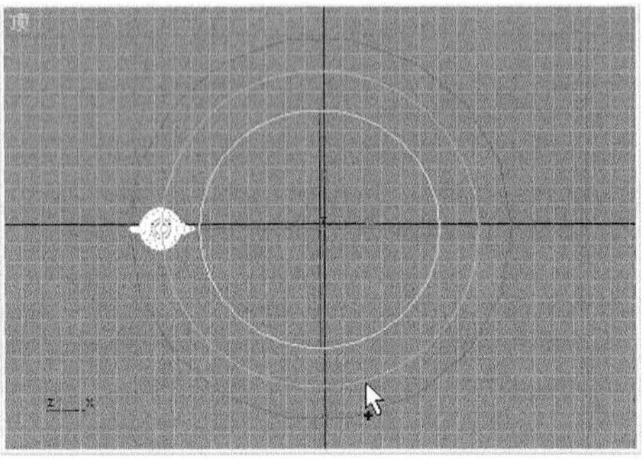

图 1-63

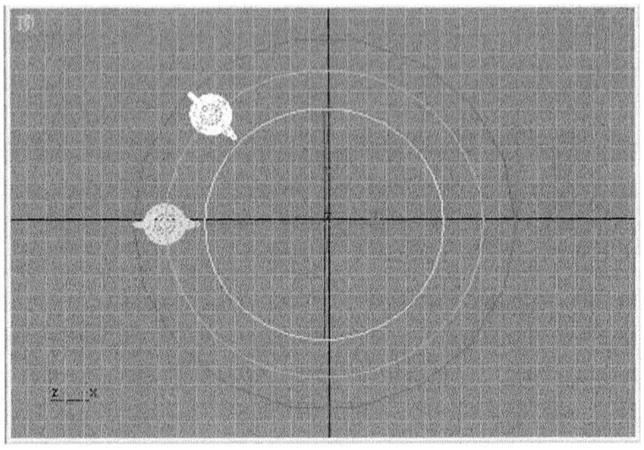

图 1-64

当释放鼠标键后，出现“克隆选项”对话框。

（9）在“克隆选项”对话框中选择“实例”克隆方式，并将副本数改为 7，然后单击“确定”按钮。

沿圆柱体边缘又克隆了 7 个茶壶，如图 1-65 所示。

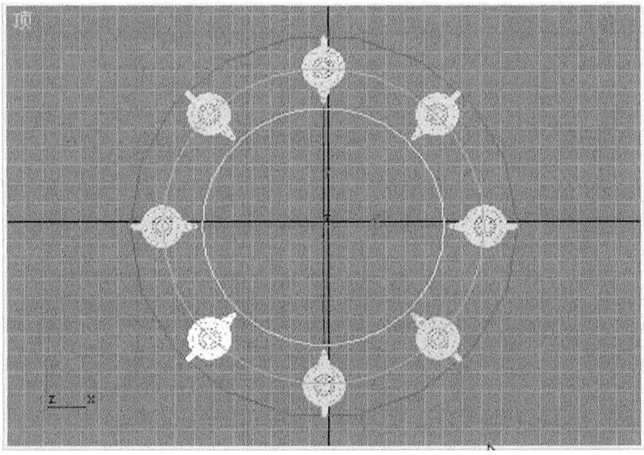

图 1-65

通过“拾取坐标系”可以把某一个特定对象的坐标系作为操作过程中使用的坐标系。下面就来介绍如何制作小球从木板上滚下来的动画。

（1）启动 3ds Max，或者执行“文件”>“重置”菜单命令，复位 3ds Max。

（2）单击“创建”命令面板上“物体类型”卷展栏中的“长方体”按钮。

（3）在顶视口中创建一个长方形木板。创建参数如图 1-66 所示。

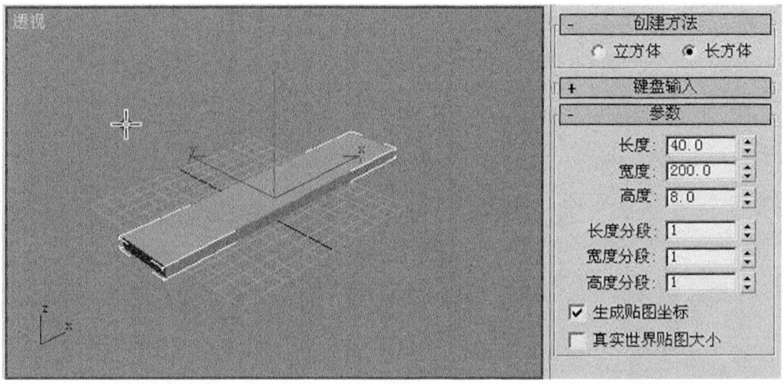

图 1-66

（4）在主工具栏中单击“选择并旋转”按钮，在前视口中旋转木板，使其有一定倾斜。如图 1-67 所示。

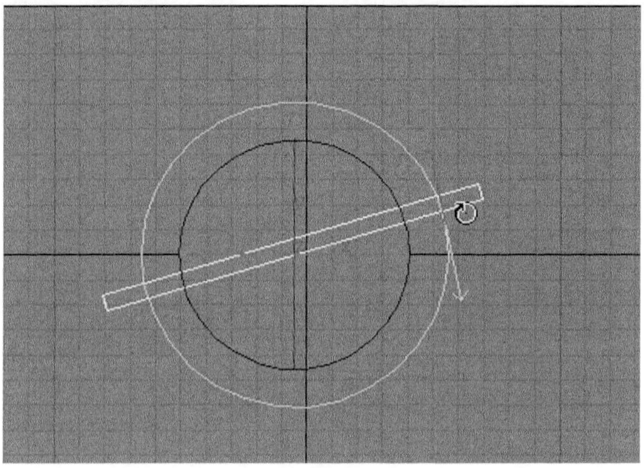

图 1-67

（5）单击“创建”命令面板上“物体类型”卷展栏中的“球体”按钮。创建一个半径（Radius）约为 10 单位的球，并单击“选择并移动”按钮将小球的位置移到木板的上方，如图 1-68 所示。在调节时可以在四个视口中从各个角度进行移动，以方便观察。

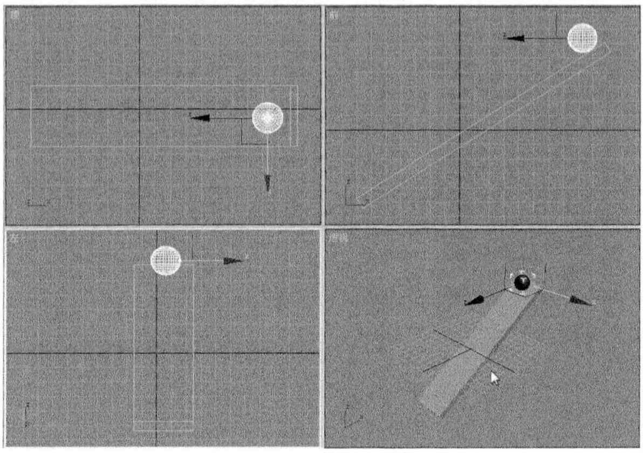

图 1-68

（6）选择小球，在“参考坐标系”下拉列表中选择“拾取坐标系”。

（7）在透视视口中单击木板，选择它，则对象名 box01 出现在参考坐标系区域。同时在视口中，小球的变换坐标发生变化。前视口中的状态如图 1-69 所示。

（8）在屏幕下方的动画控制区域，单击“自动关键点”按钮，将时间滑动块移动到第 100 帧。

（9）将小球移动至木板的底端，如图 1-70 所示。

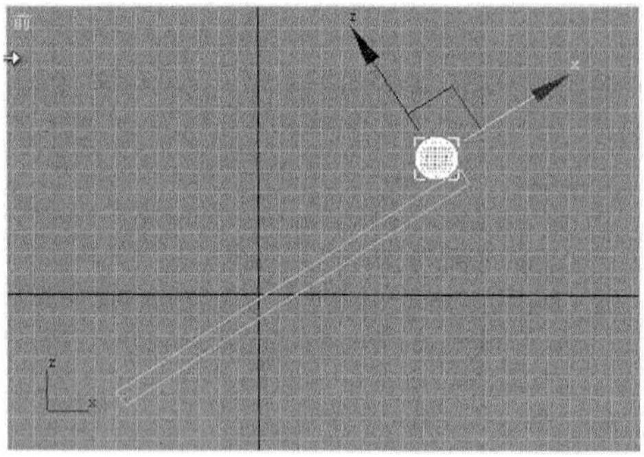

图 1-69

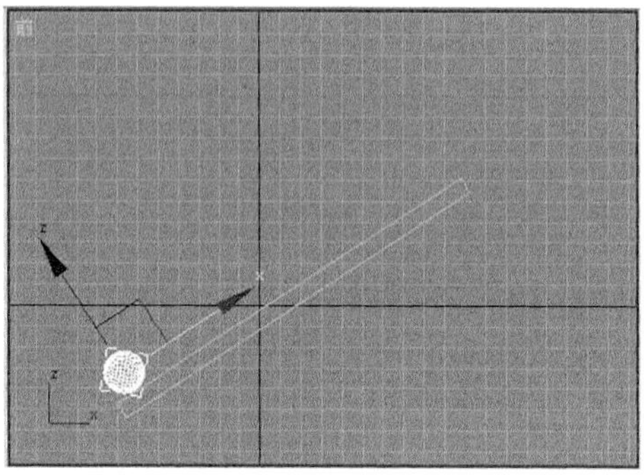

图 1-70

（10）单击“选择并旋转”按钮将小球转动几圈，如图 1-71 所示。

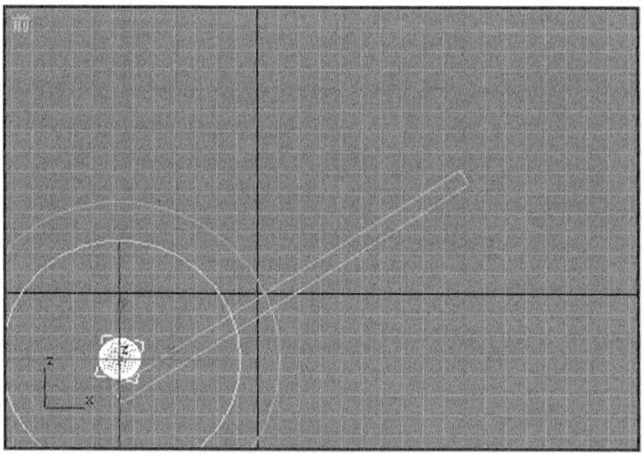

图 1-71

（11）关闭“自动关键点”按钮。单击“播放动画”按钮播放动画，可以看到小球沿着木板滚动下滑。

1.14 归档

使用“归档”命令将创建一个三维场景的压缩文档，该压缩文档中不仅包含了当前三维场景中的所有对象，而且场景中使用到的位图及这些位图的路径也会随压缩文档一同被保存下来。这样，在移动三维场景时，就不用担心会丢失相关的文件元素了。

3ds Max 自动查找场景中引用的文件，并在可执行文件的文件夹中创建归档文件。在归档处理期间，将显示日志窗口。

要将文件进行归档，可执行以下操作。

（1）执行“文件”>“归档”>“归档”命令。

（2）在“文件名”字段输入归档名称，包含相应的文件扩展名（例如 .zip)。

（3）选择文件类型：3ds Max 归档或文件列表。

（4）单击“文件归档”对话框右下角的“保存”按钮，归档文件将以压缩文件格式保存在指定的位置。

说明：文件归档保存后，3ds Max 文件所引用的位图等元素都会一同被保存在压缩文件包中，这样即使改变文件的位置，也不至于丢失 3ds Max 引用的位图等元素。

第 2 章　基本建模

3ds Max 提供了多种参数化的几何对象，包括常见和扩展的基本体、特殊物体以及预置的建筑物体等多种类型。虽然它们的形态都比较简单，但通过合理地调节参数和组合，可以生成各种复杂的模型和场景。

本章讲解 3ds Max 基本建模方法，也就是标准基本体的创建方法。

本章技能考核点

- 创建和修改对象的基础知识
- 创建标准基本体
- 扩展基本体
- 门、窗、AEC 扩展建模以及楼梯建模等

评分细则

本章有 3 个评分点，每题 15 分。

序号	评分点	分值	得分条件	判分要求
1	创建模型	7	建立符合要求的模型	不符合要求不给分
2	组合调整	6	按要求调整组合模型	不符合要求不给分
3	渲染效果	2	效果颜色符合场景即可	允许一定的创意发挥

本章导读

如上所述，我们明确了本章所要求掌握的技能考核点以及对应《试题汇编》的评分点、得分条件和判分要求等。下面我们先在“样题示范”中展示《试题汇编》中一道关于使用标准基本体制作吊灯的真实试题，并在“样题分析”中对如何解答这道试题进行分析，然后通过一些案例来详细讲解本章中涉及到的技能考核点，最后通过“样题解答”来叙述“制作吊灯”这道试题的详细操作步骤。

2.1　样题示范

- 练习目的——由《试题汇编》中选取样题，观察本章题目类型，了解本章学习内容。
- 样题来源——《试题汇编》第一单元 1.20 题。
- 操作要点——使用简单的基本体进行组合，制作吊灯。

【操作要求】

制作吊灯，效果如图 2-1 所示。

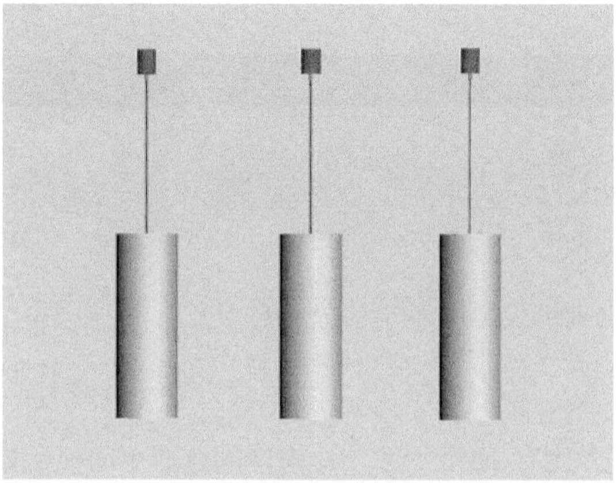

图 2-1

1．**创建模型**：创建圆柱体 01（半径 15、高度 40），创建圆柱体 02（半径 3、高度-10），创建圆柱体 03（半径 1、高度-250），创建管状体 01（半径 1：50、半径 2：48、高度 300、边数 18）。

2．**组合调整**：将圆柱体 01、圆柱体 02、圆柱体 03 与管状体 01 按顺序中心对齐、垂直分布，组合成吊灯模型，如图 2-2 所示。

3．**渲染效果**：指定圆柱体 01 为红色（R255、G76、B76），指定圆柱体 02 为白色（R255、G255、B255），指定圆柱体 03 为蓝色（R96、G96、B255），指定管状体 01 为黄色（R255、G255、B109）。再复制两组吊灯模型。

将最终结果以 X1-20.max 为文件名保存在桌面。

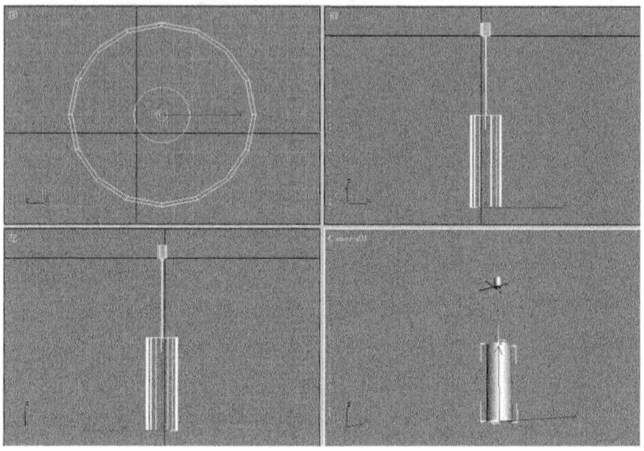

图 2-2

2.2 样题分析

本题是一道关于如何创建和组合基本几何体的题目，是 3ds Max 软件的基础。

首先使用基本几何体创建吊灯的各个部件，修改几何体参数，然后将基本几何体组合到一起，形成本题吊灯模型。

解题过程中将使用到“选择并移动”和“对齐”等基本常用工具。

解答本题需要掌握本章相关操作技能，我们就从学习这些技能考核点开始吧，这样在解题时就能“游刃有余”。

2.3 创建对象

2.3.1 创建几何体

1．选择几何体类型

（1）在命令面板中单击“创建”按钮，打开“创建”选项卡，进入创建命令面板。

说明：默认情况下，在启动该程序时，创建命令面板将自动打开。

（2）单击“几何体”按钮，进入几何体创建命令面板，如图 2-3 所示。

（3）在“对象类型”下拉列表中选择“标准基本体”，如图 2-4 所示。

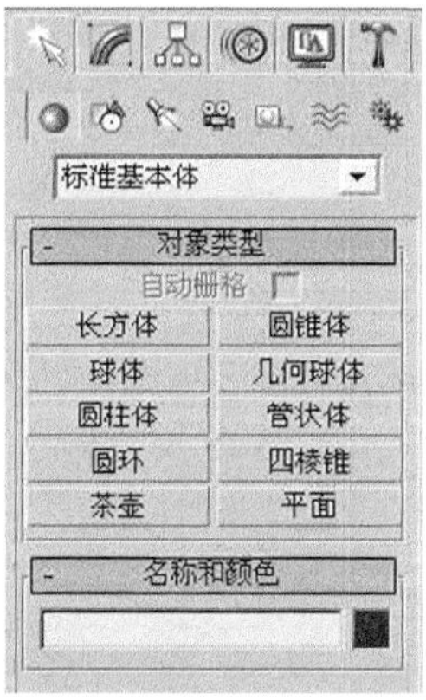

图 2-3

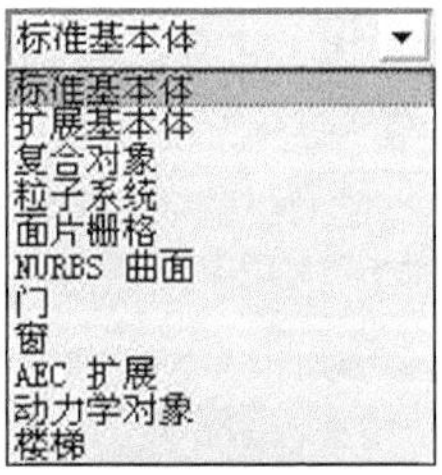

图 2-4

说明：进入几何体创建命令面板，默认情况下显示的是标准基本体，如果需要创建其他对象类型，在“对象类型”下拉列表中可选择其他对象类型。

（4）尝试从“对象类型”下拉列表中选择如“AEC 扩展”等其他对象类型，创建命令面板会做出相应的变化。

说明：通过“对象类型”下拉列表可以访问 11 种对象子类别，包括“标准基本体”、“扩展基本体”、“复合对象”、“粒子系统”、“面片栅格”、“NURBS 曲面”及“动力学对象”等。

2．创建几何体

（1）进入“标准基本体”创建命令面板。

（2）在对象类型面板上单击“长方体”按钮，然后在透视图中拖动鼠标，确定长方体的长度与宽度，松开鼠标左键，向上（下）移动鼠标，再单击鼠标确定长方体高度，这样就创建了一个长方体，如图 2-5 所示。

说明：创建对象时可以选择任意视图，并不仅局限在透视图中创建对象。

3．修改几何体

（1）选择刚刚创建的长方体对象，在命令面板上单击“修改”按钮，进入修改命令面板，如图 2-6 所示。

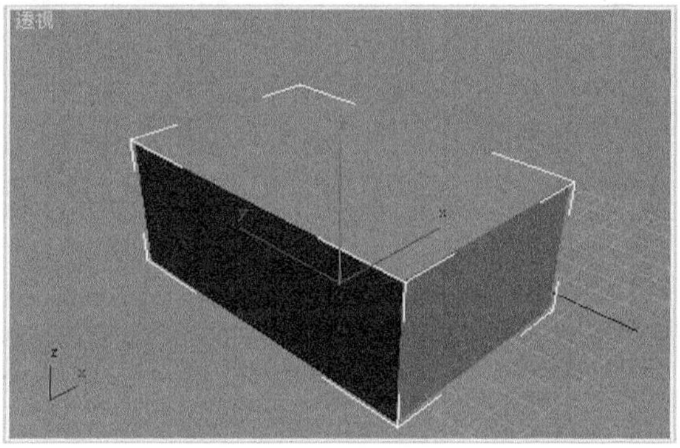

图 2-5

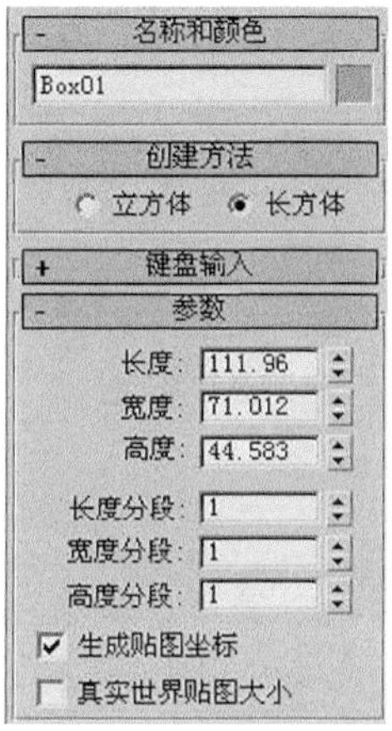

图 2-6

（2）在“名称和颜色”卷展栏中选择名称“Box01”，使其以高亮显示，然后输入要修改的名称——“长方体”，按回车键确认。这样就把“Box01”修改成为“长方体”了。

说明：命名对象对于组织场景来说是一个好习惯。这样，在组建大的场景时，可以方便操作。如果把一大堆没有命名的几何体堆放在一起，按名称选择对象时会非常困难。

（3）单击“名称”框右侧的方形色样，打开“对象颜色”对话框，如图 2-7 所示。

（4）在“对象颜色”对话框中选择颜色，单击“确定”按钮退出“对象颜色”对话框，这样就改变了对象的显示颜色，如图 2-8 所示。

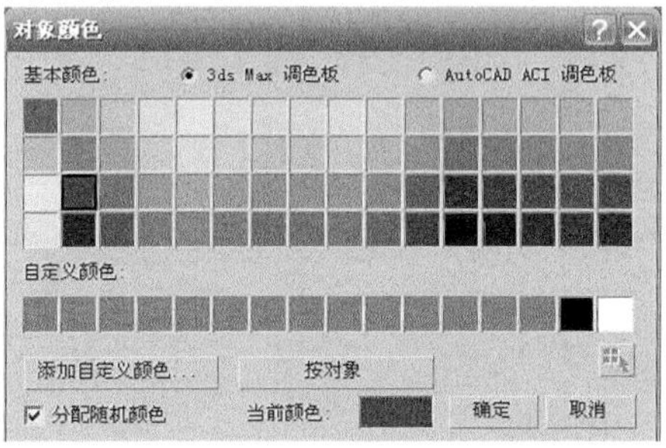

图 2-7

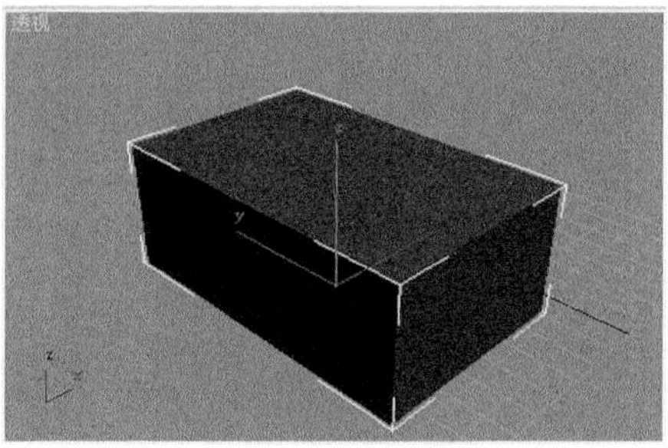

图 2-8

说明：通过“对象颜色”对话框修改对象的颜色，只是改变了对象在视图中的显示颜色，并不代表最后的渲染效果。

下面来学习如何修改几何体的参数。

（5）在“参数”卷展栏中，如图 2-9 所示，修改长方体的参数，然后按下键盘上的 F4 键，即可在透视图中显示对象的分段效果，如图 2-10 所示。

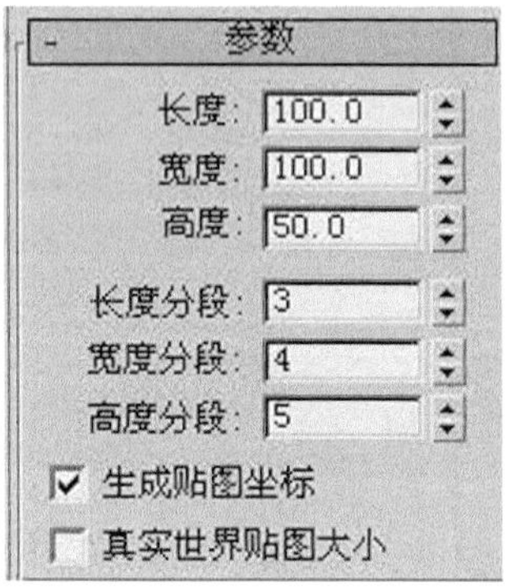

图 2-9

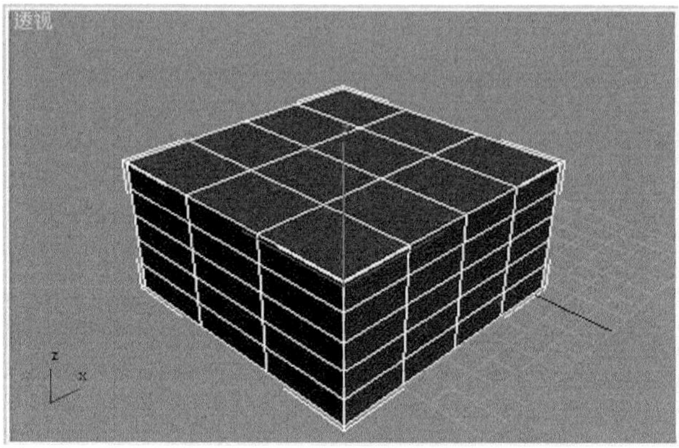

图 2-10

说明：F3 键用于切换对象是以“线框”方式显示还是以“平滑+高光”的方式显示，F4 键控制是否显示对象的“边面”。

2.3.2 通过键盘创建对象

使用“键盘输入”卷展栏，通过键盘输入的方法可以创建多数几何基本体。在单个操作中，可以同时定义对象的初始大小和对象的三维位置，自动指定对象的名称、颜色和默认的材质。

提示：通常，该方法的使用对于所有基本体都相同，只是在参数的数量和类型方面有区别。异面体基本体、复杂和高度可视的对象家族没有“键盘输入”卷展栏，不能使用键盘输入的方式创建。

下面通过创建一个圆柱体，来学习通过“键盘输入”的方法创建几何对象的基本方法。

（1）进入标准基本体创建面板，然后在对象类型中选择“圆柱体”。

（2）单击将“键盘输入”卷展栏展开。

（3）分别设置圆柱体半径为 20，高度为 40，如图 2-11 所示。

（4）单击“键盘输入”卷展栏中的“创建”按钮，在场景中间会出现一个半径为 20、高度为 40 的圆柱体，如图 2-12 所示。

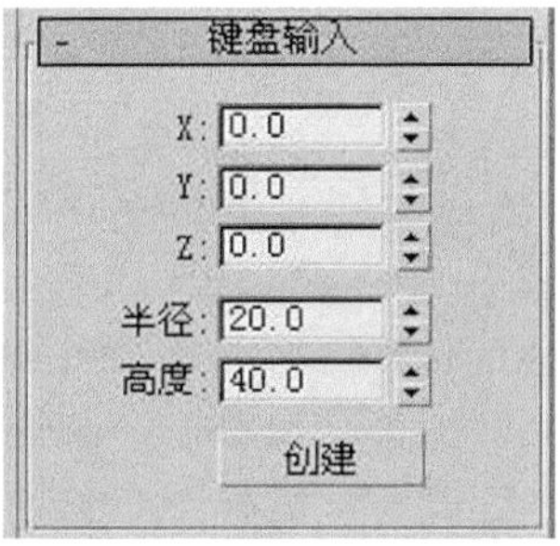

图 2-11

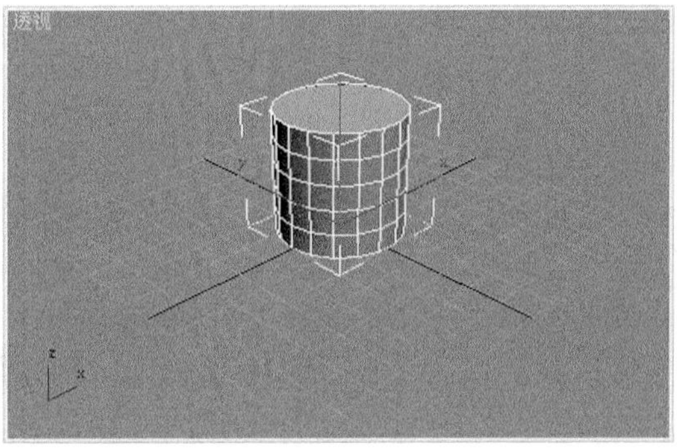

图 2-12

说明:“键盘输入”卷展栏包含一组常用的位置字段，标签为 X、Y 和 Z 。输入的数值代表编辑离原点的方向和数量。默认设置为 0、0 和 0，即创建对象的原点在活动栅格的中心。

2.4　标准基本体

现实世界中有很多我们熟悉的基本几何体，如皮球、管道、长方体、圆环和圆锥形冰淇淋杯等。在 3ds Max 中可使用单个基本体对上述众多对象建模。还可以将基本体结合到更复杂的对象中，并可以使用修改器进一步细化对象。

3ds Max 包含 10 个基础基本体。可以在视口中通过鼠标轻松创建这些基本体。大多数基本体也可以通过“键盘输入”的方法生成。

这些基本体列表在“对象类型”卷展栏和“创建”菜单上，如图 2-13 所示。

这些基本体的三维效果如图 2-14 所示。

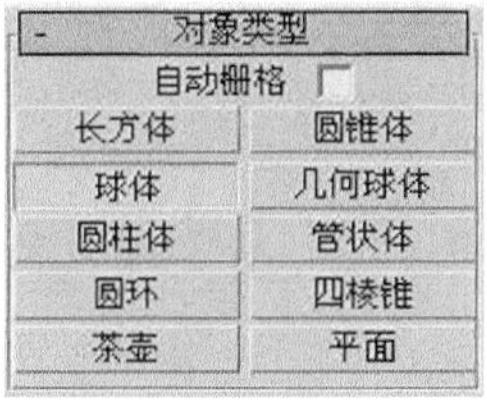

图 2-13

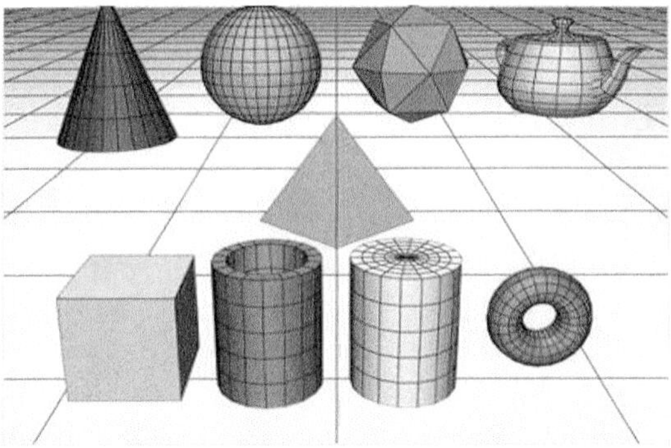

图 2-14

说明: 右击基本体，通过访问右键弹出菜单的相关命令，可以将标准基本体对象转换为可编辑网格对象、可编辑多边形对象和 NURBS 曲面。还可以将基本体转换为面片对象。

所有基本体都拥有名称和颜色控件，并且允许从键盘输入初始值。

2.4.1 长方体

长方体是 3ds Max 中最常用的几何体之一，创建过程十分简单，用户应熟练掌握，以便进行后面的学习。

（1）执行“文件”>“重置”菜单命令，重新设置系统，如图 2-15 所示。在命令面板中依次选择“创建”>“几何体”>“标准基本体”>“长方体”命令。

（2）将鼠标放在顶视图中，可以看到鼠标变成了十字光标。按下鼠标左键，并拖动鼠标画一个矩形代表长方体的底面，松开左键并向下或向上移动鼠标，在其他视图中同步发生变化代表长方体的高度，在适当的位置单击鼠标左键确定，这样一个长方体就制作完成了，如图 2-16 所示。

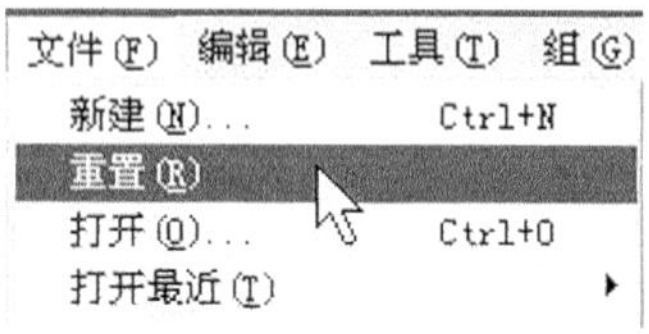

图 2-15

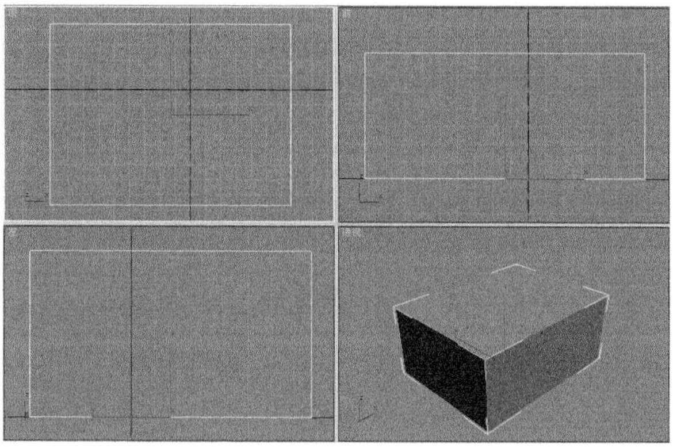

图 2-16

说明：创建立方体的方法和创建长方体的方法大致相同。但在创建立方体前需要先在“创建方法”卷展栏中选择“立方体”选项。

在长方体“属性”及“参数”卷展栏中，可以为长方体重新命名，修改显示颜色，修改它的长度、宽度和高度参数，以及长度段数、宽度段数和高度段数等参数。

说明：“段数”是几何对象的一个重要属性，通过段数的设置可以修改几何体的精细程度，否则一些预定的效果就难以达到。

以下几何体的创建方法与长方体的创建方法大同小异，不再具体讲解其创建过程，只就它们的相关参数加以解释说明。

2.4.2 圆锥体

使用“创建”命令面板上的“圆锥体”命令，可以产生直立或倒立的圆锥体，效果如图 2-17 所示，创建方法及参数卷展栏如图 2-18 所示。

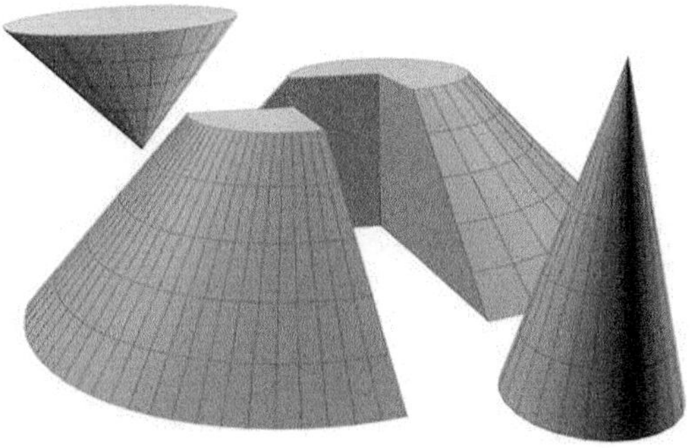

图 2-17

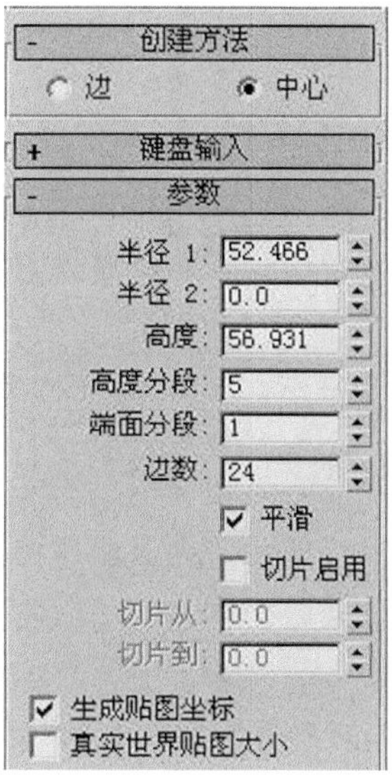

图 2-18

- 边——按照边来绘制圆锥体。通过移动鼠标可以更改中心位置。
- 中心——从中心开始绘制圆锥体。

说明：使用默认设置将生成 24 个面的平滑圆锥体，其轴点位于底部的中心。具有五个高度分段和一个端面分段。要改善渲染效果，则应增加圆锥体的高度分段数，尤其是尖顶圆锥体。

- 半径 1、半径 2——设置圆锥体的第一个半径和第二个半径，最小值为 0，负值将转换为 0。可以组合这些设置来创建直立或倒立的尖顶圆锥体和平顶圆锥体。

说明：如果半径 1 与半径 2 相同，则创建一个圆柱体。如果两个半径设置大小接近，则效果类似于将锥化修改器应用于圆柱体。

- 高度——设置沿着中心轴的维度。负值将在构造平面下面创建圆锥体。
- 高度分段——设置沿着圆锥体主轴的分段数。
- 端面分段——设置围绕圆锥体顶部和底部中心的同心分段数。
- 边数——设置圆锥体周围边数。启用“平滑”时，较大的数值将使圆锥体的横截面被渲染成真正的圆形。禁用“平滑”时，较小的数值将使圆锥体的横截面被渲染成规则的多边形。
- 平滑——混合圆锥体的面，从而在渲染视图中创建平滑的外观。
- 切片启用——启用“切片”功能。默认设置为禁用状态。

说明：创建切片后，如果禁用“切片启用”，则将重新显示完整的圆锥体。可以使用此复选框在两种拓扑之间切换。

- 切片从，切片到——设置切片的开始角度和结束角度。

说明：对于这两个设置，正数值将按逆时针方向移动切片的末端；负数值将按顺时针方向移动切片的末端。这两个设置的先后顺序无关紧要。端点重合时，将重新显示整个圆锥体。

- 生成贴图坐标——启用该项，在创建圆锥体时会自动生成圆锥体的贴图坐标，以便更好地应用贴图和材质。默认设置为启用。
- 真实世界贴图大小——在使用材质时，该选项用于控制“纹理贴图材质”所使用的缩放方法。默认设置为禁用。

2.4.3 球体

使用“球体”命令将生成完整的球体、半球体或球体的其他部分。还可以围绕球体的垂直轴对其进行“切片”。球体效果如图 2-19 所示。球体的创建方法及参数卷展栏如图 2-20 所示。

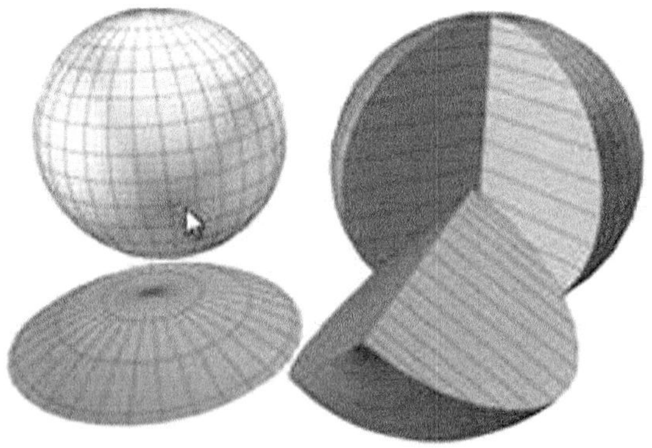

图 2-19

图 2-20

- 边——按照边来绘制球体。通过移动鼠标可以更改中心位置。
- 中心——从中心开始绘制球体。使用默认设置可以生成轴点位于中心的 32 个分段的平滑球体。
- 半径——指定球体的半径。
- 分段——设置球体表面的分段数目。
- 平滑——混合球体的面，从而在渲染视图中创建平滑的外观。
- 半球——使用该数值将从底部“切断”球体，以创建部分球体。值的范围可以从 0.0 至 1.0。当设值为 0.0 时生成完整的球体，设置为 0.5 时生成半球，设置为 1.0 时会使球体消失。

“切除”和“挤压”选项用来切换半球的创建选项。如图 2-21 所示，为在半球创建过程中使用“切除”和“挤压”选项的不同效果。

- 切除——采用“切除”的方法生成不完整的球体，球体的顶点数和面数都会减少。

默认设置为启用。

- 挤压——采用“挤压”的方法生成不完整的球体，但仍保持原始球体中的顶点数和面数，将几何体向着球体的顶部“挤压”为越来越小的体积。
- 切片启用——用于生成不完整的球体。
- 切片从——设置切片的起始角度。
- 切片到——设置切片的停止角度。

说明：对于这两个设置，正数值将按逆时针方向移动切片的末端；负数值将按顺时针方向移动切片的末端。这两个设置的先后顺序无关紧要。端点重合时，将重新显示整个球体。

- 轴心在底部——将球体沿着其局部 Z 轴向上移动，以便轴点位于其底部。如果禁用此选项，轴点将位于球体中心的构造平面上。默认设置为禁用。

如图 2-22 所示，是设置轴心在底部时的效果。

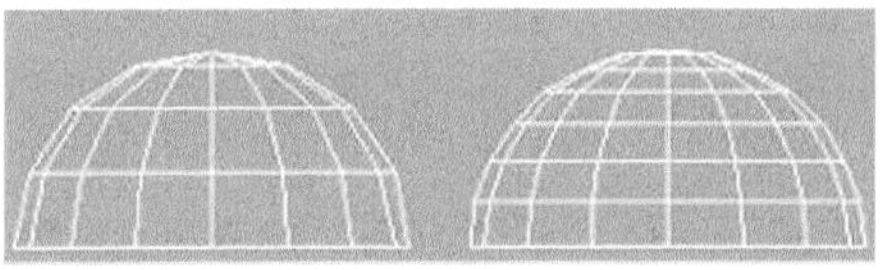

图 2-21

图 2-22

说明：启用“轴心在底部”可以放置球体，以便它们可以停留在构造平面上，像桌子上的撞球。使用该选项还可以设置半球的动画，以便其从构造平面升起或落下。

- 生成贴图坐标——启用该项，在创建球体时会自动生成球体的贴图坐标，以便更好地应用贴图和材质。默认设置为启用。
- 真实世界贴图大小——在使用材质时，该选项用于控制“纹理贴图材质”所使用的缩放方法。默认设置为禁用。

2.4.4 几何球体

使用“几何球体”命令可以基于三类“基点面类型”创建球体，效果如图 2-23 所示。几何球体的创建方法及参数卷展栏如图 2-24 所示。

说明：与标准球体相比，几何球体能够生成更规则的曲面。在指定相同面数的情况下，它们也可以使用比标准球体更平滑的剖面进行渲染。与标准球体不同，几何球体没有极点，这对于应用某些修改器（如自由形式变形修改器）非常有用。

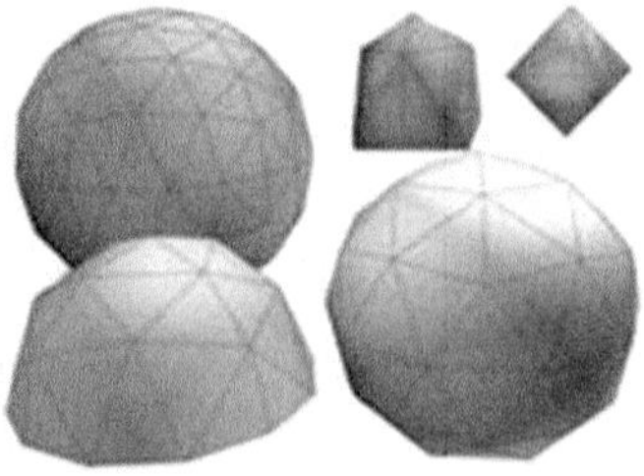

图 2-23

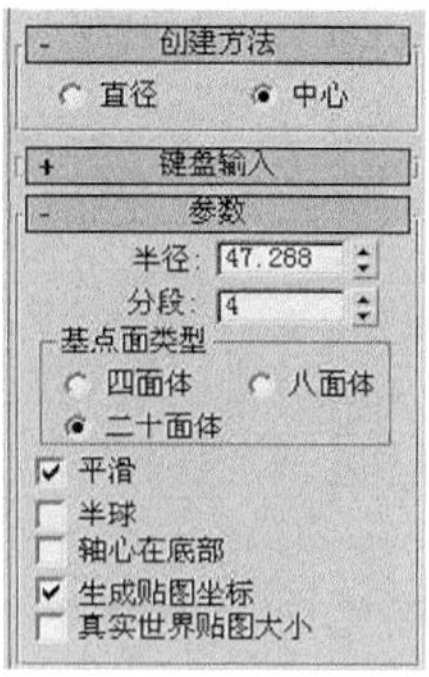

图 2-24

- 直径——按照边来绘制几何球体。通过移动鼠标可以更改中心位置。
- 中心——从中心开始绘制几何球体。
- 半径——设置几何球体的大小。
- 分段——设置几何球体中的总面数。几何球体中的面数等于基础多面体的面数乘以分段的平方。

说明: 分段值越低越好。使用最大分段值 200 最多可以生成 800 000 个面，从而会降低计算机的运行性能。

- 平滑——混合球体的面，从而在渲染视图中创建平滑的外观。
- 半球——创建半个球体。
- 轴心在底部——设置轴心点位置。如果启用此选项，轴心点将位于球体的底部。如果禁用此选项，轴心点将位于球体的中心。启用“半球”时，此选项无效。
- 生成贴图坐标——启用该项，在创建几何球体时会自动生成球体的贴图坐标，以便更好地应用贴图和材质。默认设置为启用。
- 真实世界贴图大小——在使用材质时，该选项用于控制“纹理贴图材质”所使用的缩放方法。默认设置为禁用。

2.4.5 圆柱体

使用“圆柱体”命令用于生成圆柱体，可以围绕其主轴进行“切片”。如图 2-25 所示，是圆柱体的实例效果。圆柱体的创建方法与参数卷展栏如图 2-26 所示。

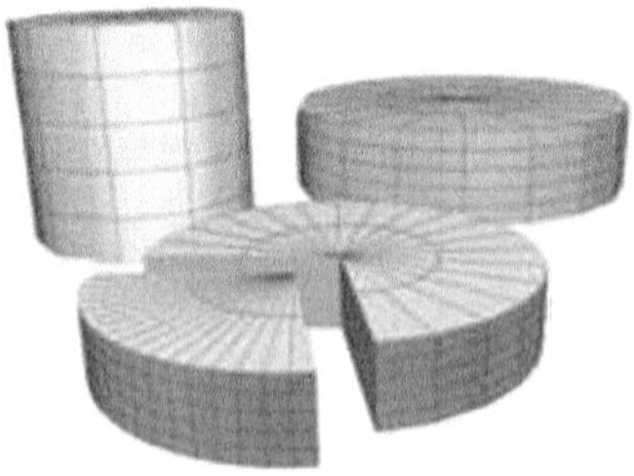

图 2-25

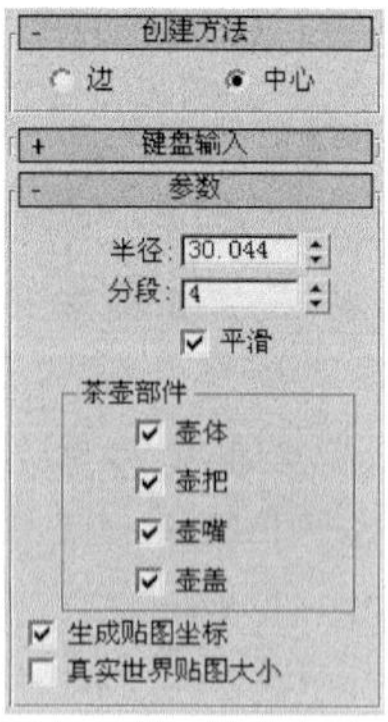

图 2-26

- 边——按照边来绘制圆柱体。通过移动鼠标可以更改中心位置。
- 中心——从中心开始绘制圆柱体。

说明：使用默认设置将生成 18 个面的平滑圆柱体，其轴点位于底部的中心。具有五个高度分段和一个端面分段。如果不计划修改圆柱体的形状（如"弯曲"修改器），则将"高度分段"设置为 1，可降低场景的复杂性。如果计划修改圆柱体尾端，则考虑提高"端面分段"设置。

- 半径——设置圆柱体的半径。
- 高度——设置沿着中心轴的维度。负数值将在构造平面下面创建圆柱体。
- 高度分段——设置沿着圆柱体主轴的分段数量。
- 端面分段——设置围绕圆柱体顶部和底部中心的同心分段数量。
- 边数——设置圆柱体周围的边数。启用"平滑"时，较大的数值将使圆柱体的横截面被渲染成为真正的圆形。禁用"平滑"时，较小的数值将使圆柱体的横截面被渲染成规则的多边形。
- 平滑——将圆柱体的各个面混合在一起，从而在渲染视图中创建平滑的外观。
- 切片启用——启用"切片"功能。用于生成不完整的圆柱体。

说明：创建切片后，如果禁用"切片启用"，则将重新显示完整的圆柱体。可以使用此复选框在两个拓扑之间切换。

- 切片从，切片到——设置切片的起始角度和停止角度。

说明：对于这两个设置，正数值将按逆时针方向移动切片的末端，负数值将按顺时针方向移动切片的末端。这两个设置的先后顺序无关紧要。端点重合时，将重新显示整个圆柱体。

- 生成贴图坐标——启用该项，在创建圆柱体时会自动生成球体的贴图坐标，以便更好地应用贴图和材质。默认设置为启用。
- 真实世界贴图大小——在使用材质时，该选项用于控制"纹理贴图材质"所使用的缩放方法。默认设置为禁用。

2.4.6 管状体

使用"管状体"命令可生成圆形管道或棱柱形管道。管状体类似于中空的圆柱体。如图 2-27 所示，为管状体的几种示例效果。管状体的创建方法与参数卷展栏如图 2-28 所示。

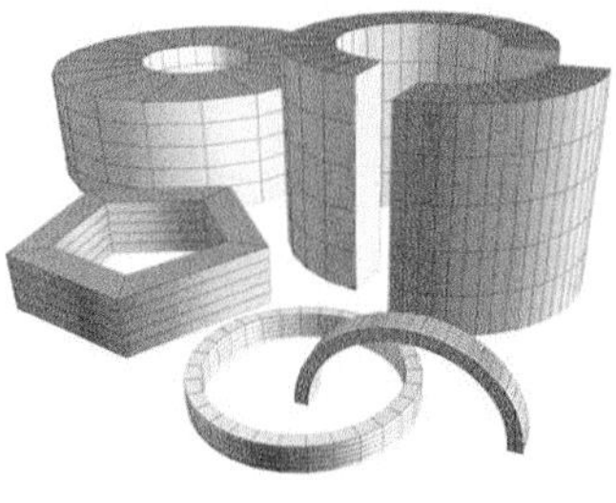

图 2-27

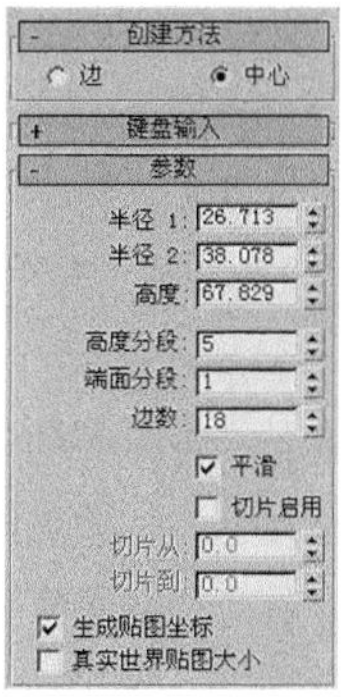

图 2-28

- 边——按照边来绘制管状体。通过移动鼠标可以更改中心位置。
- 中心——从中心开始绘制管状体。

说明：使用默认设置将生成18个面的平滑圆形管状体，其轴点位于底部的中心。具有五个高度分段和一个端面分段。如果不计划修改管状体的形状（如“弯曲”修改器），则将“高度分段”设置为1，可降低场景的复杂性。如果计划修改管状体尾端，则考虑提高“端面分段”设置。

- 半径1，半径2——较大的设置将指定管状体的外部半径，而较小的设置则指定内部半径。
- 高度——设置沿着中心轴的维度。负数值将在构造平面下面创建管状体。
- 高度分段——设置沿着管状体主轴的分段数量。
- 端面分段——设置围绕管状体顶部和底部中心的同心分段数量。
- 边数——设置管状体周围边数。启用“平滑”时，较大的数值将使管状体的横截面被渲染成真正的同心圆形。禁用“平滑”时，较小的数值将使管状体的横截面被渲染成规则的同心多边形。
- 平滑——启用此选项后（默认设置），将管状体的各个面混合在一起，从而在渲染视图中创建平滑的外观。
- 切片启用——启用“切片”功能，用于删除一部分管状体的周长。默认设置为禁用。

说明：创建切片后，如果禁用“切片启用”，则将重新显示完整的管状体。因此，可以使用此复选框在两种拓扑之间切换。

- 切片从，切片到——设置切片的起始角度和停止角度。

说明：对于这两个设置，正数值将按逆时针方向移动切片的末端，负数值将按顺时针方向移动切片的末端。这两个设置的先后顺序无关紧要。端点重合时，将重新显示整个管状体。

- 生成贴图坐标——启用该项，在创建管状体时会自动生成球体的贴图坐标，以便更好地应用贴图和材质。默认设置为启用。
- 真实世界贴图大小——在使用材质时，该选项用于控制“纹理贴图材质”所使用的缩放方法。默认设置为禁用。

2.4.7 圆环

使用“圆环”命令可生成一个环形或具有圆形横截面的环。可以将平滑选项与旋转和扭曲设置组合使用，以创建复杂的变体。如图2-29所示，是圆环基本体的几种示例形状。圆环的创建方法与参数卷展栏如图2-30所示。

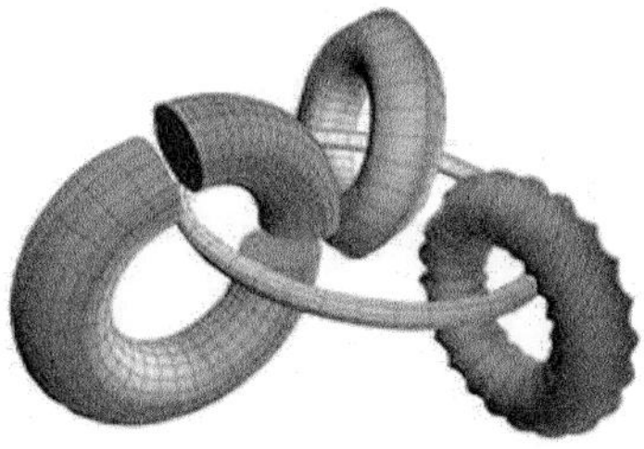

图 2-29

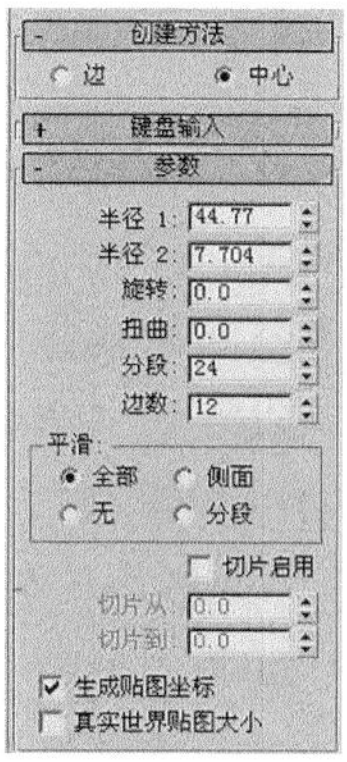

图 2-30

- 边——按照边来绘制圆环。通过移动鼠标可以更改中心位置。
- 中心——从中心开始绘制圆环。

说明：默认设置将生成带有 12 个面和 24 个分段的平滑圆环。轴点位于平面上环形的中心，通过环形的中心进行裁切。边数和分段数设置越高，就会生成密度越大的几何体，一些建模或渲染情况可能需要这样的几何体。

半径 1——设置从环形的中心到横截面圆形中心的距离。

半径 2——设置横截面圆形的半径。默认设置为 10。

如图 2-31 所示，为圆环基本体的半径示意图。

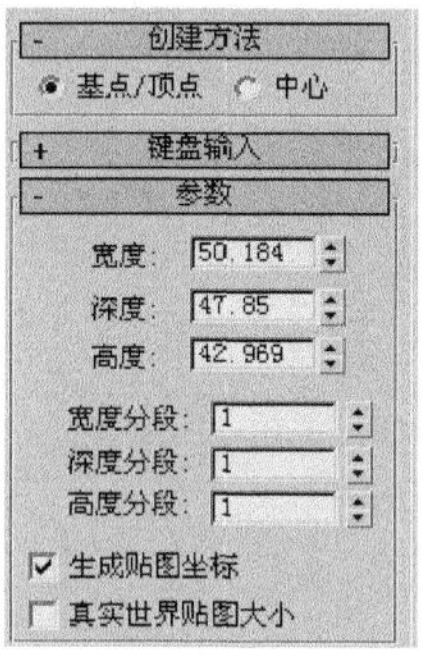

图 2-31

- 旋转——设置旋转的度数。顶点将围绕通过圆环截面圆的中心旋转。
- 扭曲——设置扭曲的度数。横截面将围绕圆环截面圆的圆心逐渐旋转扭曲。从扭曲开始，每个后续横截面都将旋转扭曲，直至旋转扭曲到最后一个横截面。

说明：扭曲闭合的圆环将在第一个分段上创建一个收缩。通过以 360° 的增量进行扭曲，或通过启用“切片”，并将“切片起始位置”和“切片结束位置”设置为 0，以保持完整的圆环。

- 分段——设置围绕环形的分段数目。通过减小此数值，可以创建多边形圆环。
- 边数——设置圆环横截面圆形的边数。通过减小此数值，可以创建类似于棱锥的横截面，而不是圆形。

- 切片启用——创建不完整的圆环，而不是整个 360° 的圆环。
- 切片从——指定圆环切片开始的角度。
- 切片到——指定圆环切片结束的角度。
- 生成贴图坐标——启用该项，在创建圆环时会自动生成球体的贴图坐标，以便更好地应用贴图和材质。默认设置为启用。
- 真实世界贴图大小——在使用材质时，该选项用于控制“纹理贴图材质”所使用的缩放方法。默认设置为禁用。

“平滑”组用来设置圆环的平滑方式：

- 全部——将在圆环的所有曲面上生成完整平滑，此项为默认设置。
- 侧面——平滑相邻分段之间的边，从而生成围绕圆环运行的平滑带。
- 无——完全禁用平滑，从而在圆环上生成类似棱锥的面。
- 分段——分别平滑每个分段，从而沿着圆环生成类似环的分段。

2.4.8 四棱锥

“四棱锥”拥有方形或矩形底部和三角形侧面。如图 2-32 所示，是四棱锥的几种示例效果。四棱维创建方法和参数卷展栏如图 2-33 所示。

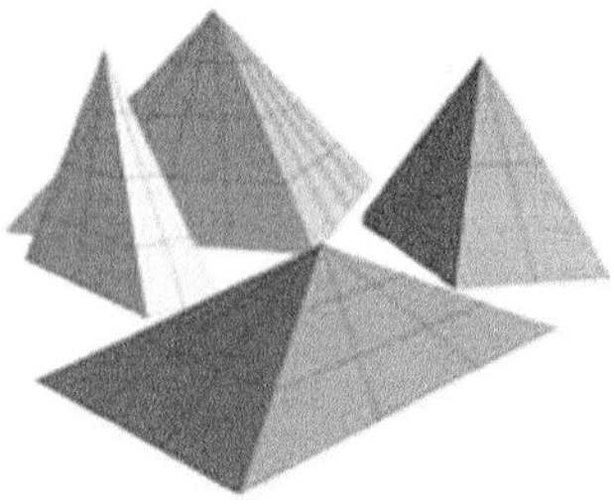

图 2-32

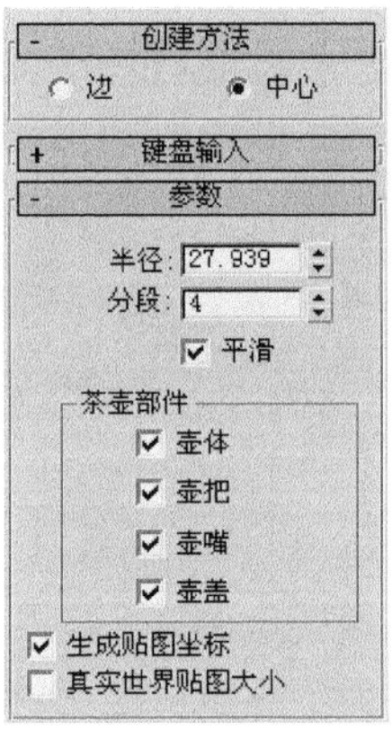

图 2-33

- 基点/顶点——从一个角到斜对角创建四棱锥底部。
- 中心——从中心开始创建四棱锥底部。
- 宽度、深度和高度——设置四棱锥对应面的维度。
- 宽度、深度和高度分段——设置四棱锥对应面的分段数。
- 生成贴图坐标——启用该项，在创建四棱锥时会自动生成球体的贴图坐标，以便更好地应用贴图和材质。默认设置为启用。
- 真实世界贴图大小——在使用材质时，该选项用于控制“纹理贴图材质”所使用的缩放方法。默认设置为禁用。

2.4.9 茶壶

如图 2-34 所示，是茶壶的示例效果。茶壶的创建方法及参数卷展栏如图 2-35 所示。

说明：茶壶具有四个独立的部件：壶体、壶把、壶嘴和壶盖。控件位于“参数”卷展栏的“茶壶部件”组中。可以选择要同时创建部件的任意组合。单独的壶体是现成的碗或带有可选壶盖的壶。

图 2-34

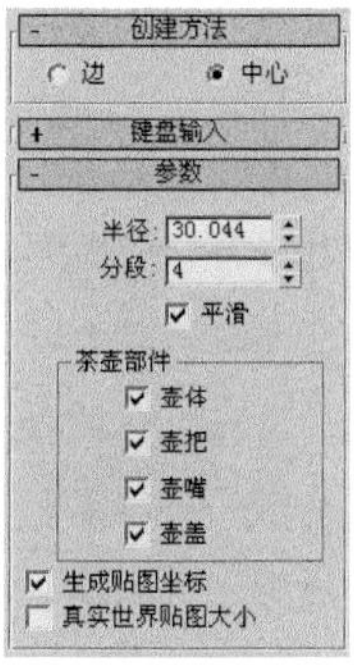

图 2-35

- 边——按照边来绘制茶壶。通过移动鼠标可以更改中心位置。
- 中心——从中心开始绘制茶壶。
- 半径——设置茶壶的半径。
- 分段——设置茶壶或其单独部件的分段数。
- 平滑——混合茶壶的面，从而在渲染视图中创建平滑的外观。
- 茶壶部件——启用或禁用“茶壶部件”的相关复选框。默认情况下，将启用所有部件，从而生成完整茶壶。
- 生成贴图坐标——启用该项，在创建管状体时会自动生成球体的贴图坐标，以便更好地应用贴图和材质。默认设置为启用。
- 真实世界贴图大小——在使用材质时，该选项用于控制“纹理贴图材质”所使用的缩放方法。默认设置为禁用。

2.4.10 平面

如图 2-36 所示，是平面的示例效果。创建平面的参数卷展栏如图 2-37 所示。

说明：“平面”对象是特殊类型的平面多边形网格，可在渲染时无限放大。可以指定放大分段大小和/或数量的因子。使用“平面”对象来创建大型地平面并不会妨碍在视口中工作。可以将任何类型的修改器应用于平面对象（如位移），以模拟陡峭的地形。

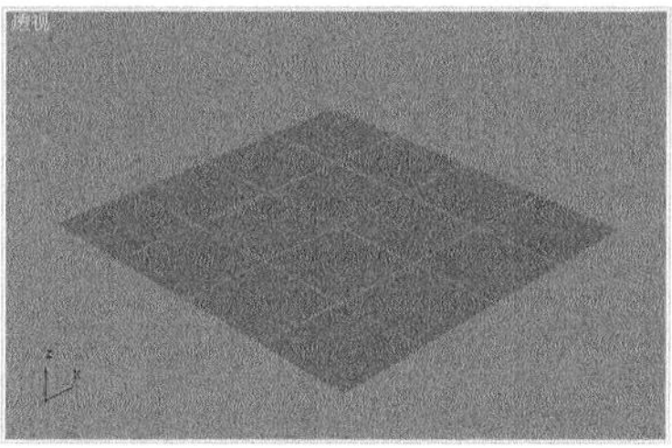

图 2-36

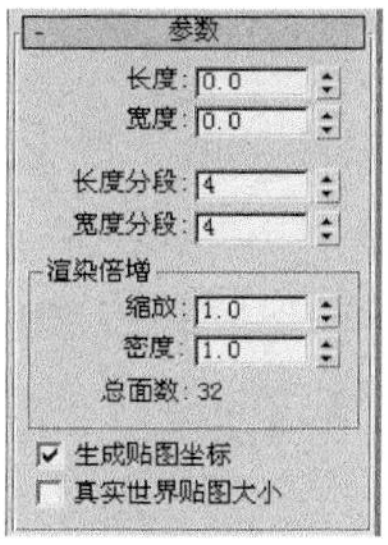

图 2-37

- 长度、宽度——设置平面对象的长度和宽度。在拖动长方体的侧面时，这些字段也作为读数。可以修改这些值。默认设置为 0.0 和 0.0。
- 长度、宽度分段——设置沿着对象每个轴的分段数量。在创建前后设置均可。默认情况下，平面的每个面都拥有四个分段。当重置这些值时，新值将成为再次创建平面时的默认值。
- 生成贴图坐标——启用该项，在创建平面时会自动生成球体的贴图坐标，以便更好地应用贴图和材质。默认设置为启用。
- 真实世界贴图大小——在使用材质时，该选项用于控制“纹理贴图材质”所使用的缩放方法。默认设置为禁用。
- 渲染缩放——指定长度和宽度在渲染时的倍增因子。将从中心向外执行缩放。
- 渲染分段——指定长度和宽度分段数在渲染时的倍增因子。

2.5 扩展基本体

3ds Max 中共有 13 种扩展基本体，如图 2-38 所示。可以通过选择“创建”>“几何体” >“扩展基本体”命令，或执行“创建”>“扩展基本体” 菜单命令来创建扩展基本体。

2.5.1 异面体

执行“文件”>“重置”菜单命令，重新设置系统。选择“创建”>“几何体” >“扩展基本体”命令，然后在“对象类型”卷展栏中单击“异面体”按钮。

在顶视图按下鼠标左键并拖动，在适当的位置松开，一个异面体就完成了，如图 2-39 所示。

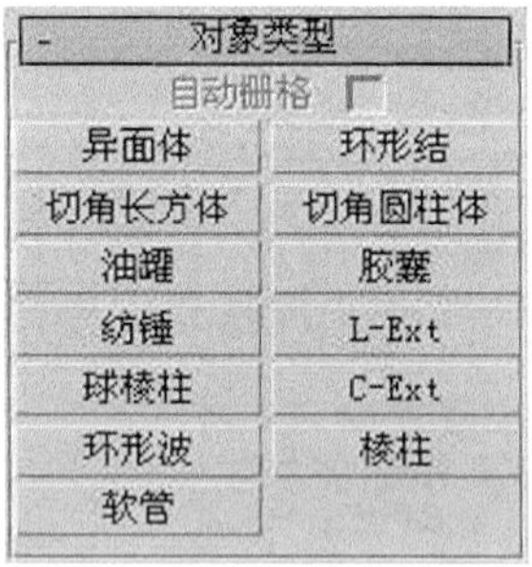

图 2-38

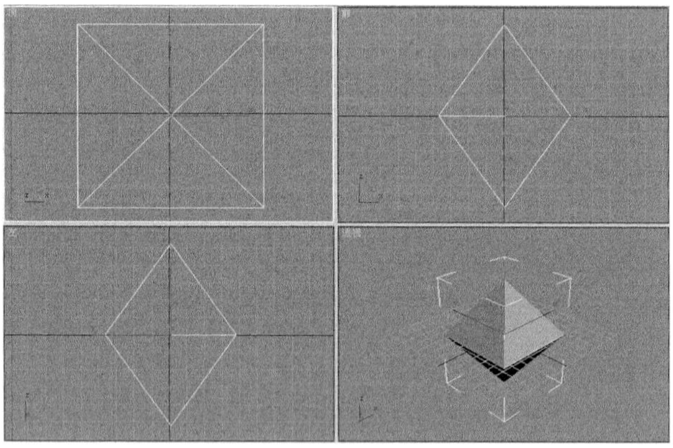

图 2-39

异面体参数卷展栏包括 4 个选项组，分别是：“系列”组，使用该组可选择要创建的异面体的类型，包括四面体、立方体/八面体、十二面体/二十面体、星形 1 和星形 2，共 5 种，如图 2-40 所示；“系列参数”组，用于控制多面体顶点和面之间的转换，如图 2-41 所示；“轴向比率”组，用于控制如何由三角形、四边形和五边形构成多面体的表面，如图 2-42 所示；“顶点”组，用于控制顶点的位置，如图 2-43 所示。

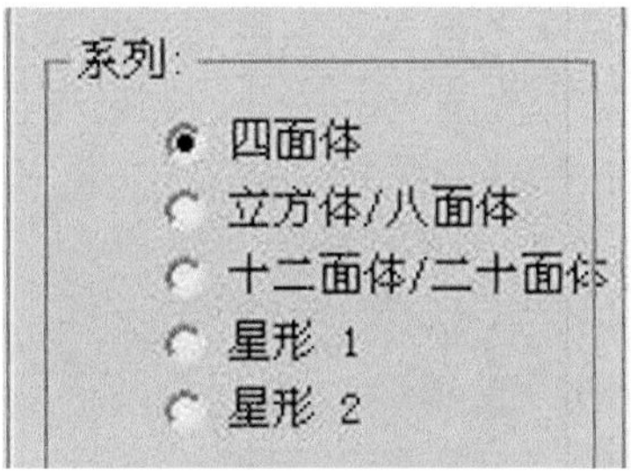

图 2-40

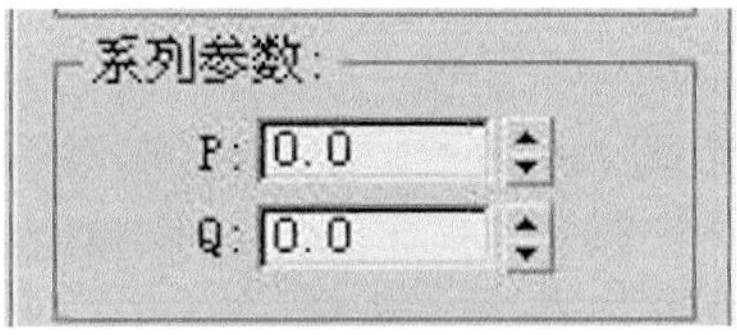

图 2-41

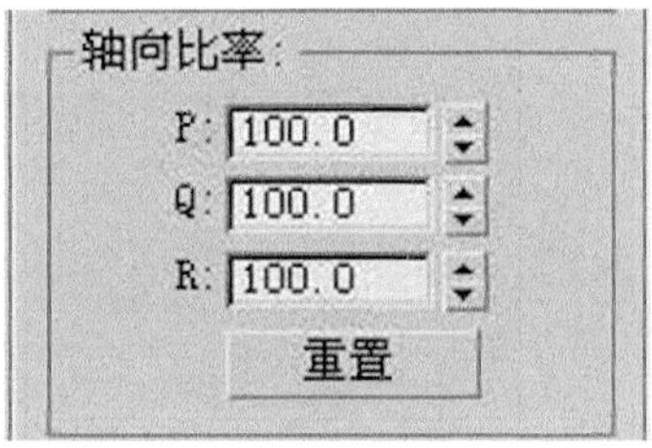

图 2-42

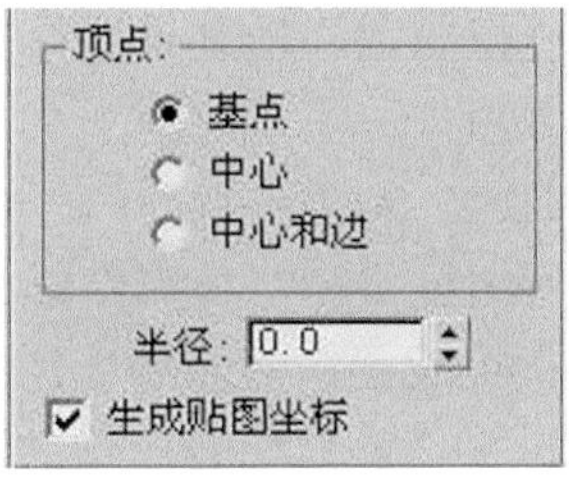

图 2-43

2.5.2 环形结

执行“文件”＞“重置”菜单命令，重新设置系统。选择“创建”＞“几何体”＞“扩展基本体”命令，然后在“对象类型”卷展栏单击“环形结”按钮。

在顶视图按下鼠标左键并拖动，在适当的位置松开，移动调整环形结的粗细，再次单击左键确定，完成创建环形结，如图 2-44 所示。

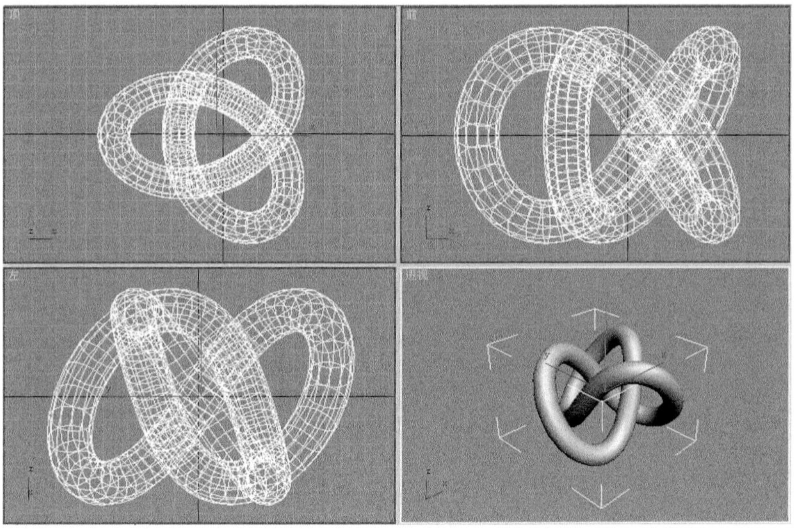

图 2-44

创建环形结的参数卷展栏内容如下。

- 直径——按照边来绘制对象。通过移动鼠标可以更改中心位置。
- 半径——从中心开始绘制对象。

“基础曲线”组提供影响基础曲线的参数，如图 2-45 所示。

● 结/圆——选择“结”选项时，环形将基于其他各种参数自身交织。选择“圆”选项时，环形节的“基础曲线”将是一个圆形。选择“圆”选项时，如果在其默认设置中保留“扭曲”和“偏心率”的默认参数，则会产生标准的环形。

● 半径——设置“基础曲线”的半径。

● 分段——设置围绕环形周界的分段数。

● P 和 Q——描述上下（P）和围绕中心（Q）的缠绕数值。(此两项只有在选中“结”时才处于活动状态)。

● 扭曲数——只有在选择“圆”选项时才起作用。当数值大于 0 时，圆环将呈现星形形状，此时“扭曲数”用来设置星形的顶点数。

● 扭曲高度——只有在选择“圆”选项时才起作用。“扭曲高度”用来设置星形的顶点与“基础曲线”的距离。

“横截面”组提供影响环形结横截面的参数，如图 2-46 所示。

● 半径——设置横截面的半径。

● 边数——设置横截面周围的边数。

● 偏心率——设置横截面主轴与副轴的比率。值为 1 将提供圆形横截面，其他值将创建椭圆形横截面。

● 扭曲——设置横截面围绕基础曲线扭曲的次数。

● 块——设置环形结中“凸起”的数量。

● 块高度——设置“凸起”的高度。

● 块偏移——设置“凸起”的偏移效果。

注意:“块高度”和“块”微调器值必须大于 0 才能看到效果。

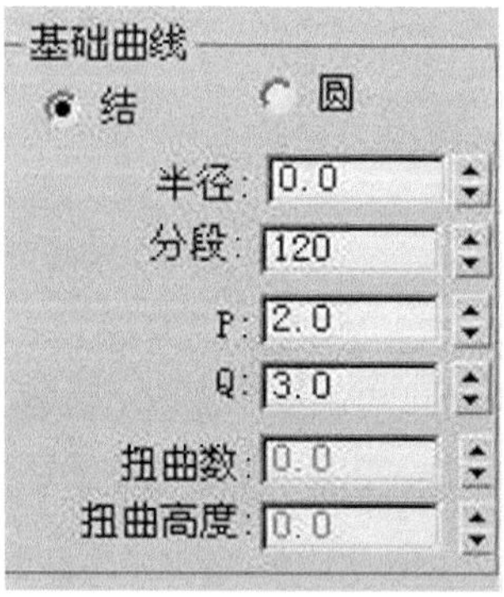

图 2-45

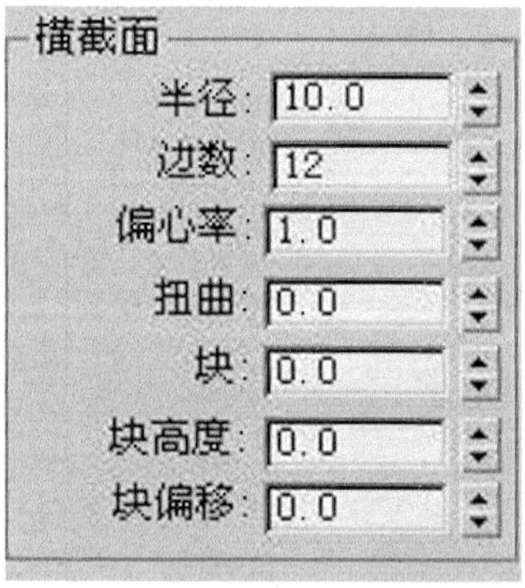

图 2-46

“平滑”组提供用于改变环形结平滑显示或渲染的选项。这种平滑不能移动或细分几何体，只能添加平滑组信息，如图 2-47 所示。

● 全部——对整个环形结进行平滑处理。

● 侧面——只对环形结的相邻面进行平滑处理。

● 无——使环形结的表面呈现面状效果。

“贴图坐标”组提供指定和调整贴图坐标的方法，如图 2-48 所示。

- 生成贴图坐标——启用该项，在创建环形节时会自动生成环形节的贴图坐标，以便更好地应用贴图和材质。默认设置为启用。
- 偏移 U/V——沿着 U 向和 V 向偏移贴图坐标。
- 平铺 U/V——沿着 U 向和 V 向平铺贴图坐标。

图 2-47

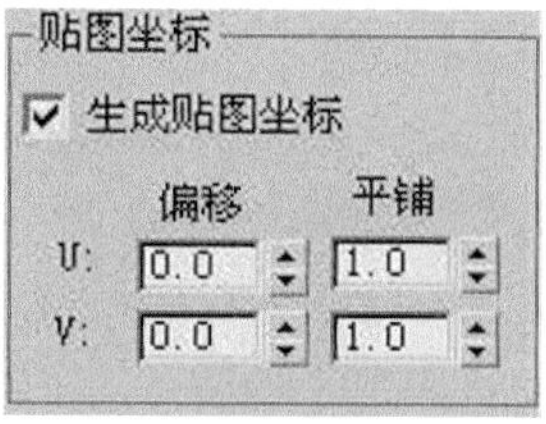

图 2-48

2.5.3 切角长方体

执行“文件” > “重置”命令，重新设置系统。选择“创建” > “几何体” > “扩展基本体”命令，然后在“对象类型”卷展栏单击“切角长方体”按钮。

在透视图按下鼠标左键并拖动绘制长方形底面，在适当的位置松开鼠标并向上或向下移动并单击鼠标左键确定切角长方体的高度，再次移动鼠标确定切角长方体切角的平滑程度，然后单击鼠标左键完成切角长方体的创建，如图 2-49 所示。

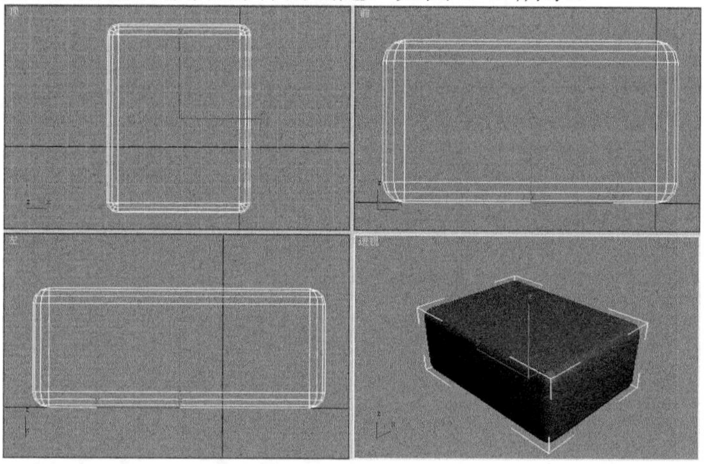

图 2-49

切角长方体的“创建方法”卷展栏内容如下。

- 立方体——使长度、宽度和高度都相等。
- 长方体——从一个角到斜对角创建切角长方体，切角长方体的长度、宽度和高度可以任意设置。

切角长方体的“参数”卷展栏如图 2-50 所示。

- 长度、宽度和高度——设置切角长方体的相应维度。
- 圆角——设置切角长方体的圆角度。值越高，切角长方体的圆角越大。
- 长度、宽度和高度分段——设置沿着相应轴的分段数量。
- 圆角分段——分段越多，圆角的光滑度越高。
- 平滑——混合切角长方体面的显示，从而在渲染视图时创建平滑的外观。

● 生成贴图坐标——启用该项，在创建切角长方体时会自动生成切角长方体的贴图坐标，以便更好地应用贴图和材质。默认设置为启用。

● 真实世界贴图大小——在使用材质时，该选项用于控制“纹理贴图材质”所使用的缩放方法。默认设置为禁用。

说明：切角长方体类似于标准基本体中的长方体，不同的是切角长方体增加了“圆角”参数，并可以设置圆角分段效果。

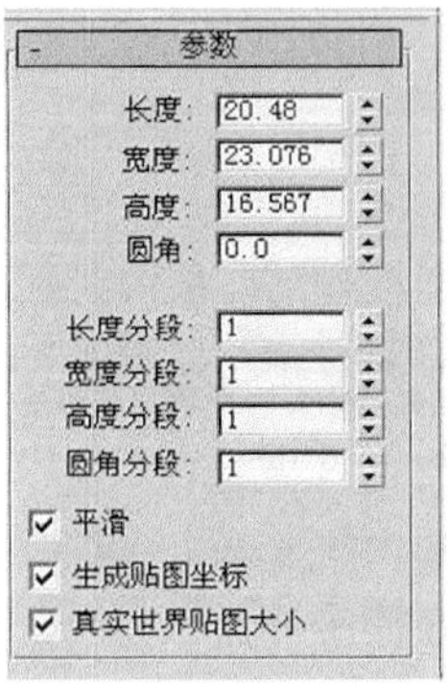

图 2-50

2.5.4 切角圆柱体

执行“文件”>“重置”菜单命令，重新设置系统。选择“创建”>“几何体” >“扩展基本体”命令，然后在“对象类型”卷展栏单击“切角圆柱体”按钮。

在透视图按下鼠标左键确定底面圆心的位置，拖动鼠标画一个圆形底面，在适当的位置松开鼠标，并向上或向下移动，然后单击鼠标左键确定切角圆柱体的高度。再次移动鼠标设定切角圆柱体切角的平滑程度，最后单击鼠标左键完成切角圆柱体的创建，如图 2-51 所示。

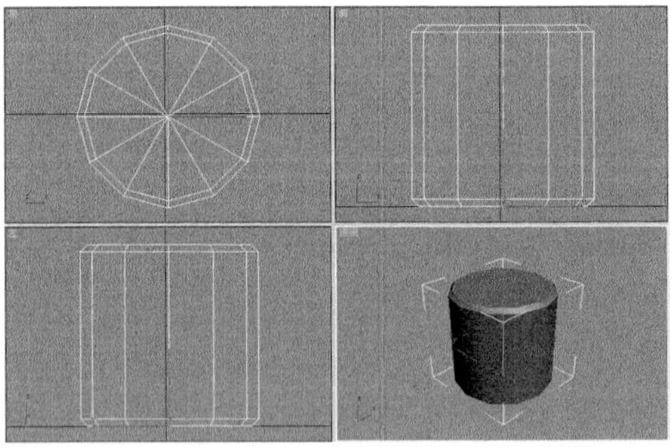

图 2-51

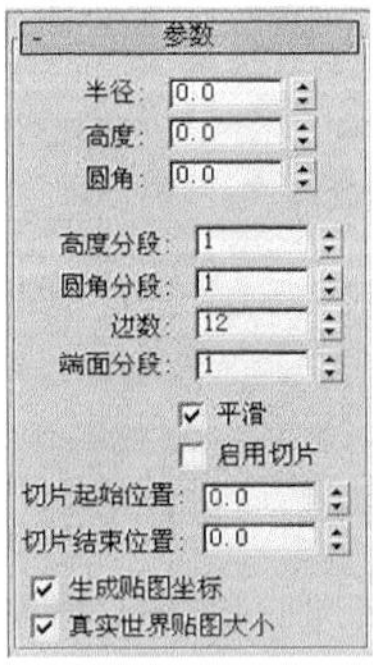

图 2-52

切角圆柱体的“创建方法”卷展栏内容如下。

● 边——按照边来绘制对象。通过移动鼠标可以更改中心位置。

● 中心——从中心开始绘制对象。

切角圆柱体的“参数”卷展栏如图 2-52 所示。

● 半径——设置倒角圆柱体的半径。

● 高度——设置沿着中心轴的维度。负数值将在构造平面下面创建倒角圆柱体。

- 圆角——设置切角圆柱体的圆角度。值越高，切角圆柱体的圆角越大。
- 高度分段——设置沿着相应轴的分段数量。
- 圆角分段——设置圆柱体切角边时的分段数。分段越多，圆角的光滑度越高。
- 边数——设置切角圆柱体周围的边数。启用“平滑”选项时，数值越大，切角圆柱体的截面圆越接近于圆形。禁用“平滑”选项时，较小的数值将创建规则的多边形横截面。
- 端面分段——设置沿着切角圆柱体顶部和底部分段数量。
- 平滑——混合切角圆柱体的面，从而在渲染视图中创建平滑的外观。
- 切片启用——启用“切片”功能，创建不完整的切角圆柱体。默认设置为禁用。
- 切片起始位置，切片结束位置——设置切片的起始角度和结束角度。
- 生成贴图坐标——启用该项，在创建切角圆柱体时会自动生成切角圆柱体的贴图坐标，以便更好地应用贴图和材质。默认设置为启用。
- 真实世界贴图大小——在使用材质时，该选项用于控制“纹理贴图材质”所使用的缩放方法。默认设置为禁用。

说明：创建切片后，如果禁用“启用切片”，则将重新显示完整的切角圆柱体。可以使用此复选框在两个拓扑之间切换。对于“切片起始位置”和“切片结束位置”这两个设置，正数值将按逆时针移动切片的末端；负数值将按顺时针移动它。这两个设置的先后顺序无关紧要。端点重合时，将重新显示整个切角圆柱体。

2.5.5 其他扩展基本体

除了前面讲述的扩展基本体以外，还有其他一些扩展基本体，包括油罐扩展基本体、胶囊扩展基本体、纺锤扩展基本体、L 形挤出扩展基本体、球棱柱扩展基本体、C 形挤出扩展基本体、环形波扩展基本体、棱柱扩展基本体以及软管扩展基本体等，对它们的创建方法以及参数属性，本书不再一一介绍，实例效果如图 2-53 所示。

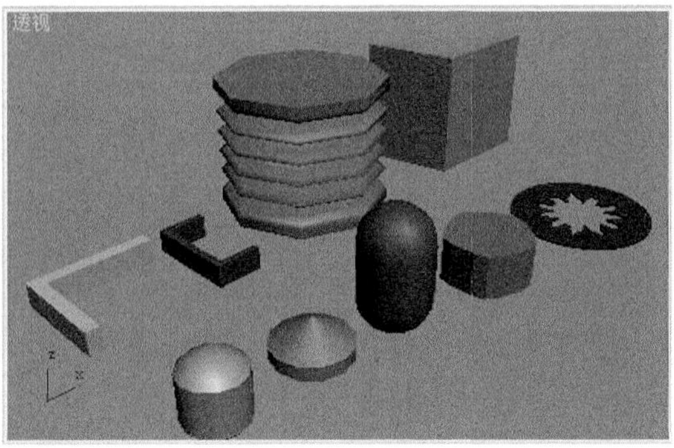

图 2-53

2.6 门和窗口

门和窗口在建筑建模中比较普遍，使用起来也比较方便。

2.6.1 创建门

（1）重新启动 3ds Max，或者在启动 3ds Max 的情况下执行“文件”>“重置”菜单命令。

（2）选择“创建”>“几何体”命令，在“物体类别”下拉列表中选择“门”，“对象类型”选项面板如图 2-54 所示。

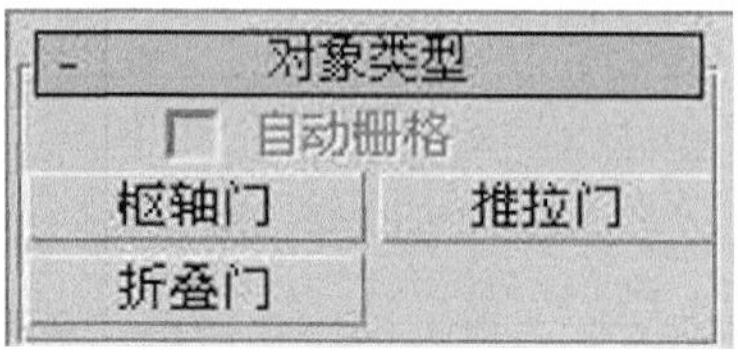

图 2-54

（3）分别选择枢轴门、推拉门与折叠门，然后在顶视图拖动鼠标创建三种类型的门，效果如图 2-55 所示。

图 2-55

说明：在图 2-55 中，左侧的为枢轴门，中间的是推拉门，右侧的是折叠门，这三种门各自有修改参数，大家可以自己边练边学。

2.6.2 创建窗口

3ds Max 中窗口一共有 6 种，分别是遮篷式窗口、平开窗口、固定式窗口、旋开窗口、伸出式窗口和推拉窗口，其中固定式窗口不能打开，效果如图 2-56 所示。

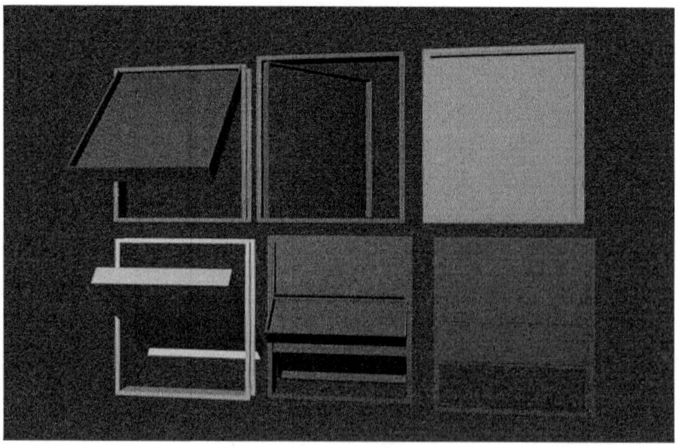

图 2-56

说明：在图 2-56 中，从上到下，从左到右依次为遮篷式窗口、平开窗口、固定式窗口、旋开窗口、伸出式窗口和推拉窗口，各自有修改参数，大家可以边练边学。

2.7　AEC 扩展对象

AEC 扩展对象包括 3 种类型，“对象类型”卷展栏如图 2-57 所示。

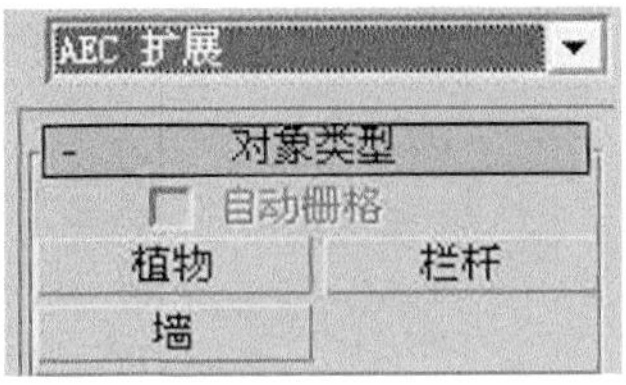

图 2-57

说明：这里以植物为例说明 AEC 扩展对象创建方法，不再对栏杆与墙详细介绍。

（1）复位 3ds Max 系统或者重新启动 3ds Max。

（2）进入“AEC 扩展”对象创建面板，选择“植物”，进入植物创建面板，如图 2-58 所示。

（3）在“收藏的植物”中选择树，例如“一般的棕榈”，然后在视图中单击鼠标创建一株植物，如图 2-59 所示。

图 2-58

图 2-59

说明：如果收藏的植物中没有需要的植物，可以单击“植物库”按钮选择其他比较满意的植物。

（4）单击“修改”按钮，进入“修改”命令面板，植物的参数面板如图 2-60 所示，通过“参数”卷展栏可以方便地修改植物的参数。

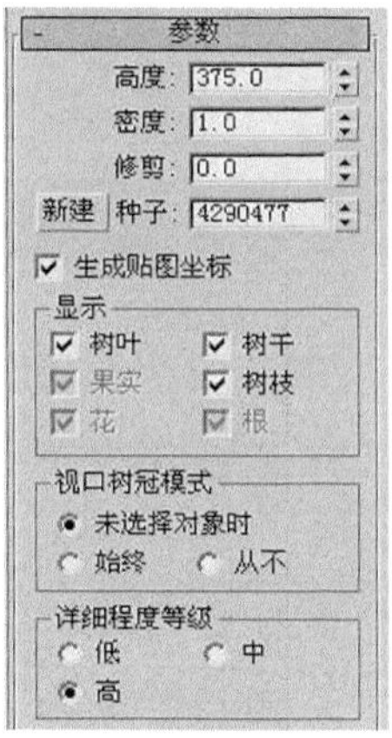

图 2-60

2.8　楼梯

在 3ds Max 中可以创建 4 种不同类型的楼梯：L 型楼梯、螺旋楼梯、直线楼梯和 U 型楼梯。各种楼梯的效果分别如图 2-61、图 2-62、图 2-63 和图 2-64 所示。

图 2-61

图 2-62

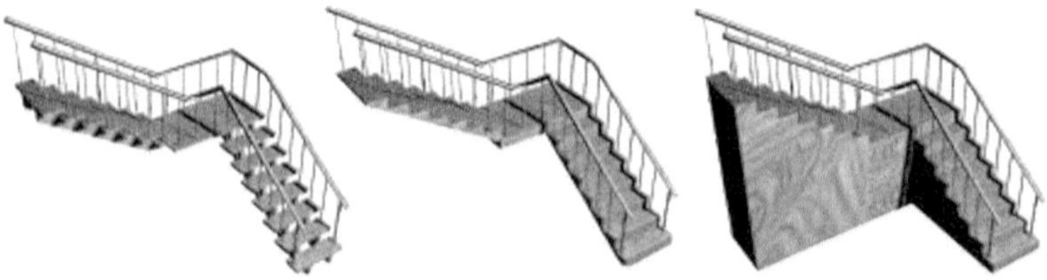

图 2-63

图 2-64

说明：各种楼梯都有各自的修改参数，大家可以边练边学。

2.9　样题解答

为了更好地学习本章和前一章内容，本解题方法可能与试题要求不完全一致，请参考使用。

（1）重新启动 3ds Max，或者在启动 3ds Max 的情况下执行 “文件” > “重置” 菜单命令。

（2）选择“创建”>“几何体”命令，进入几何体创建命令面板，在“物体类别”下拉列表中选择“标准基本体”。在“对象类型”面板中单击“圆柱体”按钮，如图 2-65 所示。

（3）在顶视图中拖动鼠标创建一个圆柱体，并在名称输入框中为圆柱体取名为“固定底座”，再为对象指定一种颜色，例如红色（R255、G76、B76），参数设置如图 2-66 所示。

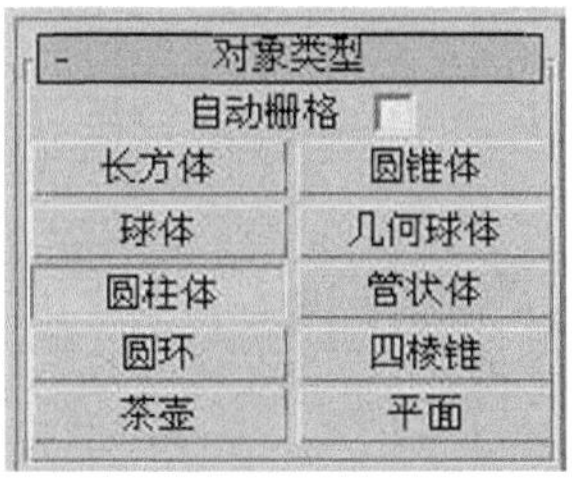

图 2-65

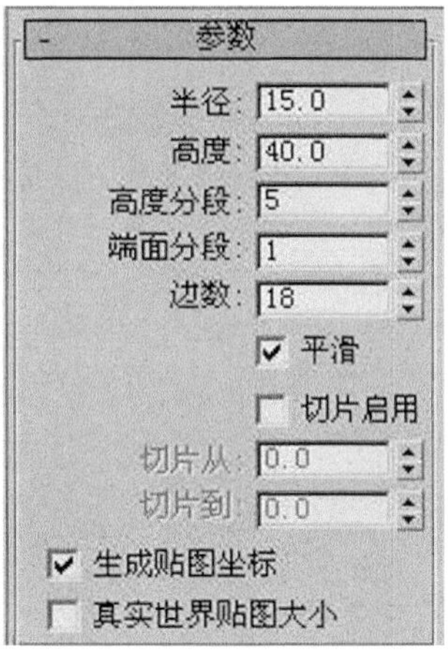

图 2-66

（4）在主工具栏中单击“选择并移动”按钮，右击前视图，配合键盘上的 Shift 键，在前视图中沿 Y 轴向下移动圆柱体，弹出“克隆选项”对话框，如图 2-67 所示，单击“确定”按钮，复制出“固定底座 01”。

（5）在选择“固定底座 01”的情况下，在命令面板上单击“修改”按钮，进入修改命令面板，如图 2-68 所示，修改“固定底座 01”的参数。

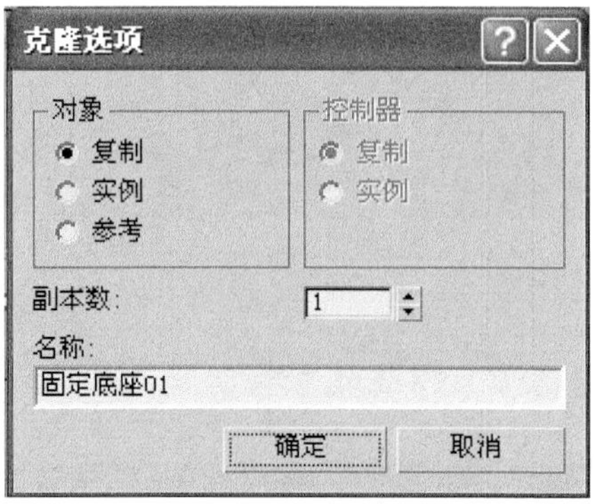

图 2-67

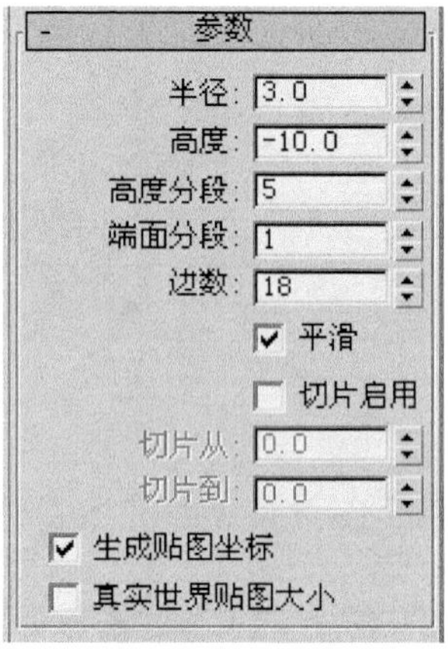

图 2-68

（6）选择“固定底座 01”情况下，在主工具栏上单击“对齐”按钮，在前视图中单击“固定底座”对象，弹出“对齐当前选项”对话框，如图 2-69 所示，进行设置。对齐效果如图 2-70 所示。

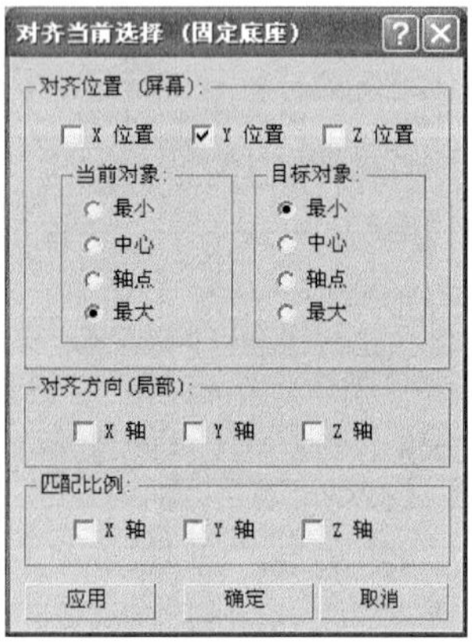

图 2-69

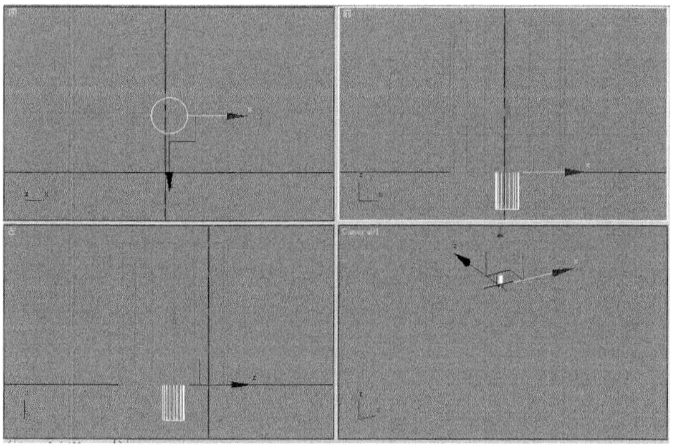

图 2-70

（7）按照创建“固定底座 01”的方法创建吊灯的“吊线”，参数设置如图 2-71 所示。效果如图 2-72 所示，设置颜色为蓝色（R96、G96、B255）。

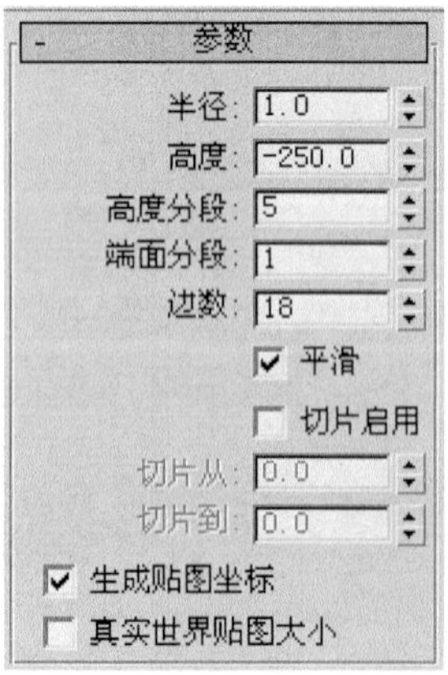

图 2-71

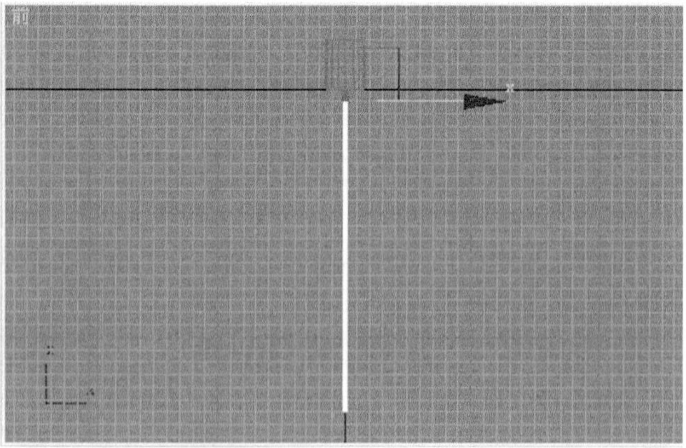

图 2-72

（8）在创建命令面板中选择“管状体”，在顶视图中创建一个管状体，修改其名称为“灯罩”，参数设置如图 2-73 所示，设置颜色为黄色（R255、G255、B109）。

（9）使用上面的方法将灯罩调整到合适的位置，效果如图 2-74 所示。

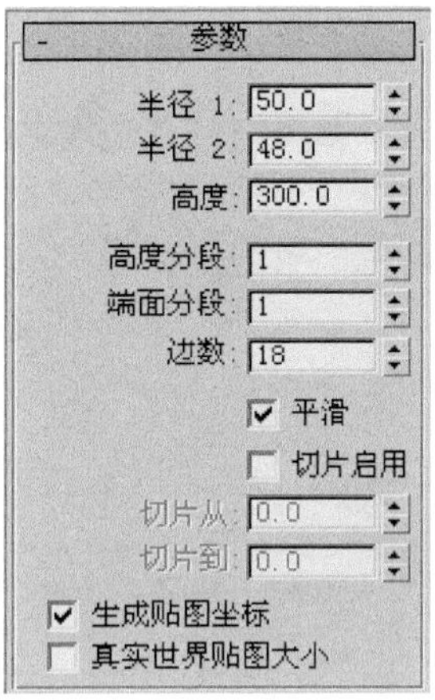

图 2-73

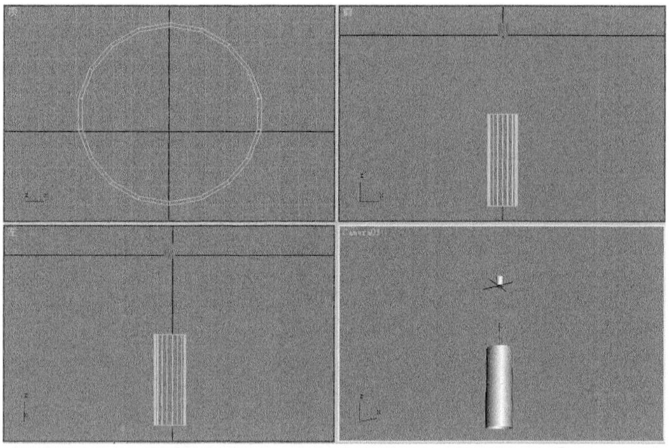

图 2-74

（10）全选吊灯的所有部件，执行“组”＞“成组”菜单命令，为组命名为“吊灯”。

（11）选择吊灯，单击主工具栏上的“选择并移动”按钮，在顶视图中配合键盘上的 Shift 键，沿 X 轴移动餐厅灯，再复制出两组餐厅灯，效果如图 2-75 所示。

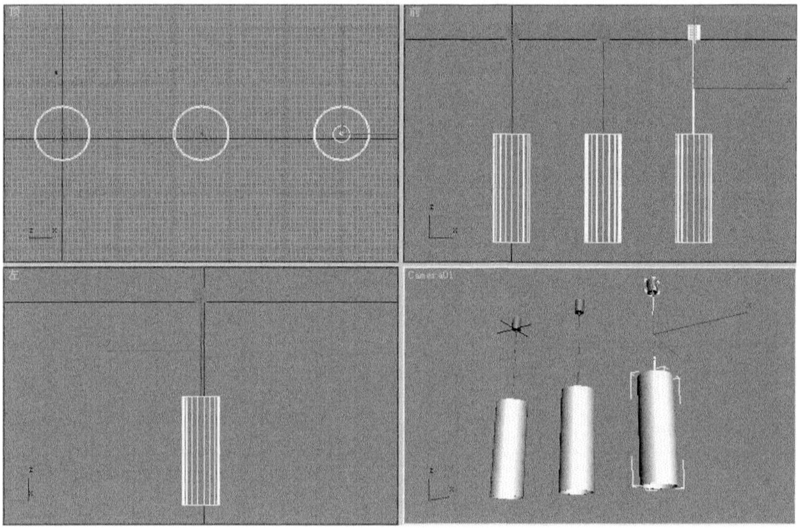

图 2-75

（12）保存场景，将最终结果以 X1-20.max 为文件名保存在桌面。

第 3 章　二维建模

二维图形也叫样条线图形，是进行三维建模的基础。3ds Max 中的二维图形是一种矢量线，由基本的点、片段和线等元素构成。3dx Max 二维图形的编辑方法和一些矢量图形软件相似，如 CorelDRAW、Illustrator 等，均是通过点两侧的曲率手柄来调节形态。所不同的是 3ds Max 的图形概念是空间的，可以在三维空间中编辑样条线的形态。

使用二维图形，可以执行下列操作。

- 生成面片和薄的三维曲面
- 定义放样组件，如路径和图形，并拟合曲线
- 生成旋转曲面
- 生成挤出对象
- 定义运动路径

3ds Max 提供了 11 种基本样条线图形和 2 种 NURBS 曲线，另外新版本中又增加了 5 种扩展样条线。因此，可以使用鼠标或通过键盘输入快速创建这些图形，然后将其组合，以便形成复合图形。

本章着重学习样条线与扩展样条线的创建与编辑方法，重点讲解“可编辑样条线”的编辑方法与编辑技巧。

本章还要学习一些修改器命令，如车削、挤出及倒角等。通过这些命令可以很轻松地把二维图形转换成三维几何对象。

本章技能考核点

- 创建和编辑样条线
- 创建扩展样条线
- 修改可编辑样条线
- 将二维图形转换成三维几何对象

评分细则

本章有 3 个评分点，每题 10 分。

序号	评分点	分值	得分条件	判分要求
1	绘制图形	2	按照要求正确绘制或载入图形	不符合要求不给分
2	创建模型	6	按照要求创建三维模型	模型不符合要求不给分
3	渲染效果	2	按照要求修饰效果	允许一定的创意发挥

本章导读

如上所述，我们明确了本章要求掌握的技能考核点以及对应《试题汇编》的评分点、得分条件和判分要求等。下面我们先在“样题示范”中展示《试题汇编》中一道关于使用二维建模方法制作吸顶灯的真实试题，并在“样题分析”中对如何解答这道试题进行分析，

然后通过一些案例来详细讲解本章中涉及到的技能考核点，最后通过“样题解答”来叙述“制作吸顶灯”这道试题的详细操作步骤。

3.1　样题示范

- 练习目的——由《试题汇编》中选取样题，观察本章题目类型，了解本章学习内容。
- 样题来源——《试题汇编》第 2 单元 2.20 题。
- 操作要点——使用画线命令、编辑样条线命令和车削修改命令创建模型，然后进行组合，制作吸顶灯。

【操作要求】

制作吸顶灯，效果如图 3-1 所示。

图 3-1

1．**绘制图形**：打开素材文件 Samples\ch03\Y2-20.max，如图 3-2 所示。

2．**创建模型**：将 Arc01、Line01、Line02 和 Line03 分别车削创建吸顶灯三维模型。

3．**渲染效果**：参照效果图（如图 3-1 所示）指定材质编辑器内所附材质（Bottom、Circle、Light）。

将最终结果以 X2-20.max 为文件名保存在桌面。

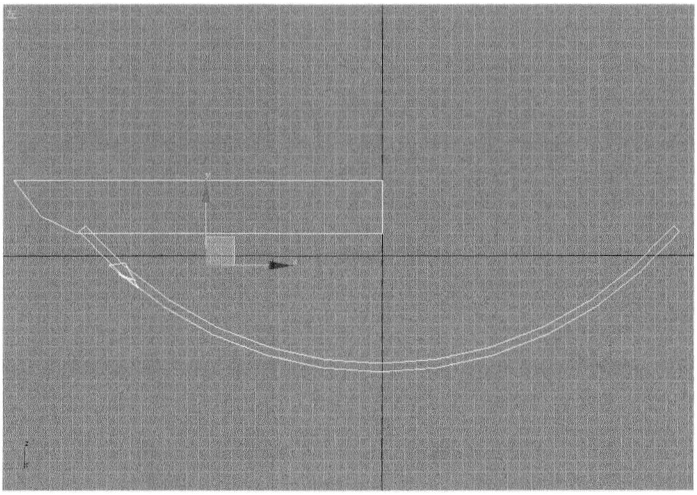

图 3-2

3.2 样题分析

本题是关于如何将二维样条线转换成三维模型的题目。

要创建吸顶灯模型，首先使用“样条线”绘制出吸顶灯的剖面图形，然后再通过“车削”修改器将剖面图形转换成三维模型。最后将各个部件合理地组合到一起，就可以创建出一个漂亮的吸顶灯模型。

解题过程中要使用到“编辑样条线”修改器和“车削”修改器，需要掌握“编辑样条线”相关操作技能。我们的学习就从了解和掌握这些技能考核点开始吧。

3.3 样条线

样条线包括线形样条线、矩形样条线、圆形样条线、椭圆形样条线、弧形样条线、圆环样条线、多边形样条线、星形样条线、文本样条线、螺旋线样条线和截面样条线等。

本小节介绍样条线和扩展样条线的创建方法，包括“常规”卷展栏中可用参数的设置。

3.3.1 线形样条线

使用“线”命令可创建多个分段组成的自由形式样条线。

通过下面两种方法之一均可以创建线形样条线。

- 选择“创建”＞“图形”＞“样条线”＞“线”命令。
- 执行“创建”＞“图形”＞“线”菜单命令。

如图 3-3 所示，为线形样条线示例效果。

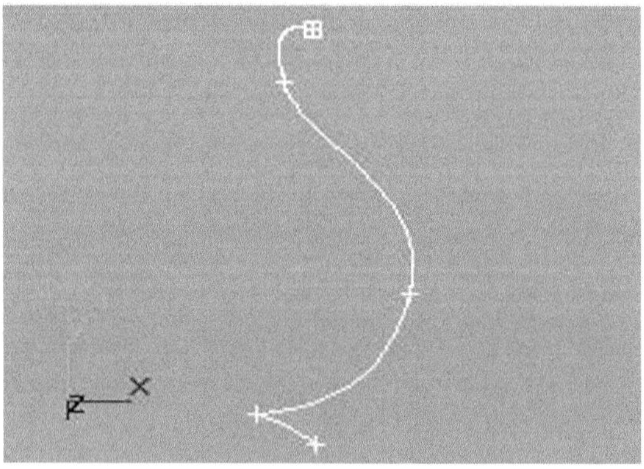

图 3-3

1．创建线的步骤

（1）单击“创建”按钮，进入“创建”命令面板，然后单击“图形”按钮，进入“图形”创建命令面板。

（2）在“对象类型”下拉列表中选择“样条线”。

（3）在“对象类型”卷展栏上单击“线”按钮。

（4）选择一种创建方法。

（5）单击或拖动起始点。

（6）单击或拖动添加的点。

说明：曲线的顶点共有“Bezier 角点”、“Bezier”、“角点”和“平滑”4 种类型，画线时如果单击鼠标则创建“角点型顶点”；如果拖动鼠标则创建“Bezier 顶点”。

（7）执行下列操作之一：

- 单击鼠标右键可创建一条开口的样条线。
- 单击第一个顶点并在“是否闭合样条线”对话框中单击“是”按钮，可创建一个闭合的样条线。

注意：在用鼠标创建样条线时，如果按住 Shift 键可将新点与前一点之间的增量约束在 90° 角以内。在用鼠标创建样条线时，如果按住 Ctrl 键可将新点的增量约束在一个角度之内，此角度量值取决于当前“角度捕捉”的设置。

说明：要设置该角度，可执行“自定义”>“栅格和捕捉设置”菜单命令，打开“栅格和捕捉设置”对话框中的“选项”选项卡，并改变“角度”字段的值。

2．用键盘创建线

（1）在 X、Y 和 Z 字段中输入相应的数值，用来指定顶点的坐标位置。

（2）单击“添加点”按钮可将顶点添加到指定的坐标位置。

（3）重复操作步骤（1）和操作步骤（2），继续添加样条线上的其他点。

（4）执行下列操作之一：

- 单击“完成”按钮可创建一条开口的样条线。
- 单击“关闭”按钮可将当前顶点与初始顶点相连接并且创建一个闭合的样条线。

注意：因为“线”对象在“修改”命令面板上没有尺寸参数，所以进入“修改”命令面板对线进行修改时，线会转化为“可编辑样条线”。当创建“线”时，“创建”面板会显示原始控件，如“插值”、“渲染”、“创建方法”和“键盘输入”。创建“线”后，如果进入“修改”命令面板，可以直接访问的卷展栏是“选择”和“几何体”卷展栏。

3．“渲染”和“插值”卷展栏

说明：所有样条线图形都有“渲染”和“插值”两个卷展栏的设置。因此，这里我们先把这两个卷展栏的重要参数进行讲解，在讲解其他样条线时，将不再重复讲解。

如图 3-4 所示，是“渲染”卷展栏，其各参数如下。

- 在渲染中启用——在默认情况下，二维图形是不能被渲染的。但是，如果勾选了“在渲染中启用”复选框，那么在渲染的时候将使用一个指定厚度的圆柱网格对象取代二维图形。这样就可以生成如霓虹灯等的模型。指定网格的边数可以控制网格的密度。可以指定是在视口中渲染二维图形，还是在渲染时渲染二维图形。对于视口渲染和扫描线渲染来讲，网格大小和密度的设置可以是独立的。

- “在视口中启用”复选框——勾选此复选框后，如果给样条线指定一定的“厚度值”，那么在视口中就可以观察到样条线被指定厚度的圆柱网格取代。
- “使用视口设置”复选框——不勾选此复选框，样条线在视口中的显示设置保持与渲染设置相同；勾选此复选框，可以为样条线单独设置显示属性，通常用于提高显示速度。
- “视口”单选按钮——设置图形在视口中的显示属性。只有勾选了“在视口中启用”复选框后，此选项才可用。
- “渲染”单选按钮——设置样条线在渲染输出时的属性。
- “径向”单选按钮——设置样条线在渲染（或显示）时截面为圆形。
- “厚度”数值框——设置样条线的截面直径。默认设置为 1.0。范围是 0.0～100 000 000.0。

如图 3-5 所示，是样条线分别在厚度 1.0 和 5.0 进行渲染时的效果示例。

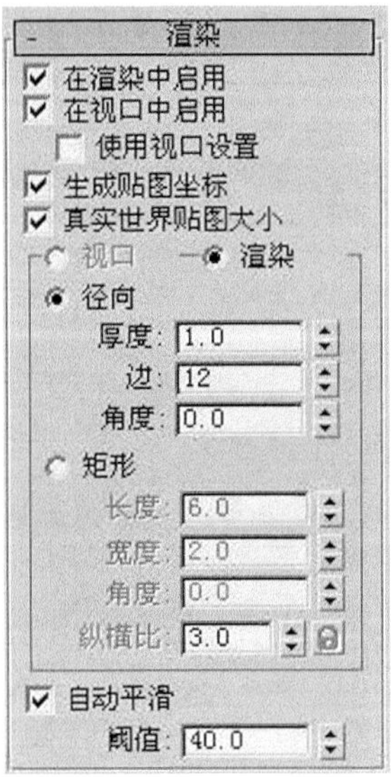

图 3-4

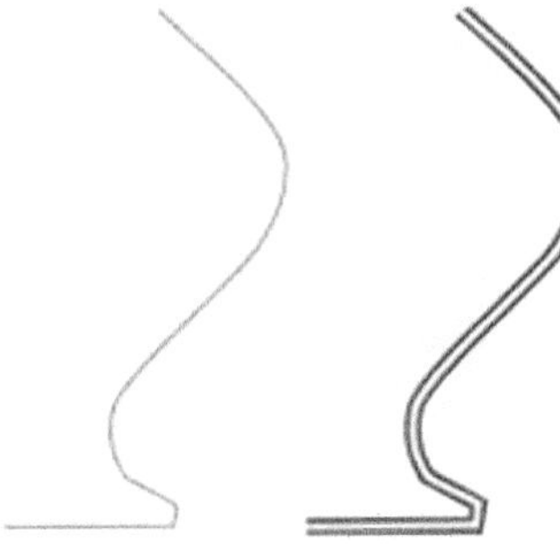

图 3-5

- “边”数值框——设置样条线的截面边数，最小值为 3，取值越大，则样条线的横截面越接近圆形。当取值为 3 时，样条线横截面将显示为三角形。
- “角度”数值框——设置截面的旋转角度。
- “矩形”单选按钮——设置样条线渲染（或显示）时截面为矩形。
- “长/宽/角度”数值框——设置长方形截面的长度、宽度和旋转角度。
- “纵横比”数值框——设置长方形截面的长宽比例。
- “自动平滑”复选框——如果勾选“自动平滑”复选框，则使用其下方的“阈值”框设置指定的阈值，自动平滑该样条线。

注意：并不是对每种情况启用“自动平滑”都能够获得最佳平滑质量。有时更改“阈值”或禁止使用“自动平滑”可能产生最佳效果。

如图 3-6 所示，是“插值”卷展栏。

图 3-6

在 3ds Max 内部，样条线有确定的数学定义。但是在显示和渲染的时候就使用一系列线段来近似样条线。插值设置决定使用的直线段数。“步数”框设置在线段的两个节点之间插入的中间点数。中间点之间用直线来表示。步数的取值范围是 0～100。0 表示在线段的两个节点之间没有插入中间点。该数值越大，插入的中间点就越多。一般情况下，在满足基本要求的情况下，尽可能将该参数设置为最小。

在样条线的“插值”卷展栏中还有“优化”和“自适应”两个复选框。当勾选了“优化”复选框，3ds Max 将检查样条线的曲线度，并减少比较直的线段上的步数，这样可以简化模型。当勾选了“自适应”复选框，3ds Max 则自适应调整线段。

如图 3-7 所示，是左侧的“优化样条线”和右侧的“自适应样条线”通过“车削修改器”所得到的不同模型效果。

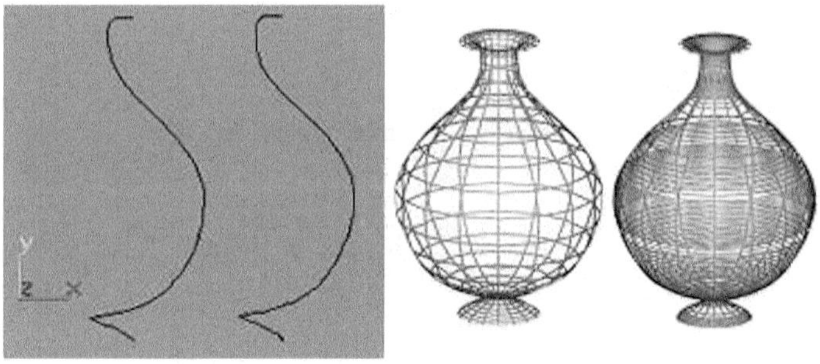

图 3-7

说明：很显然右边自适应样条线虽然产生了更加细腻的模型，但却给模型增加了许多无谓的“面”，通常情况下是没有必要的，这样会增大计算机的运算负荷。

4．“创建方法”卷展栏

“创建方法”卷展栏如图 3-8 所示。

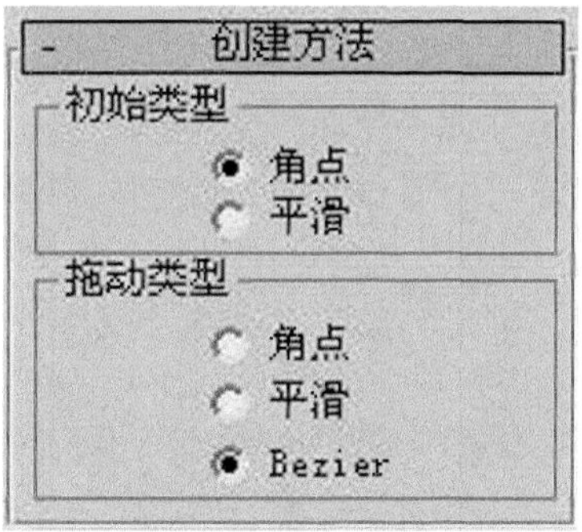

图 3-8

说明：线形样条线的创建方法选项与其他样条线工具不同，在使用这些设置创建线形样条线时，可以预设样条线顶点的默认类型。

在使用这些设置创建“线”期间，可以预设样条线顶点的默认类型。

“初始类型”组

当用单击鼠标的方法创建顶点时设置所创建顶点的类型。

- 角点——产生一个尖端。样条线在顶点的任意一边都是线性的。
- 平滑——通过顶点产生一条平滑、不可调整的曲线。由顶点的间距来设置曲率的数值。

“拖动类型”组

当用拖动鼠标的方法创建顶点时设置所创建顶点的类型。

- 角点——产生一个尖端。样条线在顶点的任意一边都是线性的。
- 平滑——通过顶点产生一条平滑、不可调整的曲线。由顶点的间距来设置曲率的数量。
- Bezier——通过顶点产生一条平滑、可调整的曲线。通过在每个顶点处拖动鼠标来设置曲线的曲率和曲线的方向。

5. “键盘输入”卷展栏

“键盘输入”卷展栏如图 3-9 所示。

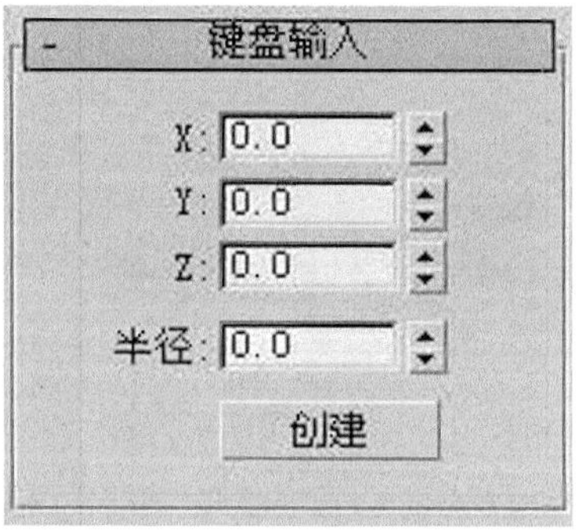

图 3-9

说明：线的键盘输入与其他样条线的键盘输入不同。在使用键盘输入的方法创建线时，每设定一次“X/Y/Z”坐标值，然后再单击“创建”按钮，就可以向现有的线中继续添加新的顶点，直到单击“关闭”或“完成”按钮为止。

- 添加点——在当前 X/Y/Z 坐标位置为线添加新的点。
- 闭合——在最后和最初的顶点间自动添加一段样条线线段，从而产生一条闭合的样条线。
- 完成——结束创建样条线的操作，产生一条开放的（不闭合）样条线。

3.3.2 矩形样条线

可以通过下面两种方法之一来创建矩形样条线。

- 选择“创建”＞“图形”＞“样条线”＞“矩形”命令。
- 执行“创建”＞“图形”＞“矩形”菜单命令。

如图 3-10 所示，是矩形样条线的示例效果。

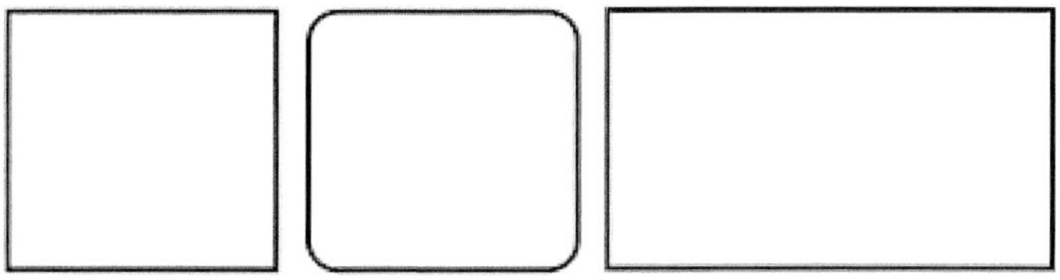

图 3-10

1．创建矩形的步骤

（1）单击“创建”按钮，进入“创建”命令面板，然后单击“图形”按钮，进入“图形”创建命令面板。

（2）单击“矩形”按钮。

（3）选择一个创建方法。

（4）在视口中拖动以创建“矩形样条线”。

说明：可以按住 Ctrl 键，同时拖动鼠标，这样可以将矩形样条线约束为正方形样条线。“渲染”和“插值”卷展栏的操作设置可以参照“线形样条线”的设置方法。

2．“参数”卷展栏

如图 3-11 所示，是矩形样条线的“参数”卷展栏。

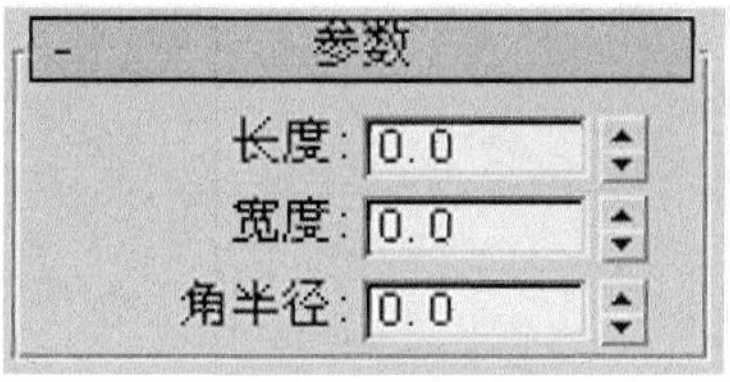

图 3-11

创建矩形样条线之后，可以对以下参数进行更改。

- 长度——指定矩形在 Y 轴方向的大小。
- 宽度——指定矩形在 X 轴方向的大小。
- 角半径——创建圆角。当“角半径”的值设置为 0（即图中的 0.0）时，矩形样条线的四个角为直角。

3.3.3 圆形样条线

使用“圆形”命令来创建由四个顶点组成的闭合圆形样条线。

可以通过下面两种方法之一创建圆形样条线。

- 选择“创建”＞“图形”＞“样条线”＞“圆形”命令。
- 执行“创建”＞“图形”＞“圆形”菜单命令。

如图 3-12 所示，是圆形样条线的示例效果。

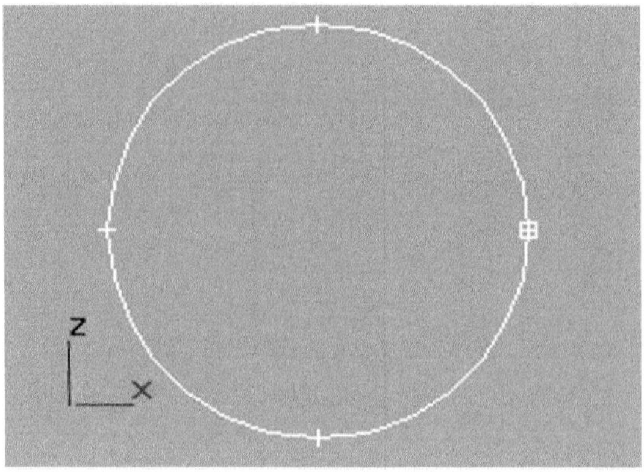

图 3-12

3.3.4 椭圆形样条线

使用“椭圆”命令可以创建椭圆形和圆形样条线。

可以通过下面两种方法之一创建“椭圆形样条线”。

- 选择“创建”>“图形”>“样条线”>“椭圆”命令。
- 执行“创建”>“图形”>“椭圆”菜单命令。

如图 3-13 所示，是椭圆形样条线的示例效果。

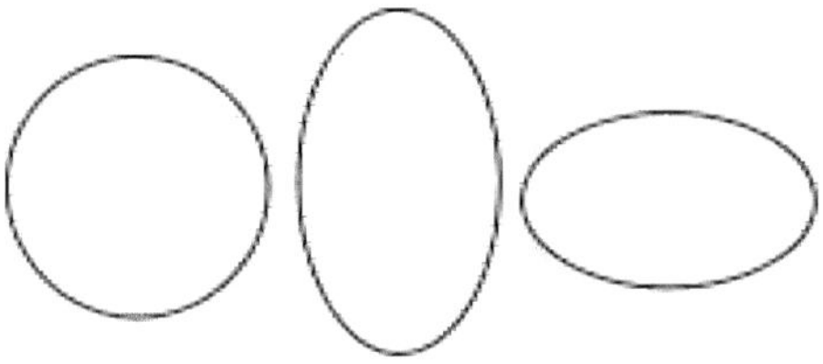

图 3-13

说明：可以在拖动鼠标绘制椭圆形样条线时按住 Ctrl 键，这样就可以将椭圆形样条线约束为圆形样条线。“渲染”和“插值”卷展栏的操作可以参照“线形样条线”的设置方法。

3.3.5 弧形样条线

使用“弧形”命令创建由四个顶点组成的打开和闭合的弧形样条线。

可以通过下面两种方法之一创建弧形样条线。

- 选择“创建”>“图形”>“样条线”>“弧”命令。
- 执行“创建”>“图形”>“弧”菜单命令。

1. 采用“端点－端点－中央”方法创建弧形样条线

（1）单击“创建”按钮，进入“创建”命令面板，然后单击“图形”按钮，进入“图形”创建命令面板。

（2）单击“弧形”按钮。

（3）选择“端点－端点－中央”创建方法。

（4）在视口中拖动鼠标定义“弧形样条线”的两端。

（5）松开鼠标左键并移动鼠标，然后在合适的位置单击鼠标来确定弧形样条线上的第三个点。

采用“端点－端点－中央”创建方法创建的弧形样条线的示例效果如图 3-14 所示。

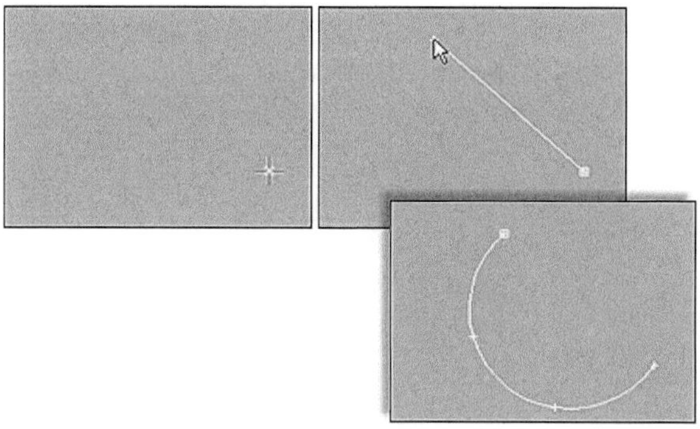

图 3-14

2．采用“中间—端点—端点”方法创建弧形样条线

（1）单击“创建”按钮，进入“创建”命令面板，然后单击“图形”按钮，进入“图形”创建命令面板。

（2）单击“弧形”按钮。

（3）选择“中间－端点－端点”创建方法。

（4）单击视口中任意位置定义弧形样条线的中心。

（5）拖动并释放鼠标左键定义弧形样条线的起点。

（6）移动鼠标，并在适当的位置单击鼠标定义弧形样条线的第二个端点。

采用“中间—端点—端点”的方法创建弧形样条线的示例效果如图 3-15 所示。

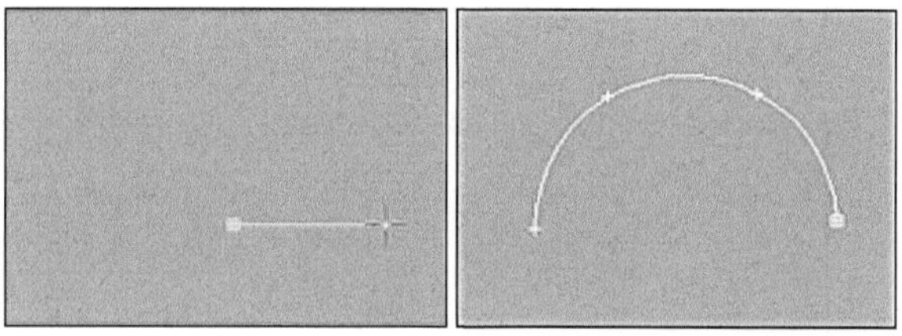

图 3-15

说明:“渲染”和“插值”卷展栏的操作可以参照“线形样条线”的设置方法。

如图 3-16 所示，是启用“扇形区”选项后的闭合扇形区弧形效果。

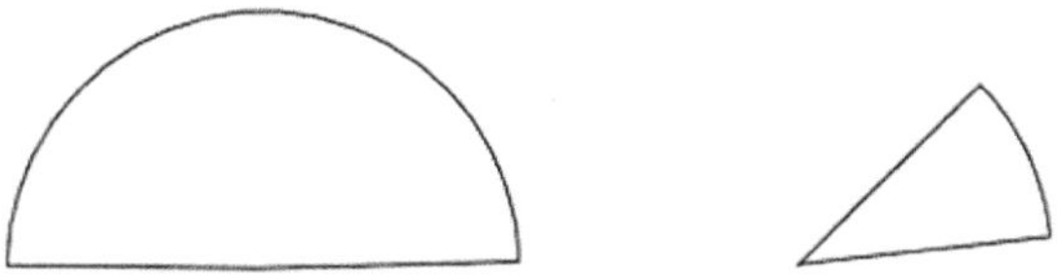

图 3-16

3.3.6 圆环样条线

使用“圆环”命令可以通过两个同心圆形创建封闭的样条线形状。每个圆形都由四个顶点组成。

可以通过下面两种方法之一创建圆环样条线。

- 选择“创建”>“图形”>“样条线”>“圆环”命令。
- 执行“创建”>“图形”>“圆环”菜单命令。

如图 3-17 所示，是圆环样条线的示例效果。

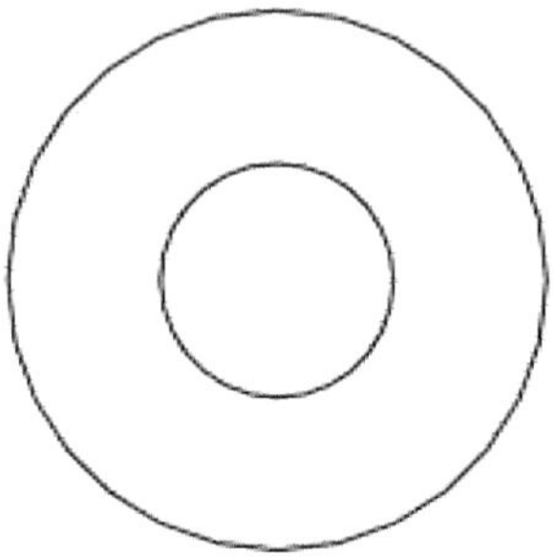

图 3-17

3.3.7 多边形样条线

使用“多边形”命令可以创建具有任意面数或顶点数（N）的闭合平面或圆形样条线。通过下面两种方法之一可以创建多边形样条线。

- 选择“创建”>“图形”>“样条线”>“多边形”命令。
- 执行“创建”>“图形”>“多边形”菜单命令。

如图 3-18 所示，是多边形样条线的示例效果。

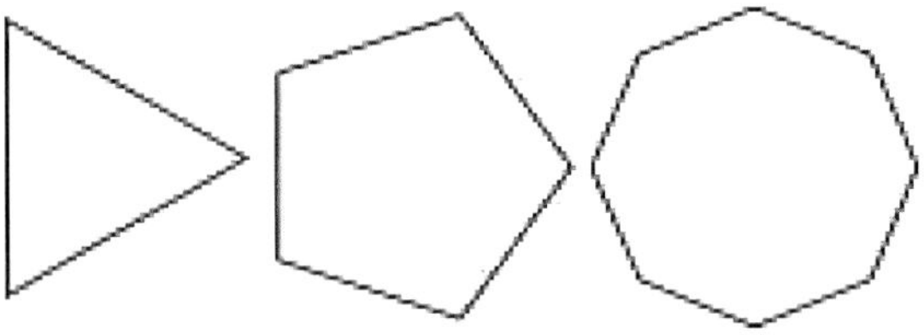

图 3-18

3.3.8 星形样条线

使用“星形”命令可以创建具有很多点的闭合的星形样条线。

- 选择“创建”>“图形”>“样条线”>“星形”命令。
- 执行“创建”>“图形”>“星形”菜单命令。

星形样条线使用两个半径来设置外点和内谷之间的距离。如图 3-19 所示，是星形样条线的示例效果。

图 3-19

3.3.9 文本样条线

使用“文本”命令来创建文本样条线。

可以通过下面两种方法之一创建文本样条线。

- 选择“创建”＞“图形”＞“样条线”＞“文本”命令。
- 执行“创建”＞“图形”＞“文本”菜单命令。

说明：可以使用系统中安装的任意 Windows 字体，或者“类型 1PostScript”字体。

如图 3-20 所示，是文本样条线的示例效果。

图 3-20

可以在“创建”命令面板中编辑“文本样条线”，然后在“修改”命令面板中编辑“文本样条线”。

说明：可以随时更改“文本”的属性。即使“文本”使用的字体样式已从系统中删除，3ds Max 仍然可以正确显示文本图形。但是，如果要在“文本编辑框”中编辑文本字符串的属性，必须选择可用的字体样式。

场景中的文本只是图形，在图形中每个字母，有时是字母的一部分都是单独的样条线。可以应用修改器（如“编辑样条线”、“弯曲”或“挤出”修改器）来编辑“文本”图形，这与编辑其他任意图形一样。

3.3.10 螺旋线样条线

使用“螺旋线”命令可以创建开口平面或 3D 螺旋形样条线。

可以通过下面两种方法之一创建螺旋形样条线。

- 选择“创建”>“图形”>“样条线”>“螺旋线”命令。
- 执行“创建”>“图形”>“螺旋线”菜单命令。

如图 3-21 所示，是螺旋形样条线的示例效果。

图 3-21

注意：螺旋线虽然是样条线的一种，但它与其他样条线不同的是，在创建螺旋线的时候就占一定的三维空间。

如图 3-22 所示，是设置不同偏移值时，螺旋线样条线的示例效果。

图 3-22

说明：偏移-1.0，将强制向着螺旋线的起点旋转；偏移 0.0，将在端点之间平均分配旋转；偏移 1.0，将强制向着螺旋线的终点旋转。

- CW/CCW——方向按钮设置螺旋线的旋转是“顺时针(CW)”还是“逆时针(CCW)”。

3.3.11 截面样条线

“截面样条线”是一种特殊类型的对象，它可以通过网格对象基于横截面切片生成其他形状。“截面”对象显示为与网格对象相交的矩形对象。只需将其移动并旋转即可通过一个或多个网格对象进行切片，然后单击“生成图形”按钮即可基于“2D 相交”生成一个图形。

可以通过下面两种方法之一创建截面样条线。

- 选择“创建”>“图形”>“样条线”>“截面”命令。
- 执行“创建”>“图形”>“截面”菜单命令。

如图 3-23 所示，“截面”与三维对象相交处产生的样条框架就属于“截面样条线”。

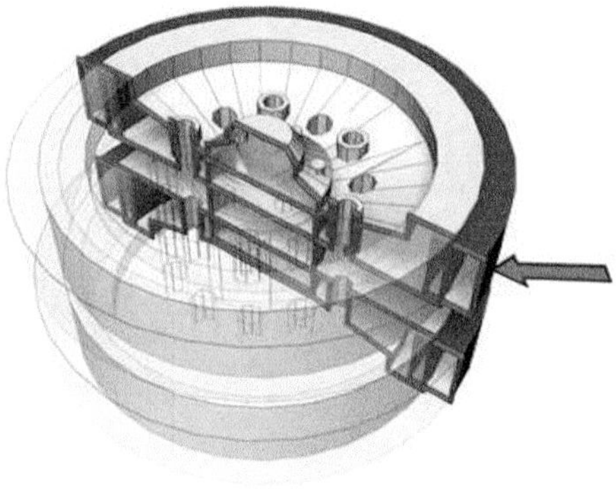

图 3-23

3.4 扩展样条线

3.4.1 墙矩形样条线

使用“墙矩形”命令可以通过两个同心矩形创建封闭的墙矩形样条线。每个矩形都由四个顶点组成。“墙矩形”命令与“圆环”命令相似，只是其使用的是矩形而不是圆形。

可以通过下面两种方法之一创建墙矩形样条线。

- 选择“创建”>“图形”>“扩展样条线”>“墙矩形”命令。
- 执行“创建”>“图形”>“墙矩形”菜单命令。

说明：可以使用“墙矩形”命令创建类似墙体等对象的截面。

如图 3-24 所示，是墙矩形样条线的示例效果。

图 3-24

3.4.2 通道样条线

使用“通道”命令创建一个闭合的 C 形样条线图形。可以指定垂直腿和水平腿之间的内部和外部角半径。

可以通过下面两种方法之一创建通道样条线。

- 选择“创建”>“图形”>“扩展样条线”>“通道”命令。
- 执行“创建”>“图形”>“通道”菜单命令。

如图 3-25 所示，是通道样条线的示例效果。

图 3-25

注意：调整设置时要注意，由于样条线的各部分之间没有约束关系，设置的内径（角半径 2）可能会大于网的长度或腿的宽度，所以“角半径 2”的值不宜设置的过大。

3.4.3 角度样条线

使用“角度”命令创建一个闭合的 L 形样条线。可以指定该部分的垂直腿和水平腿之间的角半径。

- 选择“创建”>“图形”>“扩展样条线”>“角度”命令。
- 执行“创建”>“图形”>“角度”菜单命令。

如图 3-26 所示，是角度样条线的示例效果。

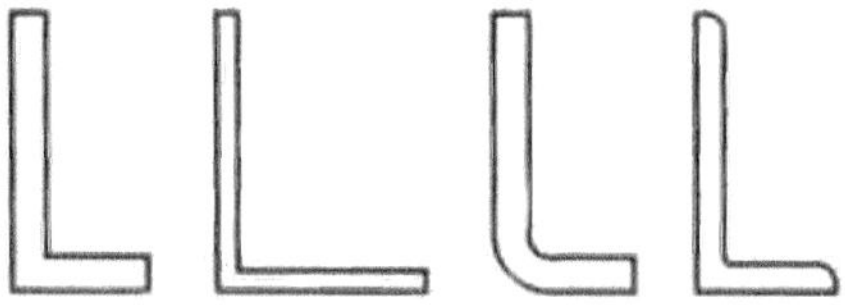

图 3-26

3.4.4 T 形样条线

使用“T 形”命令创建一个闭合的 T 形样条线。可以指定垂直腿和水平腿之间的两个内部角半径。

可以通过下面两种方法之一创建 T 形样条线。

- 选择“创建”>“图形”>“扩展样条线” >“T 形”命令。
- 执行“创建”>“图形”>“T 形”菜单命令。

如图 3-27 所示，是 T 形样条线的示例效果。

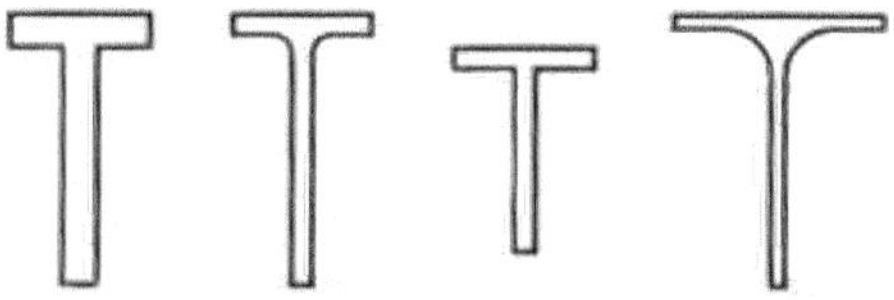

图 3-27

3.4.5 宽法兰样条线

使用“宽法兰”命令创建一个闭合的 I 形样条线。可以指定垂直腿和水平腿之间的内部角半径。

可以通过下面两种方法之一创建宽法兰样条线。

- 选择“创建”>“图形”>“扩展样条线”>“宽法兰”命令。
- 执行“创建”>“图形”>“宽法兰”菜单命令。

如图 3-28 所示，是宽法兰样条线的示例效果。

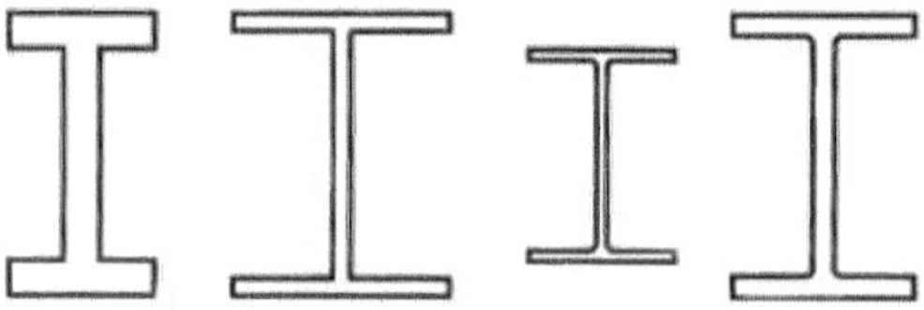

图 3-28

3.5 可编辑样条线

“可编辑样条线”提供了将对象作为样条线并以以下三个子对象层级进行操纵的控件：“顶点”、“线段”和“样条线”。

可以通过下面三种方法之一对样条线进行编辑。

- 创建或选择一个样条线，进入“修改”命令面板，右击修改器堆栈中的“样条线”项，然后在出现的右键菜单中执行“转化为：可编辑样条线”命令。
- 创建一条直线然后直接进入“修改”命令面板对线进行编辑。
- 创建或选择一个样条线，然后右击该样条线，在随后出现的右键四元菜单中执行“变换”>“转化为：”>“转化为可编辑样条线”菜单命令。

“可编辑样条线”中的功能与“编辑样条线”修改器中的功能相同。不一样的情况是，将现有的样条线图形转化为可编辑的样条线后，将不能再访问创建参数或设置它们的动画。但是，样条线的插值设置（步长设置）仍可以在“可编辑样条线”中使用。

说明：在对样条线进行编辑操作（通常是移动线段或顶点）时，如果导致了末端顶点的重叠，则可以使用“焊接”命令将重叠的顶点焊接在一起。如果希望两个顶点占据空间中的同一位置但保留为不同的顶点，则可以使用“熔合”命令将两个顶点集中到一个位置。

可编辑样条线有三个卷展栏，即“选择”（如图 3-29 所示）、“软选择”（如图 3-30 所示）和“几何体”（如图 3-31 所示）。

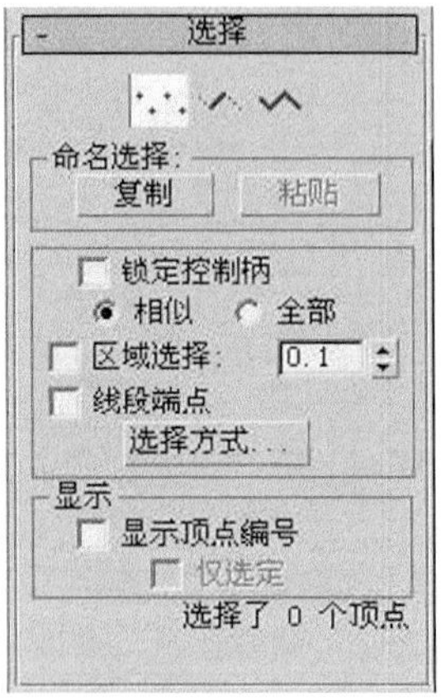

图 3-29

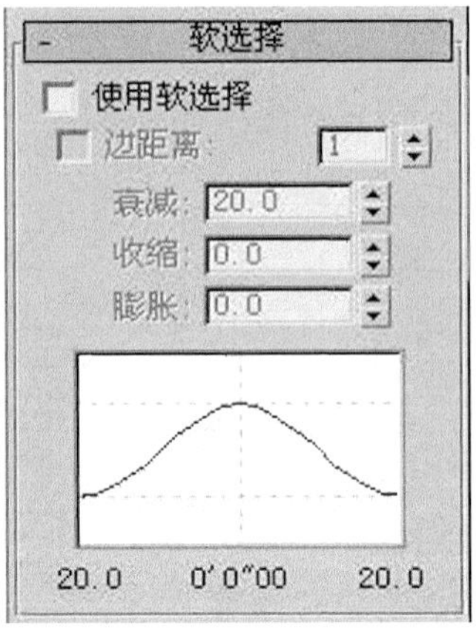

图 3-30

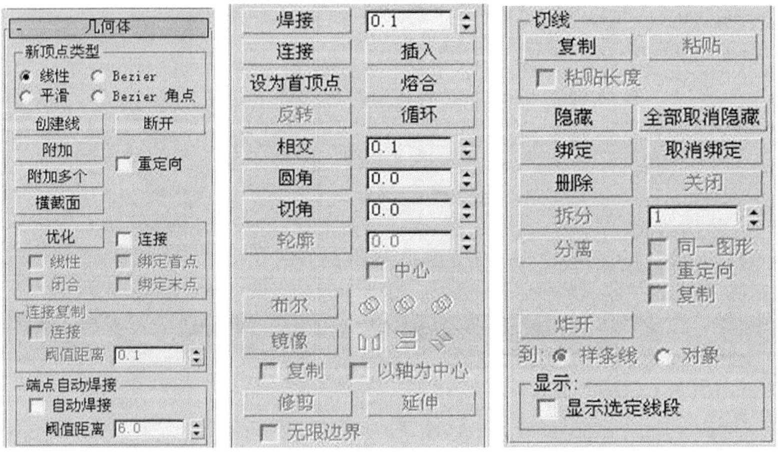

图 3-31

1．“选择”卷展栏

说明：可以在“选择”卷展栏中设定编辑层次。一旦设定了编辑层次，就可以用 3ds Max 的标准选择工具在场景中选择该层次的对象。

“选择”卷展栏中的“区域选择”选项用来增强选择功能。勾选这个复选框后，离选择节点的距离小于该区域指定的数值的节点都将被选择。这样，就可以通过单击的方法一次选择多个节点。也可以在这里命名次对象的选择集，系统根据节点、线段和样条线的创建次序对它们进行编号。

2．“软选择”卷展栏

“软选择”卷展栏的工具主要用于子对象层级的变换。使用“软选择”功能可以定义一个影响区域，在这个区域的子对象都将被软选择。当移动、旋转或缩放软选择的子对象时，其影响方式与一般的选择不同。例如，将选择的节点移动 5 个单位，那么软选择的节点可能只移动 2.5 个单位。如图 3-32 所示，选择了螺旋线的中心点，当勾选“使用软选择”复选框后，被选择的节点用不同的颜色来显示，表明它们离选择点的距离不同。这时，如果移动选择的点，那么软选择的点移动的距离较近，如图 3-33 所示。

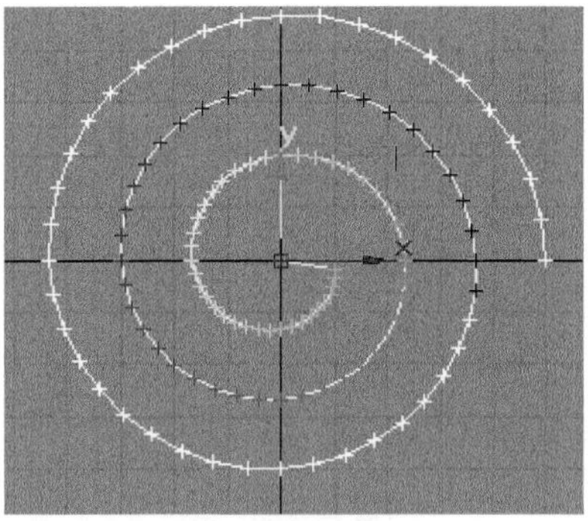

图 3-32

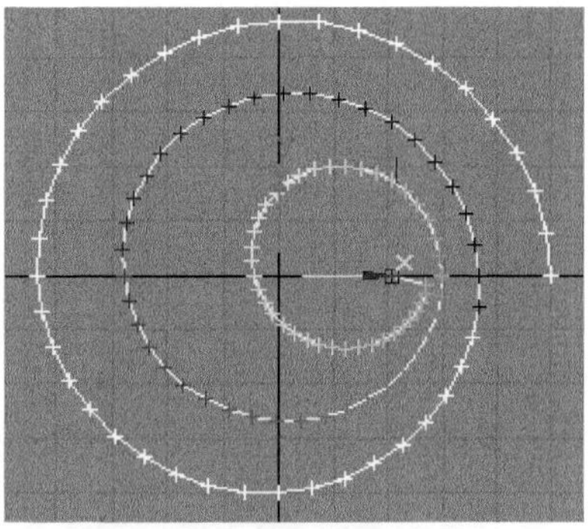

图 3-33

3．“几何体”卷展栏

“几何体”卷展栏包含许多子对象工具，这些工具与选择的子对象层级密切相关。

“样条线”子对象层级包括以下常用工具。

- 附加——给当前编辑的图形增加一个或者多个图形。这些被增加的二维图形也可以由多条样条线组成。
- 分离——从二维图形中分离出线段或者样条线。
- 布尔——对样条线进行“交”、“并”和“差”运算。“并（Union）”是将两个相互独立的样条线结合在一起形成一个样条线，该样条线包容两个原始样条线的公共部分。“差（Subtraction）”是从一个样条线中删除与另外一个样条线相交的部分。“交（Intersection）”是根据两条样条线的相交区域创建一条新的样条线。
- 轮廓——给选择的样条线创建一条外围线，相当于增加一个厚度。

“线段”子对象层级的编辑是指“线段”子对象允许通过增加节点的方法来细化线段，也可以改变线段的可见性或者分离线段。

“顶点”子对象支持以下操作。

- 切换节点类型；
- 调整 Bezier 节点手柄；
- 循环节点的选择；
- 插入节点；
- 合并节点；
- 在两个线段之间倒一个圆角；
- 在两个线段之间倒一个尖角。

3.5.1 在顶点子对象层级工作

1．改变节点类型

（1）启动 3ds Max，或者执行“文件”>“重置”菜单命令，复位 3ds Max。

（2）执行“文件”>“打开”菜单命令，然后打开素材文件 Samples\ch03\ ch03_01.max，如图 3-34 所示。

（3）在顶视口单击线，选择它。然后单击“修改”按钮，进入“修改”命令面板。

（4）在编辑修改器堆栈显示区域中单击“Line”左边的“+”号，这样就显示出了“Line”的子对象层级，“+”号变成了“−”号。在编辑修改器堆栈显示区域中单击“顶点”子对象层级，进入“顶点”子对象编辑层级，如图 3-35 所示。

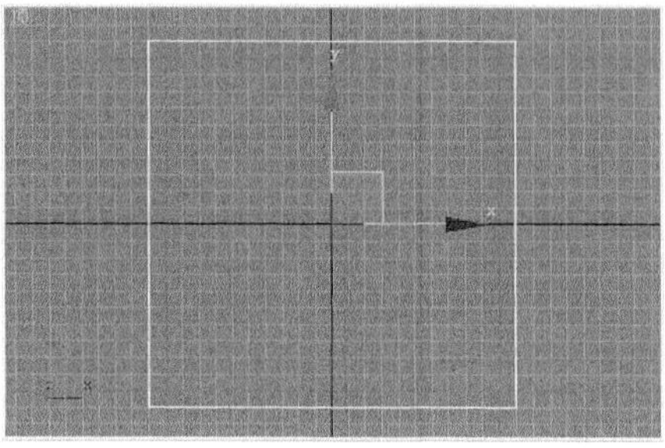

图 3-34

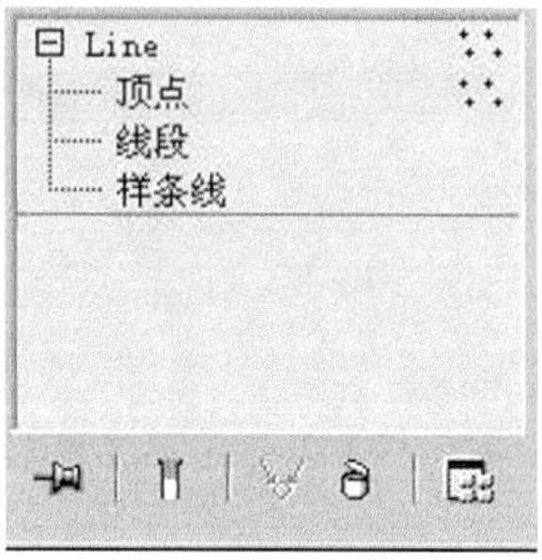

图 3-35

说明：也可以在修改面板中打开“选择”卷展栏，单击“顶点”按钮来选择“顶点”选项，如图 3-36 所示。

（5）在“选择”卷展栏底部的显示区域（如图 3-37 所示）显示了当前选择的节点个数。

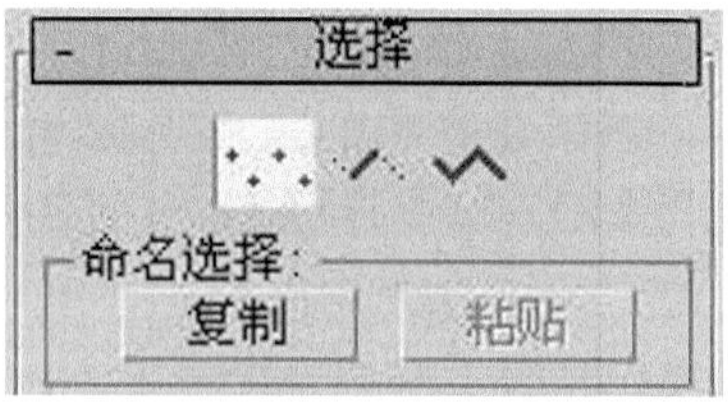

图 3-36

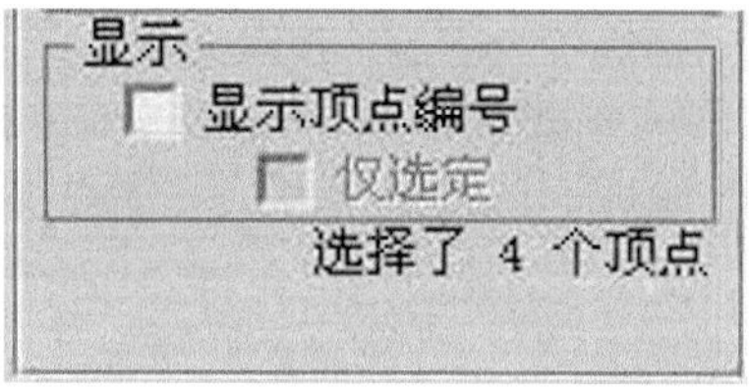

图 3-37

（6）在顶视口中选择线左上角的一个节点。

“选择”卷展栏显示区域的内容（选择了样条线 1/顶点 1）告诉我们选择了一个节点。

（7）在“选择”卷展栏中勾选“显示顶点编号”复选框，如图 3-38 所示。在视口中将显示出节点的编号，如图 3-39 所示。

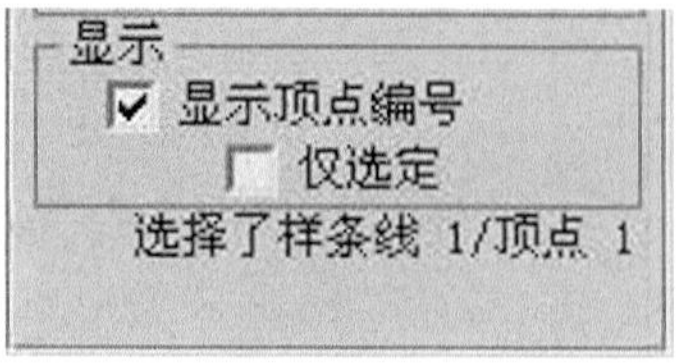

图 3-38

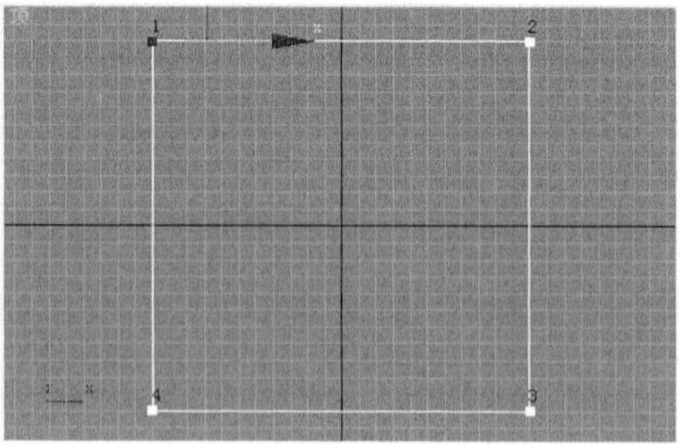

图 3-39

（8）右击顶视口中的节点 1。如图 3-40 所示，在弹出的菜单上执行“平滑”命令，节点 1 将由先前的角点变成平滑点。

（9）右击顶视口中的第 2 个节点，然后从弹出的菜单中执行“Bezier”命令，节点 2 将由先前的角点变成 Bezier 点，并且会在节点两侧出现“Bezier 调整手柄”。

（10）单击主工具栏中的“选择并移动”或“选择并旋转”按钮。在顶视口选择其中的一个句柄，然后将图形调整成如图 3-41 所示的样子。

注意: Bezier 节点两侧的 Bezier 手柄始终保持在一条线上，而且长度相等。

（11）右击顶视口中的第 3 个节点，然后从弹出的菜单中执行“Bezier 角点”命令。

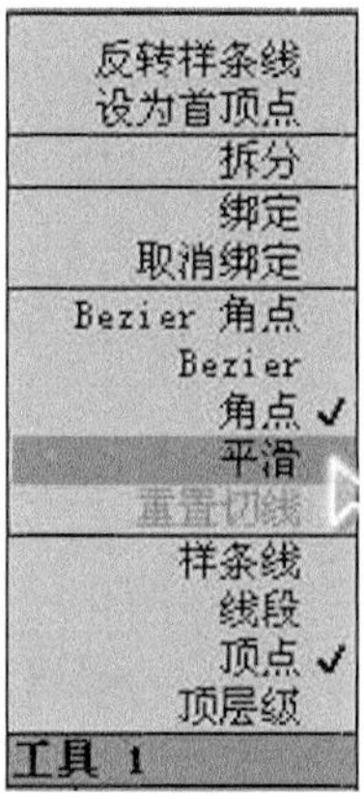

图 3-40

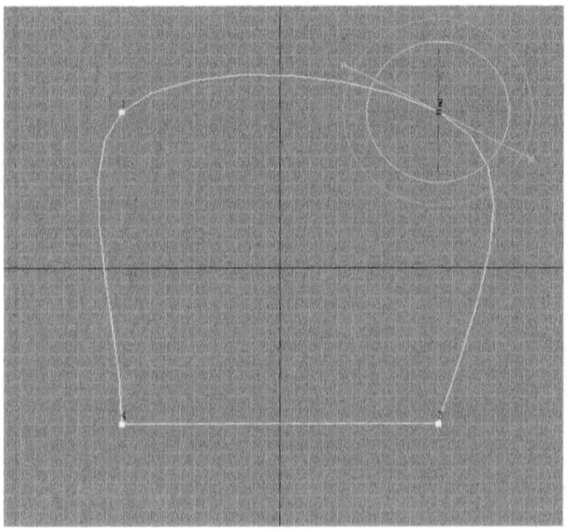

图 3-41

（12）在顶视口中将 Bezier 手柄调整成如图 3-42 所示的样子。

注意: 从操作中可以看出，“Bezier 角点”的两个手柄是相互独立的，改变手柄的长度和方向将得到不同的效果。

（13）在顶视口中使用“区域选择”的方法选择四个节点。右击顶视口中的任何一个节点，然后从弹出的菜单中执行“平滑”命令，可以一次改变很多节点的类型，如图 3-43 所示。

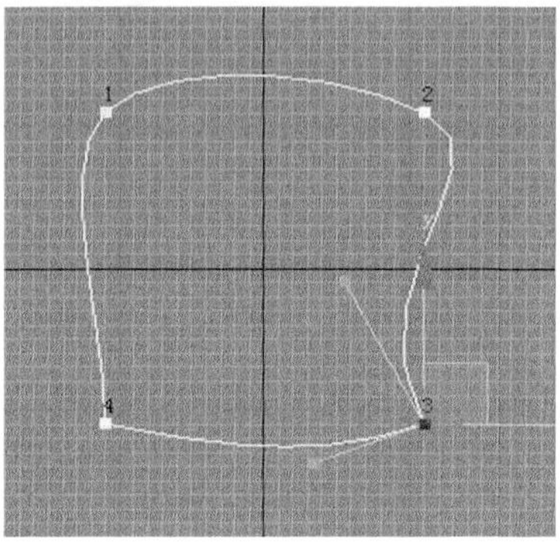

图 3-42

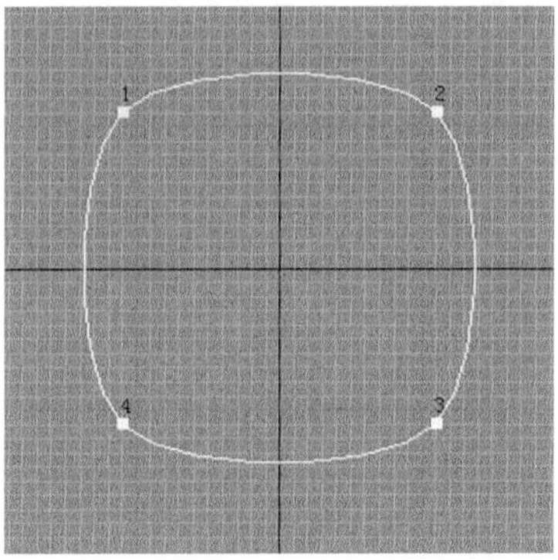

图 3-43

（14）在顶视口单击第 1 个节点。单击“几何体”卷展栏下面的“循环”按钮，将在视口中选择第 2 个节点。

注意:“循环”选项只能在“顶点”子对象层级下用来依次选择相应的顶点，但在“线段”与“样条线”子对象层级下不能使用该功能。

（15）在修改器堆栈的显示区单击“Line”，退出子对象编辑模式。

2．给样条线插入节点

（1）启动 3ds Max，或者执行“文件”＞“重置”菜单命令，复位 3ds Max。

（2）执行“文件”＞“打开”菜单命令，然后打开素材文件 Samples\ch03\ch03_02.max。这个文件中包含了一个二维图形，如图 3-44 所示。

（3）在顶视口单击二维图形，选择它。在修改器堆栈显示区域内单击“顶点”，进入到“顶点”子对象层级。

（4）在修改面板的几何体卷展栏中单击“插入”按钮。

（5）在顶视口的节点 2 和节点 3 之间的线段上单击鼠标左键，插入一个节点，拖动鼠标至需要的位置，再次单击鼠标左键插入一个新的节点，然后单击鼠标右键，退出“插入”模式。

由于在当前样条线上增加新的节点，所以节点会被重新编号。

技巧: 使用“优化”按钮可以增加节点，且不改变二维图形的形状。使用“相交”按钮可以同时在两个线段的交点处分别为两线段增加一个节点。

（6）在顶视口的样条线上单击鼠标右键，然后从弹出的菜单上选取“顶层级”，如图 3-45 所示，返回到对象的最顶层。

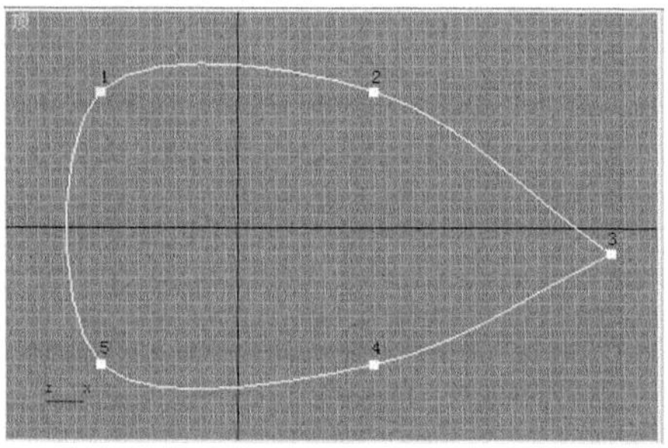

图 3-44

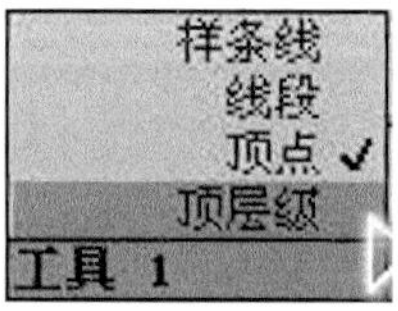

图 3-45

3．合并节点

（1）启动 3ds Max，或者执行“文件”＞“重置”菜单命令，复位 3ds Max。

（2）进入“创建”命令面板，然后单击“图形”按钮，再单击“对象类型”卷展栏中的“线“按钮。

（3）按“S”键，激活“捕捉”功能。

（4）在顶视口按逆时针的方向创建一个三角形，如图 3-46 所示。

当再次单击第一个节点的时候，系统则询问是否闭合样条线，如图 3-47 所示。

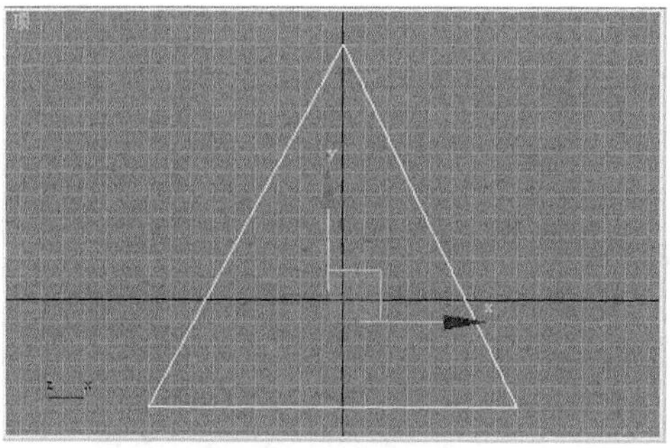

图 3-46

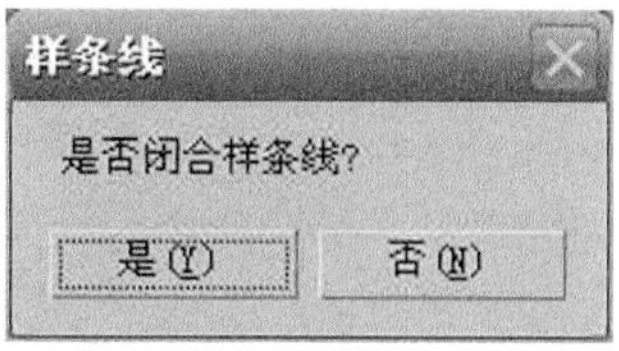

图 3-47

（5）在“样条线”对话框中单击“否（N）”按钮。

注意：如果单击“是（Y）”按钮，将产生闭合的样条线。

（6）在顶视口单击鼠标右键，结束样条线的创建。

再次单击鼠标右键，结束创建模式。按“S”键，关闭捕捉。

（7）在“修改”命令面板中的“选择”卷展栏中单击“顶点”按钮。

（8）在顶视口使用“区域选择”的方法选择所有的节点（共 4 个）。

（9）在顶视口的任何一个节点上单击鼠标右键，然后从弹出的菜单中执行“平滑”命令。

说明：如图 3-48 所示，样条线上重合在一起的第 1 点和最后一点处没有光滑过渡，第 2 点和第 3 点处已经变成了光滑过渡，这是因为两个不同的节点之间不能光滑。

（10）在顶视口使用“区域选择”的方法选择重合在一起的第 1 点和最后一点。

在“修改”面板的“几何体”卷展栏中单击“焊接”按钮。两个节点被焊接成一个节点，而且节点处也光滑了，如图 3-49 所示。

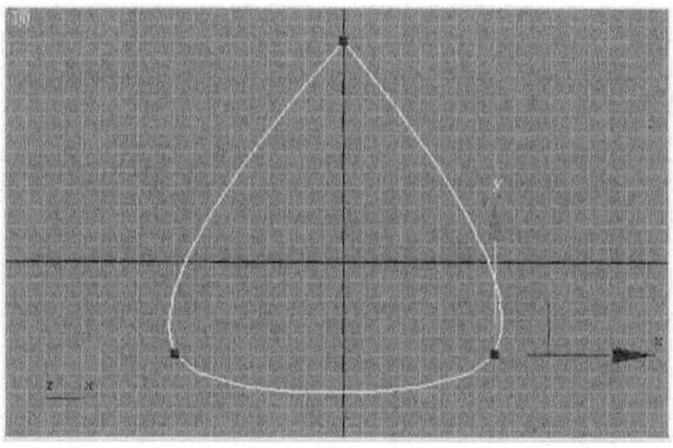

图 3-48

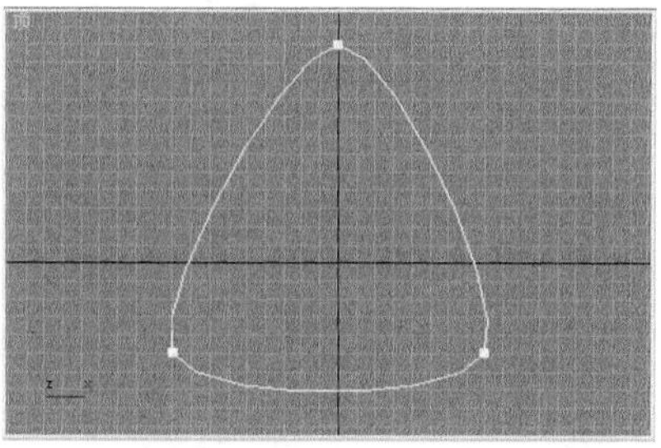

图 3-49

（11）在“选择”卷展栏的显示区域勾选“显示顶点编号”复选框，图中将只显示 3 个节点的编号。

4．样条线倒角

（1）启动 3ds Max，或者执行“文件”＞“重置”菜单命令，复位 3ds Max。

（2）进入“创建”命令面板，然后单击“图形”按钮，再单击“对象类型”卷展栏中的“矩形”按钮。

（3）在顶视口拖动鼠标绘制一矩形样条线。

（4）右击矩形，在弹出的右键四元菜单中执行“转换为”>“转换为可编辑样条线”命令，如图 3-50 所示，将矩形转换成可编辑样条线。

（5）在顶视口中的样条线上单击鼠标右键，然后在弹出的菜单上执行“循环顶点”命令，如图 3-51 所示。

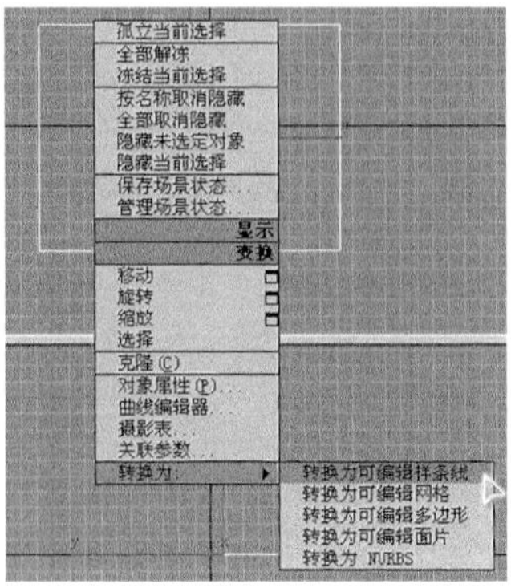

图 3-50

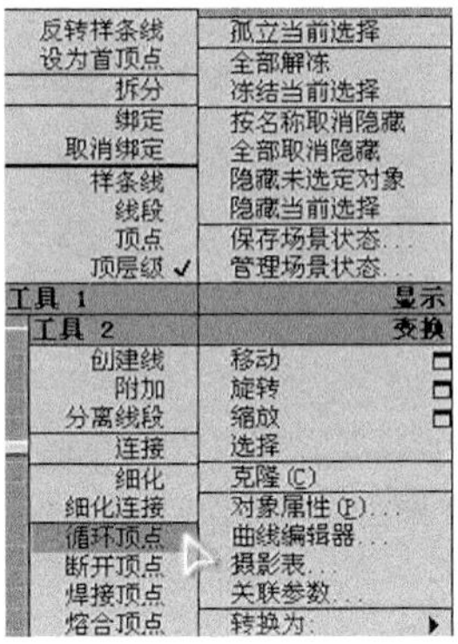

图 3-51

这样就进入了“顶点”子对象层级。

（6）在顶视口中，使用“区域选择”的方法选择 4 个节点。

（7）在“几何体”卷展栏中，将圆角数值改为 25。

在每个选择的节点处出现一个半径为 25 的圆角，同时增加 4 个节点，如图 3-52 所示。

说明：当按 Enter 键后，圆角的微调器数值返回为 0。该微调器的参数不被记录，因此不能编辑刚刚输入的参数。

（8）在主工具栏中单击“撤消”按钮，撤消“圆角”操作。

（9）执行“编辑”>“全选”菜单命令，则所有节点都被选择。

（10）在“几何体”卷展栏中，将切角数值改为 20。

每个选择的节点处都被倒了一个切角，如图 3-53 所示。该微调器的参数不被记录，因此不能用固定的数值控制切角。

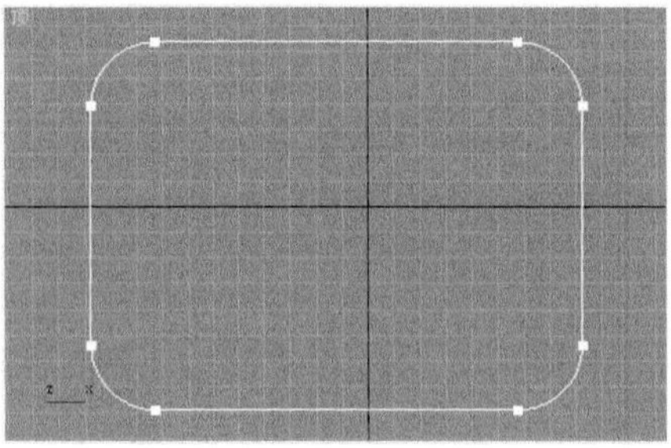

图 3-52

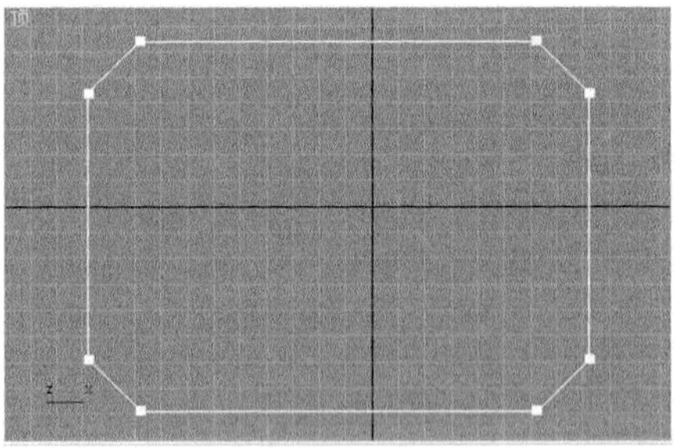

图 3-53

3.5.2 在线段子对象层次工作

可以在线段子对象层级做许多工作，首先试一下如何优化线段。

1．优化线段

（1）进入“创建”命令面板，然后单击“图形”按钮，再单击“对象类型”卷展栏中的“线”按钮。

（2）按 S 键，锁定网格顶点，在场景中绘制一矩形样条线，如图 3-54 所示。

（3）在顶视口单击任何一条线段，选择该图形。

（4）在修改器堆栈显示区域展开“Line”层级，如图 3-55 所示，并单击“线段”，进入“线段”子对象层级。

（5）在“几何体”卷展栏中单击“优化”按钮。

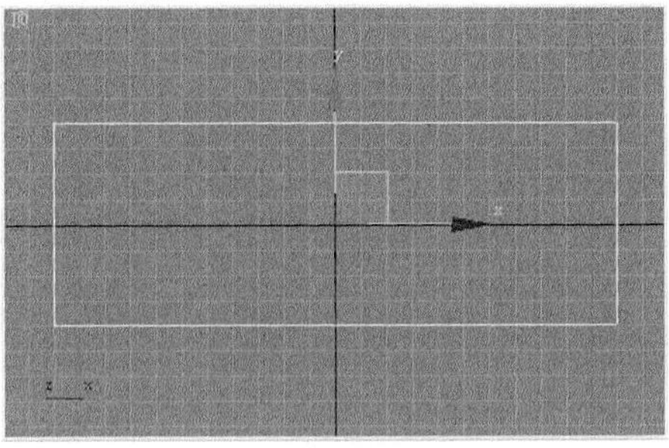

图 3-54

图 3-55

（6）在顶视口中，在顶部线段的不同部位单击四次，则会在该线段上增加 4 个节点，如图 3-56 所示。

注意：可以使用 拆分 1 “拆分”命令按照事先指定的数值对选择的线段进行拆分，但只有均匀的线段才能产生平均拆分的效果。

2．移动线段

（1）继续前面的练习，在主工具栏上单击“选择并移动”按钮。

注意：不仅可以移动线段，也可以旋转或缩放线段。

（2）在顶视口单击矩形顶部中间的线段，如图 3-57 所示。

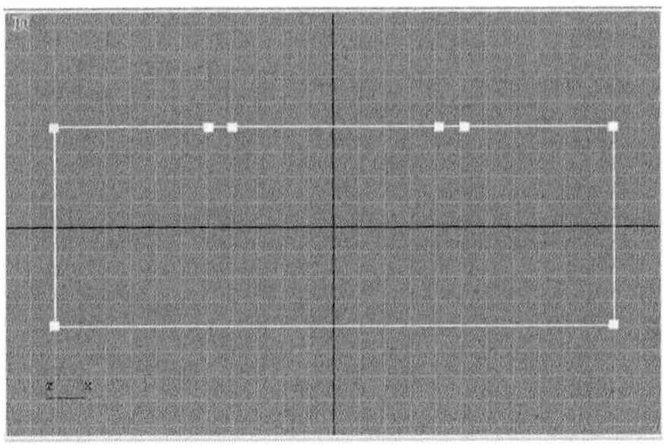

图 3-56

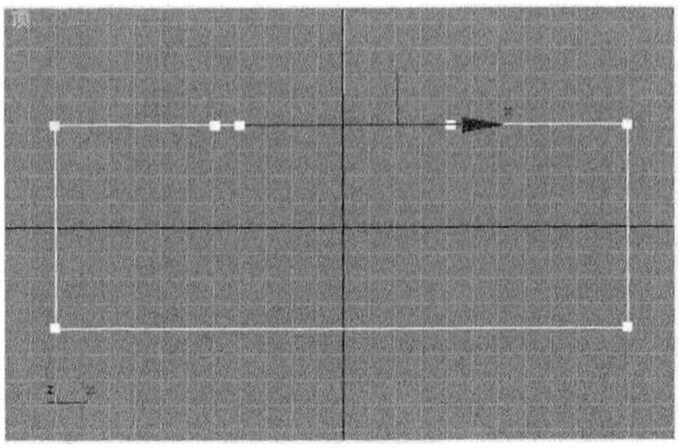

图 3-57

这时在“修改”面板的“选择”卷展栏中显示第 5 条线段被选择。

（3）在顶视口向下移动选择的线段，结果如图 3-58 所示。

3.5.3 在样条线子对象层次工作

在样条线子对象层级可以完成许多工作，首先来学习一下如何将一个二维图形附加到另外一个二维图形上。

1．附加图形

（1）执行“文件”>“打开”菜单命令，然后打开素材文件 Samples\ch03\ ch03_03.max。场景中包含三个独立的样条线，如图 3-59 所示。

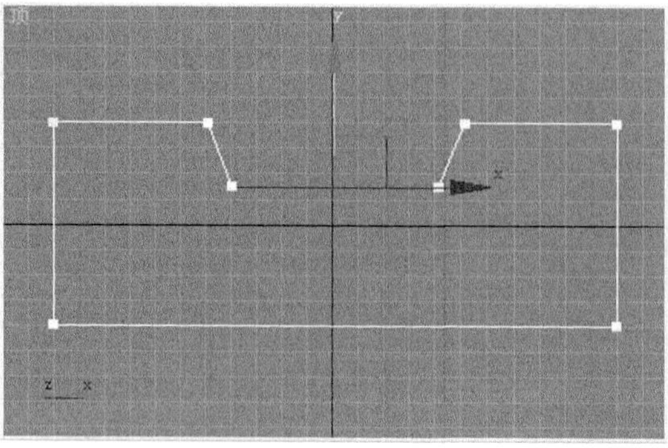
图 3-58

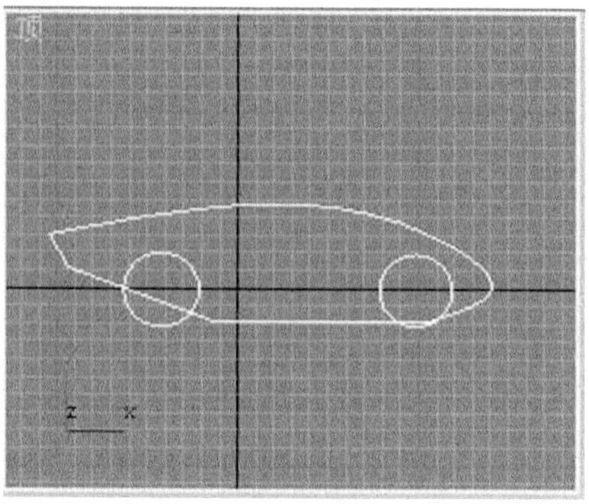
图 3-59

（2）单击主工具栏上的“按名称选择”按钮，出现“选择对象”对话框。在“选择对象”对话框的列表中有 3 个样条线，即“Circle01”、“Circle02”和“Line01”。

（3）在“选择对象”对话框中单击“Line01”，然后再单击对话框右下角的“选择”按钮，退出“选择对象”对话框。这样我们就选择了“Line01”。

（4）在“修改”命令面板中单击“几何体”卷展栏中的“附加”按钮。

（5）在顶视口依次单击“Circle01”和“Circle02”两个圆。

技巧：确认在圆的线上单击。

（6）右击顶视口结束“附加”操作。

（7）单击主工具栏上的“按名称选择”按钮，出现“选择对象”对话框。在“选择对象”对话框的文件名列表中没有了“Circle01”和“Circle02”，它们都包含在了“Line01”中。

（8）在“选择对象”对话框中单击“取消”按钮，关闭它。

2．轮廓图形

（1）继续前面的练习，选择场景中的图形。

（2）在修改器堆栈显示区域中单击“Line”左边的“+”号，展开子对象列表。

（3）在修改器堆栈显示区域单击“样条线”，进入“样条线”子对象层级。

（4）在顶视口单击前面的圆，如图 3-60 所示。

（5）在“修改”面板的“几何体”卷展栏中将 轮廓 0.0 “轮廓”的数值改为–2。

注意：输入的数值为正数时，向外产生轮廓型；输入的数值为负数时，向内产生轮廓型。

（6）单击后面的圆，重复第 5 步的操作，结果如图 3-61 所示。

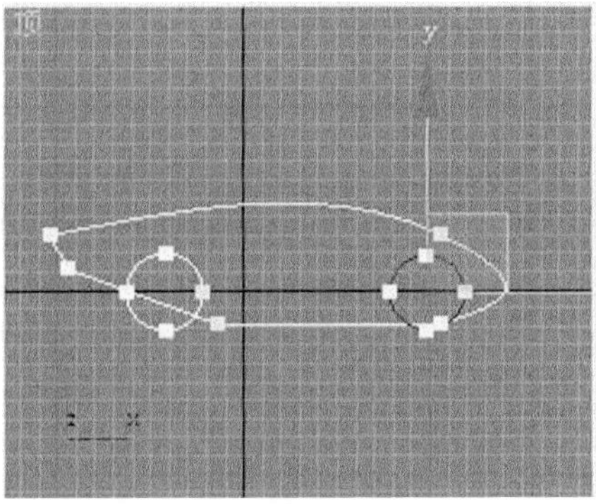

图 3-60

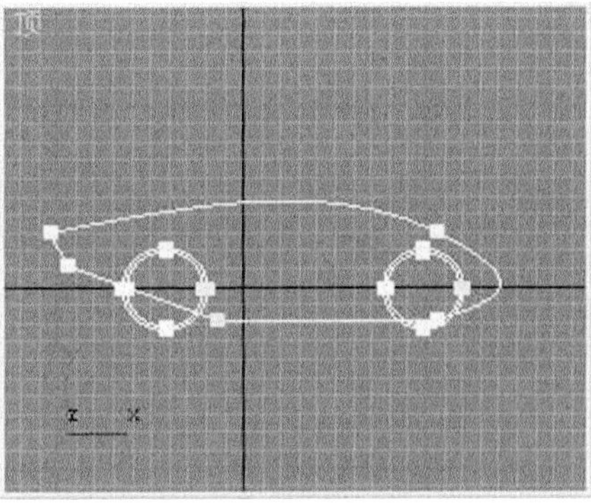

图 3-61

（7）右击顶视口的图形，然后从弹出的菜单上选取“顶层级”命令。

（8）在主工具栏中单击“按名称选择”按钮，出现“选择对象”对话框。所有圆都包含在了“Line01”中。

（9）在“选择对象”对话框中单击“取消”按钮，关闭它。

3．布尔运算

（1）继续前面的练习。

（2）在顶视口选择场景中的图形。

（3）在修改器堆栈显示区域展开子对象列表，然后单击“样条线”，进入“样条线”子对象层级。

（4）在顶视口单击车身样条线，选择它，如图 3-62 所示。

（5）在“几何体”卷展栏中，单击 布尔 区域的“差集”按钮。

说明：布尔运算有三种运算方式：“并集”、“差集”和“交集”。

（6）单击“布尔”按钮。

（7）在顶视口单击前后车轮的外圆，完成布尔操作，如图 3-63 所示。

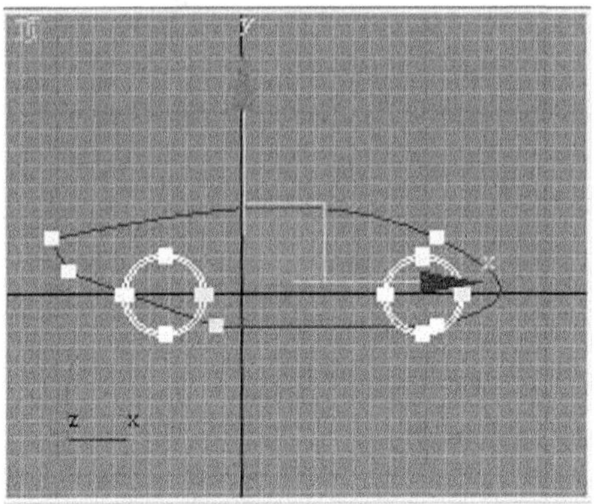

图 3-62

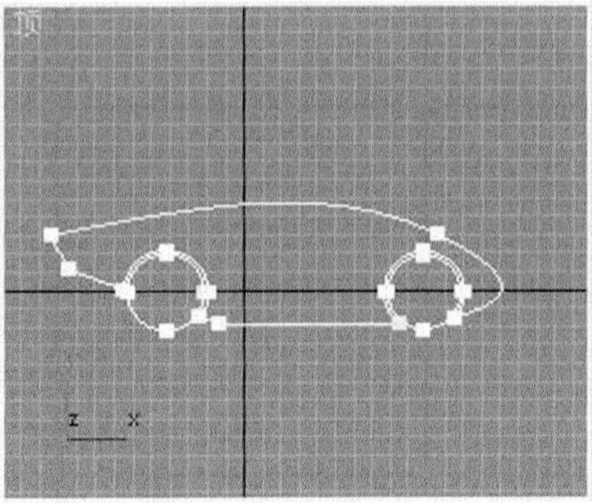

图 3-63

（8）右击顶视口，结束布尔操作模式。

（9）在修改器堆栈显示区域单击“Line”，退出子对象修改层级。

注意：在“样条线”子对象层级下比较重要的操作还有“镜像”、“修剪”和“延伸”等操作。

3.6 相关修改器介绍

3.6.1 挤出修改器

“挤出”修改器可以为二维图形增加一个深度，并使其成为一个参数对象。

可以通过下面两种方法之一执行“挤出”操作。

- 选择图形，选择“修改”>“修改器列表”>挤出”命令。
- 选择图形，执行“修改器”>“网格编辑”>“挤出”菜单命令。

如图 3-64 所示，是挤出示例效果。上图是挤出前的样条线，左图是禁用“封口末端”时挤出的样条线，右图是启用“封口末端”时挤出的样条线。

挤出修改器的“参数”卷展栏如图 3-65 所示。

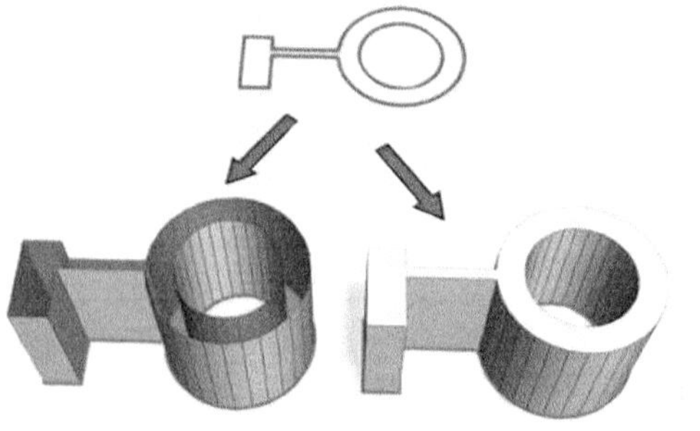

图 3-64

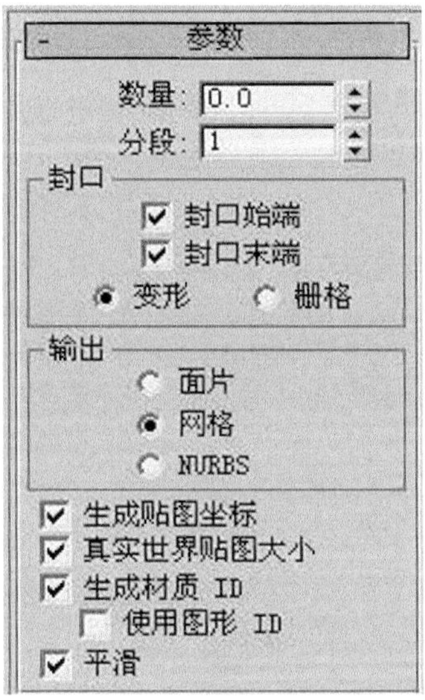

图 3-65

- 数量——设置挤出的深度。
- 分段——为挤出对象增加分段。

“封口”组

- 封口始端——在挤出对象始端生成一个平面。
- 封口末端——在挤出对象末端生成一个平面。

“输出”组

- 面片——将挤出对象输出成面片对象。
- 网格——将挤出对象输出成网格对象。
- NURBS——将挤出对象输出成 NURBS 对象。

其他复选框

- 生成贴图坐标——在生成挤出对象时自动生成贴图坐标，以便更好地使用贴图材质。默认设置为禁用状态。
- 真实世界贴图大小——控制应用于挤出对象的纹理贴图材质所使用的缩放方法。默认设置为启用。
- 生成材质 ID——将不同的“材质 ID”指定给挤出对象的侧面与封口。默认情况下侧面的“ID 号”为 3，上下封口的“ID 号”分别为 1 和 2。

说明:当创建一个挤出对象时，“生成材质 ID”选框默认为“启用”，但如果从 MAX 文件中加载一个挤出对象，此复选框则为禁用状态。

- 平滑——选择“平滑”选项，挤出对象的表面将表现为平滑状态。

3.6.2 车削修改器

利用“车削”命令通过绕轴旋转一个图形或 NURBS 曲线来创建 3D 对象。

可以通过下面两种方法为对象施加“车削”修改器。

- 选择图形，选择“修改”>“修改器列表”>“车削”命令。
- 选择图形，执行“修改器”>“面片/样条线编辑”>“车削”菜单命令。

如图 3-66 所示，是剖面线经 360° 车削后的示例效果。

图 3-66

1.修改器堆栈

车削修改器堆栈如图 3-67 所示。

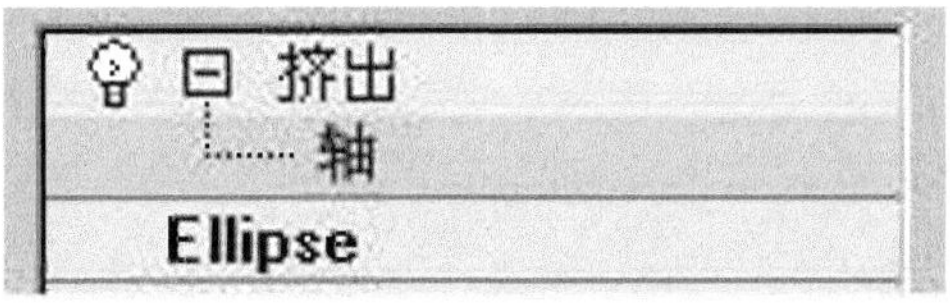

图 3-67

- 轴——在此子对象层级上，可以进行变换和设置绕轴旋转动画。

2."参数"卷展栏

车削“参数”卷展栏如图 3-68 所示。

● 度数——确定对象绕轴旋转多少度(范围 0 到 360，默认值是 360)。可以根据“度数”来设置车削的动画效果。“车削”轴自动将尺寸调整到与要车削图形同样的高度。

如图 3-69 所示，是车削 270° 时的效果。

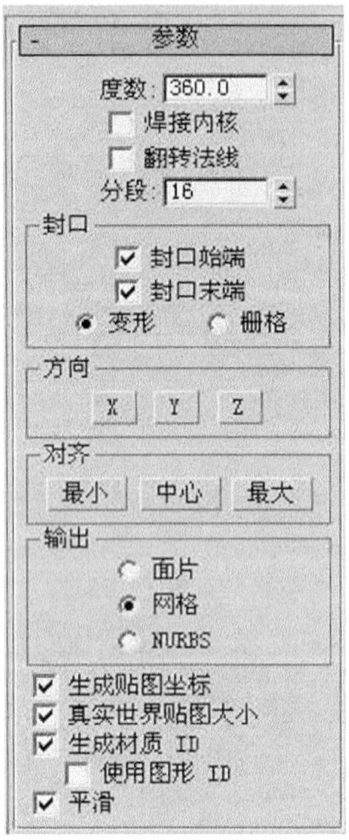

图 3-68

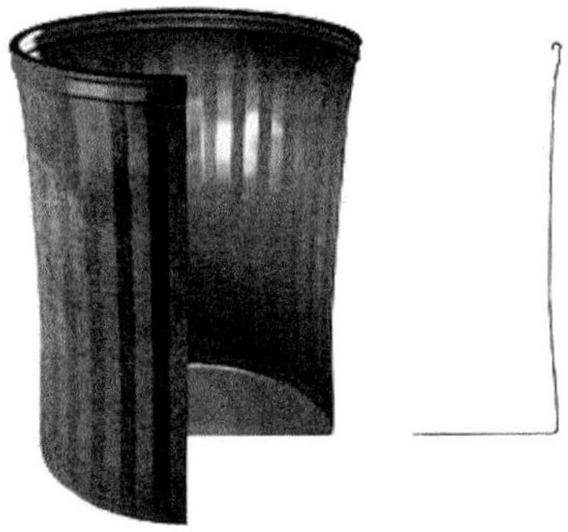

图 3-69

● 焊接内核——通过焊接旋转轴处的顶点来简化车削对象。

● 翻转法线——根据图形上顶点的方向和旋转方向，旋转对象可能会内部外翻。可勾选“翻转法线”复选框来修正它。

● 分段——在起始点之间，确定在曲面上创建多少插值线段。此参数也可设置动画。默认值为 16。

注意：使用分段微调器可以创建多达 10 000 条线段。不要用它创建几何体，因为几何体太复杂。通常可以使用“平滑”选项或“平滑修改器”来获得满意的结果，而不使用增加分段的方法获得满意的效果。

“封口”组

如果设置的车削对象的“度数”小于 360°，它控制是否在车削对象内部创建封口。

● 封口始端——如果设置的车削对象的“度”小于 360°，封口车削对象的始点，并形成闭合图形。

● 封口末端——如果设置的车削对象的“度”小于 360°，封口车削对象的终点，并形成闭合图形。

“方向”组

X /Y /Z——设置车削时旋转的方向。

"对齐"组

- 最小/中心/最大——将旋转轴与图形的"最小"、"居中"或"最大"范围对齐。

"输出"组

- 面片——将车削对象输出成面片对象。
- 网格——将车削对象输出成网格对象。
- NURBS——将车削对象输出成 NURBS 对象。

其他复选框

- 生成贴图坐标——在生成车削对象时自动生成贴图坐标，以便更好地使用贴图材质。默认设置为禁用状态。
- 真实世界贴图大小——控制应用于车削对象的纹理贴图材质所使用的缩放方法。默认设置为启用。
- 生成材质 ID——将不同的材质 ID 指定给车削对象的侧面与封口。特别是侧面"ID 号"为 3，封口（当"度"的值小于 360 且车削对象是闭合图形时）"ID 号"分别为 1 和 2。默认设置为启用。
- 平滑——给车削对象应用平滑。

3.6.3 倒角修改器

利用"倒角"命令将图形作为一个 3D 对象的基部，然后将图形挤出为四个层次并对每个层次指定轮廓量。

可以通过下面方法执行倒角命令。

选择图形，选择"修改">"修改器列表">"倒角"命令。

说明："倒角"修改器将图形挤出为 3D 对象并在边缘应用平或圆的倒角。此修改器的一个常规用法是创建 3D 文本和徽标，而且可以应用于任意图形。

如图 3-70 所示，是一文字倒角示例效果。

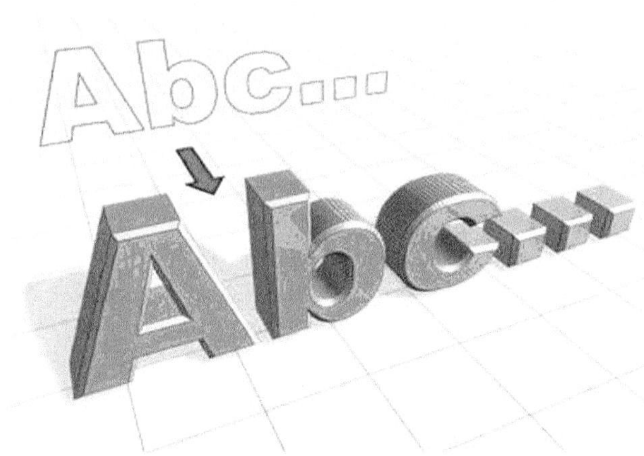

图 3-70

1. 创建倒角文本示例

此示例通过在前后使用相等的倒角来产生典型的倒角文本。

（1）使用默认设置创建文本。

字体为 Arial，尺寸为 100.0。

（2）应用“倒角”修改器。

（3）在起始轮廓字段中输入−1.0。

（4）针对级别 1，执行以下操作。

- 输入 5.0 作为高。
- 输入 2.0 作为轮廓。

（5）启用级别 2 并执行以下操作。

- 输入 5.0 作为高。
- 输入 0.0 作为轮廓。

（6）启用级别 3 并执行以下操作。

- 输入 5.0 作为高。
- 输入−2.0 作为轮廓。

（7）如果需要的话启用“避免线相交”。

2.“参数”卷展栏

倒角修改器“参数”卷展栏如图 3-71 所示。

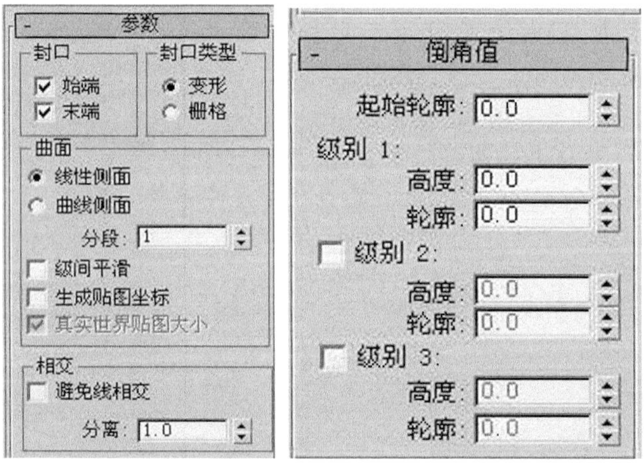

图 3-71

“封口”组

说明:可以通过“封口”组中的复选框确定倒角对象是否要在一端封口。

- 始端——沿 Z 轴方向在对象的起始端进行封口。禁用此项后，起始端为打开状态。
- 末端——沿 Z 轴方向在对象的末端进行封口。禁用此项后，末端为打开状态。

“曲面”组

控制对象侧面的曲率、平滑度和贴图。

说明："线性侧面"和"曲线侧面"两个选项用来设置级别之间使用的插值方法，有一个数字型字段设置要插值的分段数目。

- 线性侧面——激活此项后，级别之间会沿着一条直线进行分段插值。
- 曲线侧面——激活此项后，级别之间会沿着一条 Bezier 曲线进行分段插值。这样侧面就会显得比较平滑。
- 分段——在每个级别之间设置中级分段的数量，分段越多，侧面越光滑，但随着面数的增加，对象占用的资源也就越大。

注意：曲面组参数可以有效地控制倒角对象的外表曲线效果，在创建倒角对象时非常有用。

如图 3-72 所示，是分别设置"线性侧面"和"曲线侧面"的示例效果。左上方对象采用曲线侧面方式，表面更光滑。

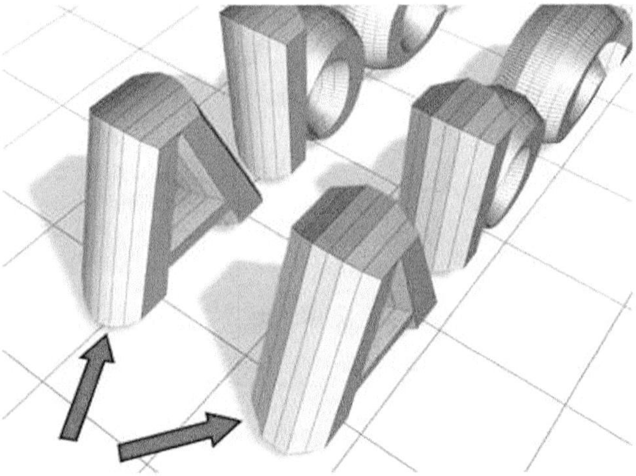

图 3-72

- 级间平滑——控制倒角部分的平滑效果，启用该复选框，两个级别之间的倒角过渡部分就会显得比较平滑，否则两个级别之间的倒角过渡部分就会显得比较生硬。

说明：启用此项后，对侧面应用平滑组，侧面显示为弧状。禁用此项后不应用平滑组，侧面显示为平面倒角。

- 生成贴图坐标——在生成倒角对象时自动生成贴图坐标，以便更好地使用贴图材质。默认设置为禁用状态。
- 真实世界贴图大小——控制应用于倒角对象的纹理贴图材质所使用的缩放方法。默认设置为启用。

"相交"组

该组用于防止从重叠的临近边产生锐角。

- 避免线相交——防止轮廓彼此相交。它通过在轮廓中插入额外的顶点并用一条平直的线段覆盖锐角来避免轮廓彼此相交。

- 分离——设置边与边之间所保持的距离。最小值为 0.01。

3. “倒角值”卷展栏

包含设置高度和四个级别倒角量的参数。

倒角对象至少需要两个级别的最小值：起始值和结束值。可以添加更多的级别来改变倒角从开始到结束的量和方向。

说明：可以将倒角级别看作蛋糕上的层。起始轮廓位于蛋糕底部，级别 1 的参数定义了第一层的高度和大小。启用级别 2 或级别 3 对倒角对象添加另一层，将它的高度和轮廓指定为前一级别的改变量。最后级别始终位于对象的上部。必须始终设置级别 1 的参数。

- 起始轮廓——设置轮廓从原始图形的偏移距离。非零设置会改变原始图形的大小。正值会使轮廓变大。负值会使轮廓变小。
- 级别 1——包含两个参数，它们表示起始级别的改变。
- 高度——设置级别 1 在起始级别之上的距离。
- 轮廓——设置级别 1 的轮廓到起始轮廓的偏移距离。

说明：级别 2 和级别 3 是可选的并且允许改变倒角量和方向。

- 级别 2——在级别 1 之后添加一个级别。
- 高度——设置级别 1 之上的距离。
- 轮廓——设置级别 2 的轮廓到级别 1 轮廓的偏移距离。
- 级别 3——在前一级别之后添加一个级别。如果未启用级别 2，级别 3 添加于级别 1 之后。
- 高度——设置到前一级别之上的距离。
- 轮廓——设置级别 3 的轮廓到前一级别轮廓的偏移距离。

传统的倒角文本使用带有这些典型条件的所有级别。

- 起始轮廓可以是任意值，通常为 0.0。
- 级别 1 轮廓为正值。
- 级别 2 轮廓值为 0.0。不改变级别 1。
- 级别 3 轮廓为级别 1 值的负值。将级别 3 的值返回为与起始轮廓相同大小。

3.7 样题解答

（1）重新启动 3ds Max 程序。

（2）进入“创建”命令面板，然后单击“图形”按钮。在“对象类型”卷展栏上，单击“线”按钮。

（3）在左视图中创建一个封闭的样条线，使用其默认名称“Line01”。进入“修改”命令面板，在修改命令面板中选择进入“顶点”子对象层级，如图 3-73 所示，调整各个顶点，结果如图 3-74 所示。

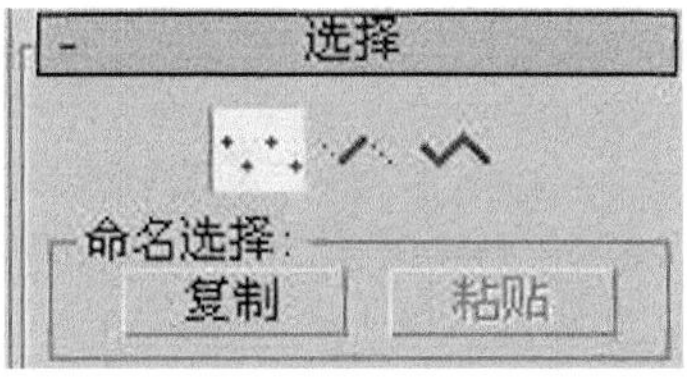

图 3-73

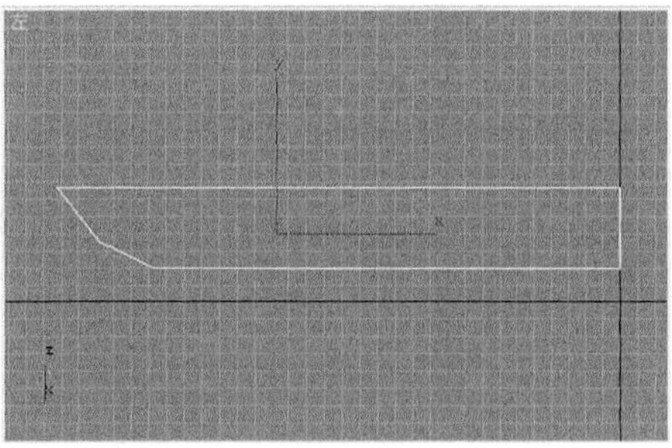

图 3-74

（4）在“对象类型”卷展栏上单击“弧形”按钮。

（5）在左视图中创建如图 3-75 所示的样条线“Arc01”。

（6）在“对象类型”卷展栏上单击“线”按钮。

（7）在左视图中创建如图 3-76 所示的封闭样条线“Line02”。

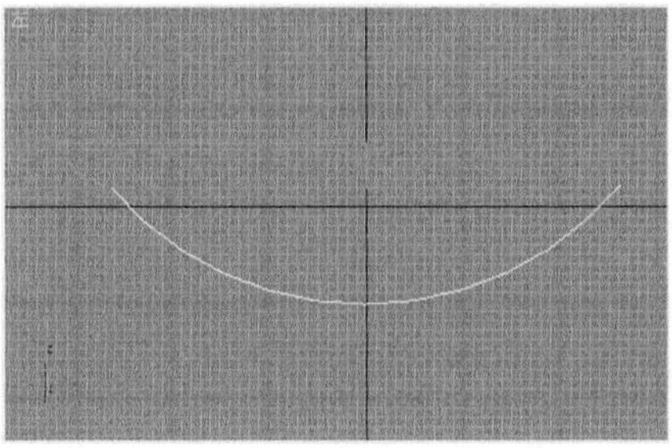

图 3-75

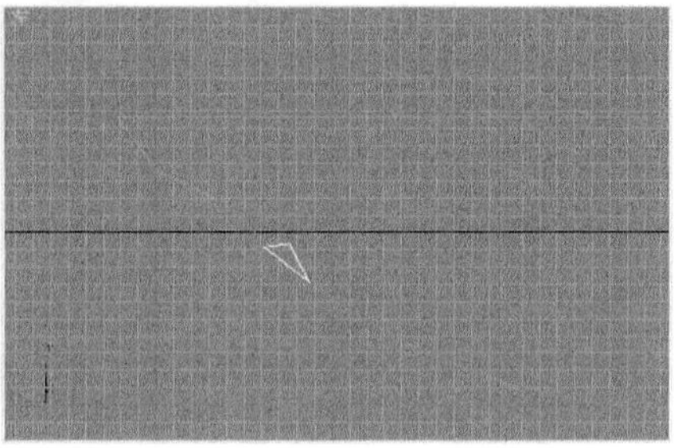

图 3-76

（8）在“对象类型”卷展栏上单击“线”按钮。

（9）在左视图中创建如图 3-77 所示的封闭样条线“Line03”。

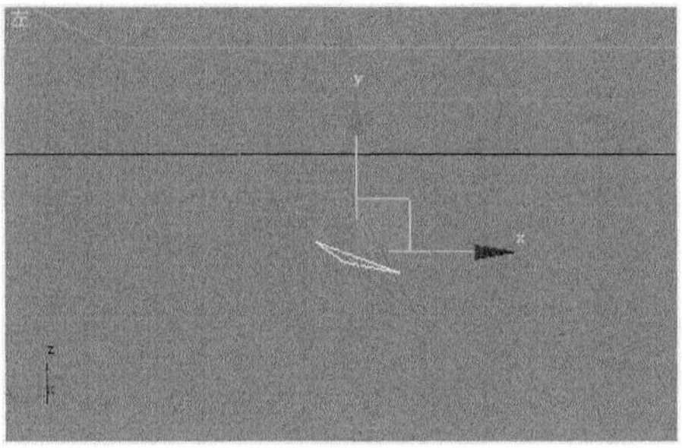

图 3-77

说明: 步骤（1）至（9）较详细地介绍了创建轮廓线的步骤，而试题中只要求考生直接载入素材文件即可。

（10）在左视图中选择“Line01”，进入“修改”命令面板，从修改器列表中选择为 Line01 施加“车削”修改器。参数设置如图 3-78 所示，并对车削模型进行修改调整，结果如图 3-79 所示。

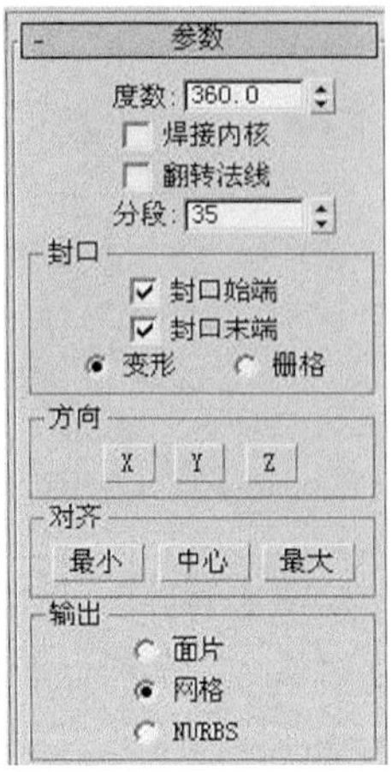

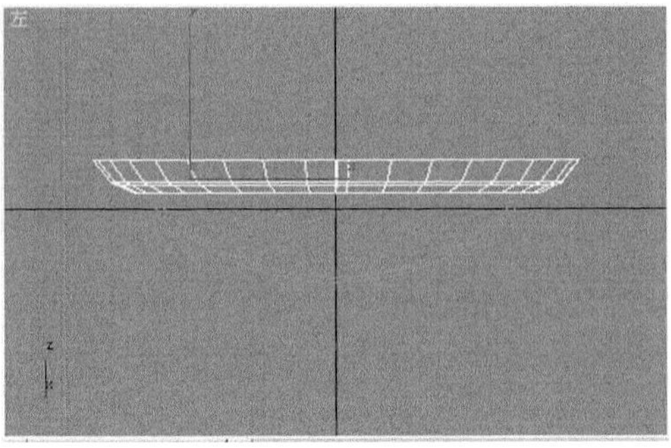

图 3-78　　图 3-79

（11）在左视图中选择“Arc01”，进入“修改”命令面板。从修改器列表中选择为 Arc01 施加“编辑样条线”修改器。

（12）在修改面板上选择“样条线”子对象层级，如图 3-81 所示。

（13）在左视图中选择 Arc01，Arc01 变成红色显示。单击“轮廓”按钮，然后在视图中单击 Arc01 并向上拖动鼠标，使 Arc01 产生一弧形轮廓线，如图 3-82 所示。

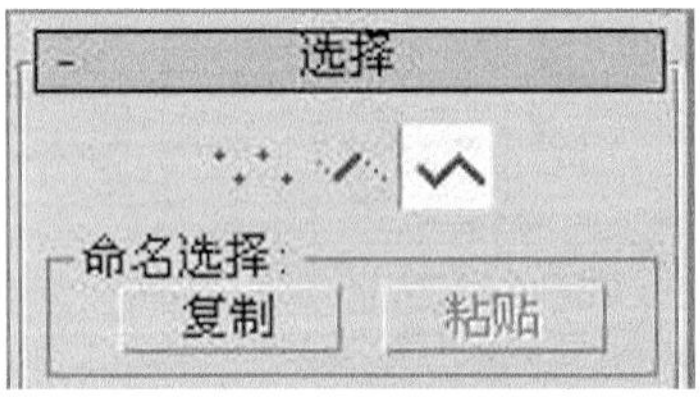

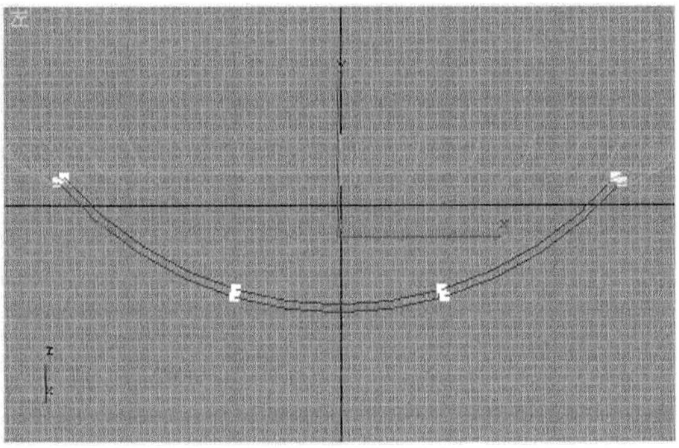

图 3-80　　图 3-81

（14）单击鼠标右键退出“样条线”子对象层级，在修改器列表中选择车削修改器，为 Arc01 施加“车削”修改器。参数设置如图 3-82 所示，结果如图 3-83 所示。

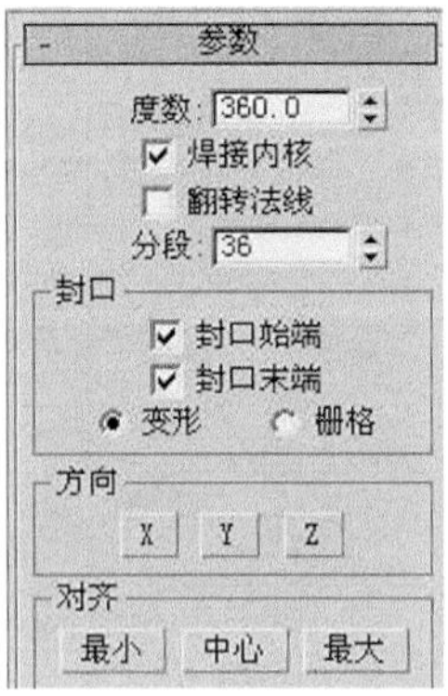

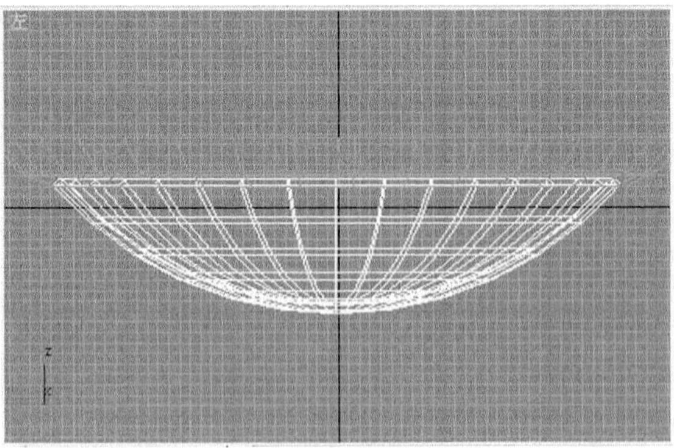

图 3-82　　图 3-83

（15）选择 Line02，同样为 Line02 施加“车削”修改器，结果如图 3-84 所示。

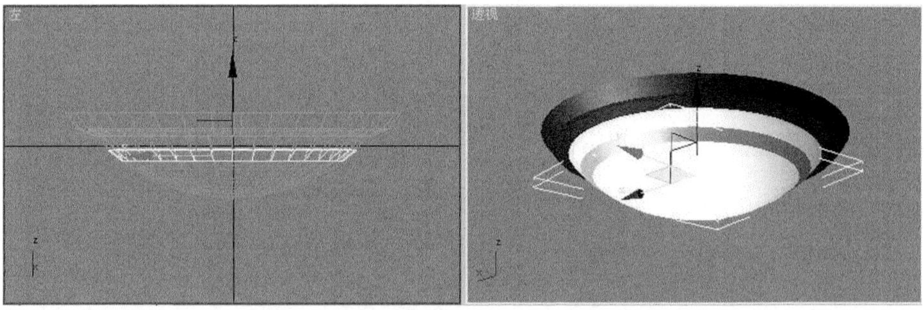

图 3-84

（16）选择 Line03，同样为 Line03 施加“车削”修改器，结果如图 3-85 所示。

图 3-85

（17）指定材质（Bottom、Circle、Light）。最后可以根据自己的喜好为吸顶灯增加一些装饰，然后选择透视图，按下键盘上的“Shift+Q”组合键渲染透视图，结果如图 3-86 所示。

图 3-86

将最终结果以 X2-20.max 为文件名保存在桌面。

第 4 章　放样建模

放样建模是一种古老的建模方法，它利用两个或多个现有样条线对象创建放样对象。一个样条线作为路径，其余的样条线将作为放样对象的横截面或图形。沿着路径排列图形时，3ds Max 会在图形之间生成曲面。

说明：可以为任意数量的横截面或图形创建作为路径的图形对象。该路径可以成为一个框架，用于保留形成对象的横截面。如果仅在路径上指定一个图形，3ds Max 会假设在路径的每个端点有一个相同的图形，然后在图形之间生成曲面。

3ds Max 可以通过“获取图形”或者“获取路径”的方式创建放样对象，并可以对放样对象进行编辑修改。

要创建放样对象，首先应创建一个或多个图形，在选择“路径”或者“图形”的情况下，再选择“放样”命令，然后先要单击“获取图形”按钮或“获取路径”按钮，再在视图中单击相应的“图形”或“路径”，才会创建出放样对象。

使用“获取图形”的方式创建放样对象时，如果在无效图形上移动光标，无效原因将显示在提示行中。

说明：创建放样对象之后，可以添加并替换横截面图形或替换路径，也可以更改或设置路径和图形的参数动画。

如图 4-1 所示，就是通过放样创建的一条高速路模型。

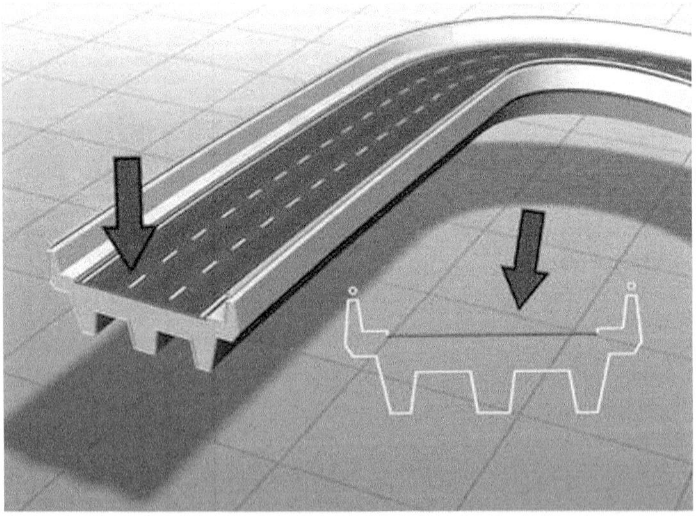

图 4-1

本章技能考核点

- 创建放样对象
- 放样对象变形修改

评分细则

本章有 3 个评分点，每题 10 分。

序号	评分点	分值	得分条件	判分要求
1	绘制图形	2	按照要求正确绘制或载入图形	不符合要求不给分
2	创建模型	6	按照要求创建三维模型	不符合效果要求不给分
3	材质渲染	2	按照要求设置效果	允许一定的创意发挥

本章导读

如上所述，我们明确了本章所要求掌握的技能考核点以及对应《试题汇编》的评分点、得分条件和判分要求等。下面我们先在“样题示范”中展示《试题汇编》中一道关于使用放样建模方法创建椅子模型的真实试题，并在“样题分析”中对如何解答这道试题进行分析，然后通过一些案例来详细讲解本章中涉及到的技能考核点，最后通过“样题解答”来叙述“制作椅子模型”这道试题的详细操作步骤。

4.1　样题示范

- 练习目的——由《试题汇编》中选取样题，观察本章题目类型，了解本章学习内容。
- 样题来源——《试题汇编》第 3 单元 3.20 题。
- 操作要点——使用“路径”和“图形”进行放样操作，制作椅子。

【操作要求】

制作椅子，效果如图 4-2 所示。

图 4-2

1．**绘制图形：**打开素材文件 Samples\ch04\Y3-20.max，如图 4-3 所示。

2．**创建模型**：使用截面图形（shape）、路径（path）放样，创建椅子座垫和靠背模型。创建切角长方体（长 25、宽 25、高 375、圆角 3），再复制 3 个切角长方体作为椅子腿。

3．**渲染效果**：给放样体和切角长方体分别指定材质编辑器内所附材质（cloth、wood）。将最终结果以 X3-20.max 为文件名保存在桌面。

图 4-3

4.2 样题分析

本题是关于使用放样方法创建三维模型的题目。

要创建椅子模型，可以使用放样建模的方法。

首先要使用样条线绘制椅子剖面图形，再创建一个样条线定义模型沿放样方向的深度。放样之后再对放样对象进行简单修改，得到椅子主体部分。最后再为椅子添加四条腿，一把简单、实用的椅子就创建出来了。

解答类似题目需要掌握放样的相关操作技能，我们的学习就从了解和掌握这些技能考核点开始吧。其中一些操作技能已经在前面的章节中讲解过，本章着重讲解如何创建放样对象，以及如何对放样对象进行变形修改。

4.3 创建放样对象

4.3.1 创建放样对象的基本方法

1．使用“获取图形”创建放样对象

（1）启动 3ds Max，或者执行“文件”＞“重置”菜单命令，复位 3ds Max。

（2）执行“文件”＞“打开”菜单命令，然后打开素材文件 Samples\ch04\ ch04_01.max。这个文件中包含两个样条线，一个圆形样条线和一个矩形样条线，如图 4-4 所示，选择线性样条线 Line01。

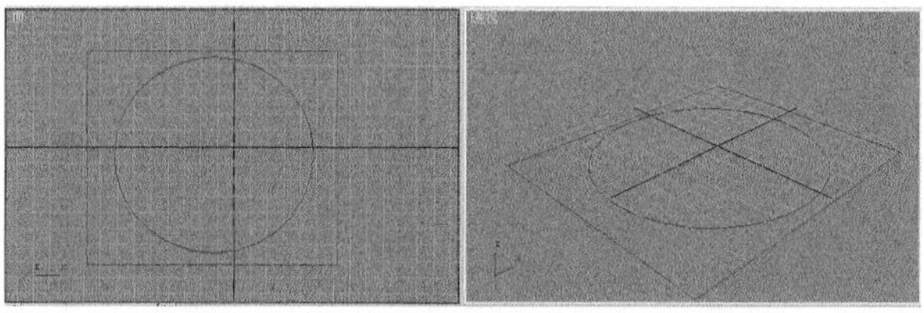

图 4-4

注意：放样时使用的路径和横截面必须是二维样条线，否则是不能进行放样操作的。

（3）选择“创建”＞“几何体”＞“复合对象”＞“放样”命令，如图 4-5 所示，进入放样操作界面。在放样操作界面上单击“获取图形”按钮，如图 4-6 所示。

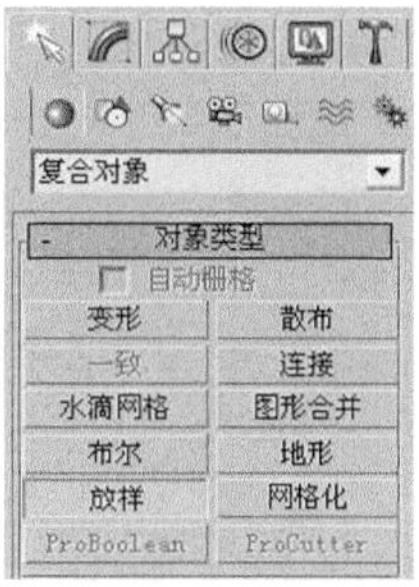

图 4-5

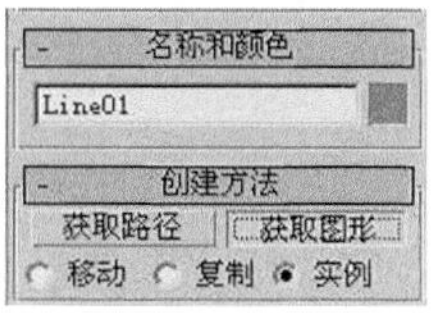

图 4-6

（4）在视图中单击圆形样条线，将其拾取，结果得到一个圆柱形物体“Loft01”，如图 4-7 所示。

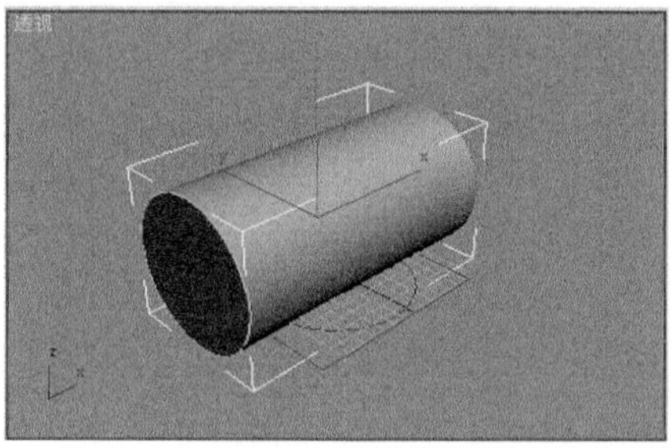

图 4-7

说明：当将光标移动到有效的路径图形上时，光标会变为“获取路径”的光标。如果光标在图形上未改变，那么该图形是一个无效的路径图形并且不能被选中。选中路径的初始顶点放置在初始图形的轴上，并且路径切线与图形的局部 Z 轴对齐。

（5）执行 “编辑”＞“暂存”菜单命令（或按组合键“Alt+Ctrl+H”），暂时保存当前场景。

（6）按组合键“Ctrl+Z”，撤消放样操作。

2．使用“获取路径”创建放样对象

（1）重新选择线性样条线 Line02。

（2）按照同样的方法切换到放样操作界面。

（3）在“创建方法”卷展栏中单击“获取路径”按钮。

（4）在视图中单击圆形样条线，得到一空心的圆柱形物体，效果如图 4-8 所示。

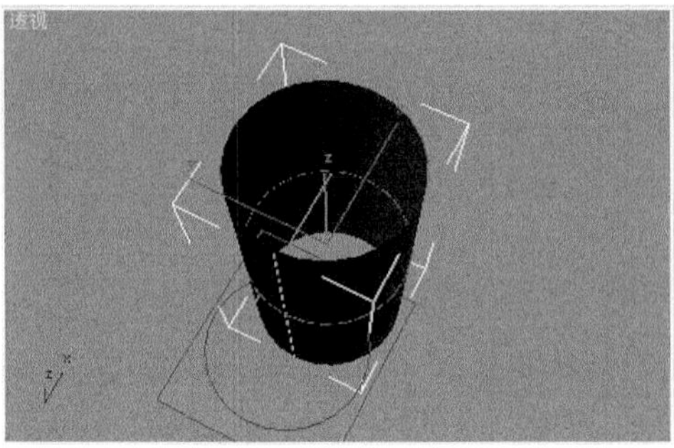

图 4-8

说明：如果选择 Line01 作为放样的截面图形，将会得到一个平面的圆饼状对象，原因是 Line01 也完全处于一个与圆形样条线所在平面平行的平面上。这说明样条线的角度也会直接对放样的结果产生影响。

3．给放样对象添加新的截面图形

（1）执行“编辑”＞“取回”菜单命令（或按组合键“Alt+Ctrl+F”），取回前面暂时保存的场景。

（2）选择放样复合对象 Loft01，然后切换到“修改”命令面板。

（3）在“路径参数”面板中设置路径的参数为 100，指示路径位置的“黄色星形”会从路径的始端位置移动到路径的末端位置，如图 4-9 所示。

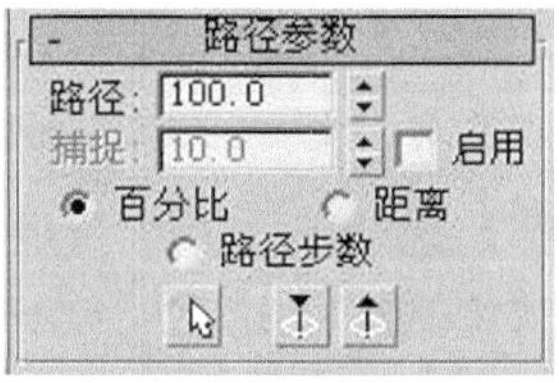

图 4-9

（4）单击“获取图形”按钮，然后在视图中单击矩形样条线，结果得到一个从圆形截面过渡到矩形截面的三维物体，效果如图 4-10 所示。

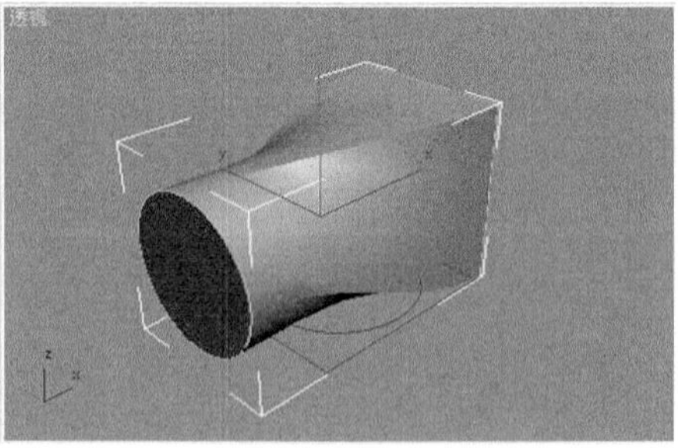

图 4-10

说明：在勾选“百分比”复选框的情况下，路径被看作分成了 100 等份，可以在路径不同的位置添加更多的截面图形。另外要说明的是，用拖动鼠标的方法画线所产生的路径是不均匀的，因此路径在按百分比划分时，每一份的长度是不均等的。

4．对齐截面图形的第一点

注意：观察刚刚得到的放样复合对象，发现在从圆形到矩形过渡过程中，产生了扭曲现象，这就需要对齐截面图形的第一点。

（1）选择放样复合对象，切换到修改命令面板。展开“Loft”子对象层级，选择“图形”子对象层级，如图 4-11 所示。

图 4-11

（2）单击“图形命令”卷展栏中的“比较”按钮，会在视图中弹出“比较”窗口，如图 4-12 所示。

（3）单击“比较”窗口中的“拾取”按钮，然后在视图中分别单击放样复合对象中的圆形截面形与矩形截面形，结果圆形截面形与矩形截面形出现在“比较”窗口中，如图 4-13 所示。

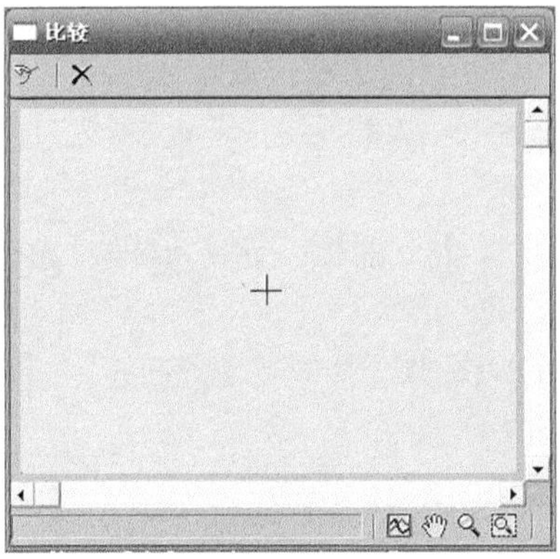

图 4-12

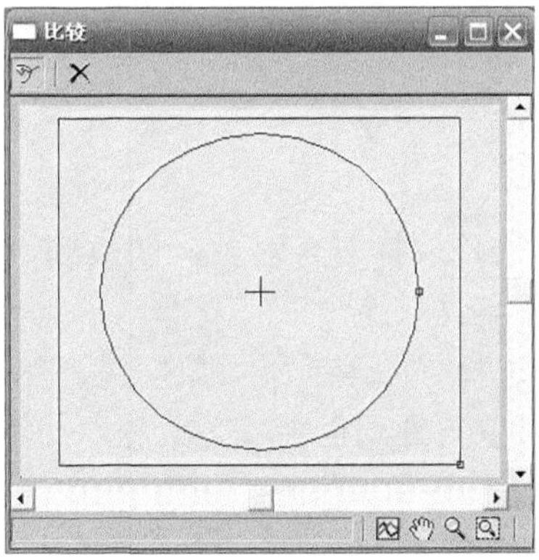

图 4-13

说明：图形的第一点突出以矩形点状显示，放样复合对象之所以产生扭曲，主要原因就是截面图形第一点没有对齐。

（4）单击主工具栏中的“选择并旋转”按钮，在顶视图中移动光标，当光标变成十字光标时，表明已经找到了相应的截面图形，然后单击截面图形，被选中的截面图形变成红色。

注意：为了更加方便地拾取要旋转的截面图形，可以在“蒙皮参数”卷展栏的显示项下取消勾选“蒙皮”复选框，这样可以改变视图中放样对象的显示方式。

（5）在视图中上下拖动鼠标旋转选择的截面图形（注意：一定是在视图中旋转被选择的截面图形，而不能在“比较”对话框中旋转截面图形），直到所有截面图形的第一点对齐，如图 4-14 所示。

（6）关闭“对齐”对话框，观察放样复合对象，此时扭曲现象没有了，如图 4-15 所示。以 ch04-01ead.max 为文件名，将操作结果保存在 Sample\ch04 文件夹中。

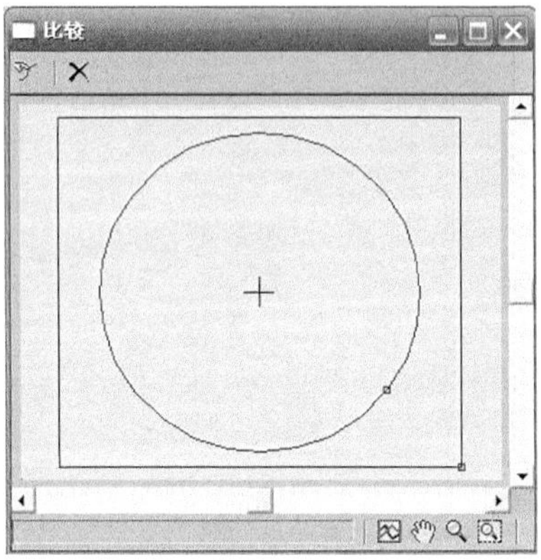

图 4-14

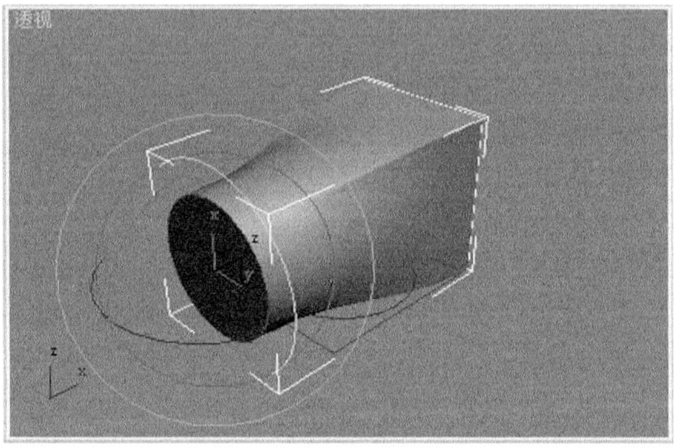

图 4-15

4.3.2 放样复合对象的子对象层级修改

得到放样复合对象后可以进入放样对象的子对象层级，非常方便地修改路径和截面图形，甚至可以修改它们的原始参数。

1．变换截面图形

（1）执行“文件”>“打开”菜单命令，然后打开素材文件 Samples\ch04\ch04_02.max。

（2）选择放样复合对象，切换到“修改”命令面板，进入放样对象子对象层级修改级别，如图 4-16 所示。

（3）选择“图形”子对象层级，然后在视图中选择矩形截面形，并移动截面的位置，结果放样对象的外观也会随之改变，如图 4-17 所示。

图 4-16

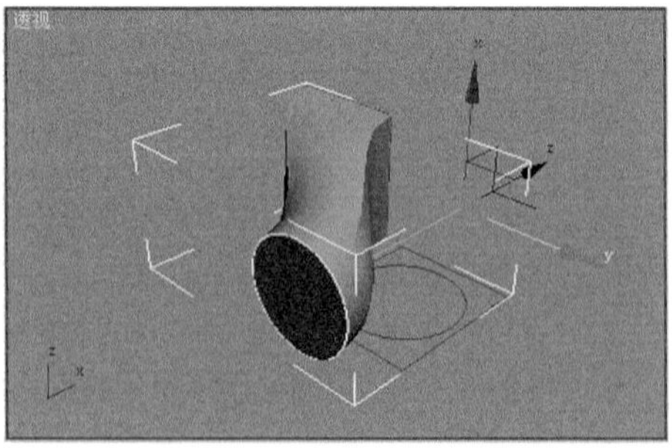

图 4-17

技巧：不仅可以移动截面，还可以旋转或缩放被选中的截面。

2．修改截面图形的原始参数

（1）在选择矩形截面图形的情况下，选择“修改”命令堆栈中的“Rectangle”层级，将会出现矩形的原始参数，如图 4-18 所示。

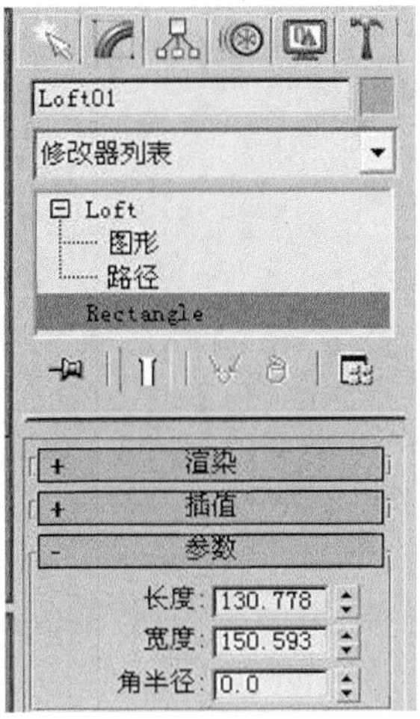

图 4-18

（2）在“矩形参数”卷展栏中修改矩形的相关参数，并观察放样复合对象的变化效果。

说明：如果选择的是圆形截面图形，则修改器堆栈的最下层会变成“Circle”，这样可以修改圆形的原始参数。

3．修改放样复合对象的“路径”子对象层级

选择放样复合对象，切换到“修改”命令面板，选择“路径”子对象层级，在修改器堆栈中会出现放样使用的路径“Line01”修改层级，在修改层级下可以分别对顶点、线段和样条线进行修改，如图 4-19 所示。

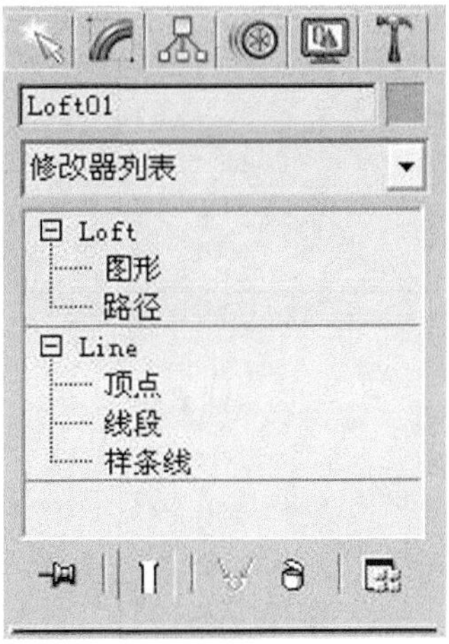

图 4-19

4．在现有复合对象中增加新的截面图形

（1）重置 3ds Max，或重新启动 3ds Max。

（2）执行“文件”>“打开”菜单命令，然后打开素材文件 Samples\ch04\ch04_03.max。

如图 4-20 所示，图中包含一放样复合对象和准备加入放样对象中的截面图形“Star01”。

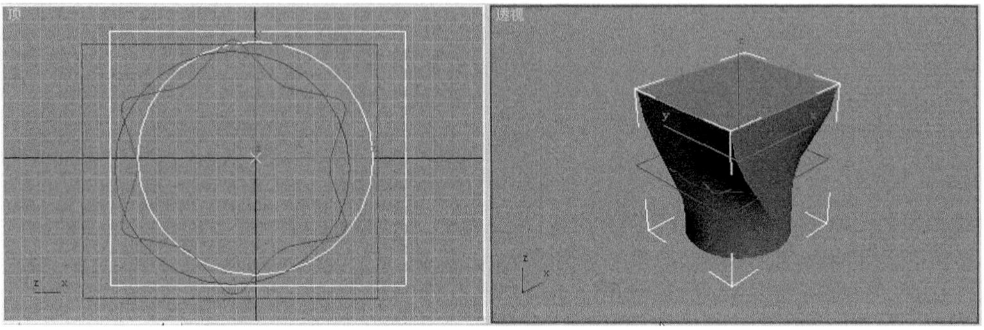

图 4-20

（3）在“路径参数”卷展栏中设置“路径”的参数为 50，观察放样对象指示路径位置处的小黄星形处于路径的中间，如图 4-21 和图 4-22 所示。

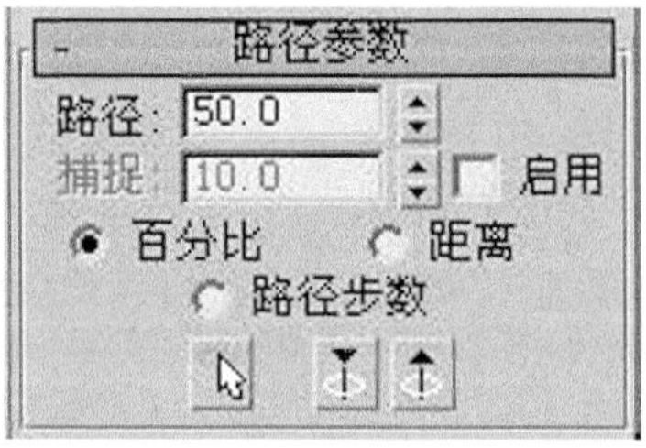

图 4-21

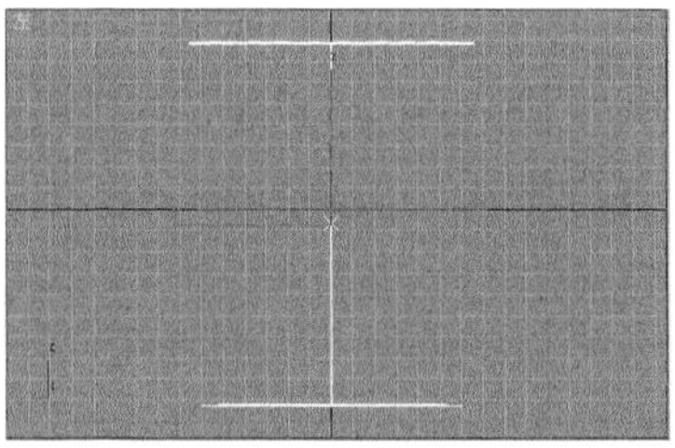

图 4-22

（4）单击“创建方法”卷展栏中的“获取截面”按钮，然后在视图中拾取星形“Star01”，结果星形被添加到放样对象的中间，如图 4-23 所示。

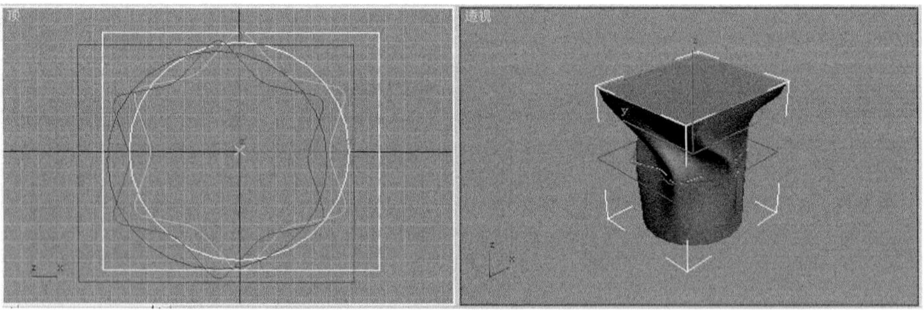

图 4-23

说明：一个放样复合对象中的路径是唯一的，但截面图形可以有多个，可以把它们放到路径的任何位置。当一个放样复合对象中包含多个截面图形时，把这种放样叫做多形放样。

多形放样中的截面图形必须满足三个条件：截面形必须是二维样条线；所有截面图形包含相同数量的子样条线；所有截面图形的嵌套顺序要一致。

（5）观察图 4-24 和图 4-25 中的截面图形，都不能满足多形放样的要求，所以不能进行多形放样。

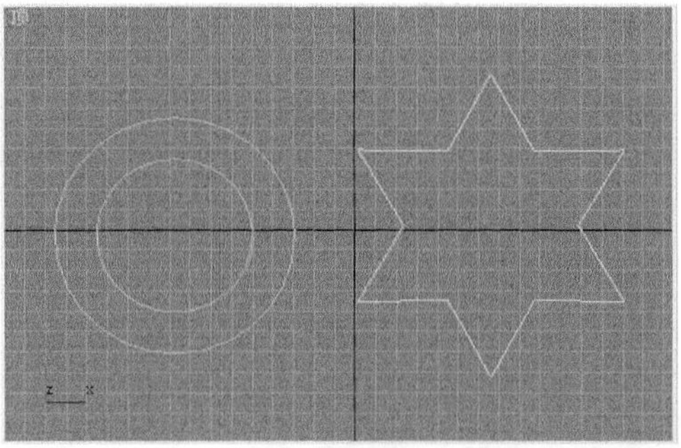

子线条数不同

图 4-24

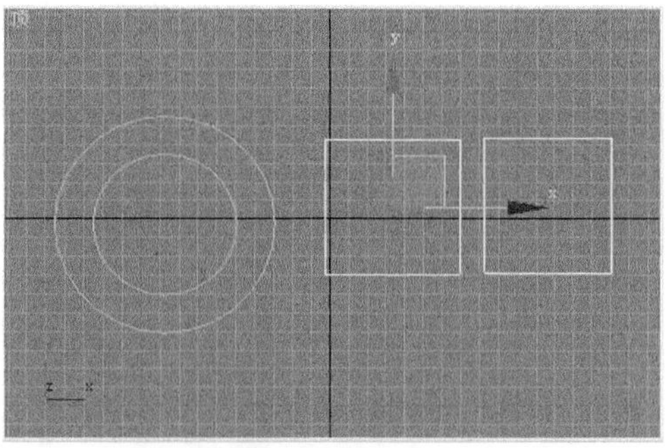

样条线嵌套顺序不同

图 4-25

4.4　放样变形修改

变形修改控件用于沿着路径缩放、扭曲、倾斜、倒角或拟合形状。所有变形的界面都是图形。图形上带有控制点的线条代表沿着路径的变形。为了建模或生成各种特殊效果，图形上的控制点可以移动或设置动画。

说明：通过沿着路径手动创建和放置形状来生成这些模型是一项艰巨的任务。放样通过使用变形曲线使这个问题迎刃而解。变形曲线定义沿着路径缩放、扭曲、倾斜和倒角的变化。

通过“修改”面板的“变形”卷展栏，可以访问放样变形曲线。“变形”卷展栏在“创建”面板上不可用。必须在放样之后打开“修改”面板才能访问“变形”卷展栏，该卷展栏提供以下功能。

- 每个变形按钮显示其自己的变形对话框；
- 可以同时显示任何或所有变形对话框；
- 每个变形按钮右侧的灯泡型按钮是启用或禁用变形效果的切换按钮。

放样变形共有 5 种变形方法，如图 4-26 所示。

说明：单击变形按钮右侧的 “启用/禁用” 按钮，可以切换变形效果。

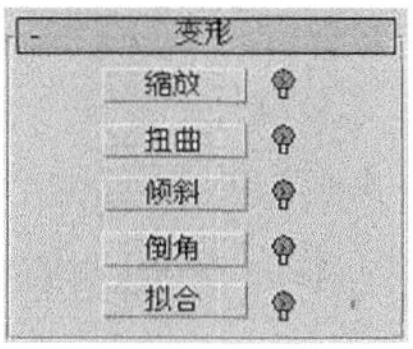

图 4-26

4.4.1 缩放变形

使用缩放变形可以沿着路径改变图形的缩放。比如制作哑铃或者小喇叭形状的模型，都可以通过“缩放变形”轻松完成。

（1）重置 3ds Max，或重新启动 3ds Max。

（2）执行“文件”>“打开”菜单命令，然后打开素材文件 Samples\ch04\ ch04_04.max，如图 4-27 所示。

文件中包含两个对象：Line01（线）和 Donut01（圆环）。

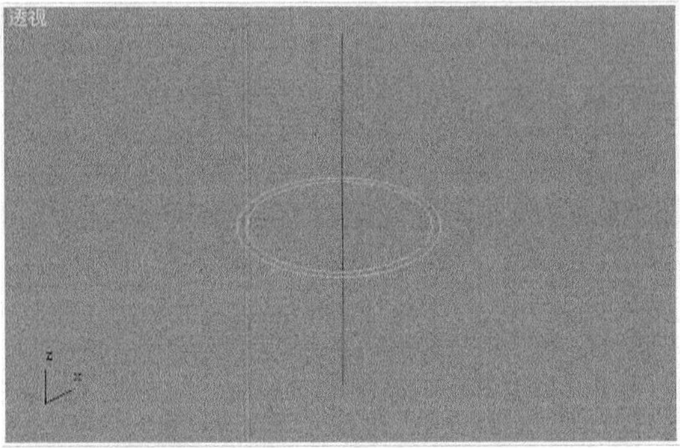

图 4-27

（3）选择 Line01，切换到几何体创建命令面板，然后在“对象类型”下拉列表中选择“复合对象”。再在复合对象类型创建面板上单击“放样”按钮。

（4）在“创建方法”卷展栏中单击“获取图形”按钮，然后在视图中单击圆环，拾取圆环，这样就可得到一个管状体形状的放样对象，如图 4-28 所示。

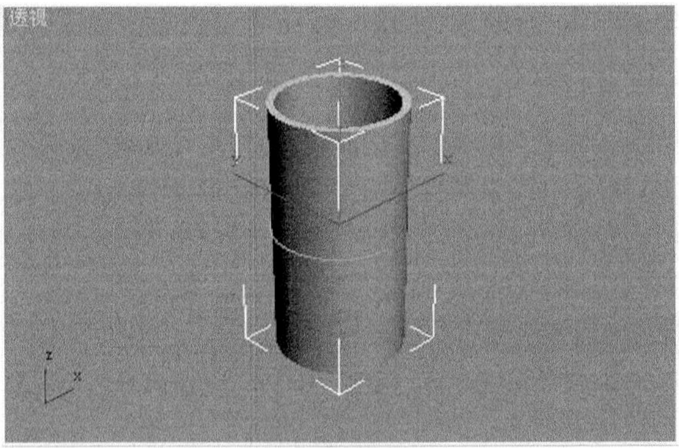

图 4-28

说明：获取截面图形或路径时，当光标移动到相应的图形上时，光标旁边会出现“获取图形”的标志，这表明可以获取相应的图形了。

（5）进入“修改”命令面板，然后切换到“变形”命令面板。单击 缩放 “缩放变形”按钮，弹出“缩放变形”对话框，如图 4-29 所示。

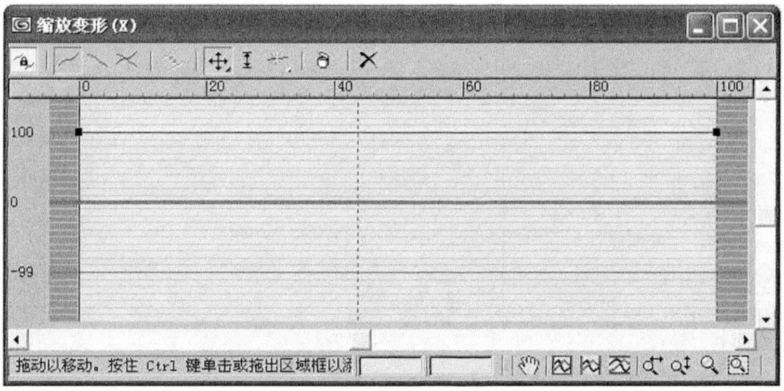

图 4-29

以下是“缩放变形”曲线的属性。

- 用于 X 轴缩放的曲线为红色，而用于 Y 轴缩放的曲线为绿色；
- 默认曲线值为 100%；
- 大于 100%的值将使图形变得更大；
- 介于 100%和 0%的值将使图形变得更小；
- 负值缩放则会产生图形的镜像效果。

（6）单击“缩放变形”对话框上方主工具栏上的“插入点”按钮，依次在曲线上插入两个控制点，如图 4-30 所示。

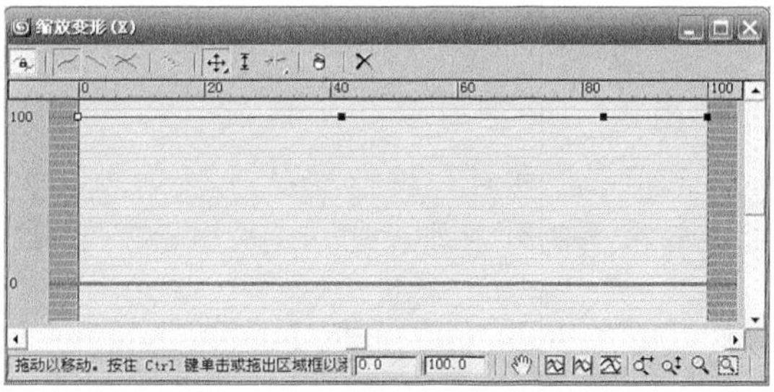

图 4-30

（7）单击“均衡”按钮，使其处于激活状态（以亮黄色显示），然后单击“移动控制点”按钮，将其激活，再分别移动曲线上控制点的位置，观察放样复合对象的外观发生的变化。参考结果如图 4-31 所示。

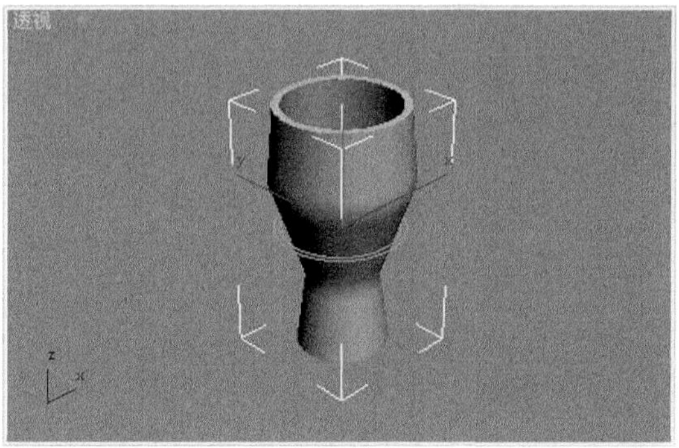

图 4-31

说明:“均衡”是一个动作按钮，也是一种曲线编辑模式，可以用于对 X 轴和 Y 轴方向应用相同的变形。未启用“均衡”时，曲线编辑仅应用于所选曲线。

启用“均衡”具有以下效果。

- 显示一条曲线时，会将显示的变形曲线的变形效果复制到隐藏轴的曲线上。
- 对所选曲线做出的更改会复制到另一条曲线上。

（8）单击“均衡”按钮，再单击“开启显示 X 轴”按钮，单击“移动控制点”按钮，调整控制点的位置，会观察到截面图形只在 X 轴方向发生了变化。参考效果如图 4-32 所示。

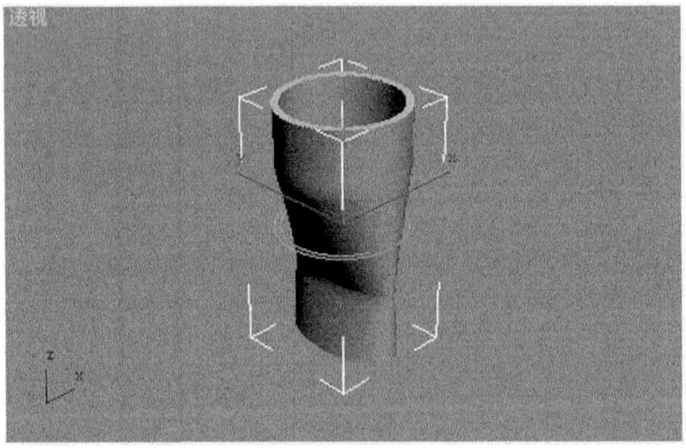

图 4-32

说明:“交换变形曲线”按钮用于在 X 轴和 Y 轴之间交换变形效果。启用“均衡”时，此按钮无效。单击“交换变形曲线”按钮可以将 X 轴曲线的变形效果复制到 Y 轴曲线上，并将 Y 轴曲线的变形效果复制到 X 轴曲线上，与当前显示或选择了哪条曲线无关紧要。

（9）选择“移动控制点”工具，然后右击某一控制点，出现右键菜单，从右键菜单中选择“Bezier－平滑”（如图 4-33 所示），然后调整控制手柄，这样可以平滑调整放样对象的曲线效果。

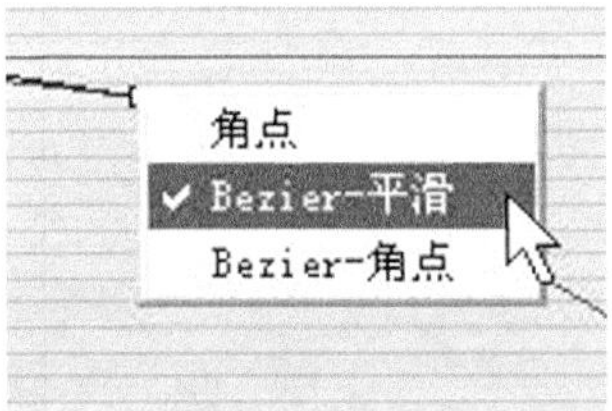

图 4-33

说明:使用变形曲线上的控制点可以生成曲线或锐角转角（取决于控制点类型）。要更改控制点类型，可以右击控制点，并从右键菜单中选择以下选项之一。

- 角点——生成锐角转角不可调整的线性控制点。
- Bezier－角点——带有不连续切线控制柄集合的可调整 Bezier 控制点，用于生成锐角转角。

- Bezier－平滑——带有锁定的连续切线控制柄集合的可调整 Bezier 控制点，用于生成平滑曲线。

（10）在选择某个控制点的情况下，在 22.366 81.676 “位置”和“数量”字段内输入相应的数值可以移动该控制点。下面我们对“变形”对话框中的一些工具加以说明。

- 删除控制点——选择一个控制点，然后单击“删除控制点”工具可以将选择的控制点删除。
- 重置曲线——单击“重置曲线”工具按钮，可以将所有曲线恢复到初始状态。
- 最大化显示——更改视图显示状态，以最大化方式全部显示变形曲线，使得整个变形曲线在对话框中可见。
- 水平方向最大化显示——更改沿路径长度进行的视图放大值，使得整个路径区域在对话框中可见。
- 垂直方向最大化显示——更改沿变形值进行的视图放大值，使得整个变形区域在对话框中显示。
- 水平缩放——更改沿路径长度进行的放大值。向右拖动可以增加放大值，向左拖动可以减少放大值。
- 垂直缩放——更改沿变形值进行的放大值。向上拖动可增加放大值。向下拖动可减少放大值。
- 缩放——更改沿路径长度和变形值进行的放大值，保持曲线纵横比。向上拖动可增加放大值。向下拖动可减少放大值。
- 缩放区域——在变形栅格中拖动区域。区域会相应放大，以填充变形对话框。
- 平移——在视图中拖动，向任意方向移动。
- 滚动条——拖动水平滚动条和垂直滚动条可以沿着某一个方向平移视图。

说明：在讲解其他变形操作时，“曲线变形”对话框上的很多工具都与“缩放变形”对话框上的工具相同，使用时可以参照使用。

4.4.2 扭曲变形

使用“扭曲变形”命令可以沿着对象的长度创建盘旋或扭曲的效果。扭曲将沿着路径指定旋转量。

（1）重置 3ds Max，或重新启动 3ds Max。

（2）执行“文件”＞“打开”菜单命令，然后打开素材文件 Samples\ch04\ ch04_05.max，如图 4-34 所示，图中包含一个放样对象，接下来我们把它修改成冰淇淋扭曲效果。

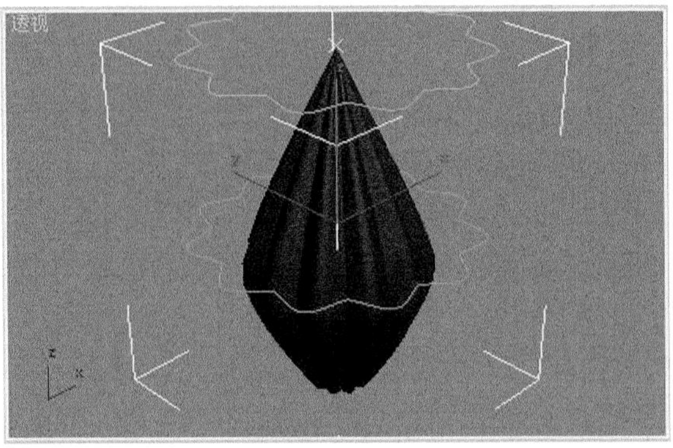

图 4-34

（3）选择放样复合对象，进入“修改”命令面板，单击 扭曲 “扭曲变形”按钮，出现“扭曲变形”窗口，如图 4-35 所示。

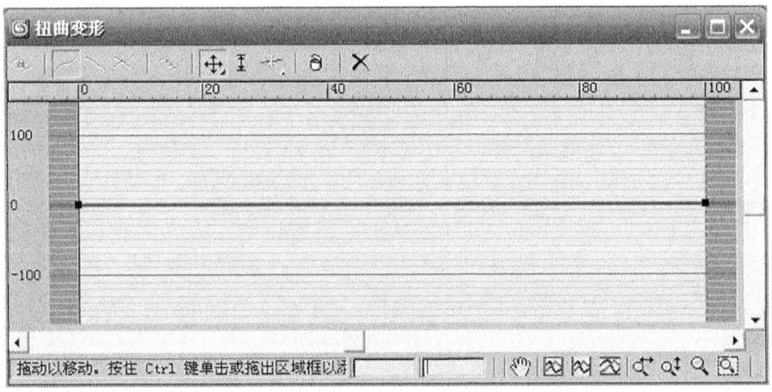

图 4-35

（4）单击“移动控制点”按钮将其激活，分别移动变形曲线上的两个控制点，如图 4-36 所示，调整两个控制点。

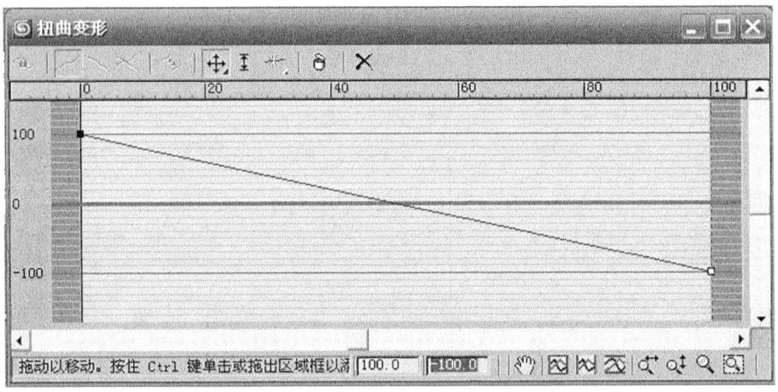

图 4-36

说明：由于扭曲变形是放样截面围绕放样路径的扭曲变形，所以“扭曲变形”窗口中的 X 轴与 Y 轴是不能用的。可以使用“位置”和“数量”字段精确移动控制点。

（5）关闭“扭曲变形”窗口，观察放样对象变形效果，一个扭曲变形的冰淇淋模型就出现了，如图 4-37 所示。

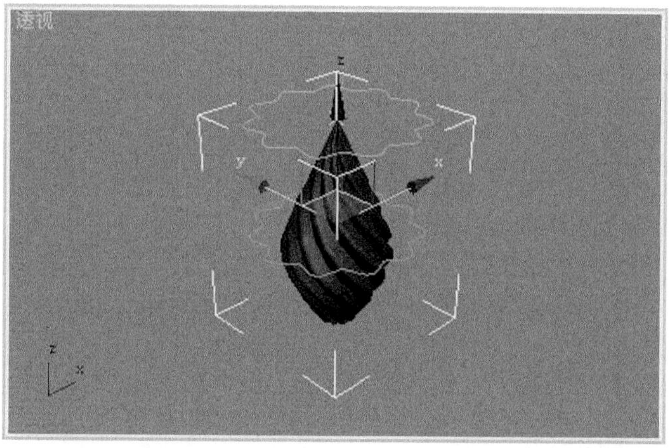

图 4-37

大家可以试着再增加一些控制点，然后调整这些控制点，注意观察放样模型的变化效果。

4.4.3 倾斜变形

“倾斜变形”围绕局部 X 轴和 Y 轴旋转图形。

说明：当在“蒙皮参数”卷展栏上选择“轮廓”时，“倾斜”是 3ds Max 自动选择的工具。当手动控制轮廓效果时，使用“倾斜”变形。

（1）重置 3ds Max，或重新启动 3ds Max。

（2）执行“文件”>“打开”菜单命令，然后打开素材文件 Samples\ch04\ ch04_06.max，如图 4-38 所示，图中包含一个放样对象，接下来我们让它产生倾斜的变形效果。

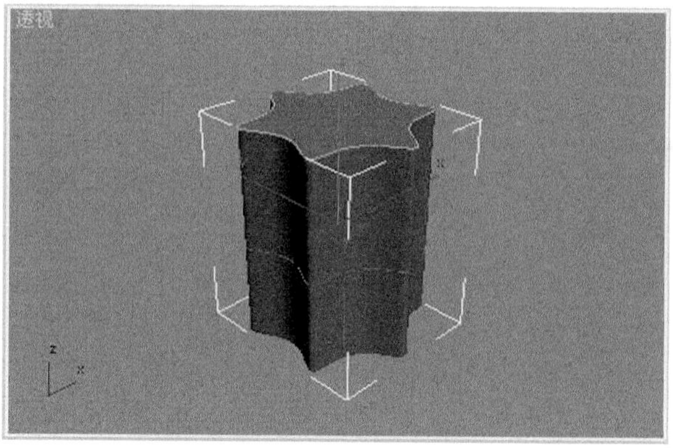

图 4-38

（3）选择放样复合对象，进入“修改”命令面板，单击 倾斜 “倾斜变形”按钮，出现“倾斜变形”窗口，如图 4-39 所示。

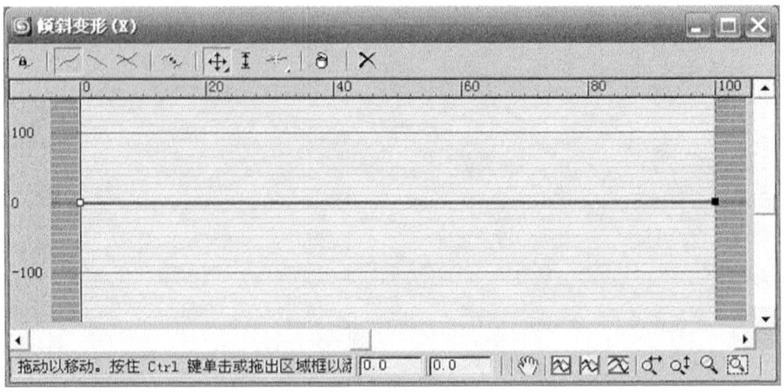

图 4-39

（4）单击“移动控制点”按钮，将其激活，然后移动变形曲线上的控制点，调整后的变形参考效果如图 4-40 所示。

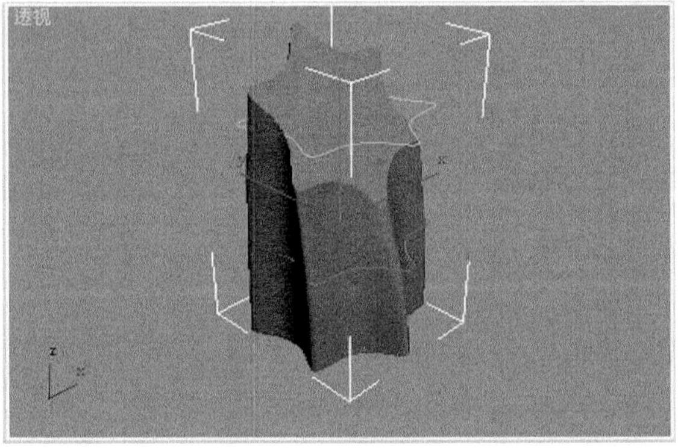

图 4-40

说明：与“缩放”变形一样，“倾斜”变形也可以分别控制 X 轴和 Y 轴方向的变形效果。

4.4.4 倒角变形

（1）重置 3ds Max，或重新启动 3ds Max。

（2）执行“文件”>“打开”菜单命令，然后打开素材文件 Samples\ch04\ ch04_07.max，如图 4-41 所示，图中包含一个放样对象，接下来我们让它产生倒角变形效果。

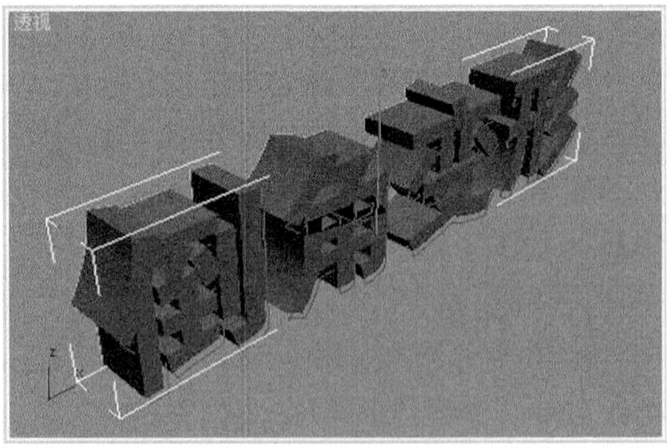

图 4-41

（3）选择放样复合对象，进入“修改”命令面板，单击 倒角 “倒角变形”按钮，出现“倒角变形”窗口，如图 4-42 所示。

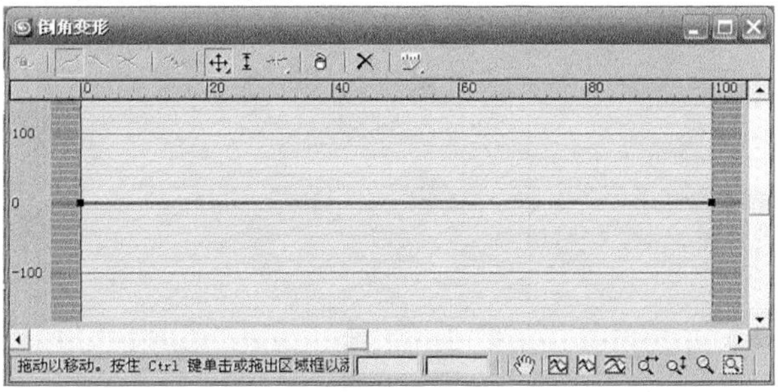

图 4-42

（4）单击“插入控制点”按钮，在变形曲线上增加两个控制点，修改新增的第一个控制点的参数为 3.0 -3.0，修改新增的第二点的参数为 97.0 -2.0，结果文字产生了倒角变形效果如图 4-43 所示。

图 4-43

说明：倒角修改器也可以非常方便地产生诸如倒角字一样的模型效果，倒角修改器的使用方法在“第 6 章 修改器建模”章节做了详细讲解。

4.4.5 拟合变形

“拟合变形”是所有放样变形当中功能最强大的一种变形，利用它可以制作出非常复杂的三维模型。使用该功能时，用户可使用两条拟合曲线定义放样物体两个侧面的形状。拟合变形的原理是：截面在 X 轴进行缩放以适应 X 轴拟合边界，在 Y 轴进行缩放以适应 Y 轴拟合边界。所以拟合变形除了创建基本放样几何体外，还要绘制一个物体侧面图、顶面图和前视图。如我们要利用拟合来制作一只袋鼠，那我们就要绘制袋鼠的顶面图和侧面图。

1．产生拟合基本体

（1）重置 3ds Max，或重新启动 3ds Max。

（2）执行“文件”＞“打开”菜单命令，然后打开素材文件 Samples\ch04\ ch04_08.max。如图 4-44 所示，图中包含了用于拟合复合变形的各个部件：放样形状、放样路径以及两个用于拟合的拟合图形。

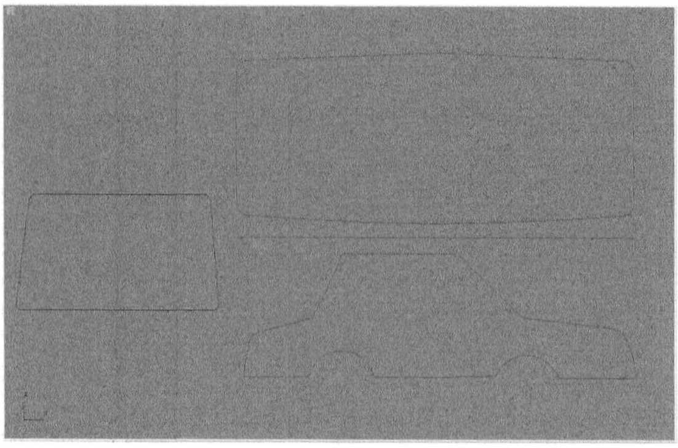

图 4-44

（3）选择放样路径，切换到“放样复合对象”命令面板。

（4）在“放样方法”卷展栏中单击“获取图形”按钮，然后在视图中单击拾取放样图形，得到如图 4-45 所示的放样复合对象效果。

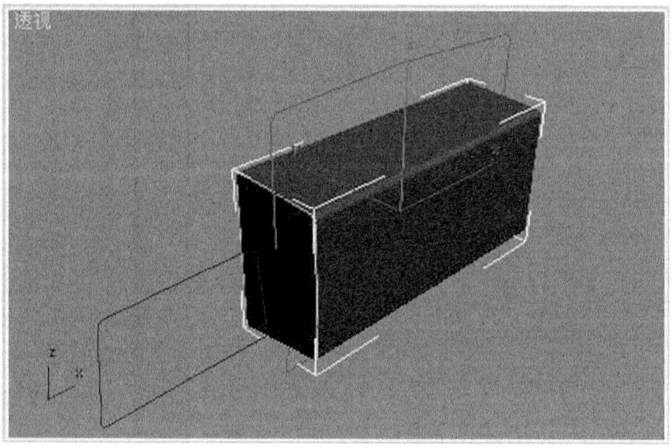

图 4-45

2．拟合变形

（1）选择放样复合对象，进入“修改”命令面板，单击 拟合 “拟合变形”按钮，出现“拟合变形”窗口，如图 4-46 所示。

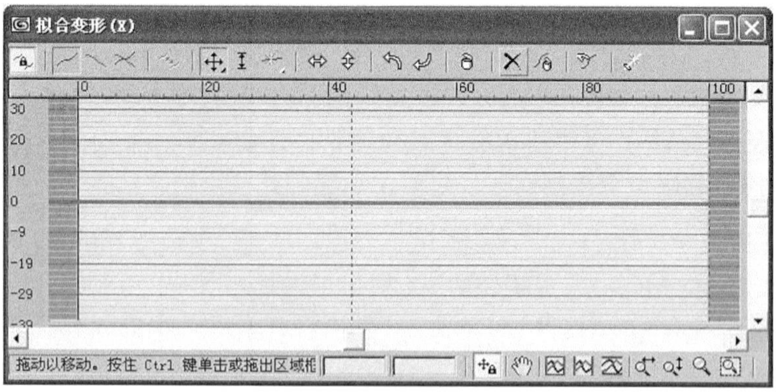

图 4-46

"拟合变形"窗口中包含有与其他变形窗口不同的按钮，拟合变形工具栏如图 4-47 所示。

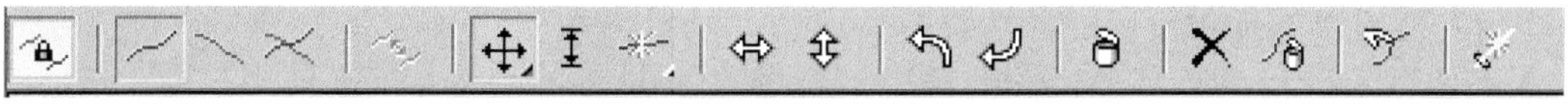

图 4-47

说明：有关工具栏上前八个按钮的详细描述，前面的介绍中基本上都已经涉及到，请参照使用。

下面我们对这些工具逐一进行说明。

- 水平镜像——沿水平轴镜像图形。
- 垂直镜像——沿垂直轴镜像图形。
- 逆时针旋转 90°——逆时针将图形旋转 90°。
- 顺时针旋转 90°——顺时针将图形旋转 90°。
- 删除控制点——删除选定的控制点。
- 重置曲线——将显示的拟合曲线替换为 100 个单位宽且中心在路径上的矩形。如果"均衡"处于启用状态，即使只显示一条曲线，也将重置两条拟合曲线。
- 删除曲线——删除显示的拟合曲线。如果"均衡"处于启用状态，即使只显示一条曲线，也将删除两条拟合曲线。
- 获取图形——可以选择用于"拟合"变形的图形。单击"获取图形"按钮，然后在视口中单击要使用的图形。
- 生成路径——将原始路径替换为新的直线路径。

（2）单击"均衡"按钮，将其关闭，然后单击"显示 X 轴"按钮，单击"拟合变形"窗口中上的"获取图形"按钮，然后在视图中单击 "拟合形状 01"，然后单击一下"拟合变形"窗口中的"生成路径"按钮，使拟合图形更好地匹配放样复合对象，结果如图 4-48 所示。

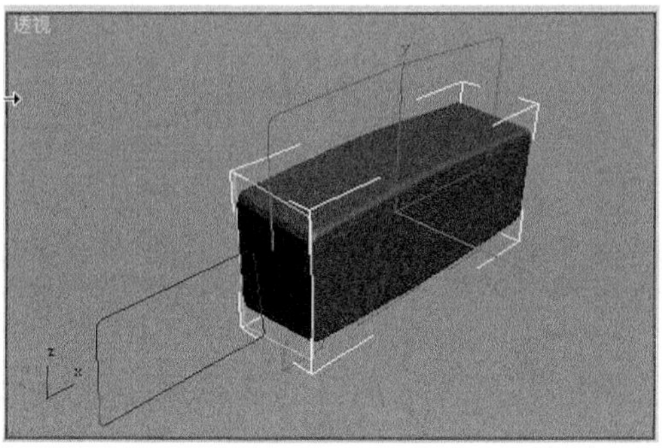

图 4-48

注意："生成路径"按钮是一个非常有用的工具按钮，通过它将原始路径替换为新的直线路径，从而达到非常好的匹配效果。拾取拟合形状图形时一定要关闭"均衡"工具，否则 X 轴和 Y 轴会显示一样的效果。

（3）单击“显示 Y 轴”按钮，再单击“拟合变形”窗口中的“获取图形”按钮，然后在视图中单击“拟合形状 02”，然后再单击一下“拟合变形”窗口中的“生成路径”按钮，使拟合图形更好地匹配放样复合对象，结果如图 4-49 所示。

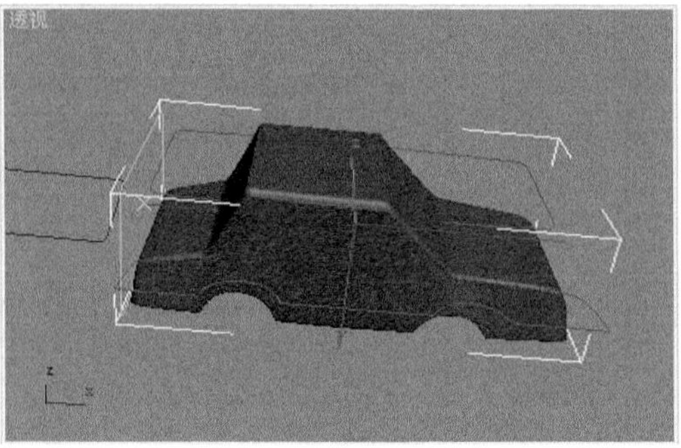

图 4-49

说明：获取图形时，当光标移动到合法的拟合形状上，光标会自动改变形状。

3．修改拟合形状曲线

（1）获取“拟合形状 02”，得到的“拟合变形”窗口如图 4-50 所示。

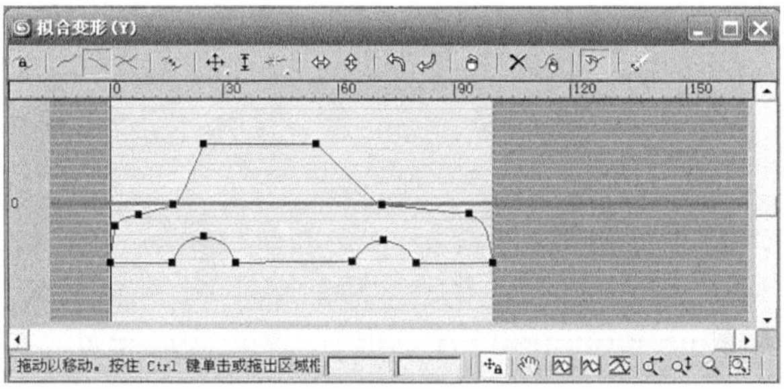

图 4-50

（2）选择变形曲线上一些控制点进行调整，调整结果会直接反映到图中的放样复合对象上。

说明：当单击“显示 X 轴”按钮时，同样可以对其曲线形状进行更加细致的修改，单击“变换变形曲线”工具，可以交换 X 轴与 Y 轴的变形效果。

4.5 样题解答

说明：为了学习本章与前章内容，本解题方法可能与试题要求不完全一致，请参考使用。

（1）重置 3ds Max，或重新启动 3ds Max。

（2）进入“创建”命令面板，然后单击“图形”按钮。在“对象类型”卷展栏上单击“线”按钮。

（3）在前视图中创建如图 4-51 所示的闭合样条线“Line01”。

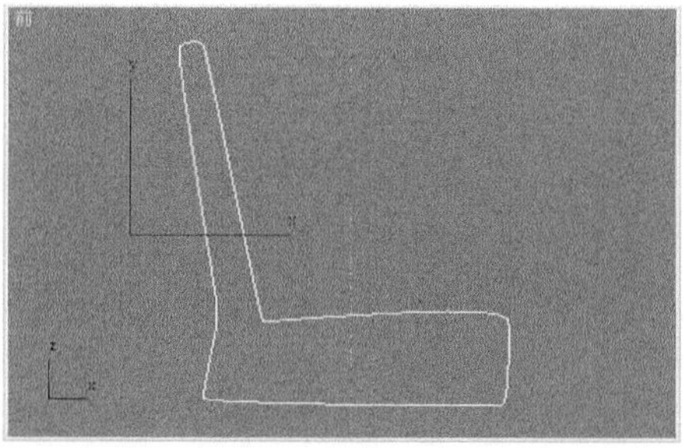

图 4-51

说明：也可以通过编辑样条线命令编辑图 4-51 所示的样条线。

说明：步骤（1）至步骤（3）较详细地介绍了创建样条线 Line01 的步骤，而试题中只要求考生直接打开素材文件即可。

（4）切换到顶视图，创建作为放样路径的样条线 Line02，包含放样路径和放样截面的视图效果如图 4-52 所示。

图 4-52

（5）选择线形样条线 Line02。选择“创建”＞“几何体”＞“复合对象”＞“放样”命令，进入“放样”操作界面，如图 4-53 所示。

（6）在“放样”操作界面上的“创建方法”卷展栏中单击“获取图形”按钮，如图 4-54 所示。

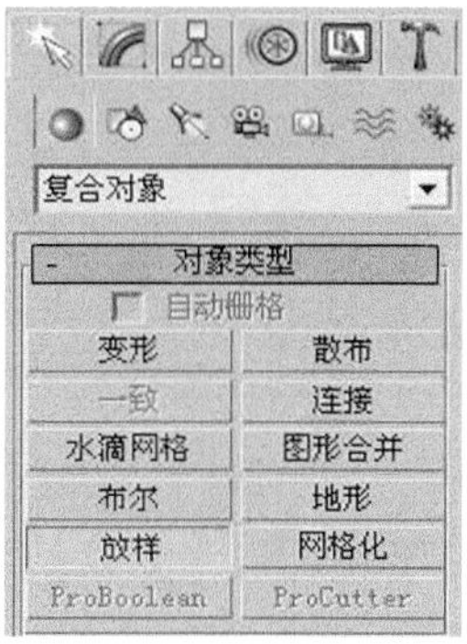

图 4-53

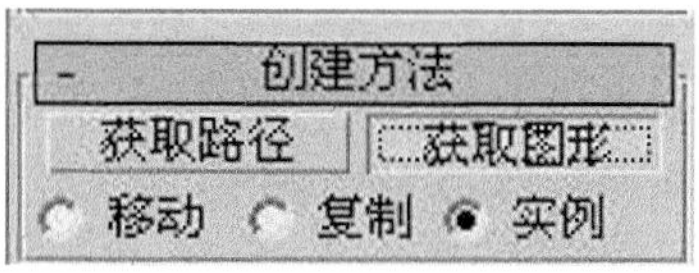

图 4-54

（7）在视图中单击获取截面图形“Line01”，得到如图 4-55 所示的放样复合对象。

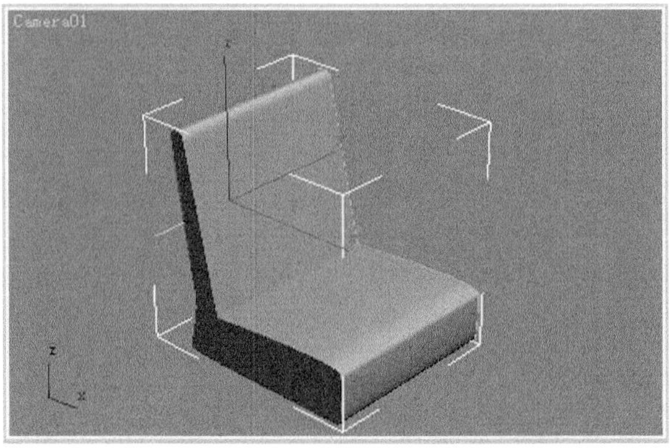

图 4-55

（8）选择放样复合对象，单击“变形”卷展栏中的 缩放 “缩放变形”按钮，出现“缩放变形”窗口，如图 4-56 所示。

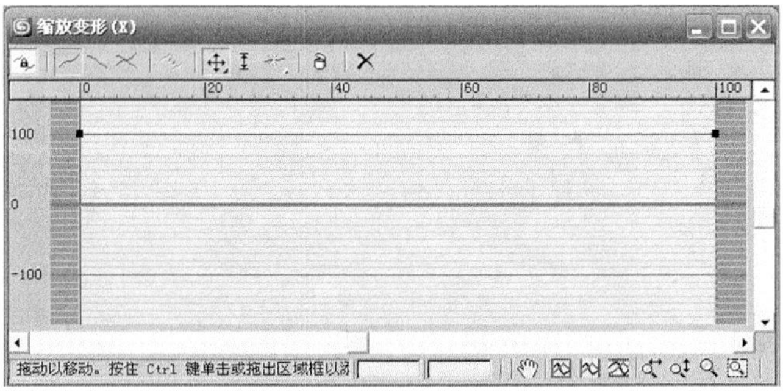

图 4-56

（9）单击“插入控制点”按钮，将其激活，在缩放变形曲线上插入两个控制点，现在的变形曲线上共有 4 个控制点，如图 4-57 所示。

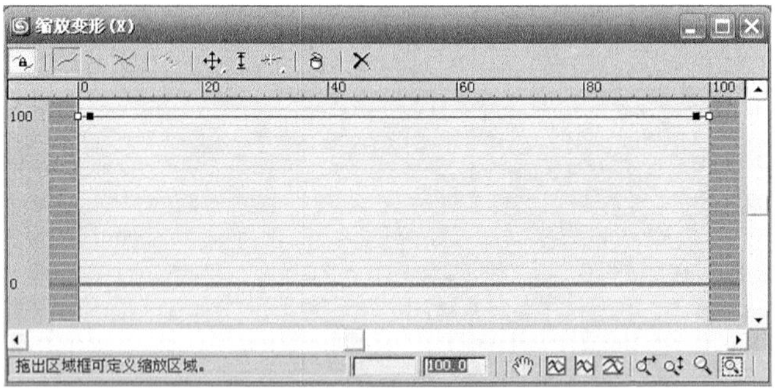

图 4-57

（10）单击“移动控制点”按钮，将其激活，配合键盘上的 Ctrl 键，选择第一个控制点和第四个控制点，在数量输入框 96.0 中修改数量数值为 96，注意观察放样对象的棱角产生了比较平滑的过度，如图 4-58 所示。

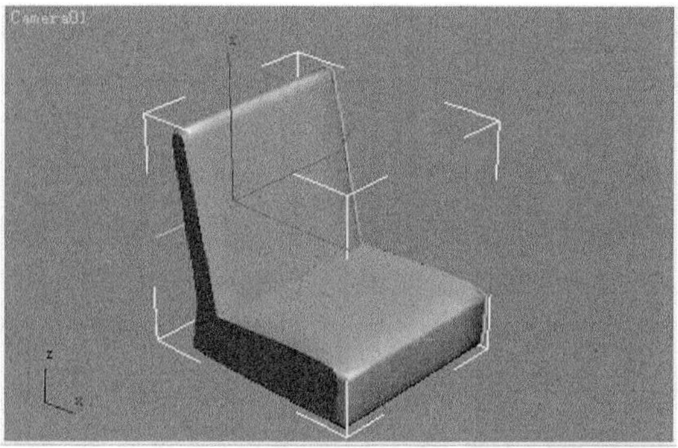

图 4-58

（11）进入“扩展基本体”创建命令面板，选择“切角长方体”，为椅子创建四条腿，并调整好位置角度，最终结果如图 4-59 所示。

图 4-59

（12）给放样体与切角方体分别指定所附材质（cloth 和 wood）。将最终结果以 X3-20.Max 为文件名保存在桌面。

第 5 章　复合对象

“复合”命令通常将两个或多个对象组合成新的单个对象。

选择“创建”>“几何体”>“复合对象”命令，或执行“创建” >“复合”菜单命令均可以进入“复合对象”创建命令面板，如图 5-1 所示。

复合对象包括：变形复合对象、散布复合对象、一致复合对象、连接复合对象、水滴网格复合对象、图形合并复合对象、布尔复合对象、地形复合对象、放样复合对象、网格化复合对象、ProBoolean 复合对象以及 ProCutter 复合对象等，共 12 个复合对象。

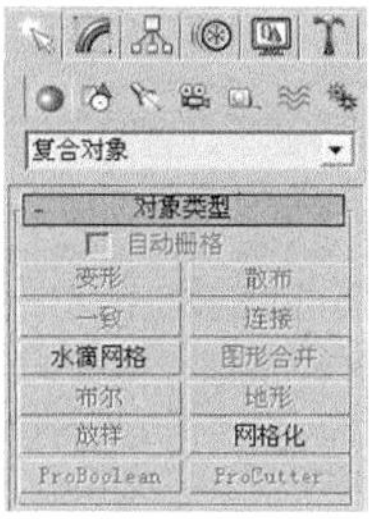

图 5-1

说明：放样复合对象已经在前面章节作为一个专题进行讲解。本章就几种常用的复合对象进行讲解，重点讲解布尔复合对象。

本章技能考核点

- 散布复合对象
- 一致复合对象
- 图形合并复合对象
- 布尔复合对象

评分细则

本章有 3 个评分点，每题 10 分。

序号	评分点	分值	得分条件	判分要求
1	绘制图形	3	正确载入或绘制符合要求图形	不符合要求不给分
2	复合建模	5	按照要求复合对象成新模型	不符合要求不给分
3	渲染效果	2	按照场景颜色要求效果	允许一定的创意发挥

本章导读

如上所述，我们明确了本章所要求掌握的技能考核点以及对应《试题汇编》的评分点、得分条件和判分要求等。下面我们先在“样题示范”中展示《试题汇编》中一道关于使用布尔复合对象制作电视柜的真实试题，并在“样题分析”中对如何解答这道试题进行分析，最后通过一些案例来详细讲解本章中涉及到的技能考核点，最后通过“样题解答”来叙述“制作电视柜”这道试题的详细操作步骤。

5.1　样题示范

- 练习目的——由《试题汇编》中选取样题，观察本章题目类型，了解本章学习内容。
- 样题来源——《试题汇编》第 4 单元 4.20 题。
- 操作要点——使用布尔运算命令挖出 DVD 播放器空间，并进行组合，创建电视柜模型。

【操作要求】

制作电视机柜，效果如图 5-2 所示。

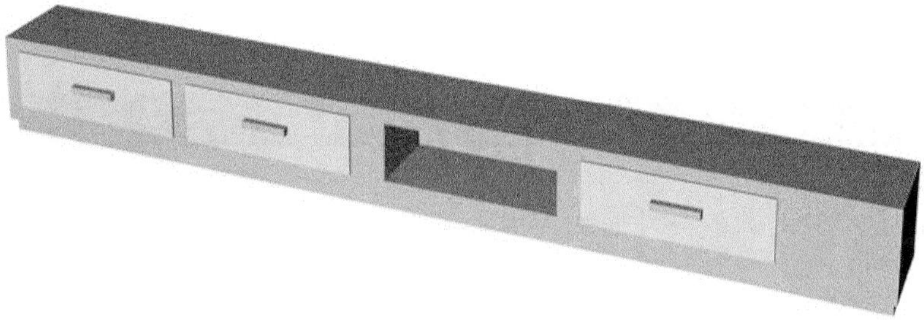

图 5-2

1. **绘制图形**：打开素材文件 Samples\ch05\Y4-20.max，如图 5-3 所示，创建长方体（长 300、宽 900、高 240）。

2. **复合建模**：将长方体调整至柜子的抽屉位置，使用布尔运算创建 DVD 机放置空格。

3. **渲染效果**：指定机柜为米黄色（R202、G187、B89），指定抽屉为米白色（R227、G235、B239）。

将最终结果以 X4-20.max 为文件名保存在桌面。

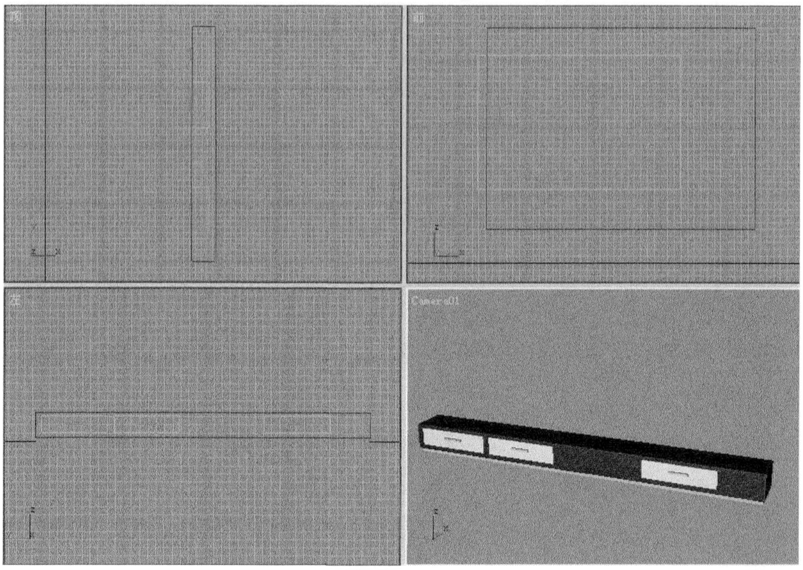

图 5-3

5.2 样题分析

本题是关于使用“布尔复合对象”命令创建三维模型的题目。

本题比较简单，关键是如何创建放置 DVD 的空格，也就是如何挖洞。使用“布尔复合对象”命令可以创建 DVD 放置空格。布尔复合对象也就是布尔运算，主要包括三种运算方式：差集、并集与交集。

操作方法是创建一个大小合适的方体对象与电视柜组合在一起，选择“布尔复合对象”命令，使用一个对象挖去另一个对象的一部分。

解答类似题目需要掌握复合对象的相关操作技能，我们的学习就从了解和掌握这些技能考核点开始吧。

5.3 散布复合对象

“散布”是复合对象的一种形式，将所选的源对象散布为阵列，或散布到“分布”对象的表面。

下面通过实例来讲解“散布复合对象”命令的使用方法。

（1）启动 3ds Max，打开素材文件 Sample\ch05\ ch05_01.max，如图 5-4 所示。

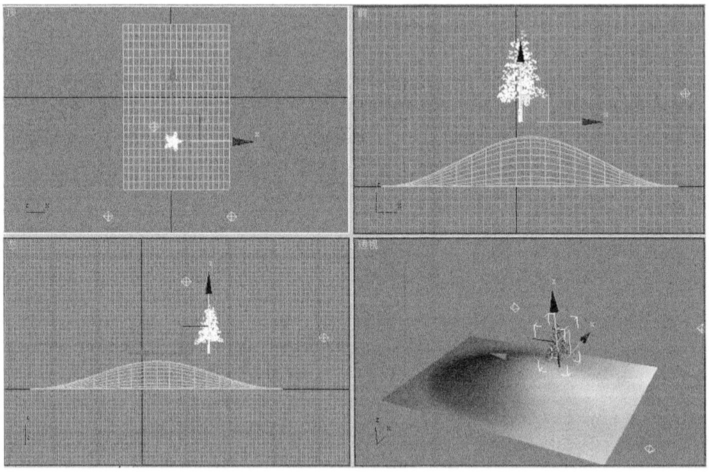

图 5-4

说明：场景中除了用于照明的灯光之外，还包含两个主要对象：作为源对象的树和作为分布对象的山地。

注意：源对象必须是网格对象或可以转换为网格对象的对象。如果当前所选的对象无效，则“散布”按钮不可用。

（2）选择源对象“树”。

（3）进入“创建”>“几何体”创建命令面板，然后在“对象类型”下拉列表中选择“复合对象”，再在“对象类型”卷展栏中单击“散布”按钮，如图 5-5 所示。

（4）在“拾取分布对象”卷展栏中单击“拾取分布对象”按钮，如图 5-6 所示。

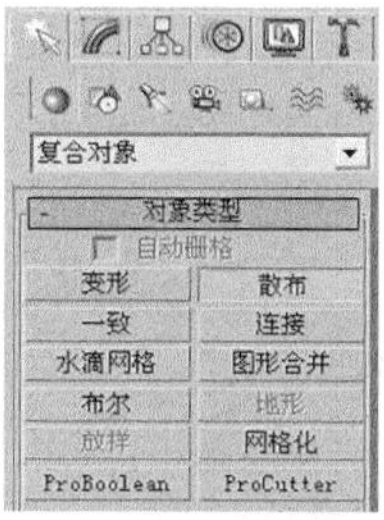

图 5-5

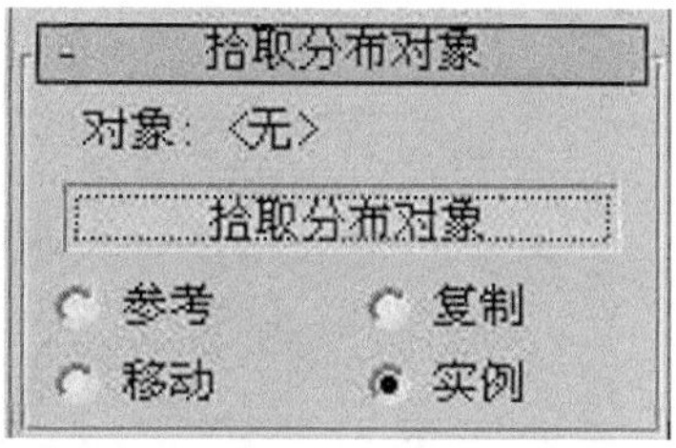

图 5-6

（5）单击视图中拾取分布对象“山地”，发现树已经被种到了山上，如图 5-7 所示。

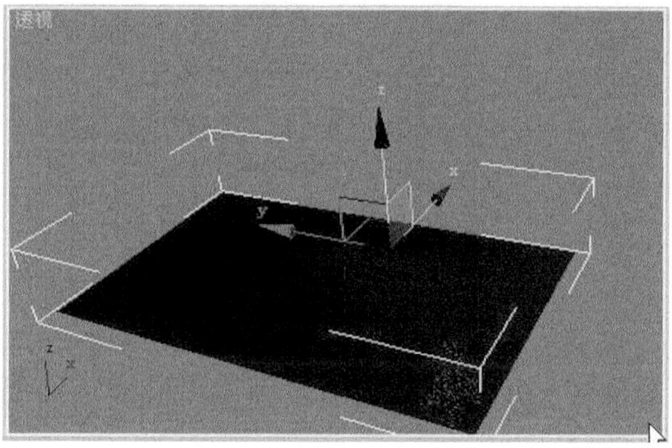

图 5-7

（6）此时观察“散布对象”卷展栏，发现源对象变成了“S-树”，分布对象变成了“D-山地”。

（7）如图 5-8、图 5-9 所示，设置源对象参数和分布对象参数。

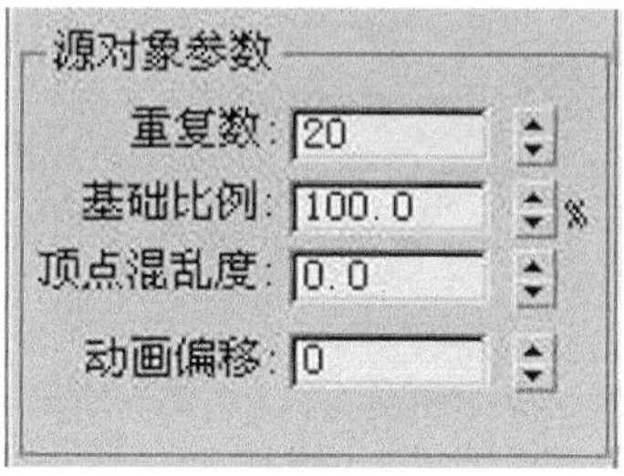

图 5-8

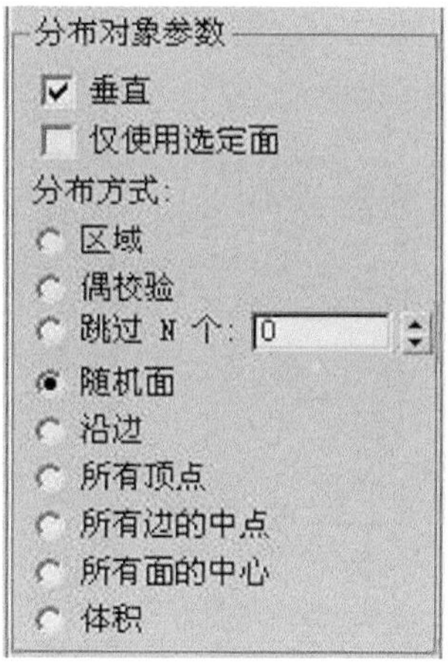

图 5-9

（8）调整设置参数，散布效果如图 5-10 所示。

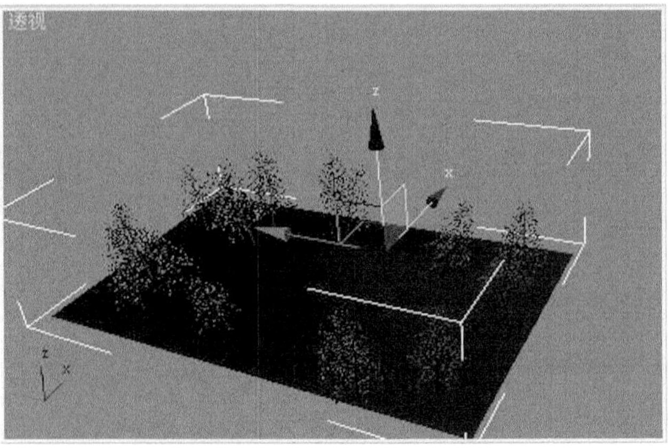

图 5-10

下面进一步改变一些相关的参数，看看会有什么变化。

（9）在“散布对象”卷展栏中，改变对象分布方式为“仅使用变换”。观察视图结果，并没有散布效果出现。这需要我们通过“变换”参数才能看出散布效果。

说明：散布源对象的基本方法有以下两种。

- 使用分布对象——根据分布对象的几何体来散布源对象。
- 仅使用变换——如果启用，则无需分布对象。而是使用“变换”卷展栏上的偏移值来定位源对象的重复项。如果所有“变换”偏移值均保持为 0，则看不到阵列，这是因为重复项都位于同一个位置。

（10）如图 5-11 所示，设置“变换”参数，结果如图 5-12 所示。

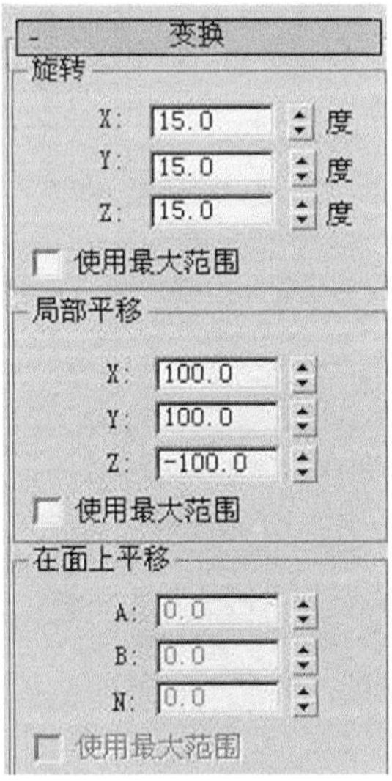

图 5-11

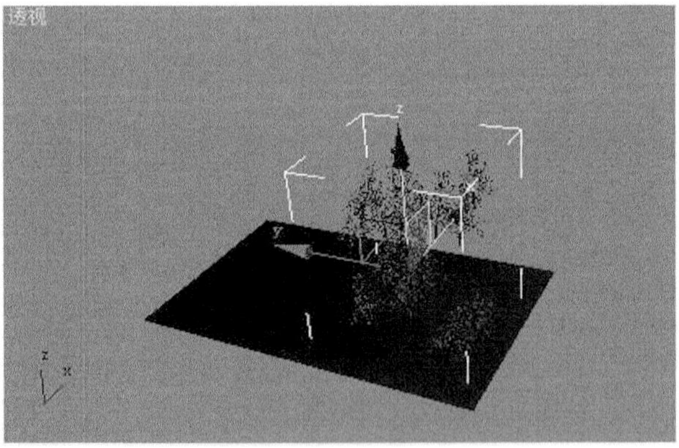

图 5-12

修改参数时注意观察视图中的变化效果。

技巧：在变换参数卷展栏中可以设置对象的旋转、平移以及缩放参数。

（11）在“显示”参数面板中，显示方式设置为“代理”，结果会发现视图中所有的源对象都会被简易几何体替代，如图 5-13 所示。

图 5-13

说明：为了在操作过程中加快处理速度，视图显示可以用比较简单的几何体替代复杂的对象，这样并不影响最后渲染的结果。

（12）恢复到第（8）步的设置，单击主工具栏中的“快速渲染”按钮，渲染透视图的效果如图 5-14 所示。

图 5-14

5.4　一致复合对象

一致复合对象是通过将某个对象（称为“包裹器”）的顶点投影至另一个对象（称为“包裹对象”）的表面而创建的复合对象。一致复合对象非常适合于制作通往山表面的道路，效果如图 5-15 所示。

图 5-15

下面通过实例来讲解“一致复合对象”命令的使用方法。

（1）启动 3ds Max，打开素材文件 sample\ch05\ ch05_02.max，如图 5-16 所示。

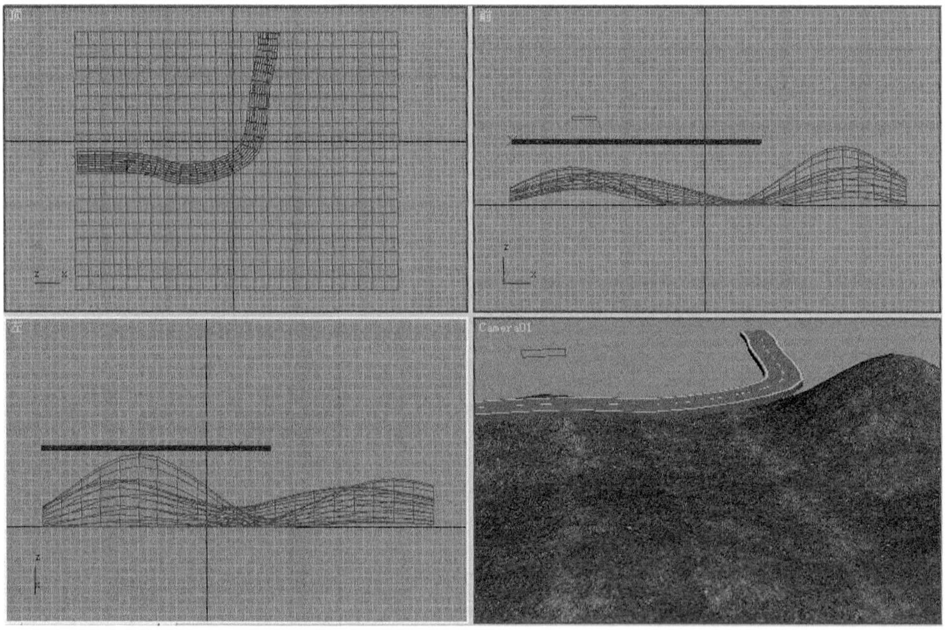

图 5-16

说明：图中包含两个对象：起伏的山地和弯曲的山路。“Loft01_山路”是通过放样产生的放样复合对象。

提示：通过创建“面片”对象并对其应用“噪波”修改器，可快速创建地形。对于道路，则可以通过沿曲线放样矩形来得到放样复合对象。两个对象都必须具有足够的细节级别，才能得到比较好的“一致”效果。

（2）在前视图选择山路对象，在主工具栏中单击“选择并移动”按钮，锁定 Y 轴，沿 Y 轴向上移动山路对象，使山路完全处于山地上方，且与山地没有重合相交的地方。

注意：在顶视口中查看时，道路不应超出地形的边界，这样才能正确地进行一致投射。

（3）选择山路对象，选择“创建” ＞“几何体”命令，然后在“对象类型”下拉列表中选择“复合对象”，再在“对象类型”卷展栏中单击“一致”按钮，如图 5-17 所示。

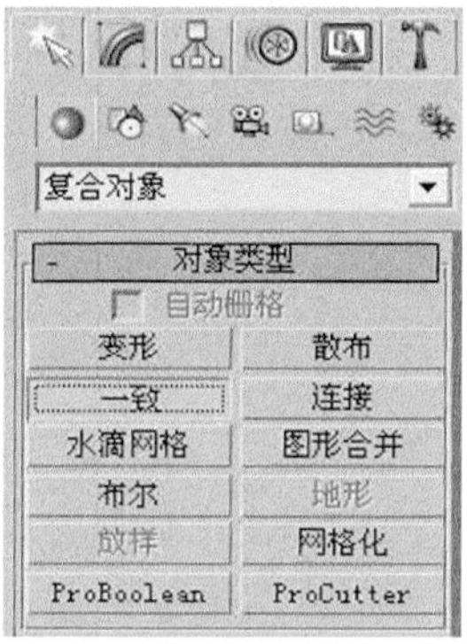

图 5-17

（4）在“拾取包裹到对象”卷展栏中确保选择了“实例”选项。

（5）单击“拾取包裹对象”按钮，然后单击地形。将以“实例复制”的方式创建地形对象的克隆对象，效果如图 5-18 所示。

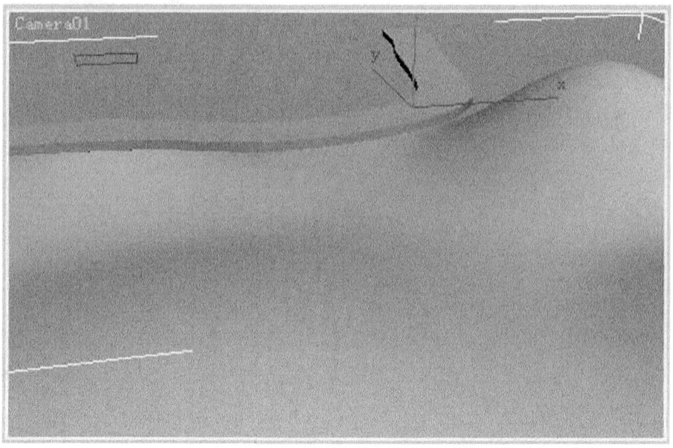

图 5-18

（6）激活顶视口。在“参数”＞“顶点投射方向”卷展栏中，选择“使用活动视口”，然后单击“重新计算投射”按钮。结果这次山路投射到了山地地形上面，效果如图 5-19 所示。

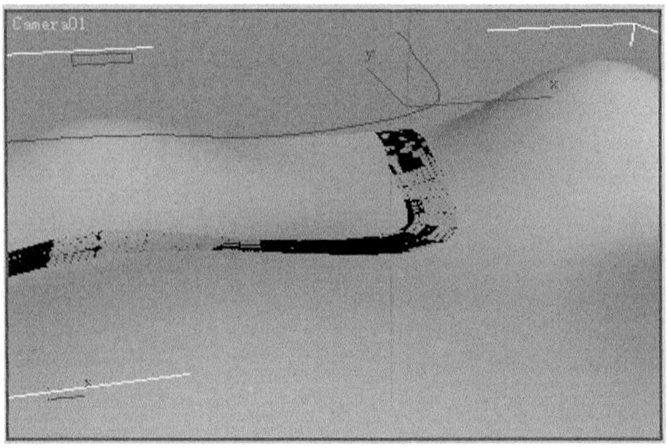

图 5-19

（7）在“更新”组中，勾选“隐藏包裹对象”复选框。

说明：启用“隐藏包裹对象”项将隐藏地形的实例克隆对象，以便清楚地查看投射在其上的道路。

（8）选择“参数卷展栏”>“包裹器参数”>“间隔距离”，设置“间隔距离”值为 2。

（9）如有必要，继续调整“间隔距离”以提高或降低道路。

（10）单击主工具栏中的“快速渲染”按钮，渲染透视图，效果如图 5-20 所示。

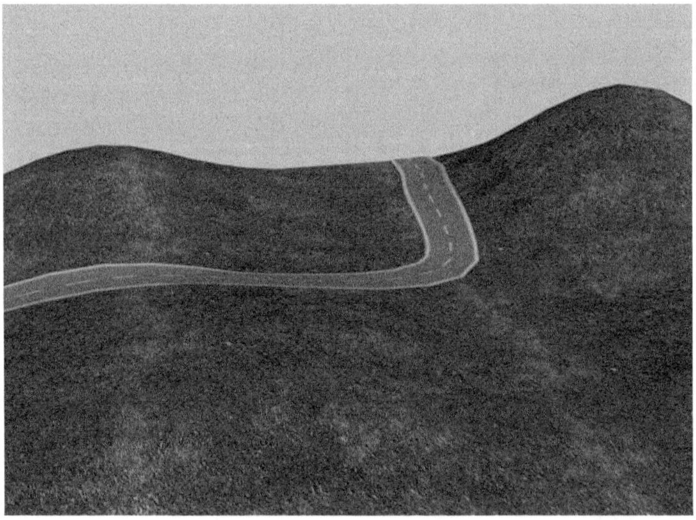

图 5-20

5.5 图形合并复合对象

使用“图形合并”命令可以创建包含网格对象和一个或多个图形的复合对象。这些图形将嵌入在网格中（将更改边与面的模式），或从网格中消失。

下面通过实例来讲解图形合并复合对象命令的使用方法。

（1）启动 3ds Max，打开素材文件 sample\ch05\ch05_03.max，如图 5-21 所示。

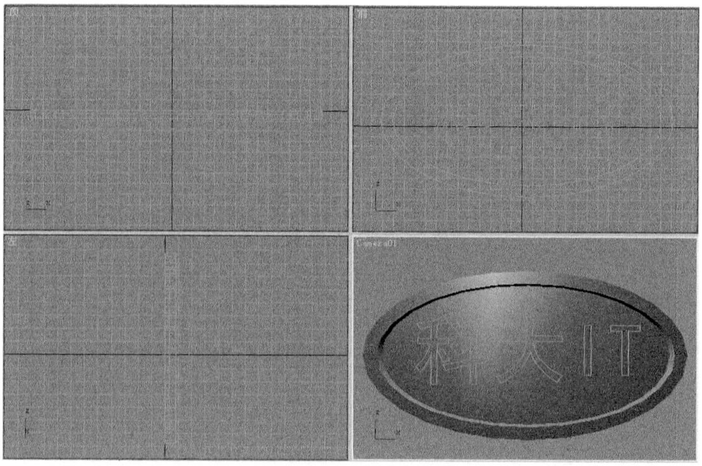

图 5-21

说明：场景中包含两个对象：三维几何对象“图形 01”和字体样条线对象“Text01”。

（2）将文字与三维对象对齐，以便文字能够正确地投射到三维对象物体上，如图 5-19 所示。

（3）选择“图形 01”，选择“创建”>“几何体”命令，然后在“对象类型”下拉列表中选择“复合对象”，再在“对象类型”卷展栏中单击“图形合并”按钮，如图 5-22 所示。

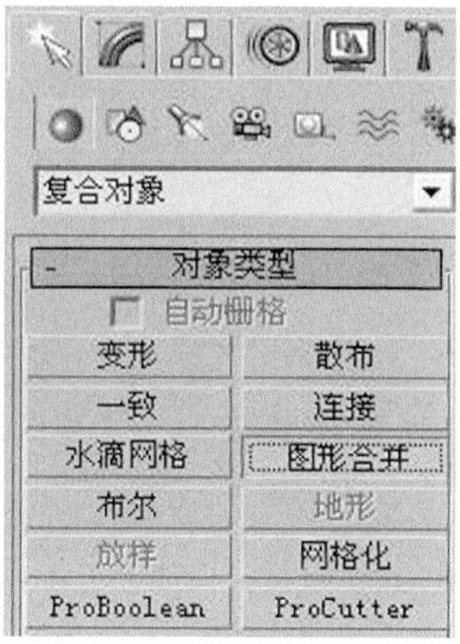

图 5-22

（4）在“拾取操作对象”卷展栏中选择“移动”选项。

说明：共有 4 种拾取图形的方法：参考、复制、移动和实例，用于指定如何将图形传输到复合对象中。

（5）在“拾取操作对象”卷展栏中单击“拾取图形”按钮，在视图中单击拾取文字对象。结果文字图形与三维对象合并在了一起，在三维对象上会增加文字网格效果，如图 5-23 所示。

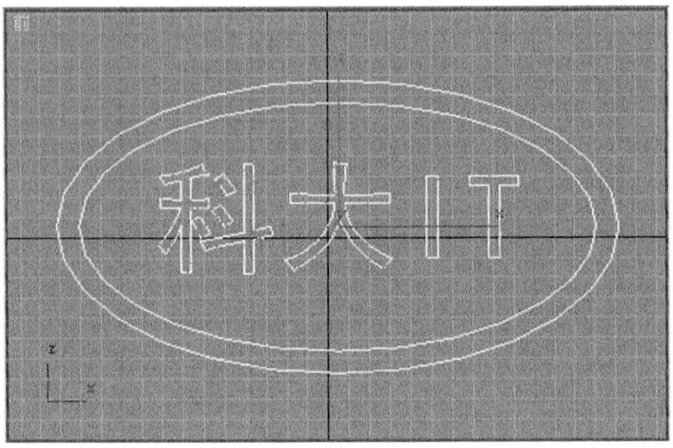

图 5-23

说明：单击“拾取图形”按钮，然后再单击要嵌入网格对象中的图形。此图形沿图形局部负 Z 轴方向投射到网格对象上。例如，如果创建一个长方体，然后在顶视口中创建一个图形，此图形将投射到长方体顶部。可以重复此过程来添加图形，图形可沿不同方向投射。只需再次单击“拾取图形”按钮，即可拾取另一图形。

（6）按组合键“Alt+Ctrl+H”，将场景暂时保存。

（7）选择操作选项中的“饼切” 选项，如图 5-24 所示，结果三维对象的文字部分产生了镂空效果，渲染的效果如图 5-25 所示。

图 5-24

图 5-25

- 饼切——切去网格对象曲面外部的图形。
- 合并——将图形与网格对象曲面合并。
- 反转——反转“饼切”或“合并”效果。使用“饼切”按钮此效果明显。禁用“反转”时，图形在网格对象中是一个孔洞；启用“反转”时，图形是实心的而网格消失。使用“合并”时，使用“反转”将反转选中的子对象网格。例如，如果合并一个圆并应用“面提取”，当禁用“反转”时将提取圆环区域；当启用“反转”时，提取除圆环区域之外所有图形。

（8）按组合键“Alt+Ctrl+F”，取回刚刚暂存的场景。

（9）选择复合对象，切换到“修改”命令面板，从修改器列表中选择“编辑网格”修改器。

（10）在编辑网格修改面板中，选择多边形对象层级，如图 5-26 所示，视图中文字部分会以红色显示，这表明已经自动选择了文字部分的面，如图 5-27 所示。

图 5-26

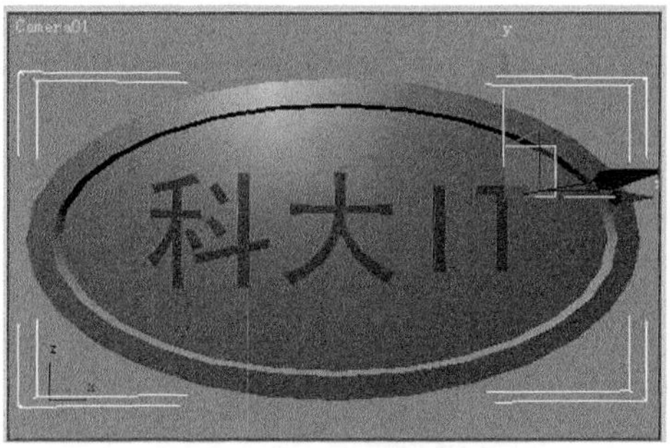

图 5-27

（11）单击“平移”按钮，导航至“编辑几何体”卷展栏，设置“挤出”数量为 8，当然也可以是别的数值。结果文字产生了一定厚度，如图 5-28 所示。

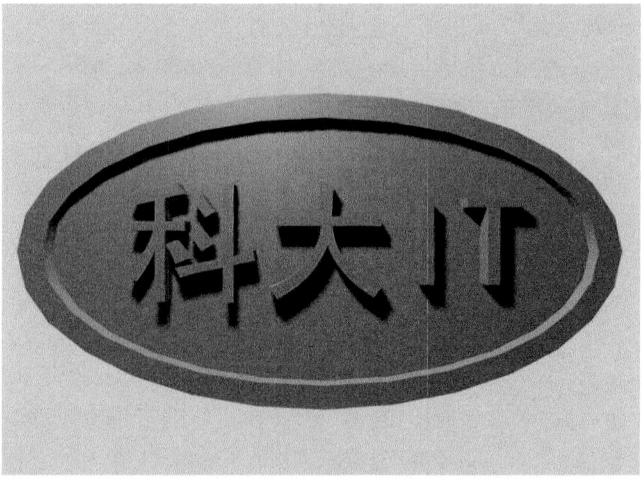

图 5-28

5.6　布尔复合对象

5.6.1　布尔运算的概念和基本操作

1．布尔对象和运算对象

布尔复合对象是指根据几何体的空间位置结合两个三维对象形成的对象。每个参与结合的对象被称为运算对象。通常参与运算的两个布尔对象应该有相交的部分。有效的运算操作有以下三种。

- 生成代表两个几何体合并的对象；

- 从一个对象上删除与另外一个对象相交的部分；
- 生成代表两个对象相交部分的对象。

2．布尔运算的类型

在布尔运算中常用的操作有以下五种。

- 并集——布尔对象包含两个原始对象的体积。将移除几何体的相交部分或重叠部分。
- 交集——布尔对象只包含两个原始对象共用的体积（也就是重叠的位置）。
- 差集（A－B）——从操作对象 A 中减去相交的操作对象 B 的体积。
- 差集（B－A）——从操作对象 B 中减去相交的操作对象 A 的体积。
- 切割——切割与以上几种运算方式有所不同，这种运算是针对实体对象的面来操作的。其运算结果也不同于其他几种布尔运算，所获得的新造型不是实体，而是面片物体。

切割有下面四种类型。

- 优化——在物体 B 同物体 A 相交的部分增加新的点和边给物体 A，相交部分被重新细分为新的面。通过这个选项可以对几何体重新进行划分，从而对其指定不同的材质 ID。
- 分割——同优化方式相似，但在相交部分增加双倍的点和边，以便切割。
- 移除内部——将物体 A 上所有与物体 B 相交的面删除，与“差集 A－B”相似，但物体 A 不从物体 B 上获取任何面。
- 移除外部——将物体从 A 上所有的与物体 B 相交之外的部分删除。与“差集 B—A”相似。

3．创建布尔运算的方法

要创建布尔运算，需要先选择一个运算对象，然后执行“创建”＞“复合”＞“布尔”菜单命令或者通过选择“创建面板”＞“几何体”＞“复合对象”＞“布尔”命令来访问布尔工具。

在用户界面中，运算对象被称之为 A 和 B。当进行布尔运算的时候，选择的对象被当作“运算对象 A ”。后加入的对象被叫作“运算对象 B ”。如图 5-29 所示，是布尔运算的“参数”卷展栏。

选择对象 B 之前，需要指定操作类型是“并集”、“交集”还是“差集”。一旦选择了对象 B，就自动完成布尔运算，视口也会更新。

技巧：也可以在选择了运算对象 B 之后，再选择运算对象 A。

说明：也可以创建嵌套的布尔运算对象。将布尔对象作为一个运算对象再次进行布尔运算就可以创建嵌套的布尔运算对象。

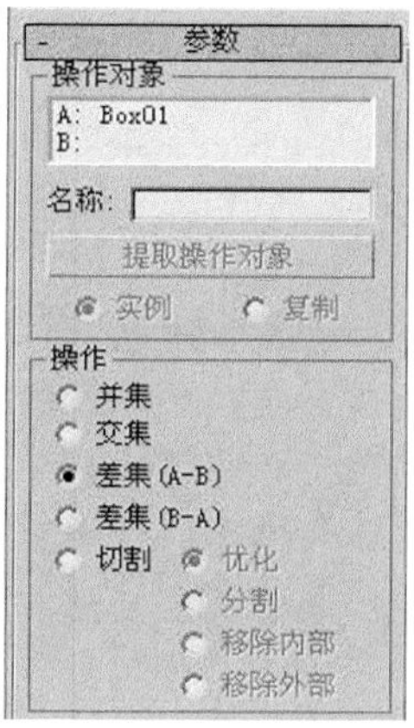

图 5-29

4．显示和更新选项

在“参数”卷展栏下面是“显示 / 更新”卷展栏。该卷展栏的显示选项允许按如下几种方法观察运算对象或者运算结果。

- 结果——这是默认的选项。它只显示运算的最后结果。
- 操作对象——显示运算对象 A 和运算对象 B，就像布尔运算前一样。
- 结果+隐藏的操作对象——显示最后的结果和运算中去掉的部分，去掉的部分按线框方式显示。

5．表面拓扑关系的要求

“表面拓扑关系”是指对象的表面特征。表面特征对布尔运算能否成功影响很大。对运算对象的表面拓扑关系有如下几点要求。

- 布尔操作要求操作对象的表面拓扑是完好无缺的。这意味着，表面要没有缺失或重叠，也没有未焊接的顶点。表面应当是一个连续且封闭的面。
- 布尔操作会对不满足此要求的操作对象进行修正。不过，自动修正不一定非常精确，因此，在某些情况中手动修正可能更可靠。

5.6.2 编辑布尔对象

当创建完布尔对象后，运算对象被显示在编辑修改器堆栈的显示区域，如图 5-30 所示。

图 5-30

可以通过“修改”命令面板编辑布尔对象和它们的运算对象。在编辑修改器显示区域，布尔对象显示在层级的最顶层。可以展开布尔层级来显示运算对象，这样就可以访问在当前布尔对象或者嵌套布尔对象中的运算对象。可以改变布尔对象的创建参数，也可以给运算对象增加编辑修改器。修改的结果会直接在视口中同步显示。

可以从布尔运算中提取操作对象。提取的对象可以是原来对象的复制品，也可以是原来对象的实例复制品。如果是采用“复制”的方式提取的对象，那么它将与原始对象无关。如果是采用“实例”方式提取的对象，那么对提取对象进行的任何改变都将影响到布尔对象。

说明：采用“实例”的方式分离对象是编辑布尔对象的一个简单方法，这样就不需要频繁使用修改面板中的层级列表。

技巧：对象被提取后，仍然处于原来的位置。因此需要移动对象才能看得清楚。

5.6.3 布尔运算操作练习——创建音箱

（1）启动3ds Max，或者执行 “文件” > “复位”菜单命令，复位3ds Max。

（2）执行“文件”>“打开”菜单命令，然后打开素材文件Samples\ch05\ ch05_04.max。文件中包含了3个几何体对象，如图5-31所示。

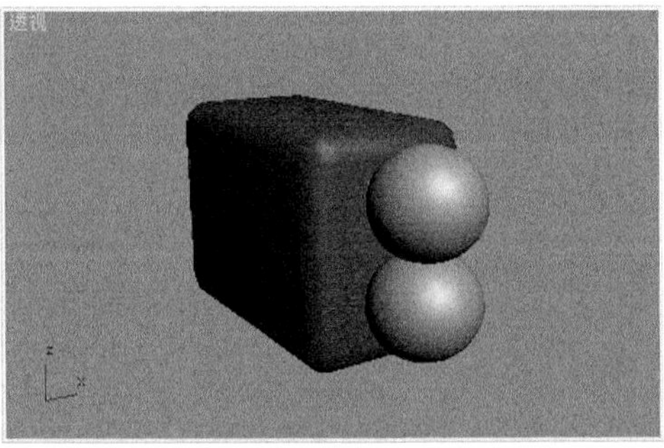

图5-31

（3）按键盘上的“H”键，显示“选择对象”对话框。在“选择对象”对话框的列表区域显示“Sphere01”、“Sphere02”和“主体”三个对象。在“选择对象”对话框中单击“取消”按钮，关闭“选择对象”对话框。在透视视口选择“Sphere01”对象。

（4）选择“创建” > “几何体”命令，然后在“对象类型”下拉列表中选择“复合对象”，如图5-32所示。在“对象类型”卷展栏中单击“布尔”按钮。

（5）在创建命令面板“参数”卷展栏下面的“操作”区域选取“并集”，如图5-33所示。

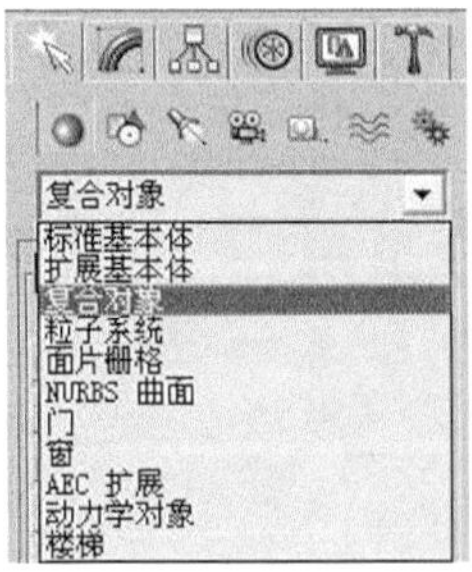

图5-32

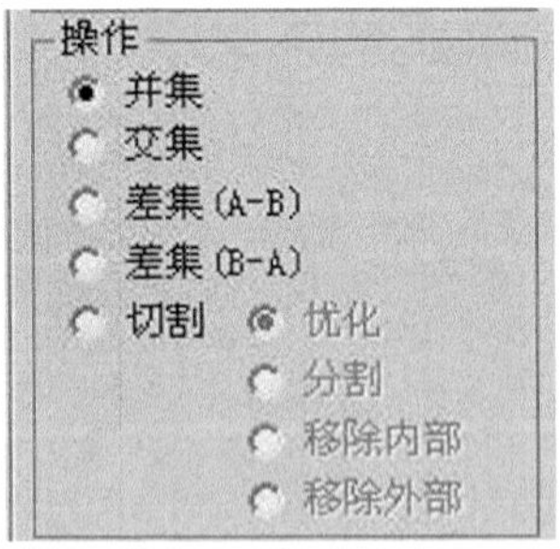

图5-33

（6）在“拾取布尔”卷展栏中单击“拾取操作对象B”按钮。在透视视口单击另一个球体“Sphere02”，如图5-34所示。这样两个球体就合并在了一起。

说明：在拾取操作对象 B 时，有以下四种拾取方式。

- 参考——将原始物体的参考复制品作为运算物体 B。以后改变原始物体，也会同时改变布尔物体中的运算物体 B；但改变运算物体 B 时，不会改变原始物体。
- 复制——将原始物体复制一个作为运算物体 B，不破坏原始物体。
- 移动——将原始物体直接作为运算物体物体 B，它本身将不存在。
- 关联——将原始物体的关联复制品作为运算物体 B，以后对两者中任何一个物体进行修改时都会同时影响另一个物体。

（7）在“参数”卷展栏中列出了所有运算对象，如图 5-35 所示。在透视视口单击鼠标右键取消布尔运算操作。

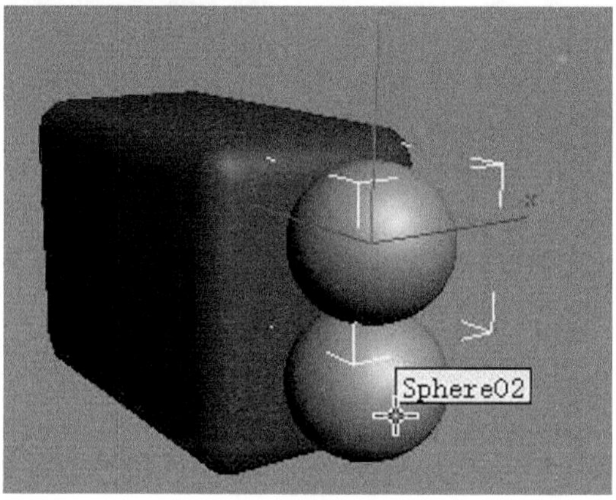

图 5-34

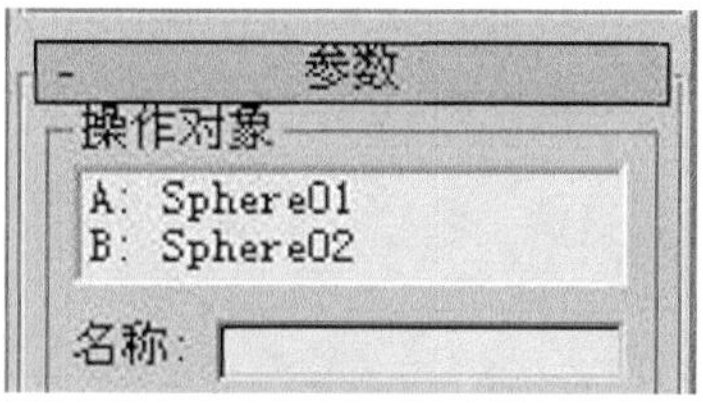

图 5-35

接下来将球体从主体切角立方体中减去。

（8）在透视图中选择切角立方体主体，在创建面板的“对象类型”卷展栏中单击“布尔”按钮。在“操作”项中选择布尔运算的操作方式为“差集（A－B）”。

（9）在“拾取布尔”卷展栏中单击“拾取操作对象 B”按钮。

（10）在透视视口中单击 Sphere01，如图 5-36 所示，结果将球体从主体中减去了，如图 5-37 所示。

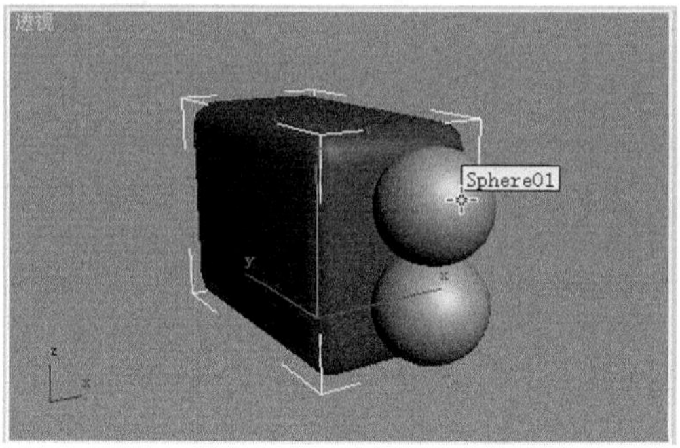

图 5-36

图 5-37

（11）在激活的视口上单击鼠标右键取消布尔运算。

（12）选择“创建”＞“几何体”命令，单击“圆柱体”按钮，在前视图中创建一个圆柱体，创建参数及位置如图 5-38 和 5-39 所示。

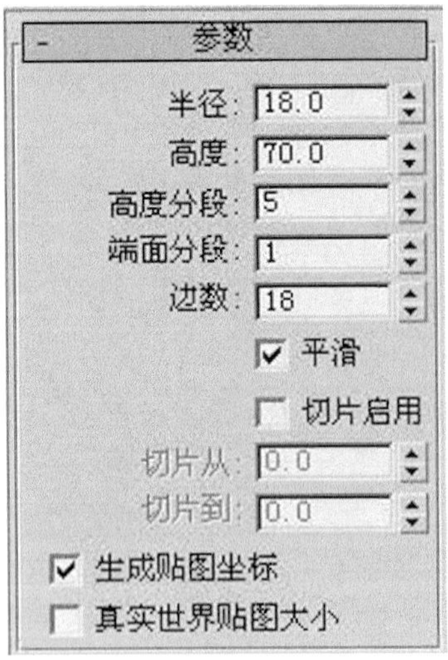

图 5-38

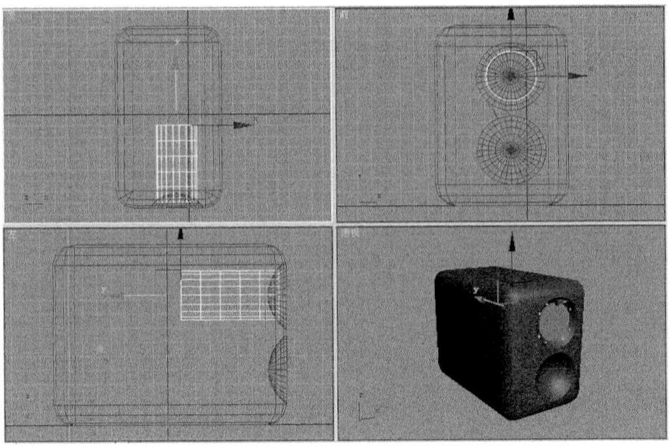

图 5-39

（13）选择音箱主体模型，然后如图 5-40 所示单击“拾取操作对象 B”按钮，在视图中拾取圆柱体，完成的效果如图 5-41 所示。

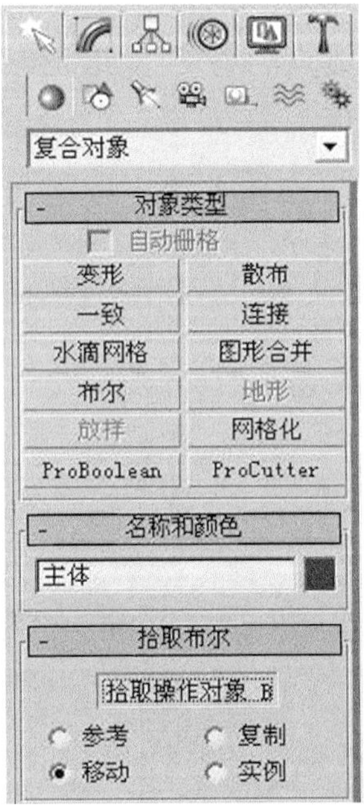

图 5-40

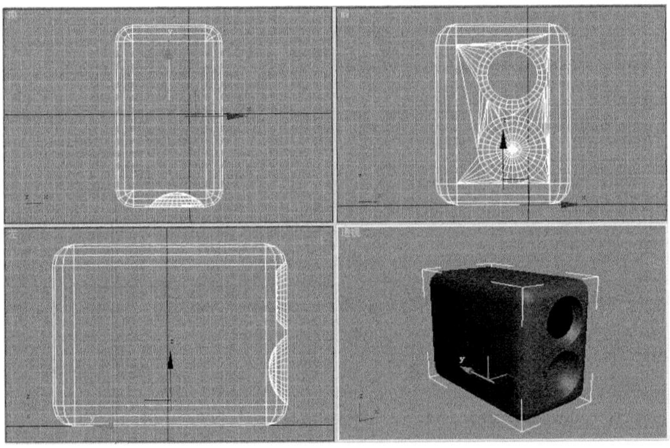

图 5-41

提示：布尔复合命令的重复使用是 3ds Max 的缺陷，在使用后常会出现布线错乱的情况。建议同一物体不要连续使用两次以上的布尔运算。

（14）以同样的方法创建出下面球体所在位置的中空效果，如图 5-42 所示。

图 5-42

（15）在前视图中创建一个切角圆柱体，模拟音量旋钮，参数及位置如图 5-43 和图 5-44 所示。

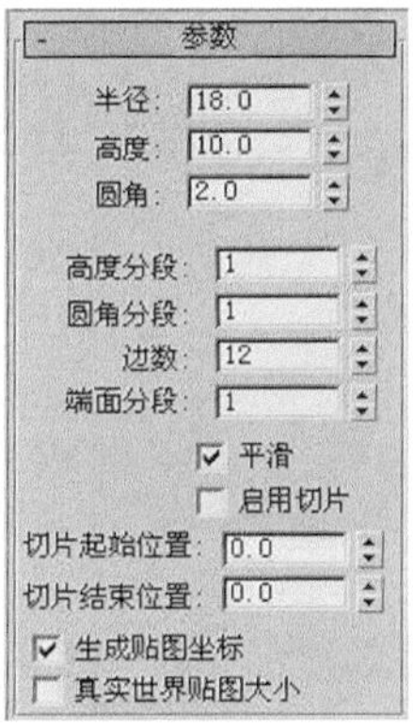

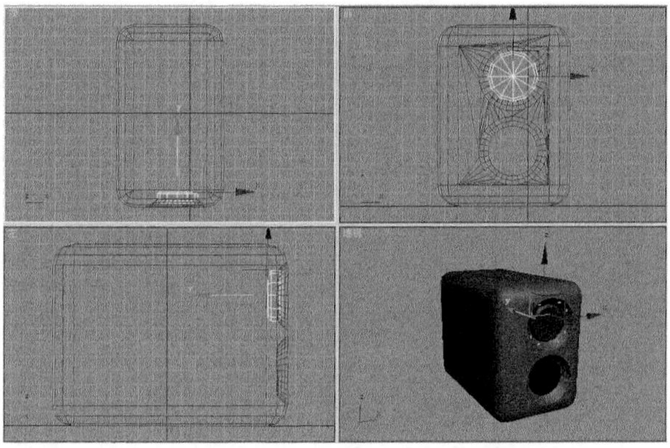

图 5-43　　　　图 5-44

（16）在前视图中创建一些球体，模拟装饰灯泡，创建参数及位置如图 5-45 和图 5-46 所示。

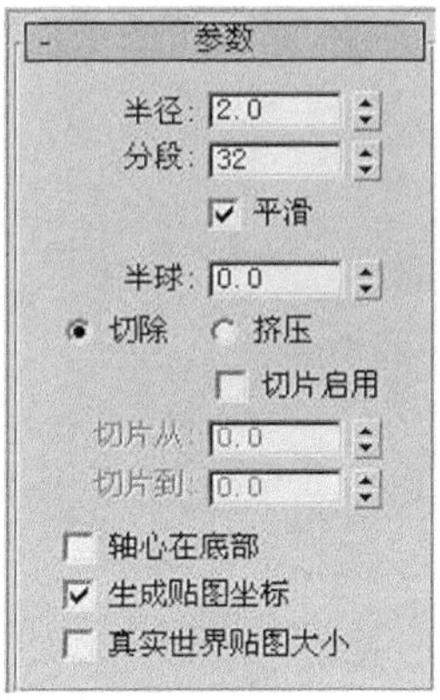

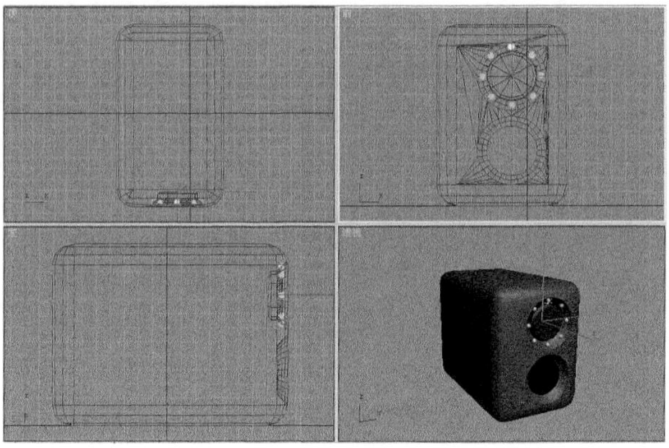

图 5-45　　　　图 5-46

（17）在前视图中创建一个切角圆柱体，模拟开关，创建参数及位置如图 5-47 和图 5-48 所示。

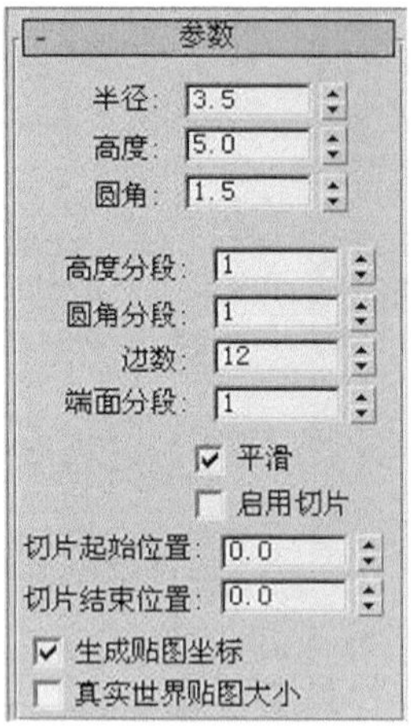

图 5-47

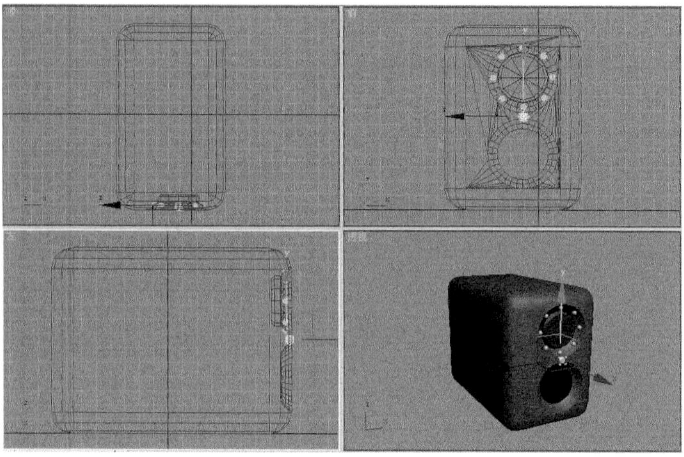

图 5-48

5.7 样题解答

说明：为了学习本章与前面章节的内容，本解题方法数据可能与《试题汇编》的要求不完全一致，请参考使用。

（1）启动 3ds Max，或者执行“文件”＞“复位”菜单命令，复位 3ds Max。

（2）执行“文件”＞“打开”菜单命令，然后打开素材文件 Samples\ch05\ ch05_05.max，如图 5-49 所示。

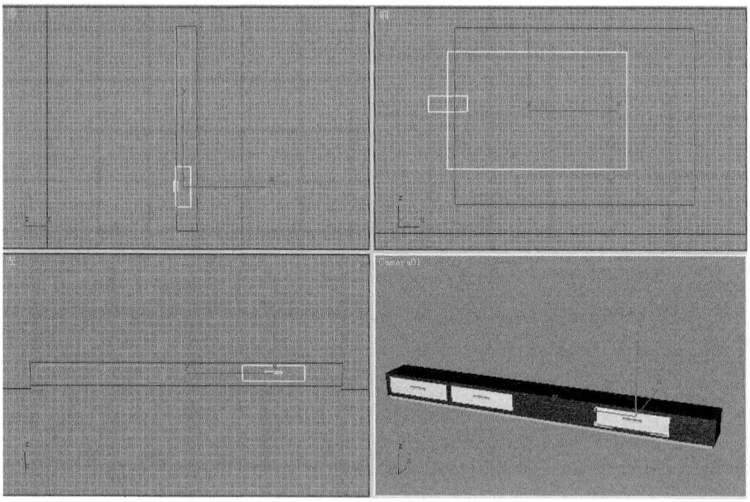

图 5-49

（3）选择“创建” ＞“几何体”命令，然后在“对象类型”下拉列表中选择“标准基本体”。在“对象类型”卷展栏中单击“长方体”按钮，然后在左视图中拖动鼠标创建一个长方体，创建参数及位置如图 5-50 和图 5-51 所示。

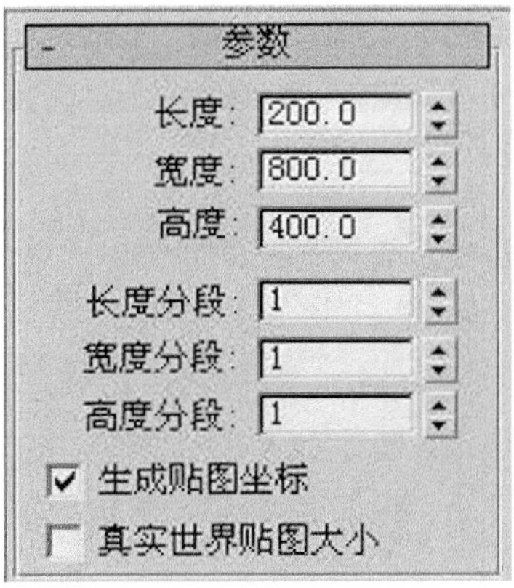

图 5-50

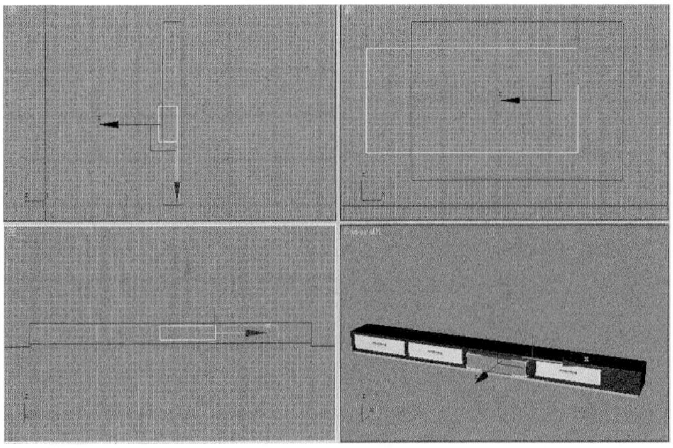

图 5-51

说明：本例中长方体的长、宽、高的值与《试题汇编》中要求的有些出入，读者可根据情况酌情处理。

（4）选择场景主体对象“Box01”进入“创建”＞“几何体”创建命令面板，然后从对象类型中选择复合对象。在“对象类型”卷展栏中单击“布尔”按钮。在“操作”选项区选择布尔操作方式为“差集（A－B）”，如图 5-52 所示。

（5）在“拾取对象”卷展栏中单击“拾取操作对象 B”命令按钮，然后在视图中单击“Box02”，将“Box02”从“Box01”中减去，结果如图 5-53 所示。

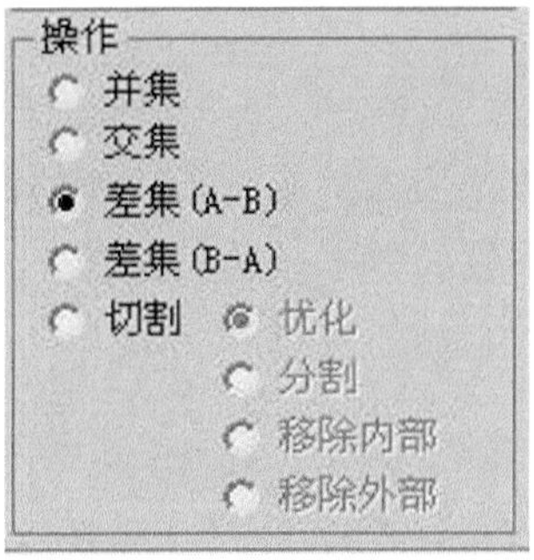

图 5-52

图 5-53

将最终结果以 X4-20.max 为文件名保存在桌面。

第 6 章　修改器建模

在 3ds Max 中，当创建了某些基本模型后，可以对这些基本模型施加修改器塑形和编辑，而且也可以修改这些基本模型的几何形状及属性。如图 6-1 所示，是对基本模型施加扭曲修改器后的变形效果。

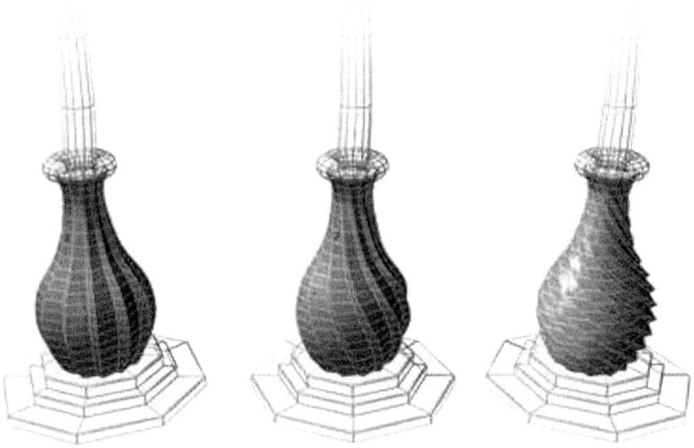

图 6-1

为基本模型施加修改器之后，修改器将被存储在“修改器堆栈”中，然后可以更改修改器的相关参数，也可以从“修改器堆栈”中移除某个修改器，还可以选择“塌陷”命令将修改器塌陷。

注意：在“修改器堆栈”中，后添加的修改器会影响先添加的修改器。例如，先添加“弯曲”修改器再添加“锥化”修改器，结果可能会与先添加“锥化”修改器，后添加“弯曲”修改器完全不同。

在使用“修改器堆栈”时，还要注意以下问题。

- 可以将无穷数目的修改器应用到对象或部分对象上
- 当删除修改器时，修改的效果也会随着消失
- 可以使用“修改器堆栈”的相关控件，将“修改器”移动和复制到其他对象上
- 添加修改器的顺序或步骤是很重要的

本章技能考核点

- 修改器的配置与使用
- 使用修改器堆栈
- 常用修改器介绍

评分细则

本章有 3 个评分点，每题 15 分。

序号	评分点	分值	得分条件	判分要求
1	创建模型	6	建立符合要求的模型	创作的方法不要求
2	修改模型	6	按照要求对模型进行造型修改	不符合要求不得分
3	渲染效果	3	按照场景修饰效果	允许一定的创意发挥

本章导读

如上所述，我们明确了本章所要求掌握的技能考核点以及对应《试题汇编》的评分点、得分条件和判分要求等。下面我们先在“样题示范”中展示《试题汇编》中一道关于使用修改器命令制作餐桌的真实试题，并在“样题分析”中对如何解答这道试题进行分析，然后通过一些案例来详细讲解本章中涉及到的技能考核点，最后通过“样题解答”来叙述“制作餐桌”这道试题的详细操作步骤。

6.1　样题示范

- 练习目的——由《试题汇编》中选取 1 个样题，观察本章题目类型，了解本章学习内容。
- 样题来源——《试题汇编》第 5 单元 5.20 题。
- 操作要点——使用锥化、FFD 变形等修改命令对基本几何体进行修改，然后进行组合，制作餐桌。

【操作要求】

制作餐桌，效果如图 6-2 所示。

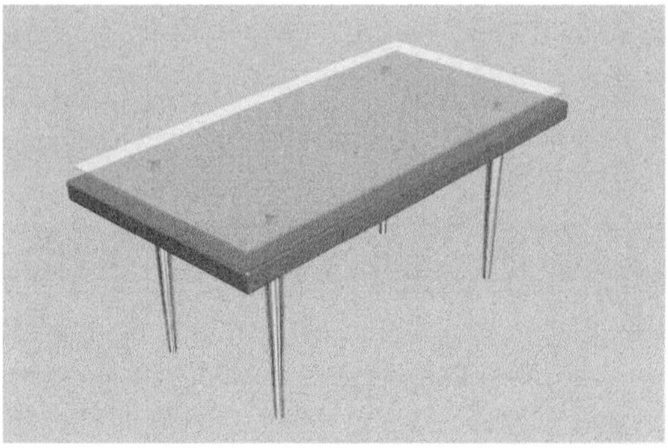

图 6-2

1．**创建模型**：打开素材文件 Samples\ch06\Y5-20.max，如图 6-3 所示。创建长方体（长 1 500、宽度 750、高度 10），创建圆柱体 01（半径 30、高度 65、高度分段 2），创建切角长方体（长 1 550、宽 800、高 70、圆角 10、圆角段 3），创建圆柱体 02（半径 15、高度 625）。

2. **修改模型**：按照玻璃（长方体）、金属支柱（复制圆柱体 01）、桌面（切角长方体）和桌腿（复制圆柱体 02，并锥化修改扩大上端，数量 1.13、曲线 0.13）顺序上下垂直组合模型。

3. **渲染效果**：分别指定材质编辑器内所附玻璃（boli）、金属支柱（jinshu）、桌面（03–Default）及桌腿（jinshu）材质，指定背景色（R172、G222、B206）。

将最终结果以 X5-20.max 为文件名保存在桌面。

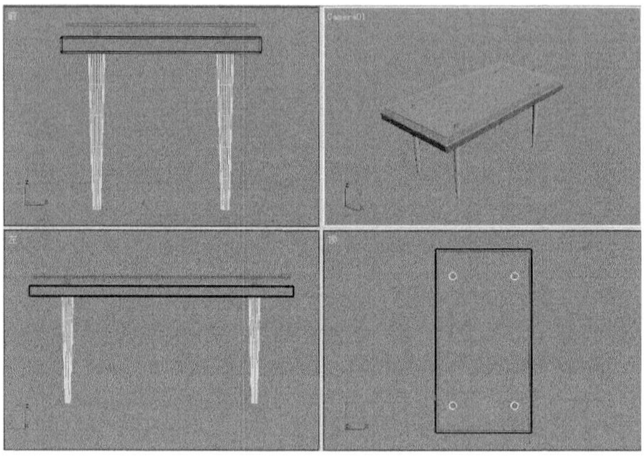

图 6-3

6.2 样题分析

本题是关于如何修改基本几何体的题目。

要创建“餐桌模型”，首先使用“基本几何体”创建出餐桌的各个部件，并对基本几何体的参数进行合理调整。本题中，通过对“金属垫”和“餐桌腿”施加相关修改器，使其变形，从而创造出符合要求的部件。最后再将这些基本几何体合理地组合到一起，就可创建出一个漂亮的餐桌。

解题过程中要使用到“修改器堆栈”。

解答这类题目需要掌握“创建几何体”、“使用修改器”等相关操作技能，我们的学习就从了解和掌握这些技能考核点开始吧。其中一些操作技能已经在前面的章节中讲解过，本章着重来讲解“修改器堆栈”以及一些修改器相关的使用用法。

6.3 修改器的使用与配置

如果希望为现有的几何体施加修改器，可以先选中需要施加修改器命令的几何体，然后进入“修改”命令面板，单击“修改器列表”右侧的下拉列表按钮，即可打开“修改器列表”，如图 6-4 所示。通过“修改器列表”可以为对象选择施加相关的修改器。

注意：某些修改器的可用性取决于当前选择的对象。例如，仅当选定图形或样条线对象时，“倒角”和“倒角截面”才会出现在“修改器列表”的下拉菜单中。

6.3.1 使用修改器

1．为对象施加修改器

（1）重新启动 3ds Max，或执行“文件”>“重置”菜单命令，复位 3ds Max 系统。

（2）执行“文件”>“打开”菜单命令，打开素材文件 Sample\ch06\ch06_01.max，如图 6-5 所示。场景中只有一个长方体，其中长方体高度上的分段为 20。

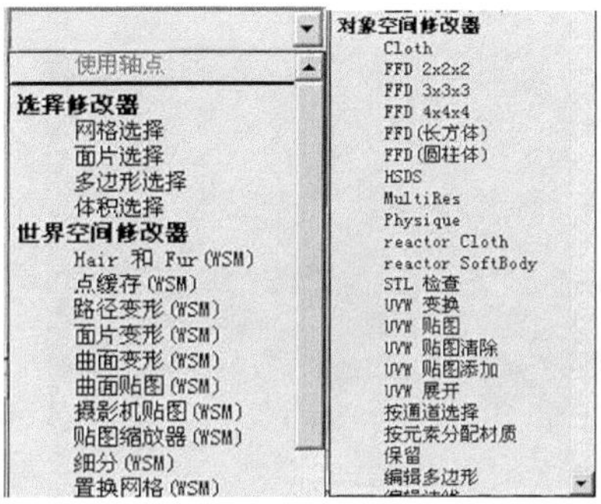

图 6-4

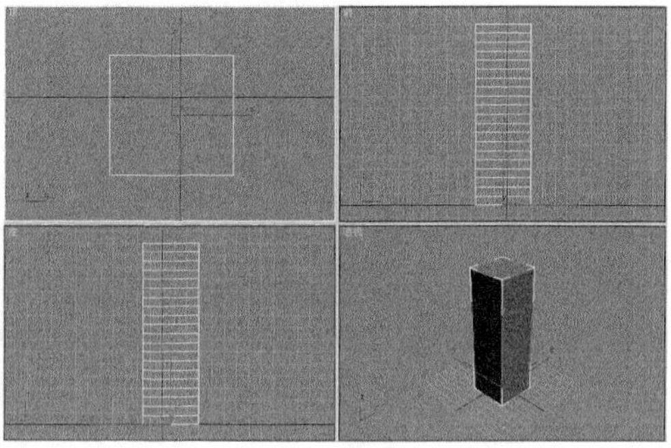

图 6-5

（3）选择长方体对象，单击“修改”按钮，进入“修改”命令面板，单击“修改器列表”右侧黑色小三角，展开“修改器列表”，从中选择“扭曲”修改器。

（4）观察“修改命令面板”与“修改器堆栈”，如图 6-6 所示。在“修改器堆栈”中增加了一个“Twist（扭曲）”修改器，同时在长方体的边缘出现了以黄色显示的“扭曲修改器边界框”。

这样就为长方体对象施加了一个“扭曲”修改器。

说明：根据需要，可以同时为一个对象施加多个修改器。

（5）在“扭曲”修改器的参数面板中，改变扭曲的“角度”为 720，结果长方体被扭曲成了螺纹状，如图 6-7 所示。

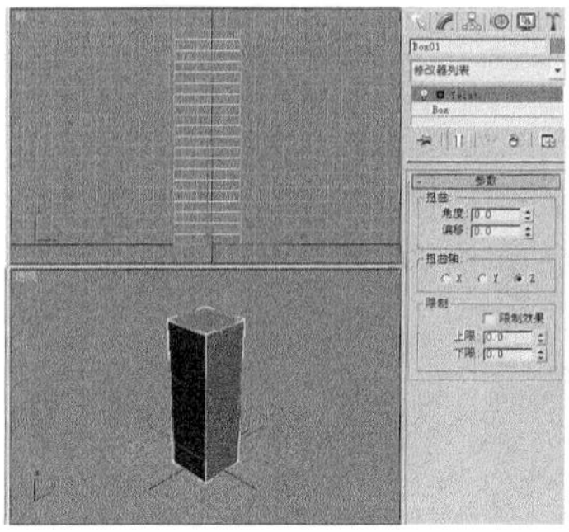

图 6-6

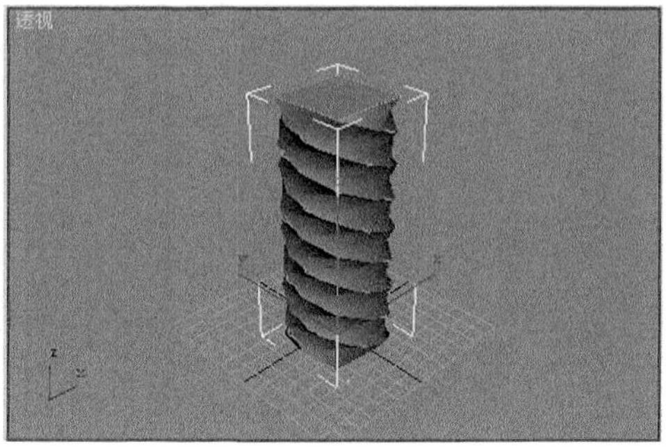

图 6-7

2．将修改器拖动到对象上

（1）选择“创建”>“几何体”>“标准基本体”命令，进入“标准基本体”创建命令面板。在“对象类型”中单击“圆柱体”按钮，然后在长方体旁边创建一圆柱体，参数如图 6-8 所示。

注意：圆柱体的高度分段为 8。

（2）选择长方体对象，进入“修改”命令面板，按住 Shift 键的同时，在“修改器堆栈”中选择“Twist”修改器，并按下鼠标左键不放，然后拖动鼠标到圆柱体对象上，再松开鼠标左键，结果“Twist”修改器被应用在圆柱体对象上，同时长方体对象上的“Twist”修改器被移除，如图 6-9 所示。

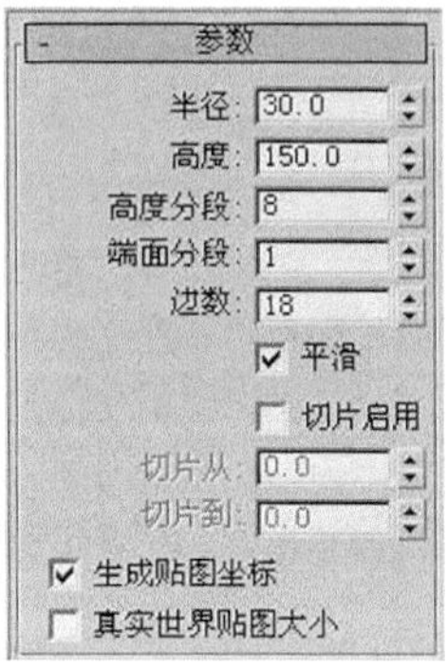

图 6-8

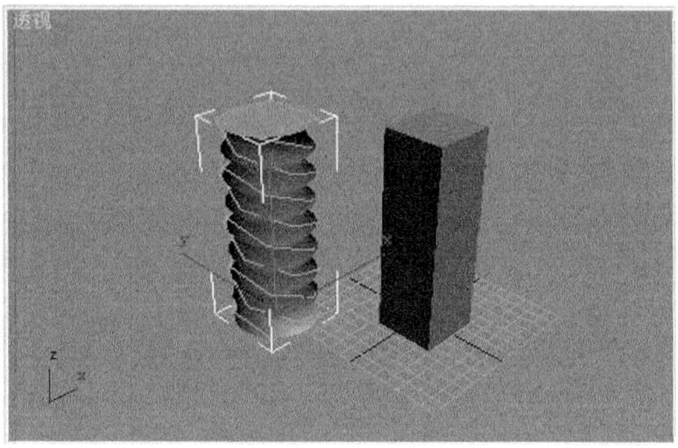

图 6-9

（3）按下组合键“Ctrl+Z”，撤消修改器的移动。

（4）选择长方体对象，进入“修改”命令面板，按住 Ctrl 键的同时，在修改器堆栈中选择“Twist”修改器，并按下鼠标左键不放，然后拖动鼠标到圆柱体对象上，再松开鼠标左键，结果“Twist”修改器被复制在圆柱体对象上，如图 6-10 所示。

注意：如果将修改器从一个对象复制到另一个对象，那么修改器将在修改器堆栈中以斜体显示。这表示修改器已实例化，即更改一个对象的修改器参数将影响另一个修改器参数。

3．修改器子对象层级

除了修改器自身的参数集外，一般还有一个或多个子对象层级，可以通过“修改器堆栈”访问。最常用的是“Gizmo”和“中心”两项。

（1）在修改器堆栈中单击“*Twist*”修改器前面的⊞号，将其展开，如图 6-11 所示。

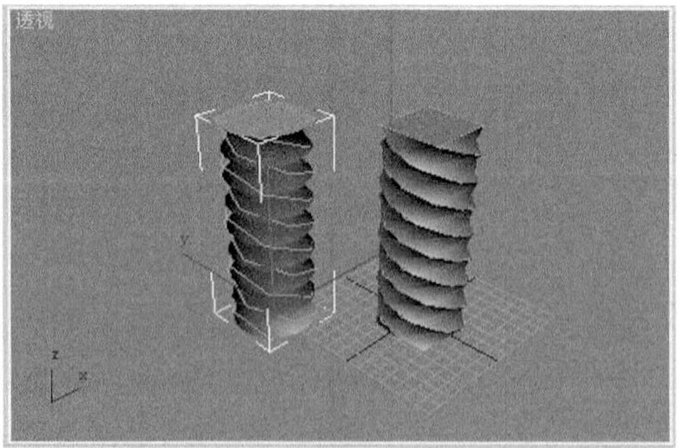

图 6-10　　　　　　　　　　图 6-11

说明:“Gizmo”在视口中显示为线框，初始时包围着选定对象。Gizmo 与机械装置类似，对“Gizmo”的修改效果会同时传递给其附着的对象。可以对“Gizmo”进行移动、缩放和旋转。“中心”是修改器的轴点。可以移动修改器的中心，这会改变修改器对对象的影响效果。

（2）选择“Gizmo”子对象层级，视图中整个“Gizmo”会变成亮黄色显示。单击“选择并移动”按钮，在前视图中沿 X 轴移动“Gizmo”，随着“Gizmo”位置的改变，对象的扭曲效果也会随着改变，如图 6-12 所示。

注意: 移动后的“Gizmo”已经不再完全与被扭曲的对象吻合，而是有了一些错位，这表明在移动“Gizmo”的时候，被修改对象的位置并没有发生改变。

（3）按下组合键“Ctrl+Z”，撤销上一步的操作。

（4）在修改器堆栈中选择“中心”子对象层级，这一次在前视图中沿 X 轴向左移动“中心”，同样随着“中心”位置的改变，对象的扭曲效果也会随着改变，如图 6-13 所示。

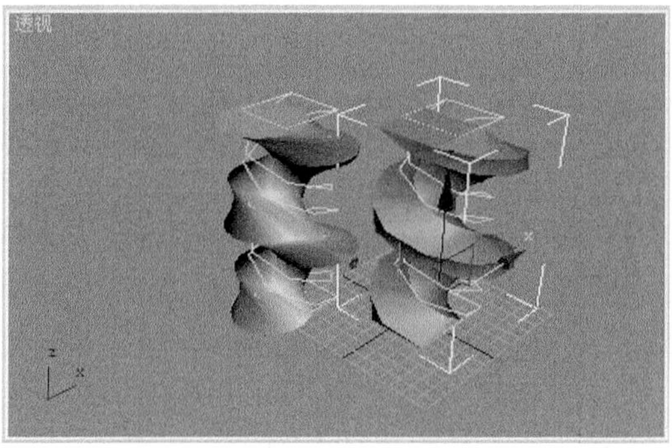
图 6-12

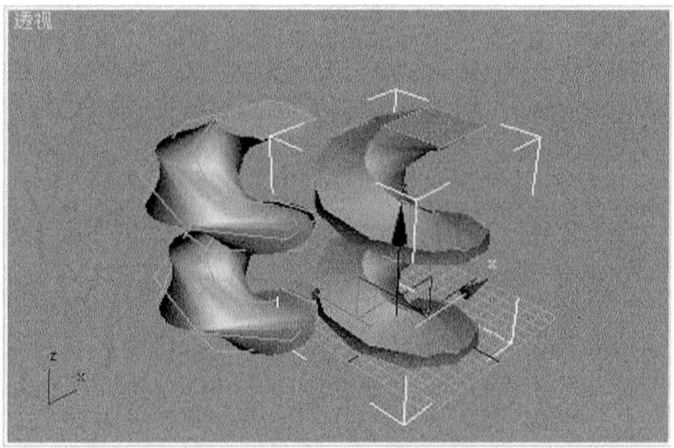
图 6-13

注意: 移动中心时，“Gizmo”的外形虽然改变了，但与被扭曲的对象还是吻合的。

6.3.2 配置修改器集

默认情况下，为了节省修改命令面板的空间，“修改器”不显示在修改命令面板上。但是，为了更加方便地使用修改器，可以把一些常用的“修改器”显示在修改命令面板上，这就需要自己配置“修改器集”。

（1）选择一个对象，进入修改命令面板。

（2）单击“配置修改器集”按钮，从出现的按钮菜单中选择“显示按钮”菜单命令，如图 6-14 所示。相应的修改器就会出现在修改命令面板上。

（3）单击“配置修改器集”按钮，从出现的按钮菜单中选择“配置修改器集”菜单命令，将出现“配置修改器集”对话框，如图 6-15 所示。

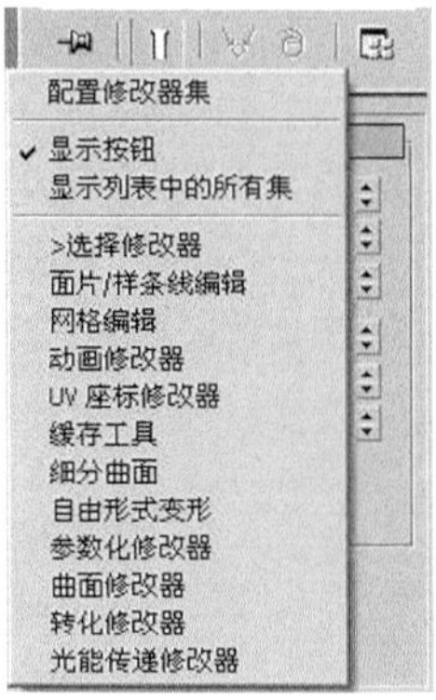

图 6-14

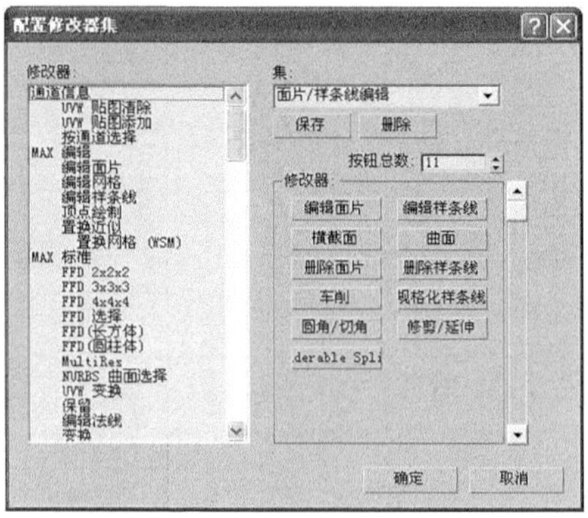

图 6-15

（4）单击“集”文本框右侧的小黑三角，将出现“修改器集”下拉列表，可以从中选择相应的修改器。

说明：可以选择的修改器有：选择修改器、面片/样条线编辑、网格编辑、动画修改器、UV 座标修改器、缓存工具、细分曲面、自由形式变形、参数化修改器、曲面修改器、转化修改器和光能传递修改器。

（5）在“配置修改器集”对话框中，单击“按钮总数”旁边的微调按钮，增加几个空白按钮。

注意：在设置按钮集的按钮数量时，按钮集最多可以包含 32 个按钮。

（6）从左侧的修改器列表中选择希望增加的修改器，按住鼠标左键拖动到一个空白按钮上，然后松开鼠标，这样就在空白按钮上增加了一个新的修改器。

（7）单击“确定”按钮，退出“配置修改器集”对话框。

（8）如果修改器面板上没有出现相应的修改器按钮，单击“配置修改器集”按钮，从出现的菜单中选择“显示按钮”菜单命令，这样就会在修改命令面板上出现修改器命令按钮，如图 6-16 所示（默认情况下不显示）。

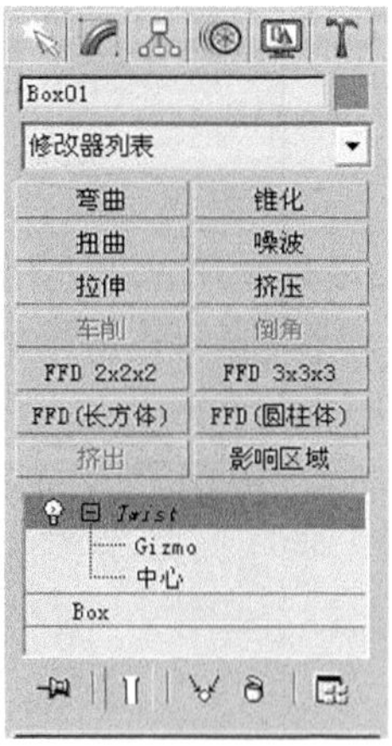

图 6-16

（9）重新进入“配置修改器集”对话框，在“集”下面的文本框中输入“常用修改器”，然后单击“保存”按钮，这样就可以把配置好的修改器集保存下来，下次使用的时候可以直接调出来。

说明：也可以更改修改器按钮。修改器要修改时，可以将左侧“修改器列表”中的修改器名称拖动到右侧组框的按钮上，或单击右侧组框中的相应按钮（其边框将高亮显示），然后再在左侧“修改器列表”中双击相应的修改器名称即可。

6.4 使用修改器堆栈

修改器堆栈及其编辑对话框是管理修改器的重要场所。修改器堆栈（或简写为“堆栈”）是“修改”面板上的列表。它包含：历史记录、选定对象和应用的所有修改器。

在内部，该软件会从堆栈底部开始“计算”对象，然后按顺序移动到堆栈顶部，使对象按顺序应用修改器。因此，应该从下往上“读取”堆栈，沿着该软件使用的序列，来显示或渲染最终对象。

说明：使用修改器堆栈可以完成许多实用性的操作：调整修改器参数；查看和操纵修改器的顺序；在对象或对象集合之间对修改器进行复制、剪切和粘贴；取消或激活修改器的修改效果；选择修改器的组件，例如“Gizmo”或“中心”。

6.4.1 堆栈顺序的效果

（1）重新启动 3ds Max，或执行“文件”>“重置”菜单命令，复位 3ds Max 系统。

（2）执行“文件”>“打开”菜单命令，打开素材文件 Samples\ch06\ch06_02.max，如图 6-17 所示。

场景中包含了一个长方体对象，已经为长方体添加了三个修改器：扭曲、弯曲和锥化。

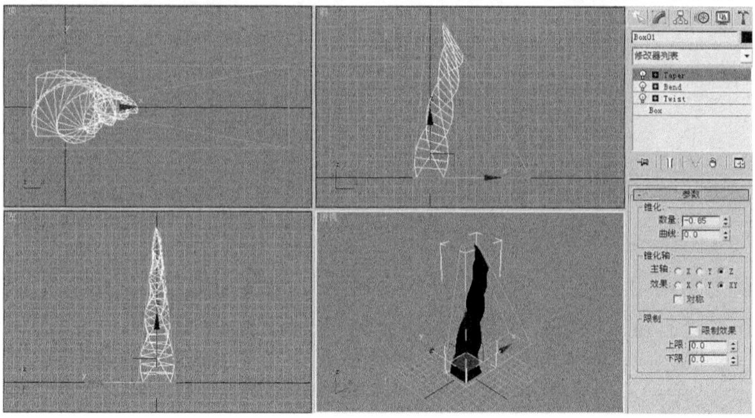

图 6-17

位于堆栈显示下面的按钮用于管理堆栈。

● “锁定堆栈”——将堆栈锁定到当前选中的对象，从而无论后续修改任何对象，修改的效果都会显示在锁定的对象上，而不会出现在当前选择的对象上。整个“修改”面板同时将锁定到当前对象上。

- “显示最终结果开/关切换”——显示或隐藏堆栈中所有修改器的最终修改效果。开启该切换开关，无论在修改器堆栈中选择任何一个修改器，都将显示堆栈中所有修改器所做的最终修改效果；禁用此切换开关之后，对象将只显示对当前修改器所作的修改效果，而不显示堆栈中所有修改器所做的最终修改效果。
- “使唯一”——在一组通过实例复制方式得到的对象中，将选择的对象转化为独立的副本，当对独立副本进行修改时，将不再对其他对象产生影响。
- “移除修改器”——删除当前修改器或取消绑定当前空间扭曲。
- “配置修改器集”——单击该按钮后可显示弹出式“修改器集”菜单。

（3）在修改器堆栈中，使用鼠标选择“Taper（锥化）”修改器，然后按住鼠标左键将其移动到“Twist”修改器与“Bend”修改器之间，结果整个长方体的修改结果由于修改器顺序的变化也发生了变化，如图 6-18 所示。

说明: 3ds Max 会按照修改器堆栈中修改器的顺序从下往上依次应用修改器（从底部开始向上执行，变化一直积累），所以修改器在堆栈中的位置是很关键的。

6.4.2 编辑堆栈

1．移动修改器位置

（1）继续前面的练习，或者打开素材文件 Sample\ch06\ch06_03.max。

（2）在修改器堆栈中单击“Twist（扭曲）”前的“显示效果”按钮将其关闭，则“Twist（扭曲）”修改器不再对长方体对象起作用，此时的长方体效果如图 6-19 所示。

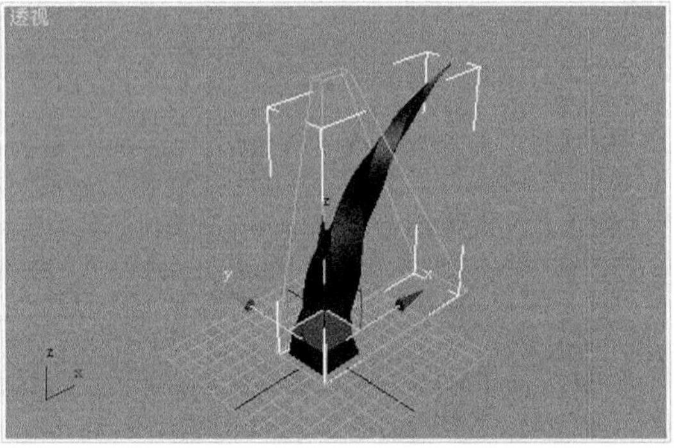

图 6-18

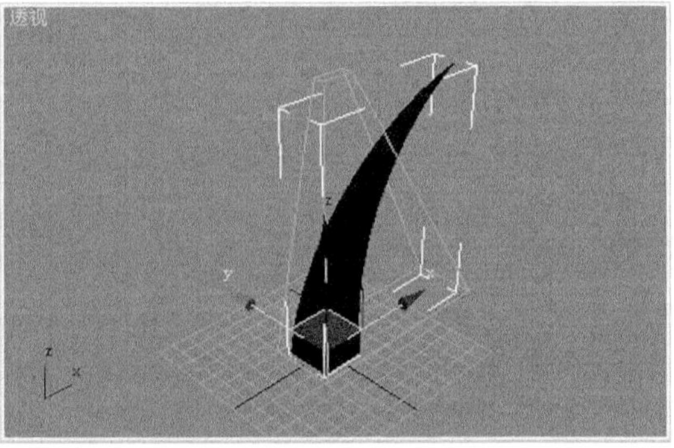

图 6-19

（3）再次单击“显示效果”按钮，重新开启扭曲效果。

（4）右击“Twist”修改层级，在弹出的右键菜单中（如图 6-20 所示）选择“复制”命令。

（5）将鼠标移动到“Taper（锥化）”修改层级，单击鼠标右键，在弹出的右键菜单中选择“粘贴”命令，相当于又为长方体增加了一个“扭曲”修改器，结果如图 6-21 所示。

说明: 在堆栈中将修改器移动到另一个位置的最简单方法是将它拖动到目的地。另外，也可以使用剪切、复制和粘贴程序来移动修改器。

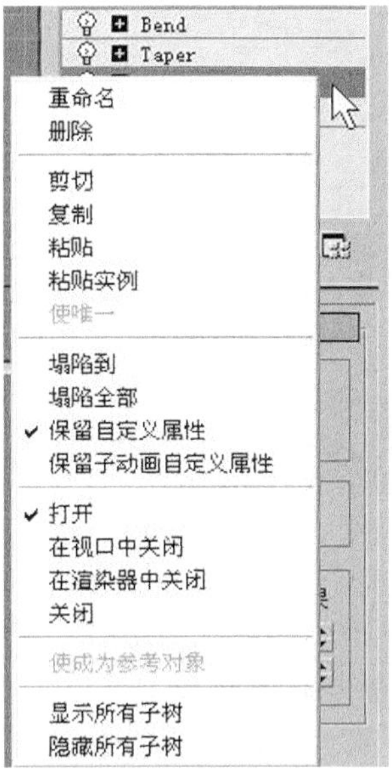

图 6-20

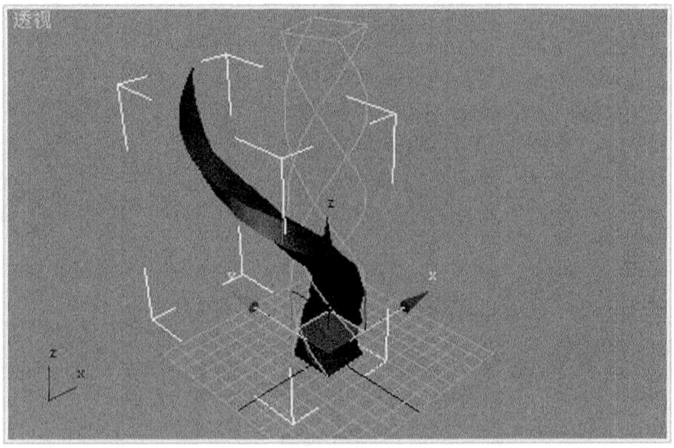

图 6-21

2．与其他对象共享修改器

（1）打开素材文件 Sample\ch06\ch06_04.max，如图 6-22 所示。

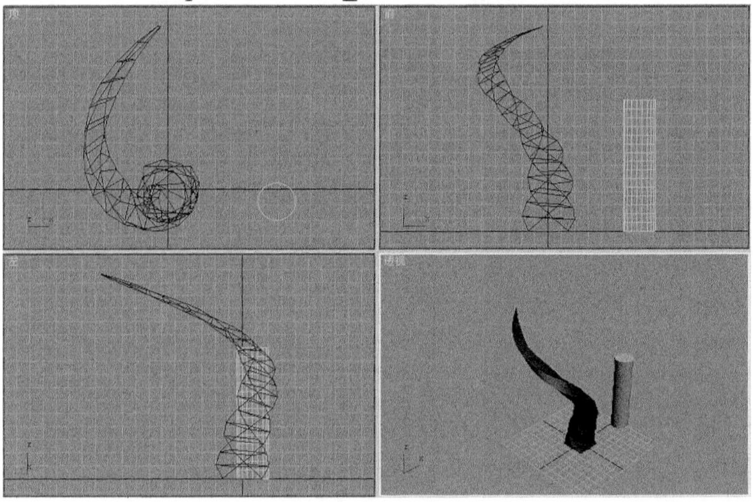

图 6-22

（2）选择被修改过的长方体，进入修改命令面板。

（3）选择修改器堆栈中的“Bend”修改层级，然后右击 “Bend”修改层级，在弹出的右键菜单中选择“复制”命令。

（4）选择场景中的圆柱体对象，然后右击圆柱体的修改器堆栈，在弹出的右键菜单中选择“粘贴实例”命令，结果圆柱体也被施加了“弯曲”修改器，该“弯曲”修改器的参数设置与之前给长方体施加的“弯曲”修改器的参数设置相同，且使用与长方体弯曲如图 6-23 所示。

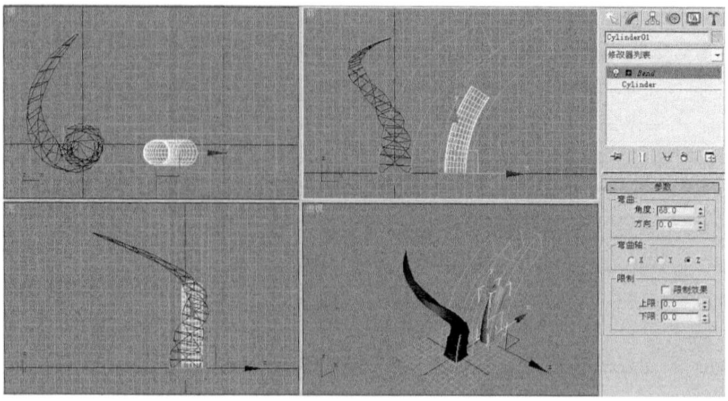

图 6-23

（5）修改圆柱体的弯曲参数，结果长方体会随着圆柱体一起做同步变化。

说明：通过“实例”复制的方式进行复制，修改器的任一实例将控制其他实例。当要使一系列对象具有同一特征时，使用此功能会很方便。例如，复制一个实例弯曲修改器到很多树中，将会使所有树的弯曲完全相同。更改其中任一树的“弯曲”参数将会更改其他所有树的弯曲。

3．从修改器中移除实例

（1）选择圆柱体，进入圆柱体的修改器堆栈，并选择“弯曲”修改器层级。

（2）单击“使唯一”按钮。这将使修改器从“实例”状态转化为“唯一”状态。

（3）再次修改圆柱体的弯曲修改器参数，结果参数的修改只对圆柱体产生影响，而对长方体不产生任何影响。

4．塌陷堆栈

可以使用“塌陷全部”或“塌陷到”命令将堆栈中的“修改器”全部或部分塌陷，并可以保留修改器的累加修改效果。这样可以简化场景并减少内存使用量。

注意：多数情况下，塌陷修改器可以节省内存。然而，对于一些修改器，例如“倒角”修改器，使用塌陷反而会增大文件，从而使用更多的内存。

（1）在修改器堆栈中右击鼠标，将出现鼠标右键菜单。

（2）如果已将修改器应用于对象，选择“塌陷到”或“塌陷全部”右键菜单命令。

- 塌陷到——将堆栈塌陷到选中的修改器。塌陷时不会影响到堆栈中被选中的修改器上方的修改器，仍可单独调整被选中修改器上方的修改器。
- 塌陷全部——将这个堆栈塌陷为一个可编辑对象，不再保留任何修改器，甚至对象的原始参数也不复存在。

说明：如果对象未应用任何修改器，也可以右击对象名称，将弹出一个右键菜单，选择其中一个“转化为”选项，将对象转化为诸如可编辑网格、可编辑样条线、可编辑面片、可编辑多边形以及NURBS等对象类型。

6.5　常用修改器介绍

本节将介绍一些常用修改器的使用方法。修改器的类型比较多，本节就有关三维物体修改器进行介绍，其他比较常用的修改器，将在其他章节进行讲解。

6.5.1　FFD 自由变形修改器

“FFD 自由变形”修改器用于改变几何体的外观形状。它由一组称之为格子的控制点组成。通过移动控制点来改变几何体的形状。

FFD 的子对象层级如图 6-24 所示。FFD 编辑修改器有 3 个子对象层级。

- 控制点——可以对单个控制点或者一组控制点进行变换操作。当控制点发生变化时，几何体的形状也会跟着发生变化。
- 晶格——包括节点和边框在内组成的格子，对其进行变换操作时，几何体的形状不会发生变化。
- 设置体积——可以移动格子的任意一个控制点，以便使格子更好地与几何体的外形和大小进行匹配。做这些调整的时候，几何体的形状不会发生变化。

FFD 参数卷展栏如图 6-25 所示。

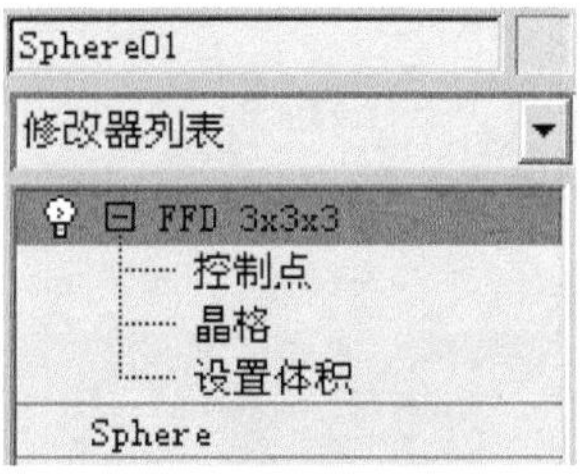

图 6-24

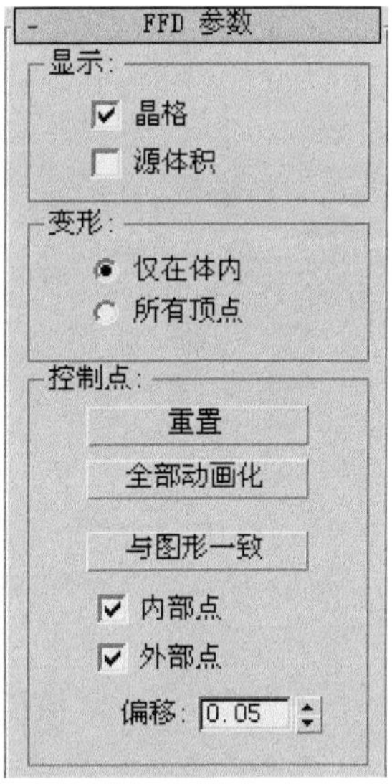

图 6-25

FFD 的参数卷展栏包含 3 个组。

- 显示——控制是否在视口中显示格子。还可以按没有变形的样子显示格子。
- 变形——可以指定编辑修改器是否影响格子外面的几何体。
- 控制点——可以将所有控制点设置回它的原始位置，并使格子自动适应几何体。

下面就举例来说明如何使用 FFD 编辑修改器。

（1）启动 3ds Max，或者执行“文件”＞“重置” 菜单命令，复位 3ds Max。

（2）执行“文件”＞“打开”菜单命令，然后打开素材文件 Samples\ch06\ ch06_05.max。文件中包含了两个对象，如图 6-26 所示。

（3）在透视视口中选择上面的一个对象。选择修改命令面板，在编辑修改器列表中选择 FFD 3×3×3，如图 6-27 所示。

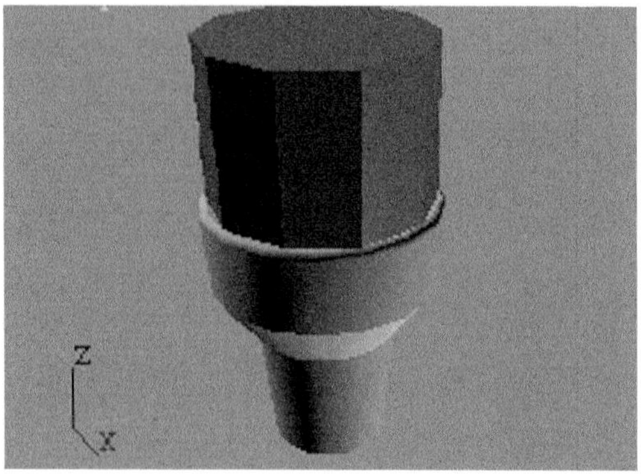

图 6-26　　图 6-27

（4）在修改器堆栈中，单击“FFD 3×3×3”左边的+号，展开子对象层级。在修改器堆栈中选择“控制点”子对象层级，如图 6-28 所示。

（5）按下组合键“Alt+W”，使四个视口全部显示。在前视口使用区域选择的方式选择顶部的控制点，如图 6-29 所示。

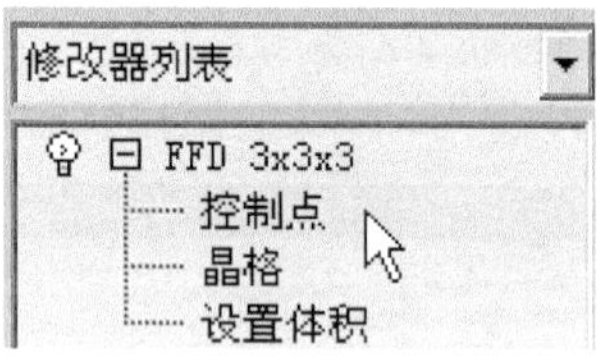

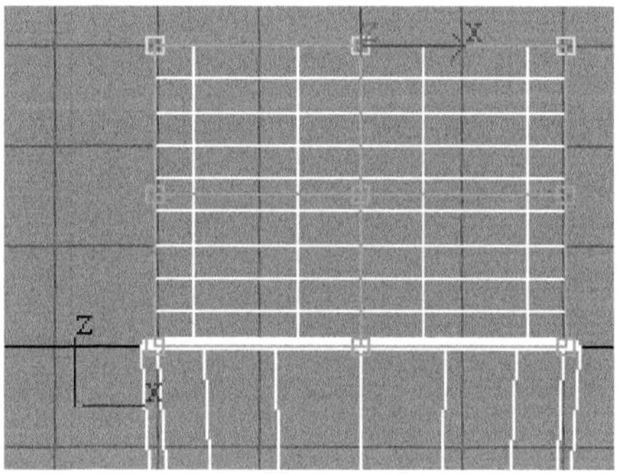

图 6-28　　图 6-29

（6）在主工具栏中单击“等比缩放”按钮。在透视视口将光标放在转换中心的 XY 坐标系交点处（如图 6-30 所示），然后缩放控制点，直到它们离得很近为止，如图 6-31 所示。

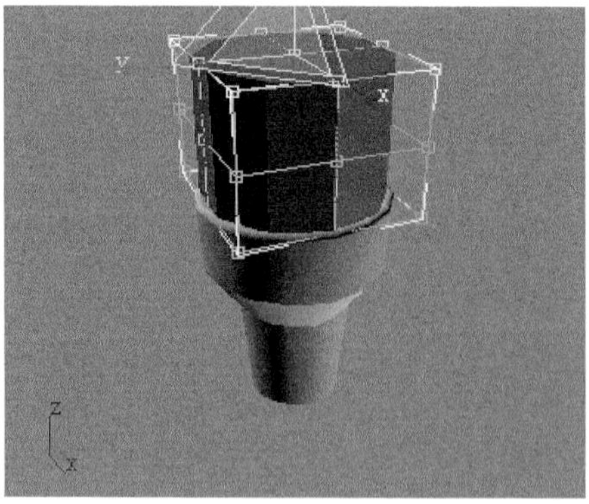

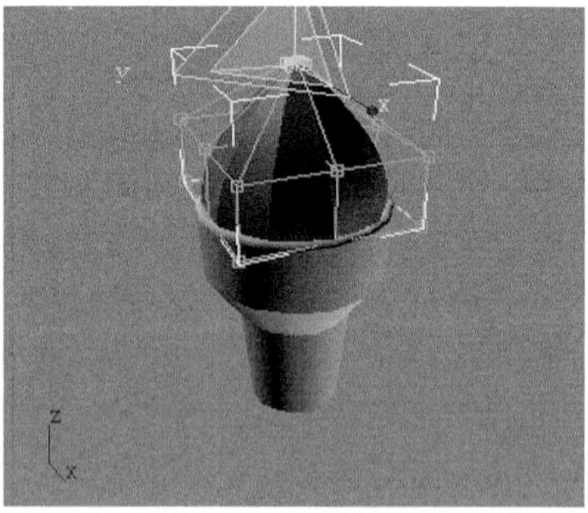

图 6-30　　图 6-31

（7）在前视口选择所有中间层次的控制点，如图 6-32 所示。右击透视视口激活它。

（8）在透视视口中将光标放在变换坐标系的 *XY* 交点处，然后放大控制点，直到它们与图 6-33 所示类似为止。

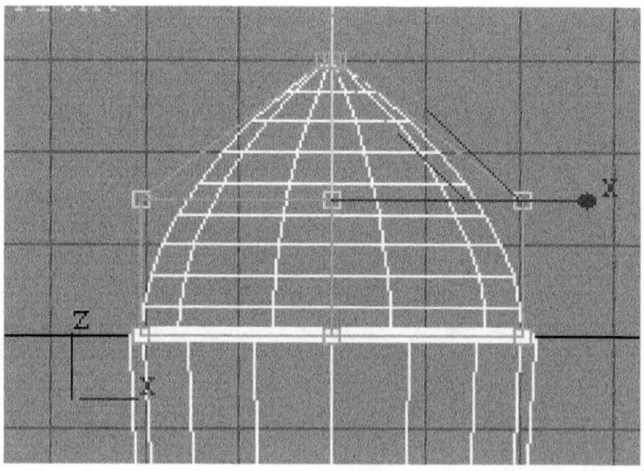

图 6-32

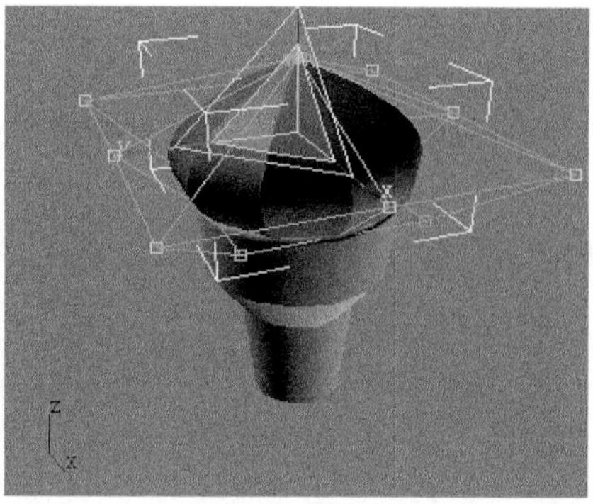

图 6-33

（9）在主工具栏上单击“选择并旋转”按钮。在透视视口中将选择的控制点旋转大约 45°，如图 6-34 所示。

（10）在修改器堆栈中选择“FFD 3×3×3”层级，返回到修改器的最上层级。

6.5.2 噪波修改器

“噪波”修改器可以随机修改几何体的外形。可以设置每个坐标方向的强度。常常使用“噪波（Noise）”修改器来设置动画效果，使几何体的外形随着时间的改变而发生变化。变化的速率受“参数”卷展栏“动画”项中频率参数的影响，如图 6-35 所示。

“种子”数值可改变“噪波”随机图案。如果两个参数相同的几何体被应用了一样参数的“噪波”修改器，那么变形效果将是一样的。如果改变“种子”数值会使它们的效果变得不一样。

下面举例来说明如何使用“噪波”修改器。

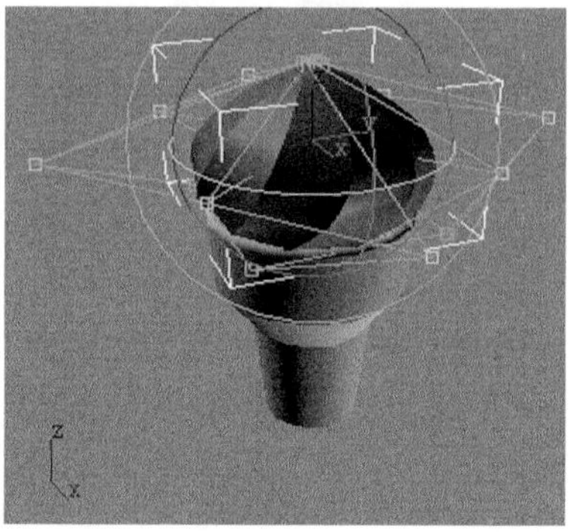

图 6-34

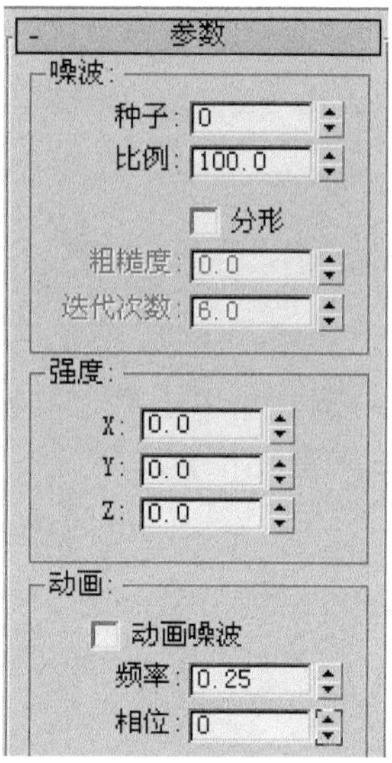

图 6-35

（1）启动 3ds Max，或者执行“文件”>“重置”菜单命令，复位 3ds Max。

（2）执行“文件”>“打开”菜单命令，然后打开素材文件 Samples\ch06\ ch06_06.max。文件中包含一个简单的长方体薄片，如图 6-36 所示。

（3）在前视口中单击方体，选择它。进入“修改”命令面板，在编辑修改器列表中选择“噪波”修改器。

（4）在修改命令面板的“参数”卷展栏中将强度区域的“Z”数值设置为 50.0，这样长方体就变形了，如图 6-37 所示。

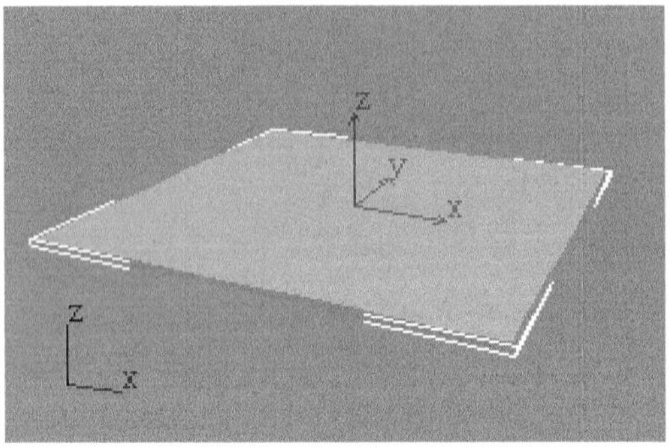

图 6-36

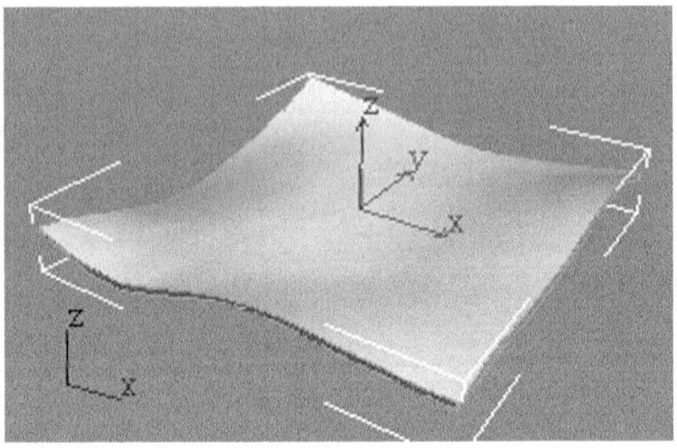

图 6-37

（5）在“修改器堆栈”中，单击“噪波（Noise）”左边的“+”号，展开“Noise”修改器的子对象层级，如图 6-38 所示。

（6）在“修改器堆栈”中单击“中心（Center）”，选择它。

（7）在透视视口中将光标放在 Gizmo 的区域标记上，然后在 *XY* 平面上移动“中心（Center）”，如图 6-39 所示。移动“噪波”修改器的“中心（Center）”，同样可以改变长方体的形状。

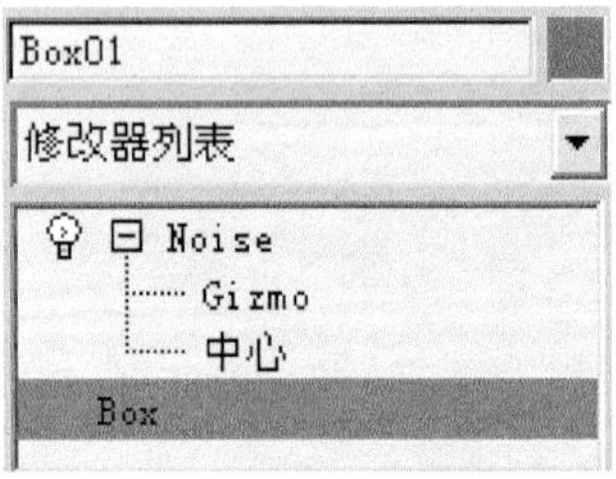

图 6-38

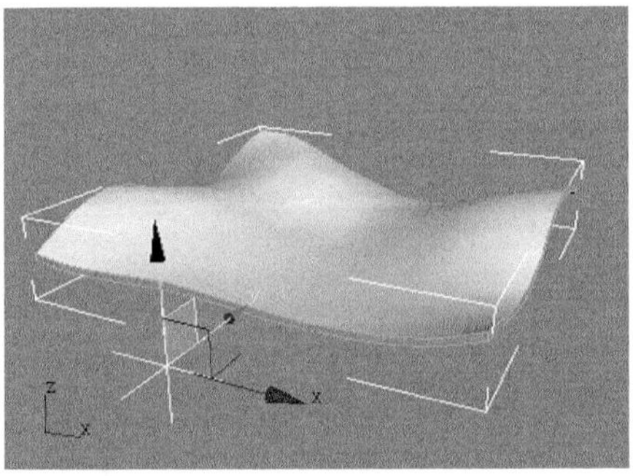
图 6-39

（8）在主工具栏中单击“撤销”按钮，或按下组合键“Ctrl+Z”，这样可将“噪波”的中心恢复到它的原始位置。

（9）在“修改器堆栈”中选择“噪波”返回“噪波”层，在修改面板的参数卷展栏中勾选“分形”复选框。

（10）在“修改器堆栈”中选择“Box”层级，如图 6-40 所示。在“修改”命令面板中将显示长方体的参数卷展栏。

（11）在“参数“卷展栏中将长度分段和宽度分段设置为 10。注意观察盒子形状的变化。

（12）在“修改器堆栈”中选择“噪波”返回“噪波”层。

（13）在参数卷展栏的动画组区域勾选“动画噪波”复选框。

（14）在动画控制区域单击“播放动画”按钮，注意观察动画效果。

（15）在动画控制区域单击“转至开头”按钮。

（16）在“修改器堆栈”中单击“噪波”层级左边的灯泡，关闭它。

“噪波”修改器仍然存在，但是没有效果。在视口中仍然可以看到它作用区域的黄框，如图 6-41 所示。

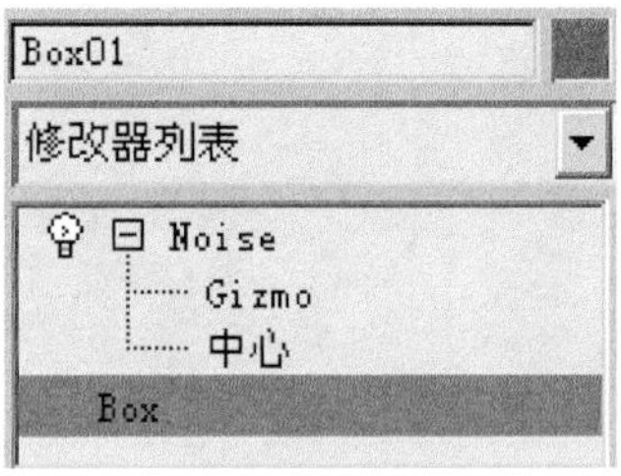

图 6-40

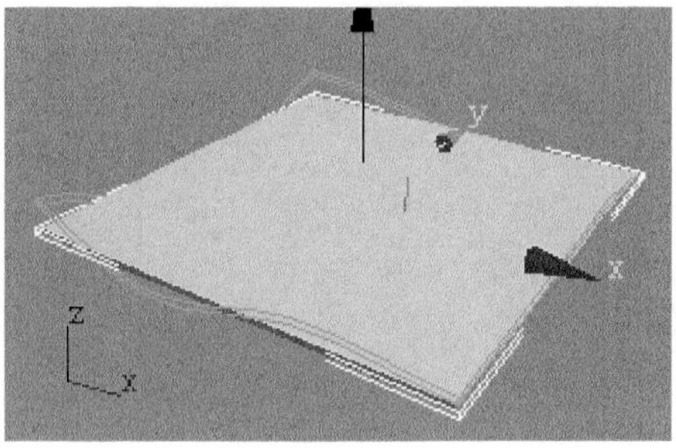

图 6-41

（17）在“修改器堆栈”中单击“从堆栈中移除修改器”按钮，这样就删除了“噪波”修改器，长方体随之恢复到初始状态效果。

6.5.3 弯曲修改器

“弯曲”修改器用来对几何体进行弯曲修改，用户可以调节弯曲的“角度”和“方向”，以及弯曲所依据的“弯曲轴”，还可以将弯曲效果限制在一定的范围之内。在这一节，将举例说明如何灵活使用“弯曲”修改器来创建模型或者制作动画。

1．由一个平面弯曲成一个球

（1）启动 3ds Max，或者执行“文件”＞“重置”菜单命令，复位 3ds Max。

（2）进入“创建”命令面板，单击“平面”按钮。在透视视图中创建一个长度和宽度都为 140，长度和宽度方向分段数都为 25 的平面，如图 6-42 所示。

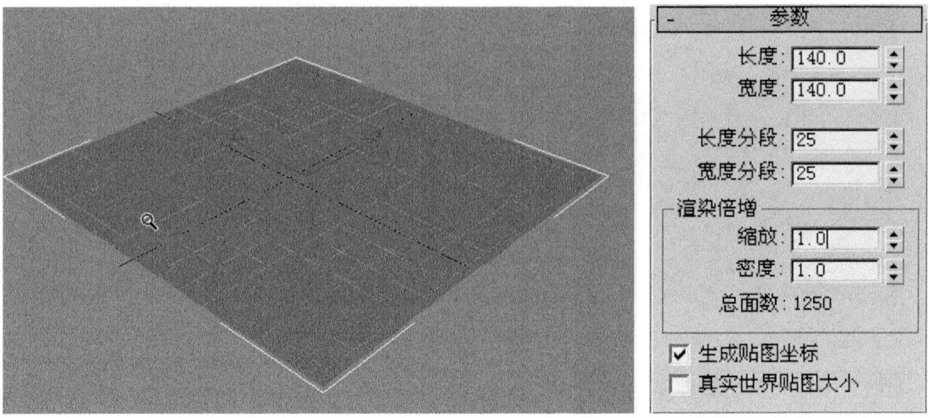

图 6-42

（3）进入“修改”命令面板，给“平面”对象施加一个“弯曲”修改器，沿 X 轴将平面弯曲 360°，如图 6-43 所示。

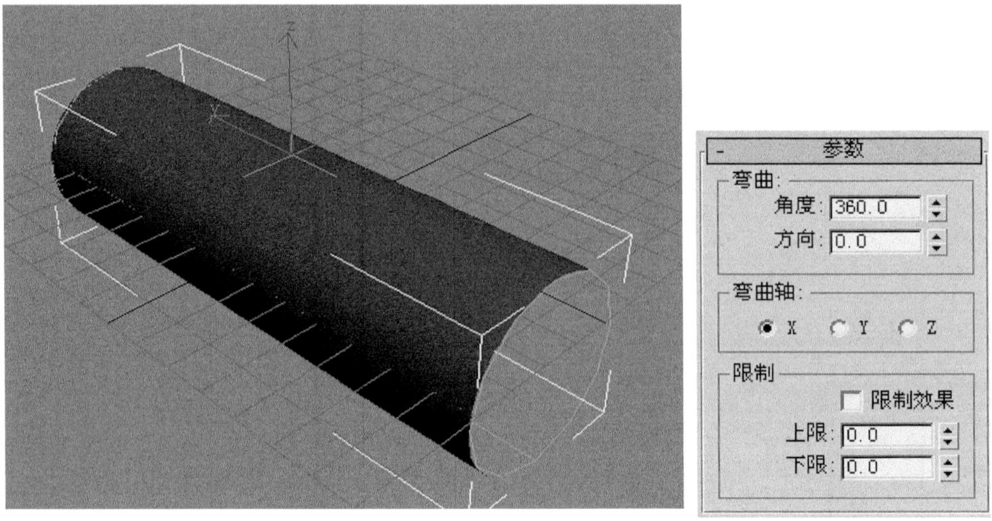

图 6-43

（4）再给平面施加另外一个“弯曲”修改器，沿 Y 轴将平面弯曲 180°，如图 6-44 所示。

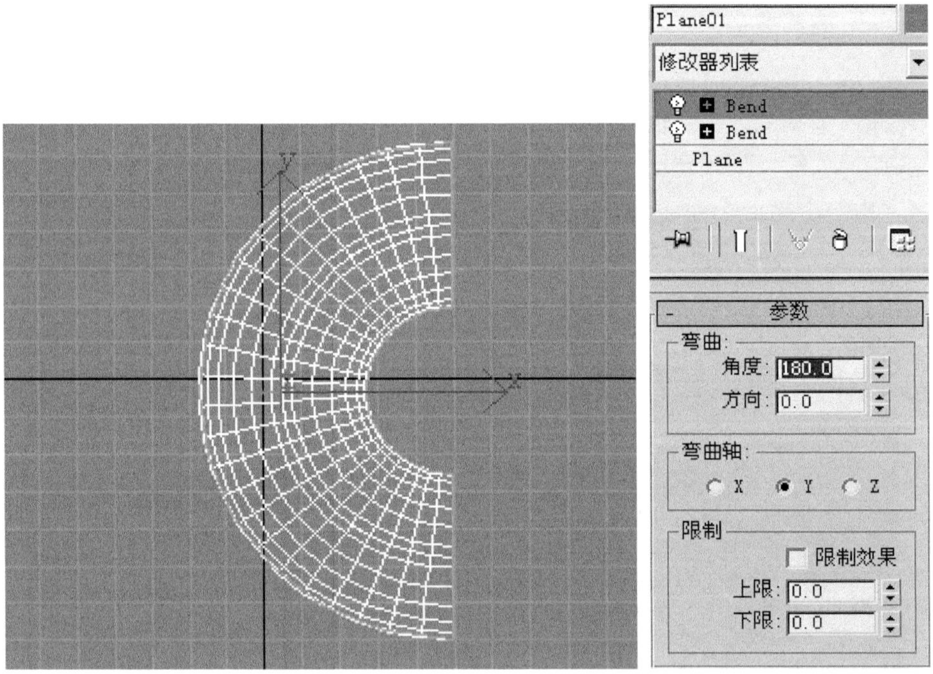

图 6-44

（5） 在“修改器堆栈”中单击最上层“弯曲”左边的“+”号，打开子对象层级，选择“中心”层级，然后在顶视图中沿着“X 轴”向左移动“中心”，直到平面看起来与球类似为止，如图 6-45 所示。

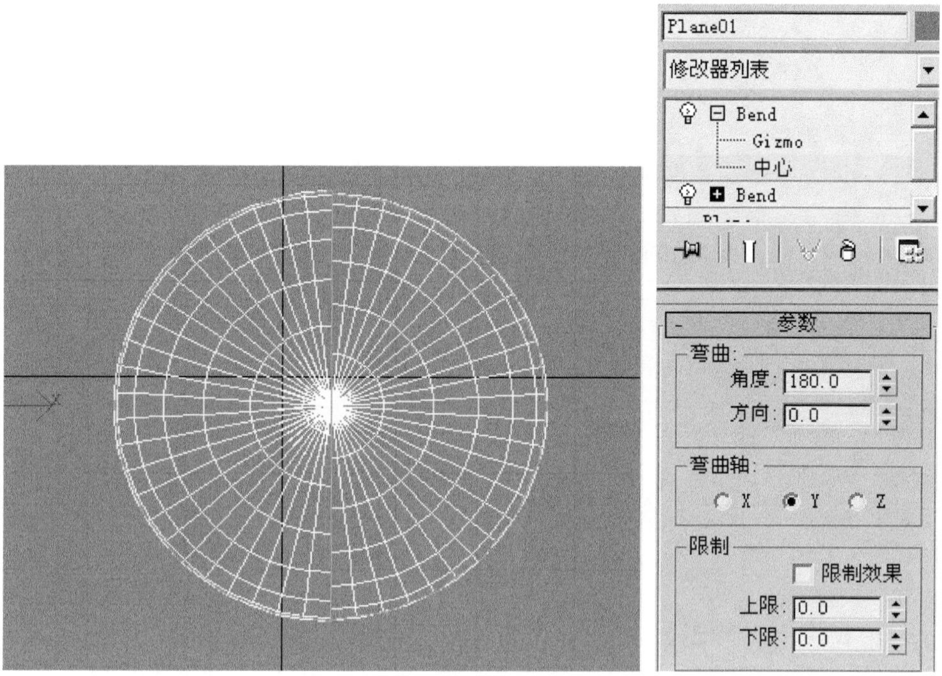

图 6-45

该例子的最后效果保存在素材文件 Samples\ch06\ ch06_07.max 文件中。

2．制作弯曲的 9 字动画

如图 6-46 所示。

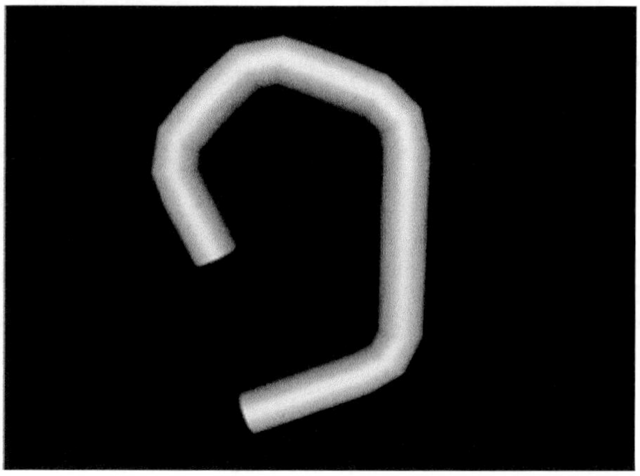

图 6-46

（1）启动 3ds Max，或者执行“文件”＞“重置”菜单命令，复位 3ds Max。

（2）单击“圆柱”按钮，在透视视图中创建一个半径为 2，高度为 80，高度方向的段数为 25 的圆柱，如图 6-47 所示。

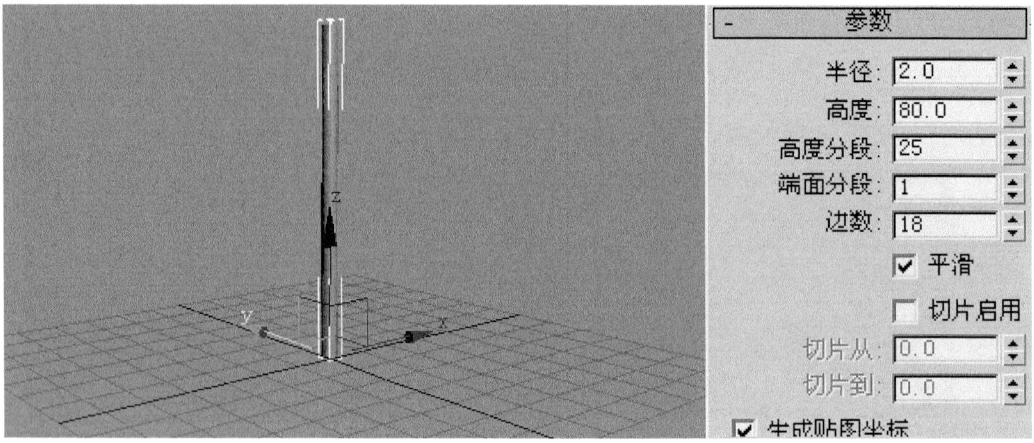

图 6-47

（3）进入“修改”命令面板，给圆柱体施加“弯曲”修改器。在弯曲的“角度”数值区域键入–90，在“上限”数值区域键入 7，勾选“限制效果”复选框，结果如图 6-48 所示。

（4）在“修改器堆栈”中单击“Bend（弯曲）”层级左边的“+”号，然后选择“中心”子对象层级。在主工具栏上单击“选择并移动”按钮，在透视视图沿 Z 轴将“中心”移动到如图 6-49 所示的位置。

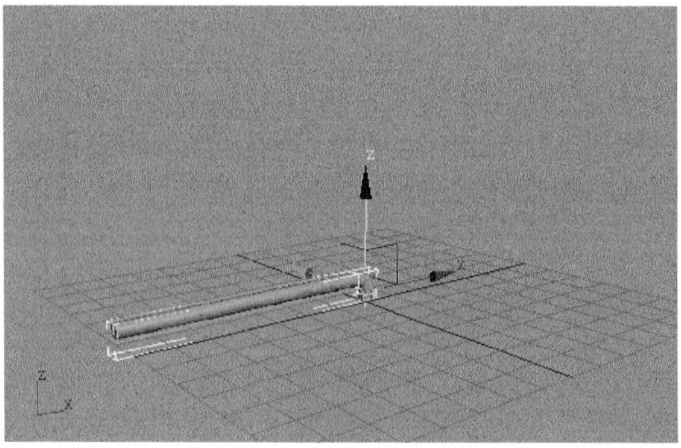

图 6-48

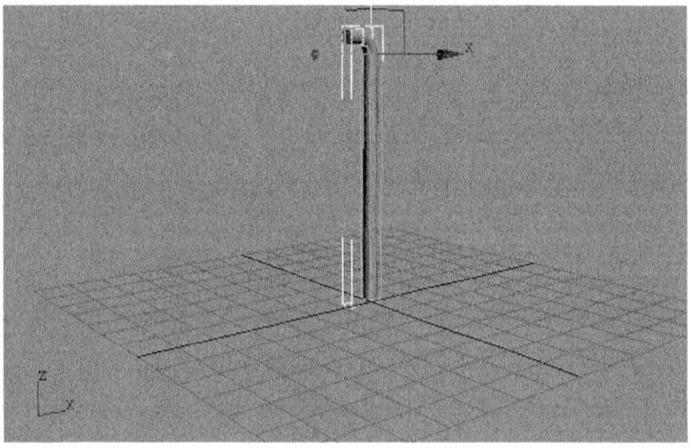

图 6-49

（5）给圆柱体再施加第二个“弯曲”修改器，在弯曲的“角度”数值区域键入–90，在“上限”数值区域键入 7，勾选“限制效果”复选框。

（6）在“修改器堆栈”中单击第二个“Bend”左边的“+”号，然后选择“中心”子对象层级。单击主工具栏中的“选择并移动”按钮，在透视视图中沿 Z 轴将“中心”移动到如图 6-50 所示的位置。

（7）继续给圆柱施加第三个“弯曲”修改器。在弯曲的“角度”数值区域键入–90，在“上限”数值区域键入 7，勾选“限制效果”复选框。

（8）在“修改器堆栈”中单击第三个“Bend”左边的“+”号，然后选择“中心”子对象层级。单击主工具栏中的“选择并移动”按钮，在透视视图沿 Z 轴将“中心”移动到如图 6-51 所示的位置。

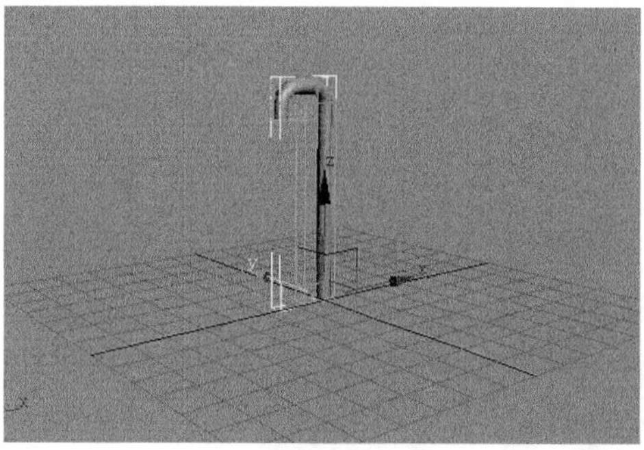

图 6-50

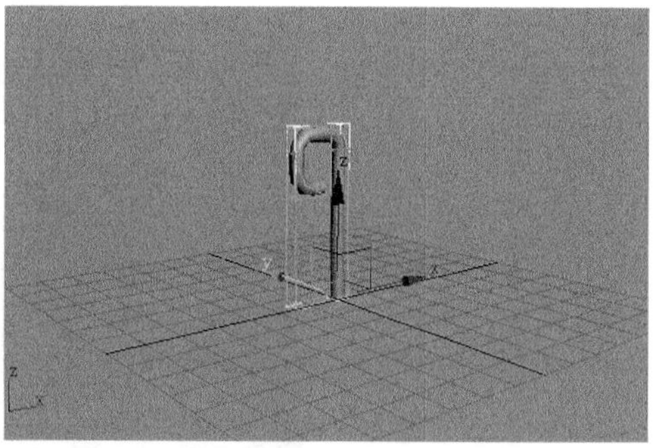

图 6-51

（9）给圆柱体施加第四个“弯曲”修改器。在弯曲的“角度”数值区域键入−90，在“下限”数值区域键入−7，勾选“限制效果”复选框。

（10）在“修改器堆栈”中单击第三个“Bend”左边的“+”号，然后选择“中心”子对象层级。单击主工具栏中的“选择并移动”按钮，在透视视图沿 Z 轴将“中心”移动到如图 6-52 所示的位置。

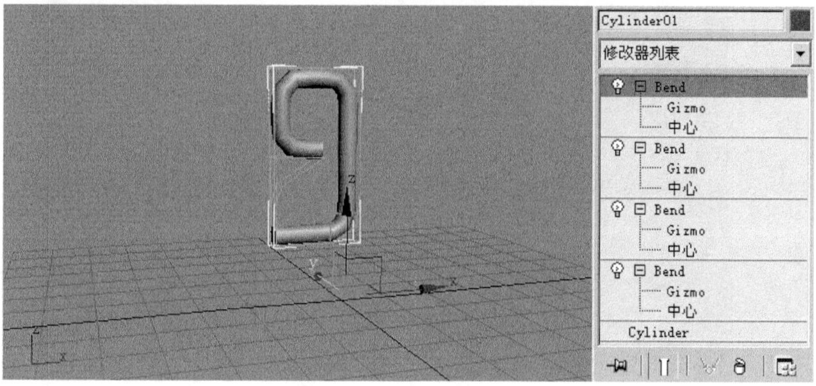

图 6-52

（11）按键盘上的“N”键，进入“自动关键点”动画记录模式，将时间滑动块移动到第 50 帧，分别进入各个“Bend”修改器的参数面板，将弯曲的“角度”改为 90°。

（12）将时间滑动块移动到第 100 帧，分别进入各个“Bend”修改器的参数面板，将弯曲的“角度”改为−90°。

该例子的最后效果保存在素材文件 Samples\ch06\ch06_08.max 中。

6.5.4 锥化修改器

“锥化”修改器通过缩放对象的两端而产生锥形轮廓来修改造型，同时还可以加入光滑的曲线轮廓。“锥化”修改器允许用户控制导边的倾斜度、曲线轮廓的曲度，还可以限制局部的导边效果。在这一节，将举例说明使用“锥化”修改器制作动画的用法。

如图 6-53 所示，是吐球的管子。灵活使用“弯曲”和“锥化”等修改器可以制作类似于文件 Samples\ch06\ch06_09.max 的动画效果。为了简单起见，在这里只制作圆柱体部分，而不设置小球的动画。

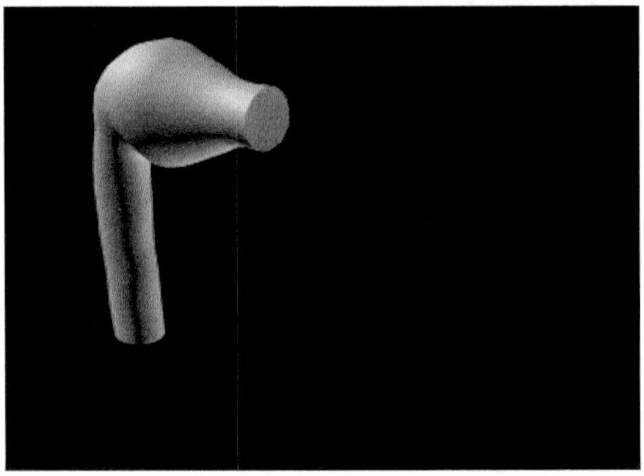

图 6-53

（1）启动 3ds Max，进入创建命令面板，单击“圆柱”按钮。在透视视图中创建一个半径为 14，高度为 100，高度方向的分段数为 23 的圆柱，如图 6-54 所示。

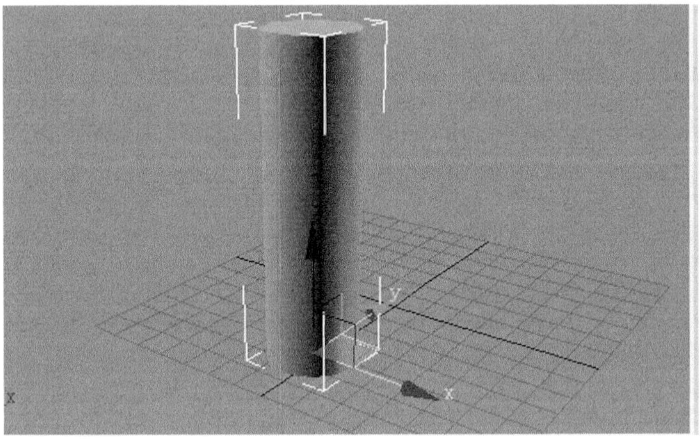

图 6-54

（2）进入修改命令面板，给圆柱施加一个“锥化”修改器，将“参数”卷展栏中的锥化“数量”设置为−2.79，锥化“曲线”设置为−0.03。勾选“限制效果”复选框，将“上限”设置为 20，“下限”设置为−20，如图 6-55 所示。

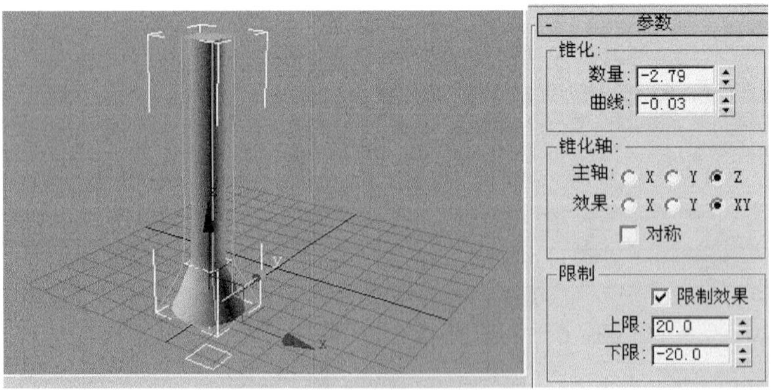

图 6-55

（3）在“修改器堆栈”中单击“Taper”左边的“+”号，展开子对象层级，然后选择“中心”子对象层级。

（4）单击主工具栏中的“选择并移动”按钮，然后在前视图中沿着 Y 轴向下移动锥化的中心，使圆柱体上的鼓包消失，如图 6-56 所示。

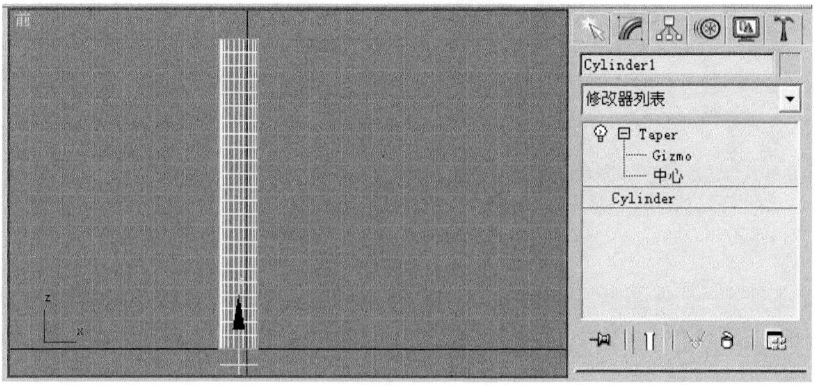

图 6-56

（5）按键盘上的“N”，进入“自动关键点”动画记录模式，将时间滑动块移动到第 70 帧，然后在前视图中沿着 Y 轴向上移动“中心”，使鼓包完全消失，如图 6-57 所示。

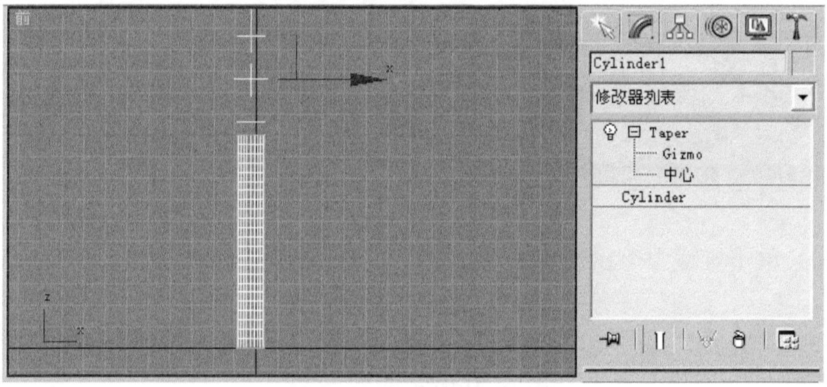

图 6-57

（6）单击“播放动画”按钮，观察动画效果。

动画效果并不是我们所要求的，下面就进行一些改进。

（7）退出“自动关键点”动画记录模式，然后在“锥化”修改器卷展栏中勾选“对称”复选框。

注意：一定要关闭“自动关键点”按钮后再勾选“对称”复选框。

（8）单击“播放动画”按钮，观察动画效果。

现在的动画效果已经正确了，如图 6-58 所示，是其中的一帧。接下来设置弯曲的效果。

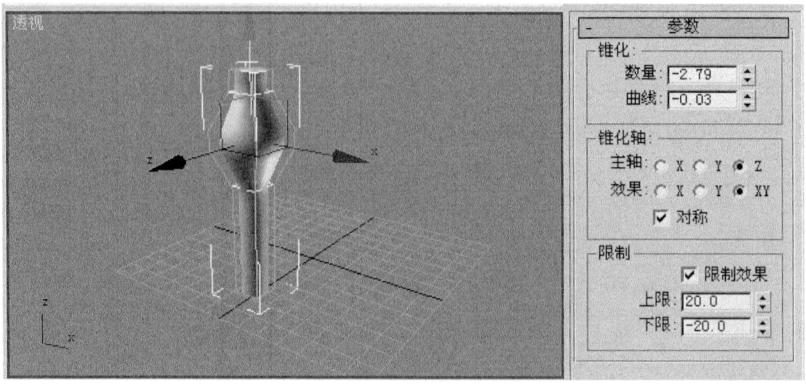

图 6-58

（9）在修改命令面板中给圆柱体施加“弯曲”修改器，将“参数”卷展栏中的“角度”设置为 90，勾选“限制效果”复选框，将“上限”设置为 30，“下限”设置为 0，结果如图 6-59 所示。

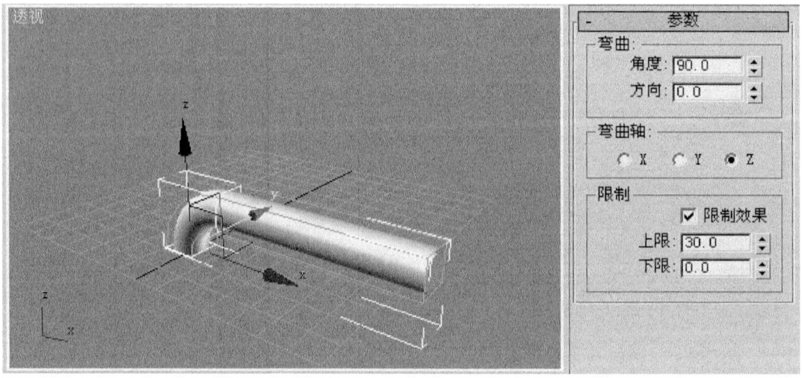

图 6-59

（10）单击堆栈中“Bend”左边的“+”号，展开子对象层级，然后选择“中心”子对象层级。

（11）单击主工具栏中的“选择并移动”按钮，然后在前视图中沿着 Y 轴向上移动弯曲的“中心”，使圆柱体与如图 6-60 所示的效果类似。

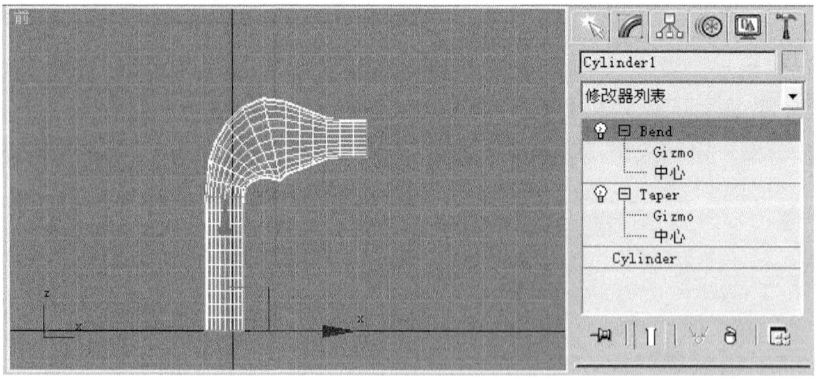

图 6-60

现在圆柱鼓包动画的效果已经正确了，下面来设置圆柱抖动的效果。

（12）在修改命令面板中给圆柱施加“噪波”修改器，将“参数”卷展栏中的“强度”组的“Z”设置为 15，勾选“动画噪波”复选框。

这样，播放动画的时候，圆柱就会有所抖动。

该例子的最后效果保存在素材文件 Samples\ch06\ch06_09end.max 中，该文件中包含小球动画的场景。

6.6　样题解答

为了学习本章与前章内容，本解题方法可能与试题要求不完全一致，请参考使用。

（1）重新启动 3ds Max，或者在启动 3ds Max 的情况下执行 “文件”＞“重置” 菜单命令，复位 3ds Max。

说明：题库中要求考生载入素材文件，然后在载入文件的基础上继续下面的操作。

（2）进入“创建”命令面板，在物体类别下拉列表中选择“扩展基本体”，再选择“切角长方体”，如图 6-61 所示。

（3）在顶视图中拖动鼠标，创建一个切角方体 ChamferBox01。

（4）进入“修改”命令面板，分别设置切角长方体的长度、宽度、高度和圆角值，设置参数如图 6-62 所示。

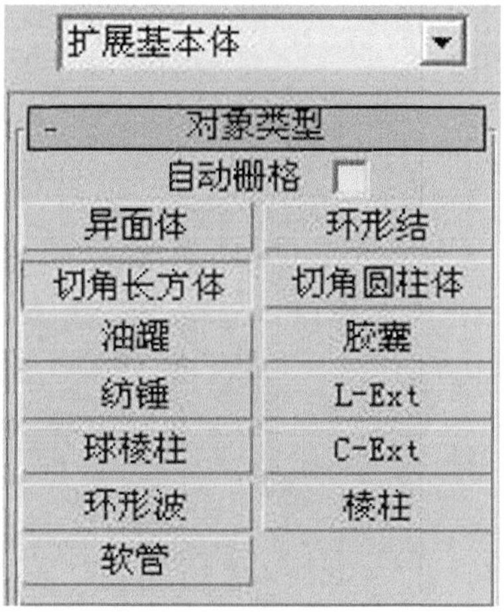

图 6-61

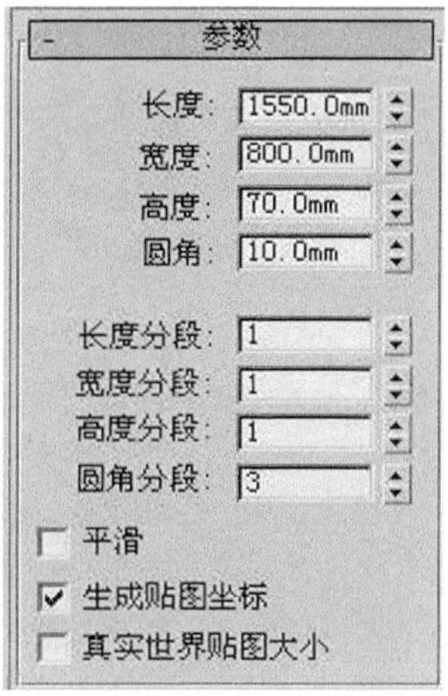

图 6-62

（5）进入“创建”命令面板，在物体类别下拉列表中选择“标准基本体”，再选择“长方体”，在顶视图中创建一个长方体作为桌面玻璃。

（6）进入“修改”命令面板，修改长方体参数，设置如图 6-63 所示。调整长方体到合适位置，效果如图 6-64 所示。

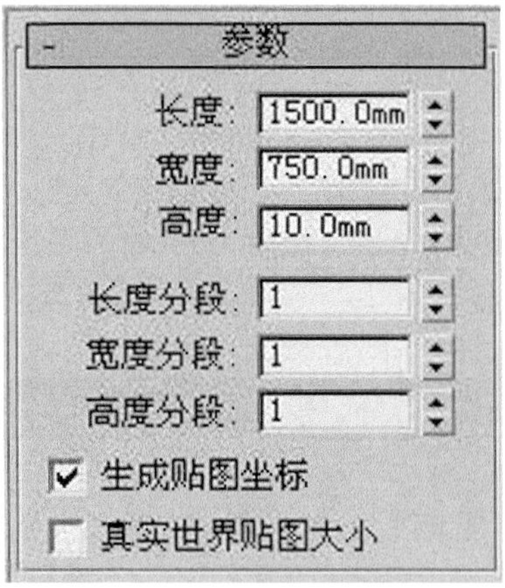

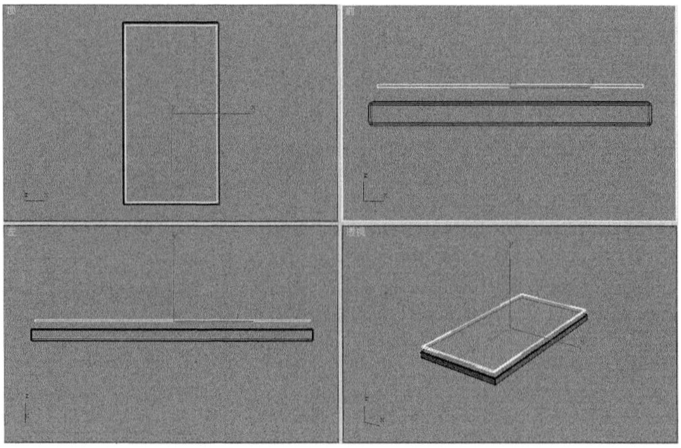

图 6-63　　　　图 6-64

（7）进入“创建”命令面板。在物体类别下拉列表中选择“标准基本体”，在“对象类型”面板中，单击“圆柱体”按钮，在视图中创建一个圆柱体作为玻璃桌面的金属垫，参数设置如图 6-65 所示。

注意：为了便于以后修改，这里设置“高度段数”为 2。

（8）进入“修改”命令面板，为圆柱体施加“FFD 3×3×3”修改器。

（9）单击“FFD 3×3×3”修改器前面的⊞按钮，显示出“FFD 3×3×3”修改器的子对象层级，选择“控制点”子对象层级，如图 6-66 所示。

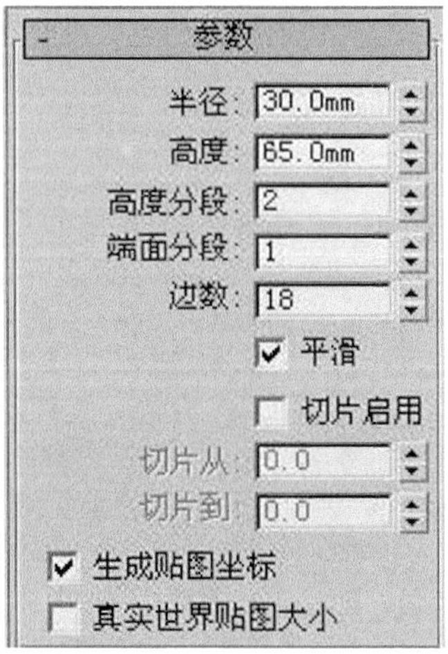

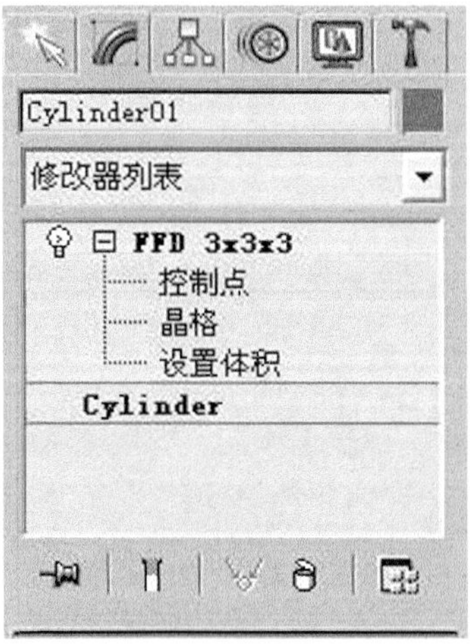

图 6-65　　　　图 6-66

（10）单击“缩放区域”按钮，在前视图中将圆柱体放大到合适效果，然后框选圆柱体中间一排控制点，被选择的控制点呈亮黄色显示，如图 6-67 所示。按下键盘上的空格键将选择的控制点锁定。

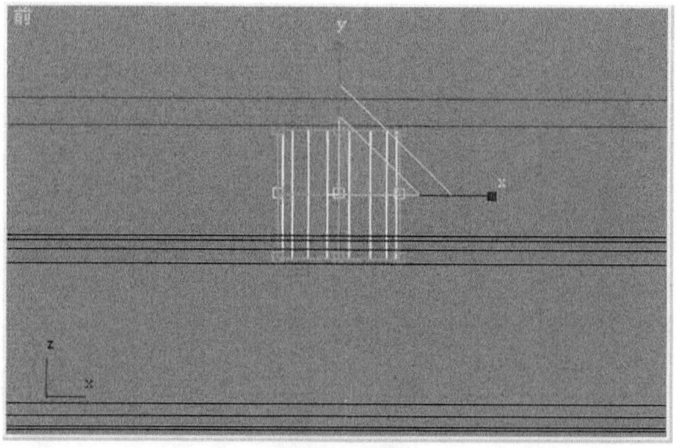

图 6-67

（11）右击顶视图。在主工具栏上单击“选择并均匀缩放”按钮，在顶视图中锁定 XY 平面缩小控制点，效果如图 6-68 所示。

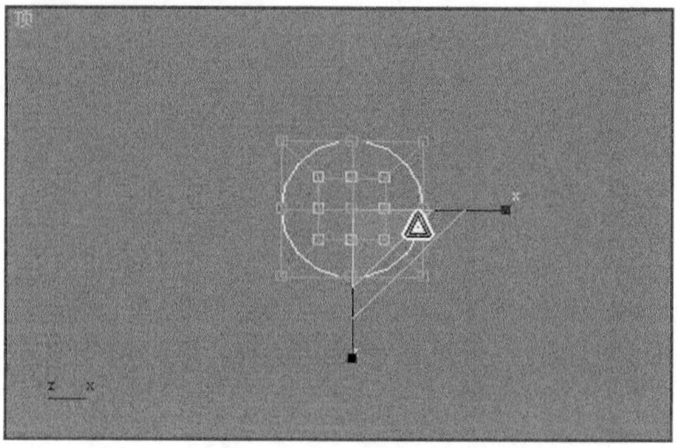

图 6-68

（12）在 FFD 自由变形修改器堆栈中选择“Cylinder”层级，退出“控制点”子对象层级。

（13）单击主工具栏上的“选择并移动”按钮，选择圆柱体“Cylinder01”，按下 Shift 键，在顶视图中锁定 X 轴，向左移动刚刚创建的圆柱体，松开鼠标左键，在弹出的“克隆选项”对话框中选择“实例”复制方式，如图 6-69 所示。单击“确定”按钮退出“克隆选项”对话框，这样就复制出另外一个圆柱体“Cylinder02”。

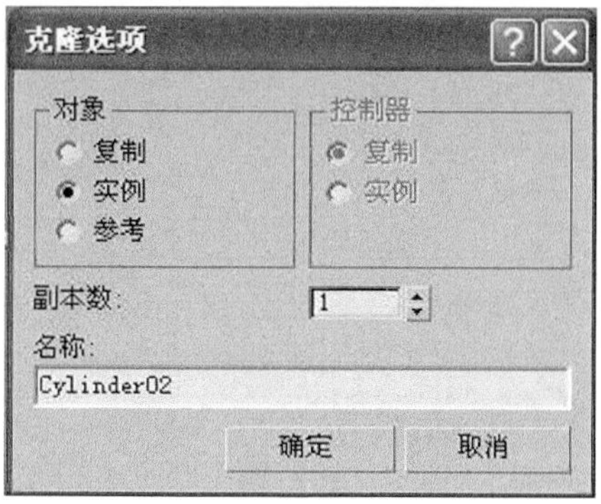

图 6-69

（14）如图 6-70 所示，将“Cylinder02”调整到合适的位置。

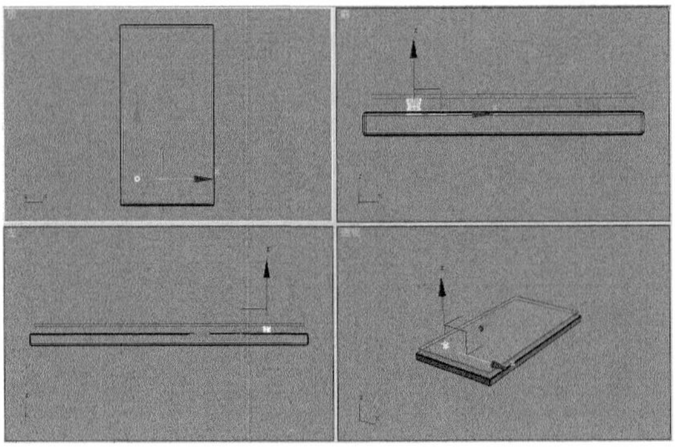

图 6-70

（15）同时选择“Cylinder01”与“Cylinder02”，按照前面复制物体的方式，再复制出另外两个圆柱体，并调整它们到合适的位置，效果如图 6-71 所示。

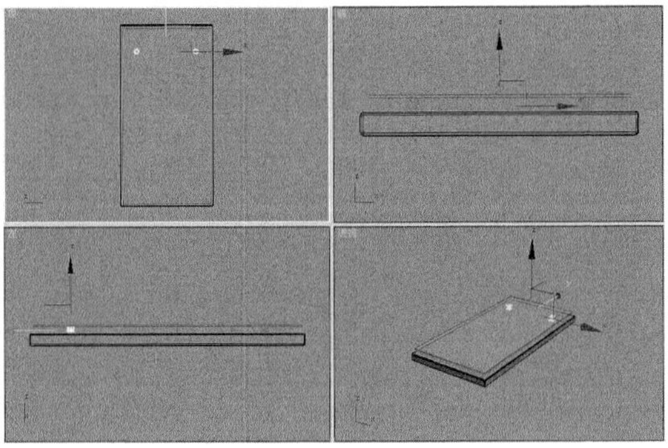

图 6-71

下面来创建餐桌的桌腿。

（16）进入“创建”命令面板。在物体类别下拉列表中选择“标准基本体”。在“对象类型”面板中，选择“圆柱体”，在顶视图中拖动鼠标创建一个新圆柱体。

（17）进入“修改”命令面板，在名称框中将圆柱体重新命名为“桌腿”，如图 6-72 所示。如图 6-73 所示修改桌腿的参数。

图 6-72

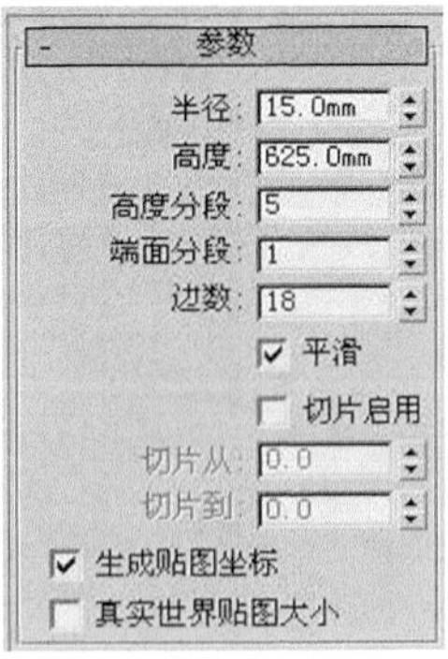

图 6-73

（18）在确保选择了“桌腿”的情况下，在“修改器列表”中选择“锥化”修改器，为桌腿施加“锥化”修改器，如图 6-74 所示。如图 6-75 所示设置“锥化”参数。

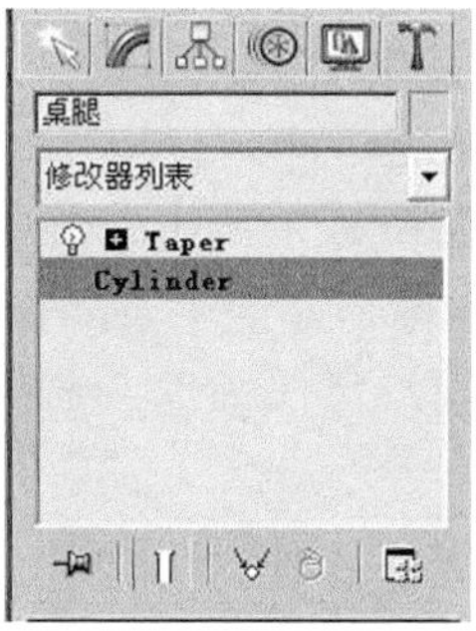

图 6-74

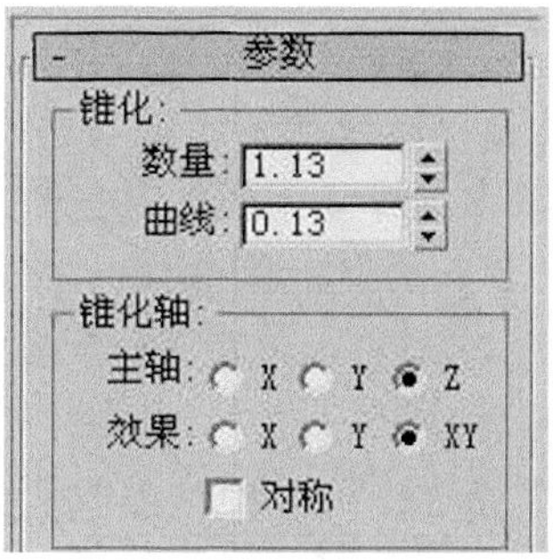

图 6-75

（19）锥化效果如图 6-76 所示。

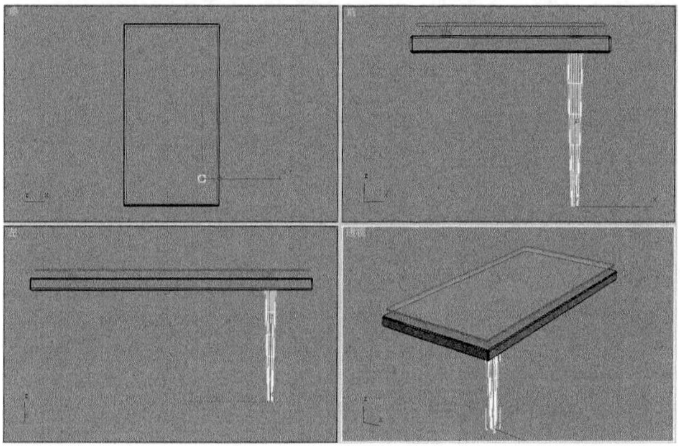

图 6-76

（20）按照复制金属垫的方法复制出另外三条桌腿，并将所有桌腿调整到合适位置，最后效果如图 6-77 所示。

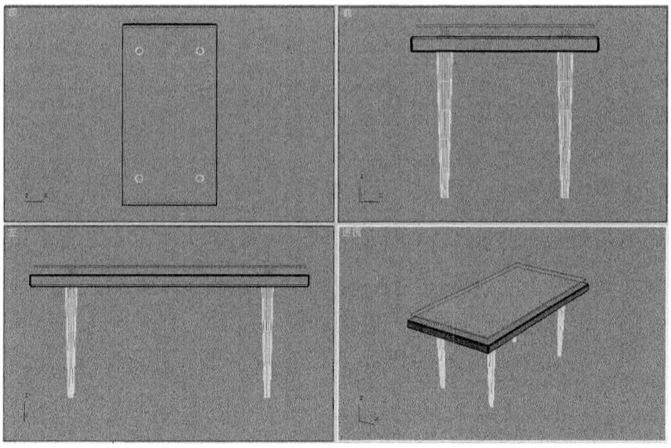

图 6-77

将最终结果以 X5-20.max 为文件名保存在桌面。

第 7 章　材质贴图

所谓材质，就是指定物体的表面或数个面的特性，它决定这些平面在着色时以特定的方式出现，如环境光、漫反射、高光反射、颜色及不透明度等。指定到材质上的图形称为贴图（Maps）。用多种方法贴图能把最简单的模型变成丰富的场景画面。在 3ds Max 中巧用贴图的技术还能节省许多不必要的建模时间，以达到事半功倍的效果。由于材质的使用，场景效果变得更加真实。

“材质编辑器”是 3ds Max 中功能强大的模块，是制作材质、赋予贴图及生成多种特技的地方。虽然材质的制作可在材质编辑器中完成，但必须指定到特定场景中的物体上才起作用。我们可以为构成材质的大部分元素指定贴图，例如可将环境光、漫反射、高光反射和不透明度用贴图来替换，可以用贴图来影响物体的透明度，用贴图来影响物体的自体发光品质等。本章从介绍材质编辑器入手，由浅入深，逐步讲解基本材质、基本贴图材质、贴图类型与贴图坐标及复合材质等问题。

可以将材质应用到单个的对象或选择集。一个场景可以包含许多不同的材质。

本章技能考核点

- 材质编辑器
- 将材质指定给选择对象
- 如何使用材质
- 理解位图与程序贴图
- 贴图通道和贴图类型
- 合成贴图
- UVW 贴图

评分细则

本章有 3 个评分点，每题 15 分。

序号	评分点	分值	得分条件	判分要求
1	材质贴图	5	材质与贴图类型正确	类型不正确不给分
2	纹理参数	5	材质与贴图效果相似	效果相似即可得分
3	渲染效果	5	渲染视图效果相似	允许一定的创意发挥

本章导读

如上所述，我们明确了本章所要求掌握的技能考核点以及对应《试题汇编》的评分点、得分条件和判分要求等。下面我们先在“样题示范”中展示《试题汇编》中一道关于制作电视机材质的真实试题，并在“样题分析”中对如何解答这道试题进行分析，最后通过一些案例来详细讲解本章中涉及到的技能考核点，最后通过“样题解答”来叙述“制作电视机材质”这道试题的详细操作步骤。

7.1　样题示范

- 练习目的——由《试题汇编》中选取样题，观察本章题目类型，了解本章学习内容。
- 样题来源——《试题汇编》第 6 单元 6-20 题。
- 操作要点——使用材质编辑器为电视机的各个部件编辑材质，创造出电视机的质感效果。

【操作要求】

制作电视机材质，效果如图 7-1 所示。

图 7-1

打开素材文件 Samples\ch07\Y6-20.max，如图 7-2 所示。

1．**材质贴图**：指定标准材质为金属方式，为电视机文字（Text01）指定银灰色金属材质（02-Default）。

2．**纹理参数**：为电视机外框（ChamferBox 和 Rectangle0）指定黑色金属材质。

3．**渲染效果**：为电视机屏幕（Plane03）指定贴图（Samples\ch07\dspm(1).jpg）效果。

将最终结果以 X6-20.max 为文件名保存在桌面。

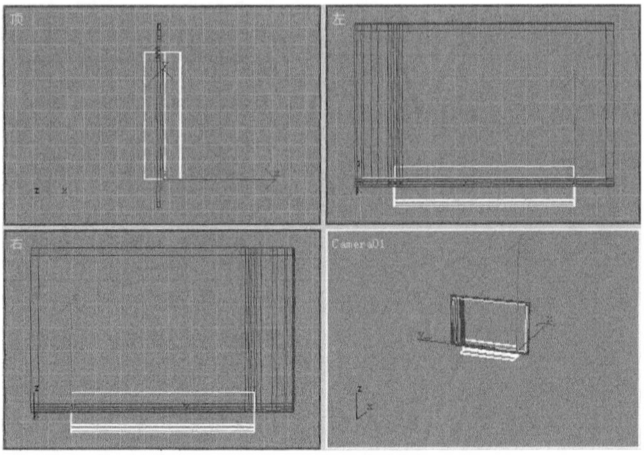

图 7-2

7.2 样题分析

本题是关于如何为电视机创建和使用材质贴图的题目。

电视机主要有四部分使用材质：电视屏幕、屏幕边框、电视底座以及文字部分。屏幕部分使用的是基本贴图材质，其他部分则使用了金属材质。不同类型的材质都会有其一些基本的编辑方法，学习过程中要用心体会，仔细总结各种类型材质的基本编辑方法。

解答这些题目需要掌握相关操作技能，我们的学习就从了解和掌握这些技能考核点开始吧。

7.3 材质编辑器布局

“材质编辑器”是 3ds Max 工具栏中非常有用的工具。本节将介绍 3ds Max 材质编辑器的界面和主要功能。我们将学习如何利用基本的材质，如何取出和应用材质，也将讨论材质中的基本组件以及如何创建和使用材质库。

使用材质编辑器能够给场景中的对象创建五彩缤纷的颜色和纹理表面属性。在材质编辑器中有很多工具和设置可供选择和使用。

人们可以根据自己的喜好来选择材质。可以选择简单的纯色，也可以选择相当复杂的多图像纹理。例如，对于一组餐厅吊灯的材质来讲，可以是单色的，也可以有复杂纹理花纹，如图 7-3 所示。材质编辑器提供了很多设置材质的选项。

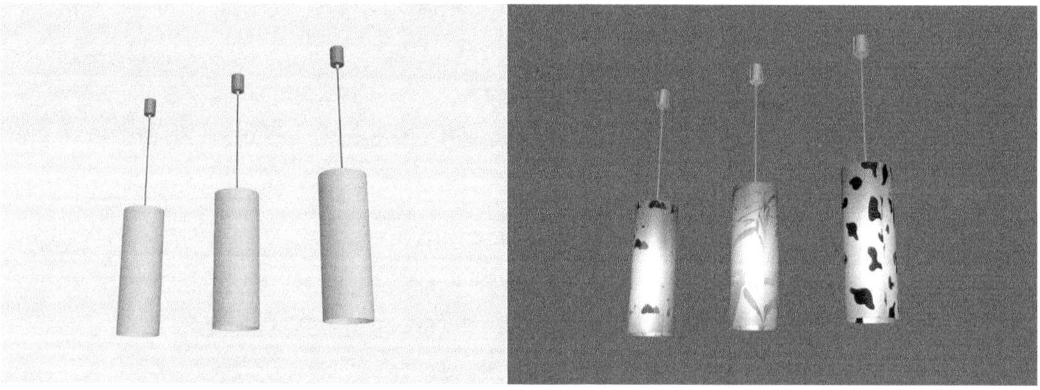

图 7-3

说明：使用 3ds Max 时，会经常用到材质编辑器。因此，材质编辑器的布局舒适是非常重要的。

进入材质编辑器有以下三种方法。

- 在主工具栏上单击“材质编辑器”按钮。
- 执行“渲染”>“材质编辑器”菜单命令。
- 使用快捷键“M”。

“材质编辑器”对话框由以下五部分组成，如图 7-4 所示。

- 菜单栏

- 材质示例窗
- 材质编辑器工具栏
- 材质类型和名称区
- 材质参数区

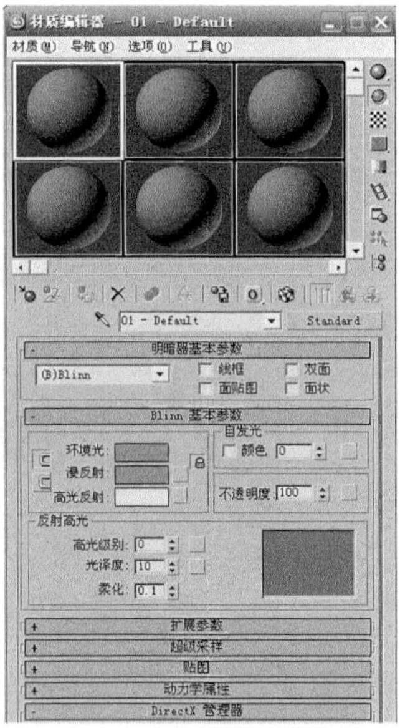

图 7-4

7.4　材质编辑器示例窗

使用示例窗可以保持、预览材质和贴图。每个窗口可以预览单个材质或贴图。使用材质编辑器控件可以更改材质，还可以把材质应用于场景中的对象。

注意:“材质编辑器”一次不能编辑超过 24 种材质，但场景中可包含不限数量的材质。可以使用示例窗从场景中获取其他材质（或创建新材质），然后进行编辑。

7.4.1　观察示例窗

材质编辑器有 24 个示例窗。可以一次查看所有示例窗，或一次只查看 6 个（默认显示效果）或 15 个示例窗。当一次查看的窗口少于 24 个时，可使用滚动条查看其他示例窗。

有以下 3 种方法可以查看其他的示例窗。

- 平推示例窗工作区；
- 使用示例窗侧面和底部的滚动条；
- 增加可见窗口的个数。

1．平推和使用示例窗滚动条

观察其他材质示例窗的一种方法是使用鼠标在示例窗区域平推。

（1）启动 3ds Max。

（2）在主工具栏上单击“材质编辑器”按钮，进入材质编辑器。

（3）在材质编辑器的示例窗区域，将鼠标放在两个窗口的分隔线上，则光标显示为黑色手掌状。

（4）在示例窗区域按住鼠标左键并拖动鼠标，可以看到更多的示例窗。

（5）在示例窗的侧面和底部使用滚动条，也可以看到更多的示例窗。

2．显示多个材质窗口

如果需要看到的不仅仅是标准的 6 个材质窗口，可以使用其他两种行列设置，它们是 5×3 或 6×4。

右击一个激活的示例窗区域，将显示右键菜单，如图 7-5 所示。从右键菜单中选择示例窗的个数，如图 7-6 所示设置 6×4 的示例窗。

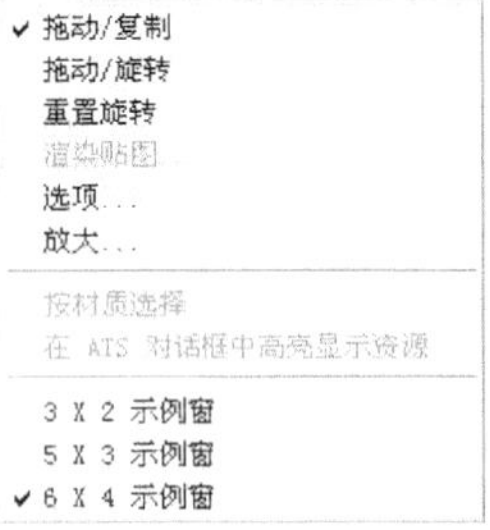

图 7-5

图 7-6

说明：也可以通过单击工具栏侧面的“选项”按钮或者通过执行“选项” > “循环 3×2、5×3、6×4 示例窗”菜单命令来控制示例窗的设置。单击“选项”按钮，显示“材质编辑器选项”对话框，可以从“示例窗数目”区域改变设置。

3．放大示例窗

虽然 3×2 设置的示例窗提供了较大的显示区域，但仍然可以将一个示例窗设成更大的尺寸。3ds Max 允许将某一个示例窗放大到任何大小。可以双击激活的示例窗来放大它或使用右键菜单来放大它。

（1）在材质编辑器里右击选择的窗口，将出现右键菜单，如图 7-5 所示。

（2）在右键菜单中选择“放大”选项后，出现如图 7-7 所示的大窗口。

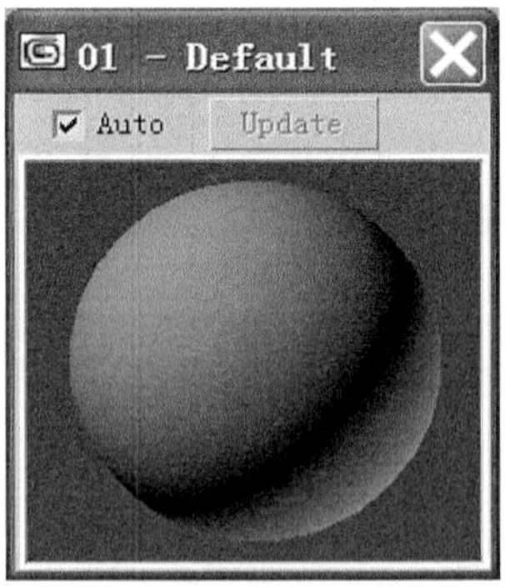

图 7-7

说明：可以通过用鼠标拖曳对话框的一角来调整示例窗的大小。

7.4.2 示例窗指示器

示例窗也提供材质的可视化表示法，来表明材质编辑器中每一材质的状态。场景越复杂，这些指示器就越重要。当给场景中的对象指定材质后，示例窗的四个角显示出白色或灰色的三角形。这些三角形表示该材质已经被当前场景所使用。如果三角是白色的，表明材质已经被指定给场景中当前选择的对象。如果三角是灰色的，表明材质已经被指定给场景中某一未被选择的对象。

下面进一步了解指示器。

（1）执行“文件”＞“打开”菜单命令，打开素材文件 Samples\Ch07\Ch07_ 01.max，如图 7-8 所示。

（2）按下“M”键打开材质编辑器。材质编辑器中有些示例窗的角上有灰色的三角形，如图 7-9 所示。

（3）选择材质编辑器中第二行第一个示例窗。该示例窗的边界变成白色，表示现在它为激活的材质。

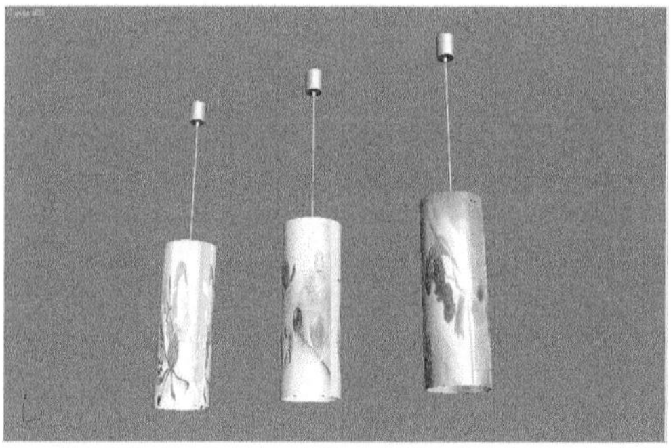

图 7-8

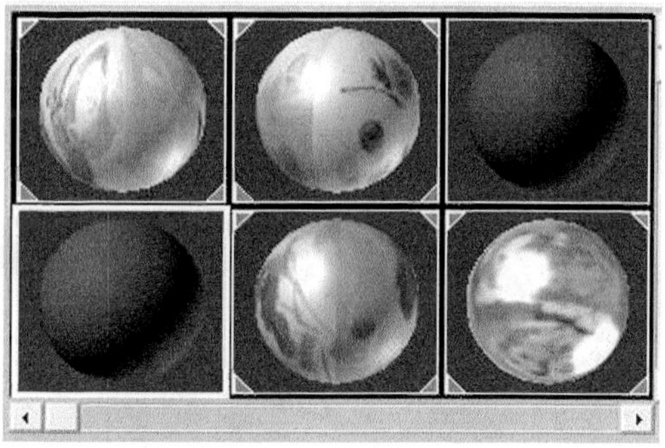

图 7-9

（4）在示例窗口中选择第一行第二个示例球，在材质名称区显示材质名称为“灯罩01”，如图 7-10 所示。

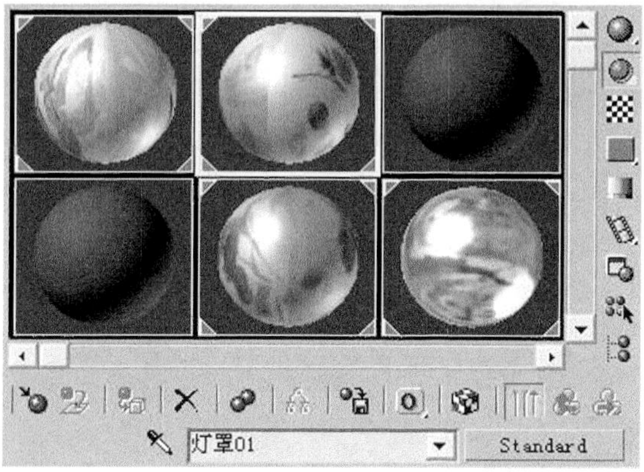

图 7-10

说明：第一行第二个示例球周围的边框为白色边框，表明该示例球为激活示例球。如果示例球周围显示为灰色的三角，表示该示例材质已经被场景中对象使用，但应用该示例材质的对象处于非选择状态。

（5）在摄像机视口中选择中间第二个灯罩对象。

“灯罩 01”材质四个角的三角形变成白色，表示此示例窗口的材质已经被应用于场景中某个选择的对象上。

（6）在材质编辑器中，选择第一行第三个材质示例球。

材质的角上没有三角形。这表明此材质没有指定给场景中的任何对象。

7.4.3 示例窗形状

默认情况下，示例窗中的对象是一个球体。可是当给场景创建材质时，多数情况下要使用的形状不是球。例如，如果给平坦的表面创建材质（比如墙或地板），就可能会希望改变示例窗的显示。在材质编辑器中有 3 个默认的显示形式。它们是球体、圆柱体和盒子，当然，也可以指定自定义形状。

1．改变示例窗类型

（1）启动 3ds Max，执行“文件”＞“打开”菜单命令，打开素材文件 Samples\Ch07\Ch07_02.max。

（2）在材质编辑器中选择名为“地板”的材质（第 1 行第 2 列），如图 7-11 所示。

（3）将该材质拖曳到 Camera01 视口中的“地面”对象上。

释放鼠标时，材质将被应用于地面上，如图 7-12 所示。

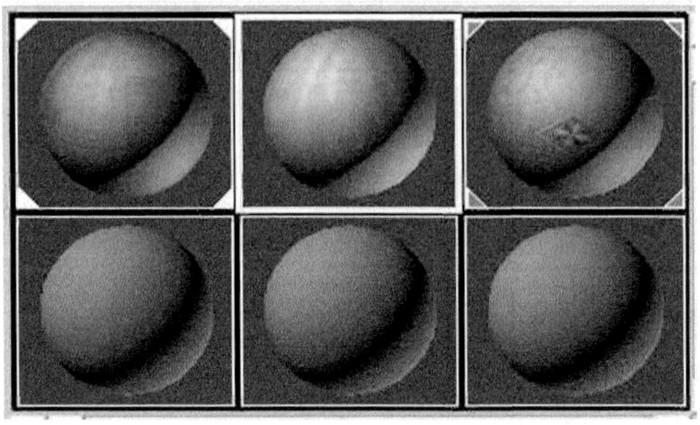

图 7-11

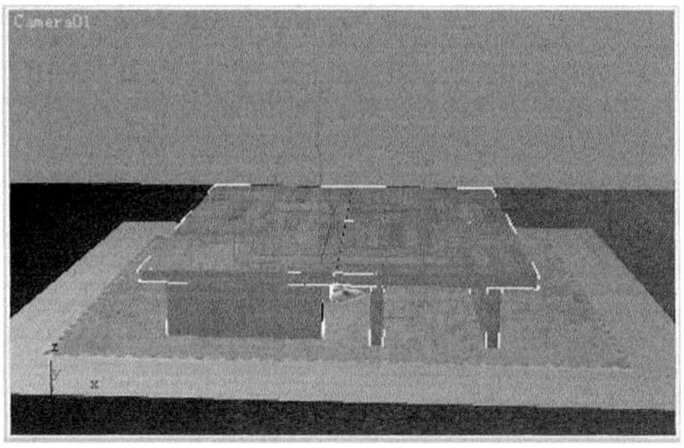

图 7-12

（4）在材质编辑器的右边工具栏中，单击“采样类型”弹出按钮，显示采样类型选项，在“采样类型”选项中选择“Box”，示例窗中的球体变成了立方体。

（5）在“采样类型”选项中选择“Cylinder”，示例窗中的立方体变成了圆柱体。

说明：示例球的显示方式并不会影响到最终的视图效果与最终的渲染效果。

2．使用定制对象

定制示例窗对象扩展了材质编辑器的功能。可以设计材质，观察定制示例窗对象。这样会减少应用材质和频繁测试渲染的麻烦。

（1）继续前面的练习。单击工具栏旁的“选项”按钮。出现“材质编辑器选项”对话框，如图 7-13 所示。

（2）在“材质编辑器选项”对话框下的“自定义采样对象”区域，单击“文件名”旁边的长按钮。单击“关闭”按钮，关闭对话框。

（3）在“打开文件”对话框中，打开素材文件 Samples\Ch07\teapot.max。

说明：为了使用当前场景中的对象，需要先选择对象，然后执行“文件” > “保存选定对象”菜单命令。

（4）在材质编辑器右上方，单击并按住“采样类型”按钮，出现一个新的“定制对象”类型按钮，单击“定制对象”按钮。示例窗显示一个茶壶作为定制对象，如图 7-14 所示。

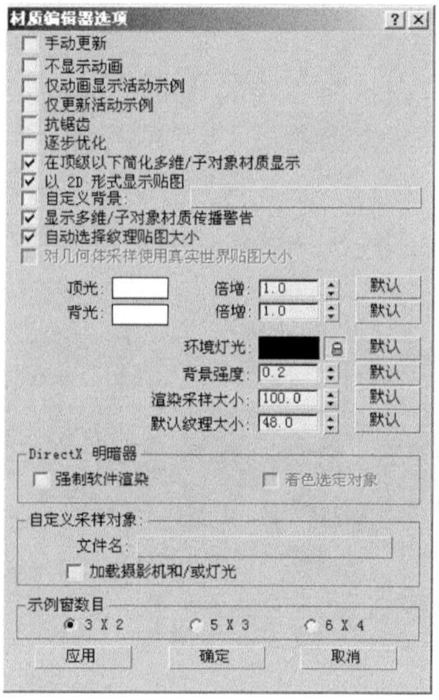

图 7-13

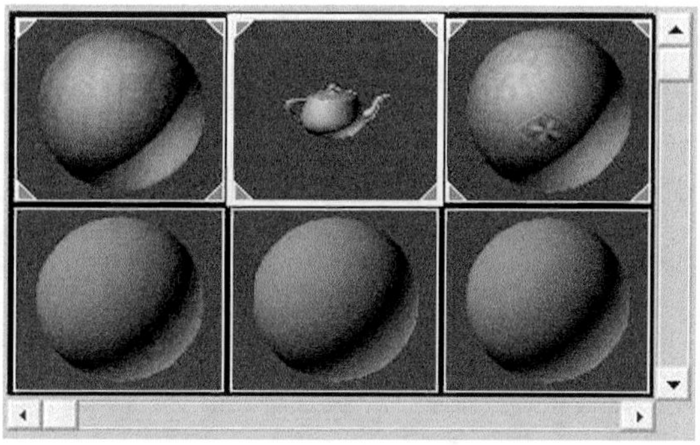

图 7-14

（5）将示例窗改回球体示例形状。

7.5　材质编辑器工具栏

当创建材质时，经常需要使用相关工具调整默认材质编辑器的设置。这些工具包括“采样类型”、“打开和关闭背光”、“显示示例窗的背景”以及“设置重复次数”等。

所有定制的设置都可从示例窗区域右边的工具栏访问，包括下列工具：

- 采样类型——允许改变示例窗中示例材质形式，有“球体”、“圆柱体”、“立方体”和“自定”四种选项，前面已经讲述。
- 背光——显示材质受背光照射的样子。
- 背景——允许打开示例窗的背景。对于透明的材质特别有用。

● 采样 UV 平铺——允许改变编辑器中材质的重复次数而不影响应用于对象的重复次数。

● 视频颜色检查——检查无效的视频颜色。

● 生成预览——制作动画材质的预览效果。

● 材质编辑选项——用于示例窗的各项设置。

● 根据材质选择——使用选择对象对话框选择场景中的对象。

● 材质/贴图导航器——允许查看组织好的层级中的材质层次。

7.5.1 将材质指定给选择的对象

材质编辑器除了可以创建材质外，它的另一个最基本的功能是将材质应用于各种各样的场景对象上。3ds Max 提供了将材质应用于场景对象的几种不同的方法。可以单击工具栏底部的“将材质指定给选择对象”按钮，也可以简单地将材质拖放至当前场景中的单个对象或多个对象上。

1. 指定材质

（1）启动 3ds Max，执行“文件”>“打开”菜单命令，打开素材文件 Samples\Ch07\Ch07_02.max，打开后的场景如图 7-15 所示。

（2）按下“M”键打开材质编辑器。在材质编辑器中选择名称为“桌子”的材质（第 1 行第 1 列的示例窗），如图 7-16 所示。

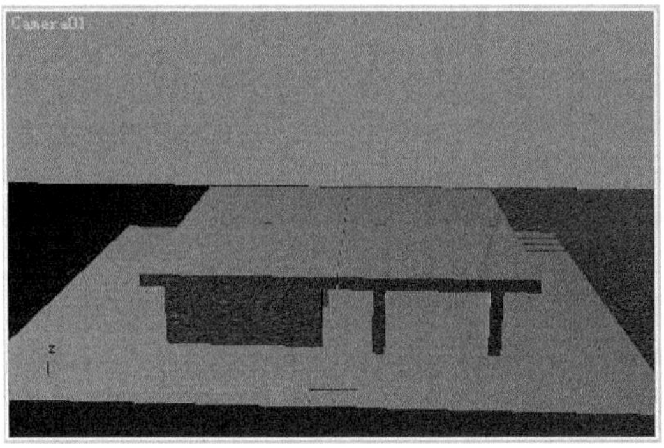

图 7-15

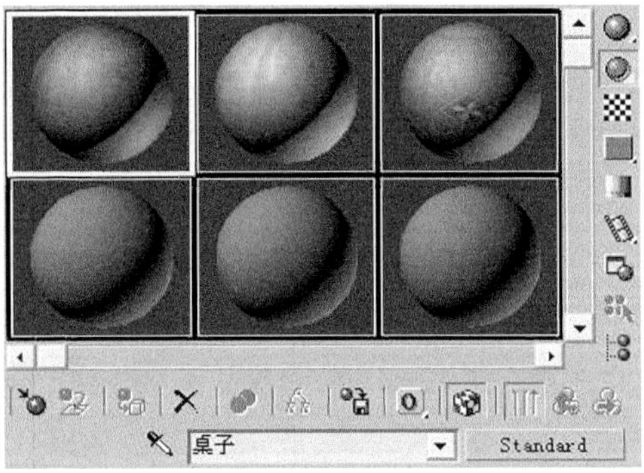

图 7-16

（3）如果要在场景中选择所有桌面和桌板对象，可以按下快捷键“H”，通过选择对象对话框来选择。

技巧：单击主工具栏上的“窗口/交叉”按钮，确认处于“交叉选择”状态下，单击“选择”按钮，然后在前视图中拖动鼠标拖出一个矩形框，可以很容易地将桌子的所有部件选中，如图 7-17 所示。

（4）在材质编辑器中单击“将材质指定给选择对象”按钮。

这样就将材质指定到场景中了，如图 7-18 所示。示例窗的四个角变成了白色，表示材质被应用于选择的场景对象上了。

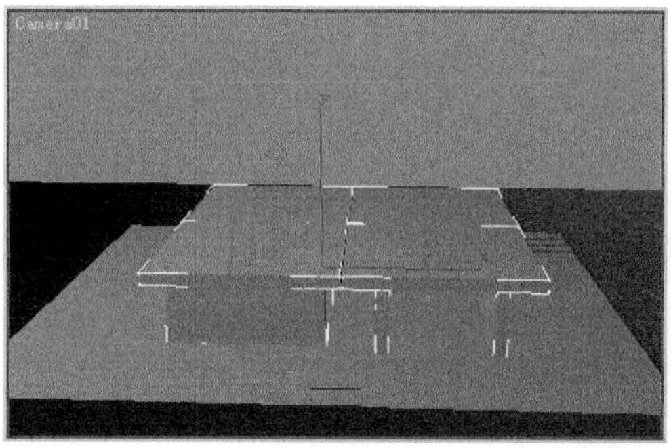

图 7-17

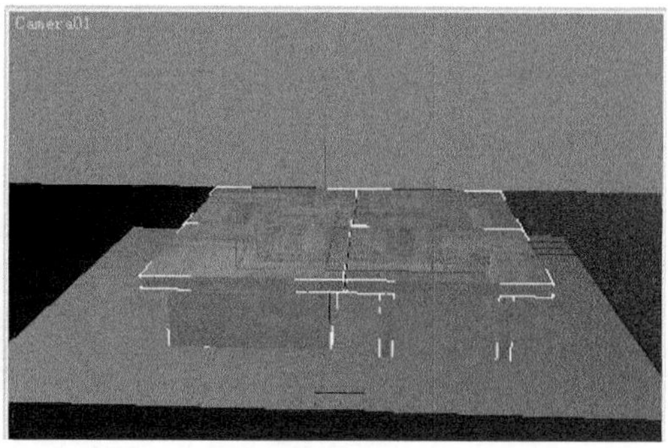

图 7-18

说明：为了在视图中直观地看到使用贴图的效果，可以在材质编辑器的工具栏上单击“在视图中显示贴图”按钮，使该按钮处于高亮显示状态。

2．拖放材质

使用拖放的方法也能将场景中选择的一个或多个对象快速应用材质。但是，如果对象被隐藏在后面或在其他对象的内部，就很难恰当地指定材质。

（1）继续前面的练习，在材质编辑器中选择名为“地毯”的材质（第 1 行第 3 列的示例窗）。

（2）将该材质拖曳到 Camera01 视口的“地毯”对象上。

释放鼠标时，材质将被应用于地毯上，如图 7-19 所示。

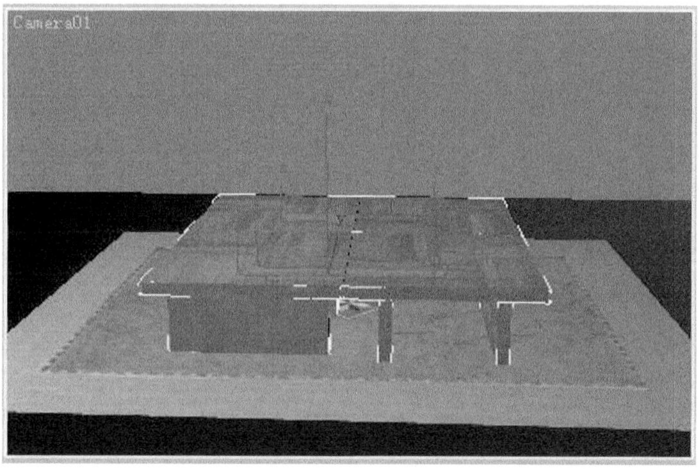

图 7-19

7.5.2 材质编辑器的灯光设置

材质的外观效果与灯光关系十分密切。3ds Max 是一个数字摄影工作室。如果懂得在材质编辑器中如何调整灯光，就会更有效地创建材质。在材质编辑器中有三种可用的灯光设置，它们是：顶部光、背光和环境光。

说明：灯光设置的改变是全局变化，会影响材质编辑器中所有的示例窗。

1．调整材质编辑器的灯光

（1）继续前面的练习或者启动 3ds Max，打开素材文件 Samples\Ch07\ Ch07_03.max。

（2）按下“M”键打开材质编辑器。

（3）在材质编辑器右侧的工具栏中单击“选项”按钮，出现“材质编辑器选项”对话框，如图 7-20 所示。

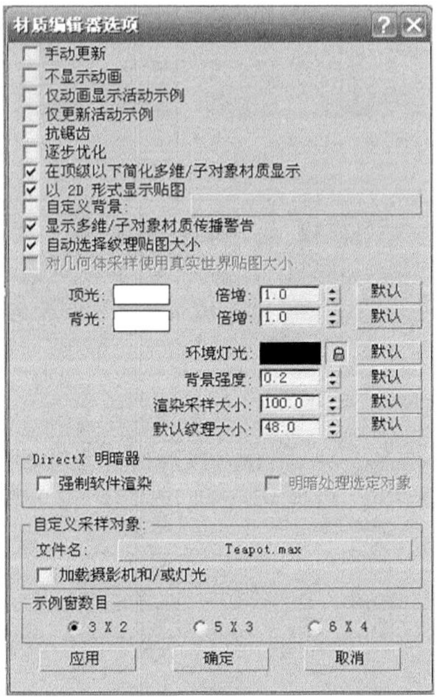

图 7-20

（4）在“材质编辑器选项”对话框中单击顶光: “顶光”颜色示例。

说明：顶光是主光，它是照在对象上最亮的光，为对象表面的大部分区域赋予光彩。调整它不仅可以改变光的颜色和亮度，而且可以改变材质的表面效果。

（5）在出现的“颜色选择器”对话框中，将颜色改成红色并关闭对话框。

（6）在“材质编辑器选项”对话框中单击“应用”按钮，注意观察材质编辑器示例窗的变化。所有示例窗都受到了红光的照射。

说明：读者可以试试不同的颜色，看看会有什么结果。材质编辑器灯光不影响场景的灯光。

（7）在“材质编辑器选项”对话框中，单击背光: “背光”颜色示例。

说明：设置背光是为了使对象突出于背景，就像在对象的后面放了一盏灯光。

（8）在“颜色选择器”对话框中，将颜色改为蓝色并关闭对话框。

（9）在“材质编辑器选项”对话框中，单击“应用”按钮，观看变化。

（10）在“材质编辑器选项”对话框中，单击“环境灯光”颜色示例。

说明：环境灯光是场景中对象的反射光。因为环境灯光不是来自直接的光源，它仅在对象的周边放出微弱的光彩。

（11）在“样色选择器”对话框中将颜色改变为绿色，并关闭对话框。

（12）在“环境灯光”颜色示例的侧面，单击“锁形”按钮并将其关闭。

（13）在“材质编辑器选项”对话框中单击“应用”按钮，查看变化。

2．重新设置光的颜色

在许多情况下，3ds Max 提供默认的灯光设置就可以很好地满足要求。如果改变了设置，又想改回默认设置，该如何操作呢？下面就来学习如何改回默认设置。

（1）继续前面的练习，在“材质编辑器选项”对话框中，单击“默认”按钮，返回默认设置的颜色，如图 7-21 所示。

图 7-21

（2）在“材质编辑器选项”对话框中单击“应用”按钮。

3．调整灯光的亮度

在材质编辑器中只有一种改变灯光亮度的方法，就是使用倍增器，它的值从 0.0 到 1.0。设为 1 时，它是 100%的亮度。

（1）继续前面的练习，在“材质编辑器选项”对话框中，将“背光”的“倍增”值设为 0.5，即是将背光的亮度设为 50%。

（2）在“材质编辑器选项”对话框中单击“确定”按钮，关闭对话框。

注意：3ds Max 中有很多对话框中会同时具有“应用”和“确定”两个按钮，例如在“对齐”对话框中等。在需要多步设置时最好每设置完一步后，单击“应用”按钮，这样可以在不退出对话框的情况下继续进行下一步的操作。

4．关闭和打开背光

一旦材质编辑器灯光设置好后，可以从侧面的工具栏关闭“背光”。

（1）继续前面的练习，在材质编辑器侧面的工具栏中单击“背光”按钮。当前选择的示例窗的背光就被关闭了。

（2）在侧面的工具栏上再次单击“背光”按钮，打开背光。

7.5.3 改变贴图重复次数

使用图像贴图创建材质时，有时会希望它看起来像平铺的图像。例如，创建地板砖材质就是这样的情况。

（1）重新启动 3ds Max，打开素材文件 Samples\Ch07\ Ch07_04.max。

（2）按下“M”键打开材质编辑器，激活第一个示例窗。其材质的名字是“花”。

（3）在侧面的工具栏上单击并按住“采样 UV 平铺”弹出按钮，显示“采样 UV 平铺”弹出按钮。

根据视觉的需要，有 4 个重复值可供选择：1×1、2×2、3×3 以及 4×4。

（4）从“采样 UV 平铺”弹出按钮中选择“3×3”，如图 7-22 所示。

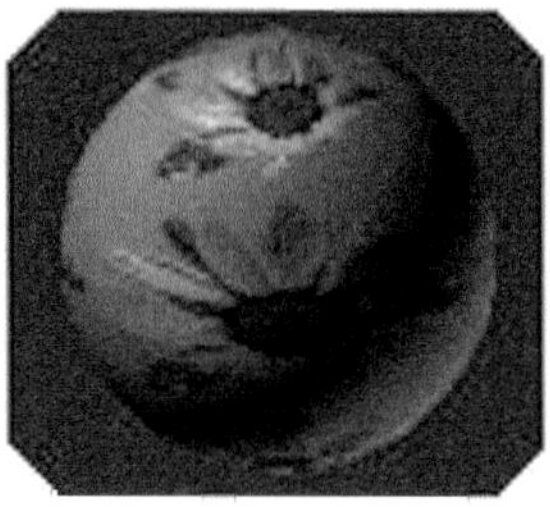

图 7-22

说明：重复次数只适于材质编辑器的预览，不直接影响场景材质贴图方式。

7.6 使用材质

下面，将进一步讨论材质编辑器的定制和材质的创建。周围世界充满了各种各样的材质。有一些外观很简单，有一些则呈现相当复杂的外表。不管是简单还是复杂，它们都有一个共同的特点，就是影响从表面反射的光。当构建材质时，必须考虑光和材质如何相互作用。

3ds Max 提供了多种材质类型，如图 7-23 所示。每一种材质类型都有独特的用途。

图 7-23

说明：有两种方法选择材质类型：一种是用单击材质名称栏右边的“标准（Standard）”按钮，一种是单击材质编辑器工具栏中的“获取材质”按钮。不论使用哪种方法，都会出现“材质/贴图浏览器”对话框，可以从该对话框中选择新的材质类型。

3ds Max 用“蓝色的球体”表示材质类型，用“绿色的平行四边形”表示贴图类型。

7.6.1 标准材质类型

“标准材质”是最常用，也是最基本的材质，可以使用它创建无数的材质。材质最重要的部分是所谓的明暗，光对表面的影响是由数学公式计算的。在标准材质中可以在“明暗器基本参数”卷展栏中设置材质的明暗方式。每一个明暗器的参数并不完全一样。

可以在“明暗器基本参数”卷展栏中指定渲染器的类型，如图 7-24 所示。

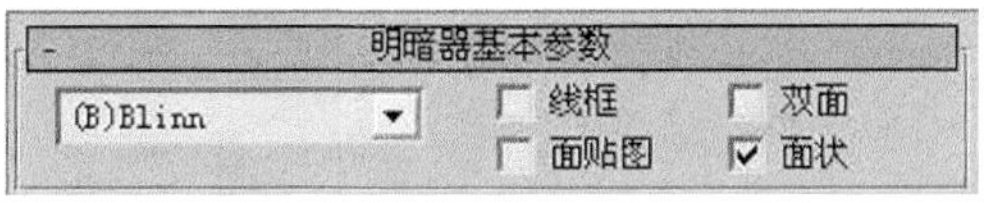

图 7-24

在渲染器类型旁边有 4 个选项，它们分别是“线框”、“双面”、“面状”和“面贴图”，如图 7-25 所示。

- 线框——使对象作为线框对象渲染。可以用“线框”的方式渲染制作线框效果，比如地板砖线的制作等。
- 双面——设置该选项后，3ds Max 既渲染对象的正面也渲染对象的背面。双面材质可用于模拟透明的塑料瓶、鱼网或网球拍细线等。
- 面状——该选项使对象产生不光滑的明暗效果。面状可用于制作加工过的钻石和其他的宝石或任何带有硬边的表面。
- 面贴图——该选项将材质的贴图坐标设定在对象的每个面上。与以后将要讨论的“UVW 贴图”编辑修改器中的“面贴图”作用类似。

3ds Max 默认的是 Blinn 明暗器，但是可以通过明暗器列表来选择其他的明暗器，如图 7-23 所示。不同的明暗器有一些共同的选项，例如“环境光”、“漫反射”、“自发光”、“不透明度”以及“反射高光”等。每一个明暗器也都有自己的一套参数。

- 各向异性——该明暗器的基本参数卷展栏如图 7-26 所示，它创建的表面有“非圆形的高光”。

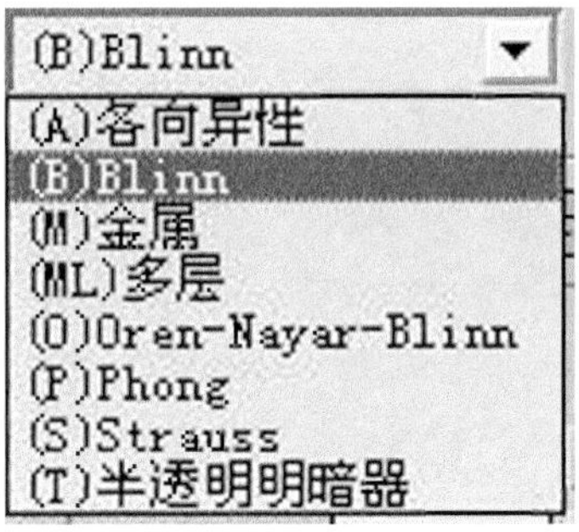

图 7-25

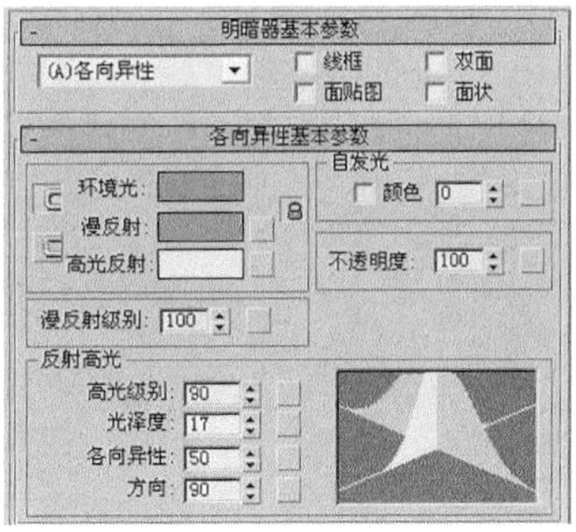

图 7-26

各向异性明暗器可用来模拟光亮的金属表面。

说明：某些参数既可以用颜色表示，也可以用数量描述，自发光通道就是这样一个例子。当左边的复选框关闭后，就可以输入数值。如果打开复选框，可以使用颜色或贴图替代数值。

● Blinn——Blinn 是一种带有“圆形高光”的明暗器，基本参数卷展栏如图 7-27 所示。

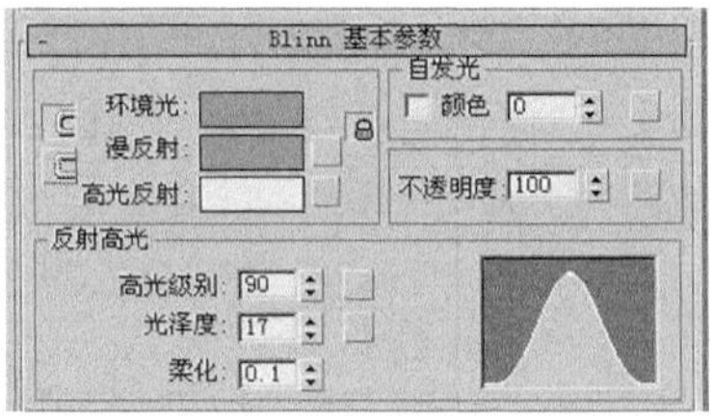

图 7-27

说明: Blinn 明暗器应用范围很广，是系统默认的明暗器。

● 金属——金属明暗器常用来模仿金属表面，基本参数卷展栏如图 7-28 所示。

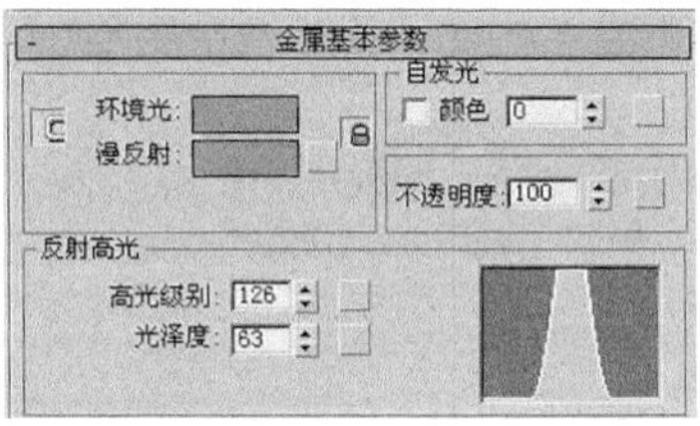

图 7-28

● 多层——多层明暗器包含“两个各向异性的高光”，两者彼此独立起作用，可以分别调整，基本参数卷展栏如图 7-29 所示。

说明: 可以使用“多层明暗器”创建复杂的表面，例如缎纹、丝绸和光芒四射的油漆等。

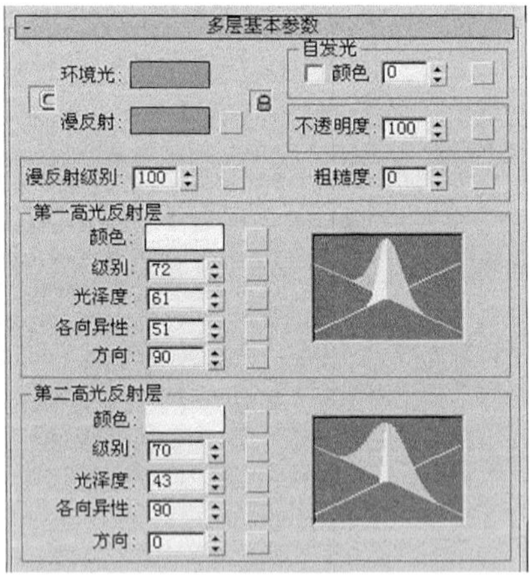

图 7-29

● Oren-Nayar-Blinn（ONB）——该明暗器具有 Blinn 风格的高光，但它看起来更柔和。其基本参数卷展栏如图 7-30 所示。

说明: ONB 明暗器通常用于模拟布、土坯和人的皮肤等效果。

● Phong——该明暗器是从 3ds Max 的最早版本保留下来的，它的功能类似于 Blinn。不足之处是 Phong 的高光有些松散，不像 Blinn 那么圆。基本参数卷展栏如图 7-31 所示。

说明: Phong 是非常灵活的明暗器，可用于模拟硬的或软的表面。

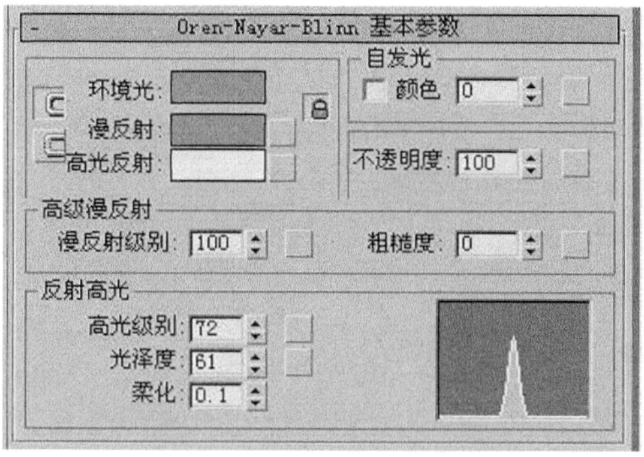

图 7-30

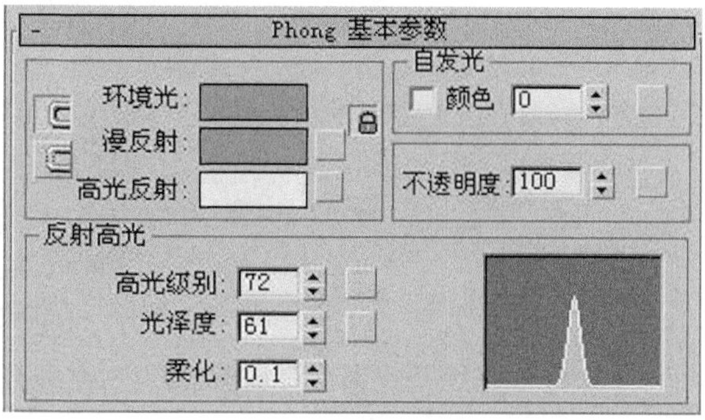

图 7-31

● Strauss——该明暗器用于快速创建金属或者非金属表面（例如光泽的油漆、光亮的金属和铬合金等）效果。基本参数卷展栏如图 7-32 所示。

● 半透明明暗器——该明暗器用于创建薄物体的材质（例如窗帘、投影屏幕等），来模拟光穿透的效果。基本参数卷展栏如图 7-33 所示。

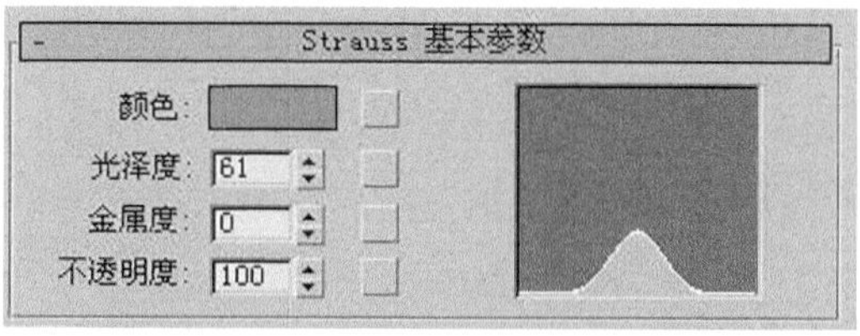

图 7-32

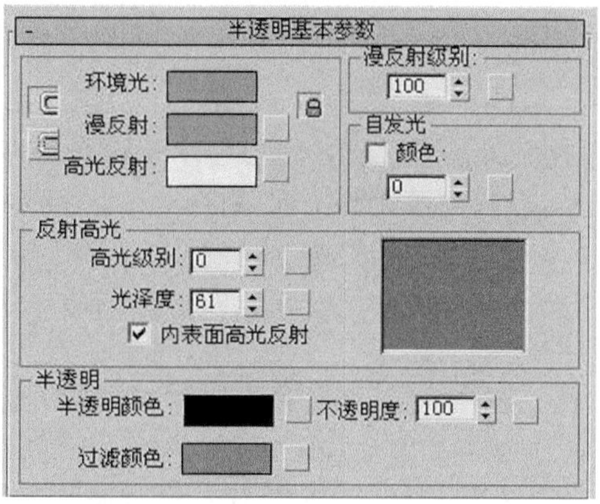

图 7-33

7.6.2 光线跟踪材质类型

与标准材质类型一样，“光线跟踪材质”也可以使用 Phong、Blinn、金属、Oren-Nayar-Blinn 明暗器以及各向异性明暗器。

说明: 光线跟踪材质在这些明暗器的用途上与标准材质不同。光线跟踪材质试图从物理上模仿表面的光线效果。正因为如此，光线跟踪材质要花费更长的渲染时间。

“光线追踪”是渲染的一种形式，它计算从屏幕到场景灯光的光线。光线跟踪材质利用了这点，允许加一些其他特性，如发光度、额外的光、半透明和荧光。它也支持高级透明参数，像雾和颜色密度等，如图 7-34 所示。

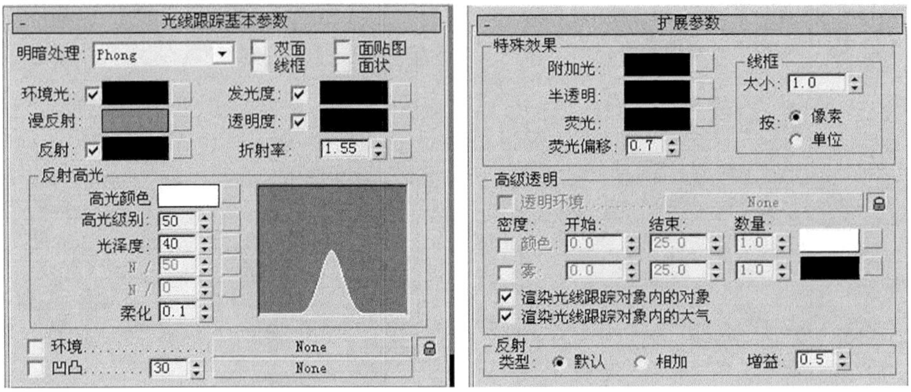

图 7-34

“光线跟踪基本参数”卷展栏的主要参数

- 发光度——类似于自发光。
- 透明度——担当过滤器，用于遮住选取的颜色。
- 反射——设置反射值的级别和颜色，可以设置成没有反射，也可以设置成镜像表面反射。

“扩展参数”卷展栏的主要参数

- 附加光——这项功能像环境光一样。它能用来模拟从一个对象放射到另一个对象上的光。
- 半透明——该选项可用来制作薄对象的表面效果，有阴影投在薄对象的表面。当用在厚对象上时，它可以用来制作类似于蜡烛的效果。
- 荧光和荧光偏移——“荧光偏移”将额外增加材质的亮度，就像被白光照亮，而不管场景中光的颜色。偏移决定亮度的程度，1.0 是最亮，0 是不起作用。

7.6.3 创建金属材质

下面通过创建金属材质实例来了解材质的一般创建方法。

（1）启动 3ds Max，在视图中创建一个茶壶。

（2）按下“M”键打开材质编辑器。在材质编辑器中选择一个可用的示例窗。

（3）在

“名称输入区域”中，输入“金属”字样。

（4）在“明暗基本参数”卷展栏中，从下拉列表中选择“金属”，如图 7-35 所示。

（5）在“金属基本参数”卷展栏中，单击漫反射颜色示例。在出现的“颜色选择器”对话框中，设定颜色值为 R=235、G=215 和 B=75，如图 7-36 所示。关闭“颜色选择器”对话框。

图 7-35

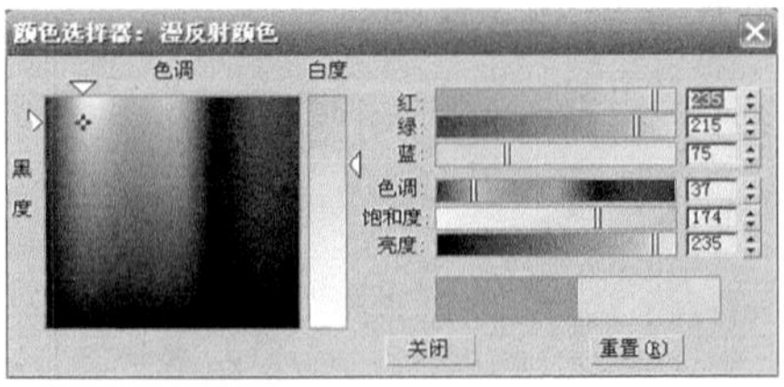

图 7-36

（6）在“金属基本参数”卷展栏的“反射高光”区域，设置“高光级别”为 60，“光泽度”为 75，如图 7-37 所示。

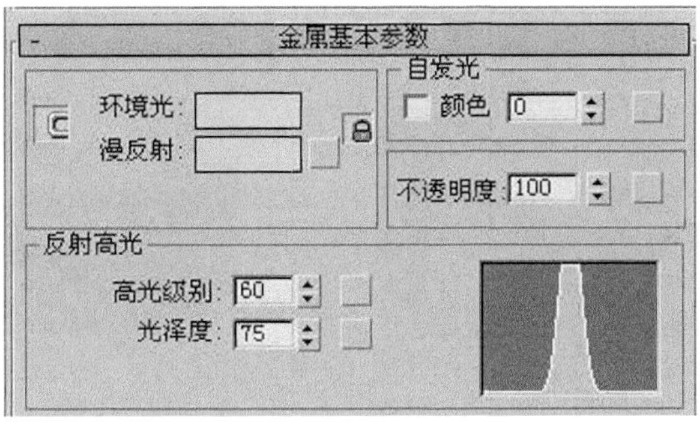

图 7-37

（7）在“贴图”卷展栏中，将“反射”的数量改为 40，单击紧靠“反射”的无（None）按钮，如图 7-38 所示。

（8）在出现的“材质/贴图浏览器”中，选择“光线跟踪”，再单击“确定”按钮，如图 7-39 所示。

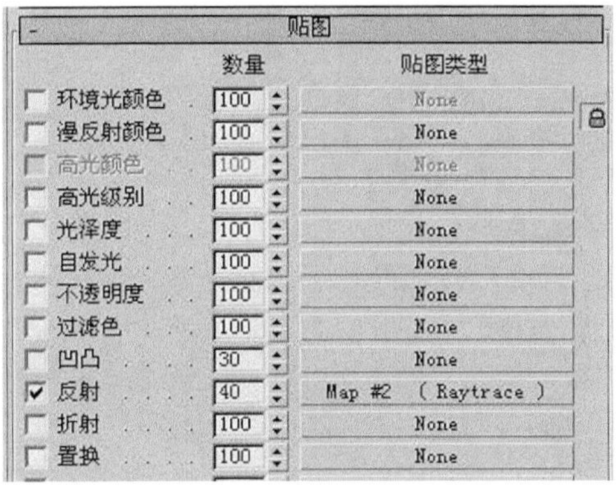

图 7-38

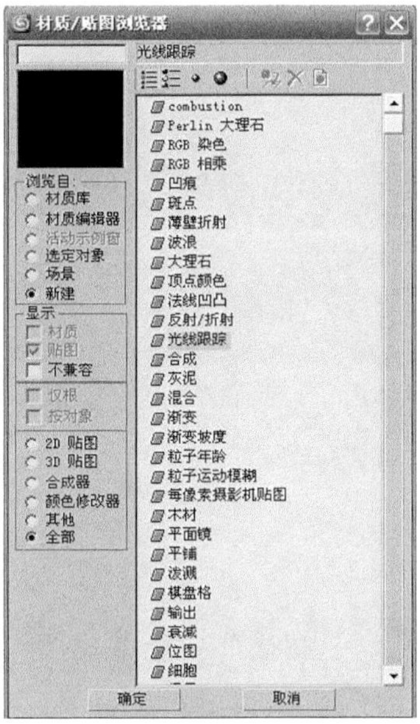

图 7-39

（9）在材质编辑器的工具栏中，单击“转到父对象”按钮，回到主材质设置区域。

说明：有两个按钮可帮助浏览简单的材质，它们是“转到父对象”和“转到下一个同级项”。“转到父对象”是回到材质的上一层，“转到下一个同级项”是在材质的同一层级切换。

观看材质示例窗的金属材质并不太像，如图 7-40 所示添加反射效果，可打开示例窗的背景。

（10）在材质编辑器的右侧工具栏中单击 “背景”按钮，此时的示例窗效果如图7-41所示。

图 7-40

图 7-41

说明：随着反射的加入，材质看起来更像金属了。

（11）选择场景中的茶壶对象，单击 “将材质指定给选定对象”按钮，将材质指定给场景中的茶壶对象。

（12）选择透视图，在主工具栏上单击 “快速渲染”按钮。渲染结果如图 7-42 所示。关闭渲染窗口。

图 7-42

7.6.4 从材质库中获取材质

3ds Max 材质编辑器的优点之一就是能直接使用已创建的材质或储存在材质库中的材质。

（1）继续上面的练习。

（2）按“M”键进入材质编辑器，在材质编辑器中向左推动示例窗，将露出更多的示例窗。选择一个空白的示例窗。

（3）单击工具栏中的 “获取材质”按钮。在出现的“材质/贴图浏览器”中的“浏览自：”区域中，单选“材质库”选项，如图 7-43 所示。

（4）在“文件”区域中，单击“打开”按钮，出现“打开材质库”对话框。在出现的对话框中，选择“AecTemplates”，如图 7-44 所示，然后单击“打开”按钮。

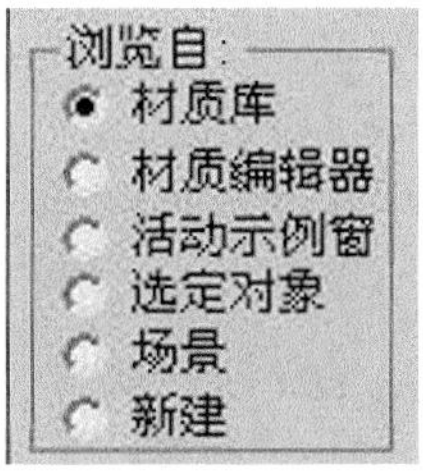

图 7-43

图 7-44

说明：也许你使用的软件的材质库中是空的，或者有更多类型的材质，那是因为 3ds Max 版本问题。为了使用方便，最好使用完整版本的软件，很多精简版本把很多东西给精简了。

（5）在“材质/贴图浏览器—AecTemplates.mat”中，材质有四种显示方式。单击“查看列表+图标”按钮。

（6）在显示区域中，勾选“仅根”复选框，结果如图 7-45 所示。

（7）从材质列表中双击某个材质。这样就可以将此材质复制到当前激活的示例窗中，如图 7-46 所示。

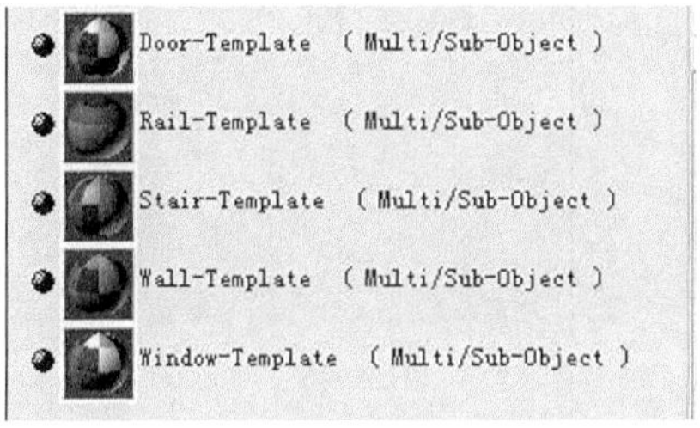

图 7-45

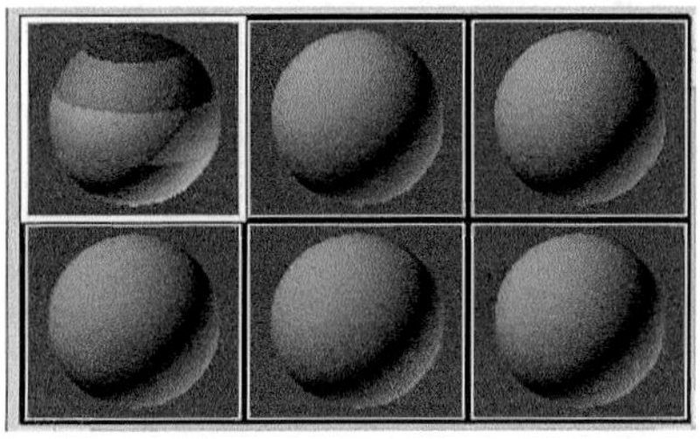

图 7-46

如此就可以将该材质指定给场景中的某个对象。

7.6.5 修改新材质

还可以修改获取的材质以满足具体的要求。下面就对前面获取的材质进行修改。

（1）在材质编辑器中单击刚刚获取的材质（Door-Template）示例窗。基本参数面板如图 7-47 所示。

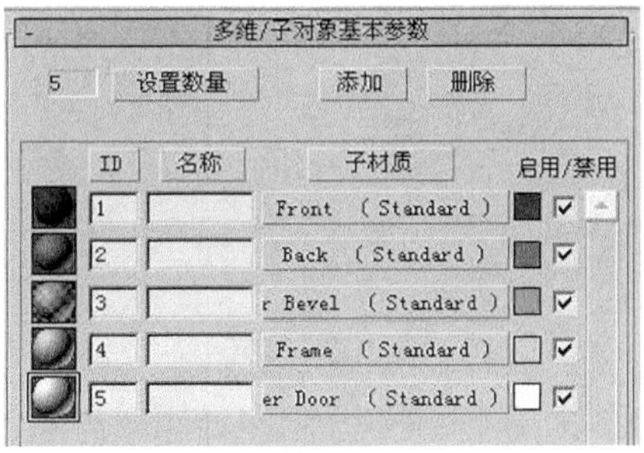

图 7-47

说明：这是一个非标准材质—多维子对象材质。非标准材质也是由标准材质演化而来的，只要掌握了标准材质的编辑方法，编辑创建非标准材质就比较简单了。

（3）单击 Front （Standard） 按钮旁边的颜色按钮，会出现颜色选择器，可以在颜色选择器中为 Front 子对象材质指定新的样色，比如红色。

（4）单击 Back （Standard） 长按钮，可以进入其标准材质参数面板，可以像编辑标准材质一样编辑该子对象材质。

说明：按照同样的方法可以编辑其他子对象材质。也可以通过后面的复选框启用/禁用某一个子对象材质。

7.6.6 将材质保存到材质库中

可以把一些经常要用到的材质保存到材质库中，这样在下次使用到的时候就不用重新编辑了。下面就来练习将前面编辑的金属材质保存到材质库中的方法。

（1）执行“文件”＞“打开”菜单命令，打开素材文件 Samples\Ch07\Ch07_05.max。

（2）按下“M”键打开材质编辑器。在材质编辑器中选择金属材质示例窗。

（3）单击“放入库”按钮，出现一个询问对话框，如图 7-48 所示。单击对话框下方的“是”按钮，出现“入库”对话框，在名称输入框中输入“金属”二字，为该材质取名为“金属”，如图 7-49 所示。单击“确定”按钮退出对话框。

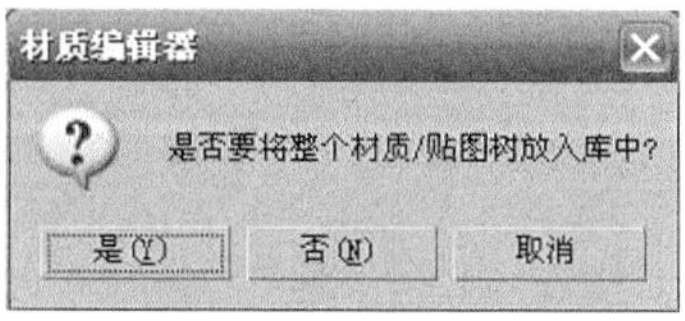

图 7-48

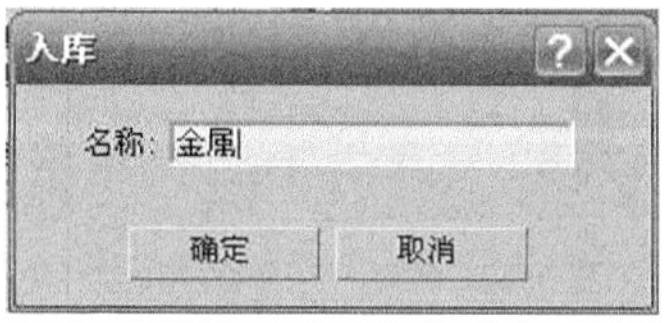

图 7-49

（4）单击材质编辑器中的“获取材质”按钮，会在系统默认的材质库中发现保存的材质，如图 7-50 所示。

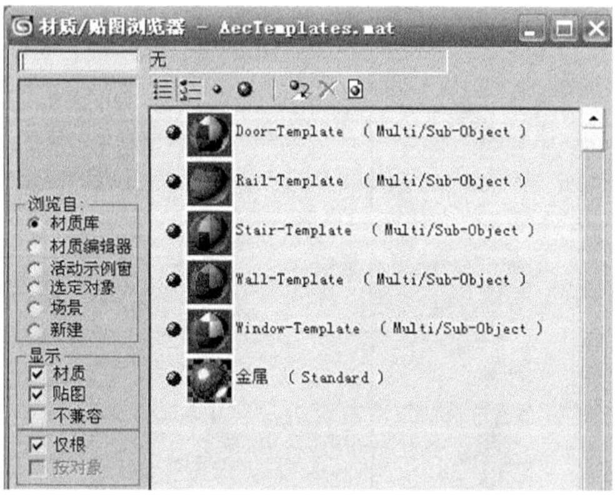

图 7-50

（5）单击“保存”按钮，这样编辑的金属材质就被永久地保存到了材质库中。

说明：如果选择的是“另存为”按钮，允许为材质库重新取名，这样可以根据习惯为材质库命名。

7.7　位图和程序贴图

3ds Max 常常使用贴图来编辑材质，3ds Max 材质编辑器包括两类贴图，即位图和程序贴图。有时这两类贴图看起来类似，但作用原理却不一样。

1．位图

位图是二维图像，单个图像由水平和垂直方向的像素组成。图像的像素越多，它就变得越大。小的或中等大小的位图用在对象上时，不要离摄像机太近。如果摄像机要放大对象的一部分，可能需要比较大的位图。如图 7-51 所示，给出了摄像机放大中等大小位图时的情况，图像的右下角出现了块状像素，这种现象称作像素化。

图 7-51

说明：使用贴图时，使用比较大的位图会减少像素化。但是，较大的位图需要更多的内存，因此渲染时会花费更长的时间。

2．程序贴图

与位图不一样，程序贴图的工作原理是利用简单或复杂的数学方程进行运算形成贴图。使用程序贴图的优点是：当对它们放大时，不会降低分辨率，能看到更多的细节。

当放大一个对象（比如木材）时，图像的细节变得很明显，如图 7-52 所示。程序贴图的另一个优点是程序贴图是三维的，填充整个 3D 空间，就像它是实心的，如图 7-53 所示。

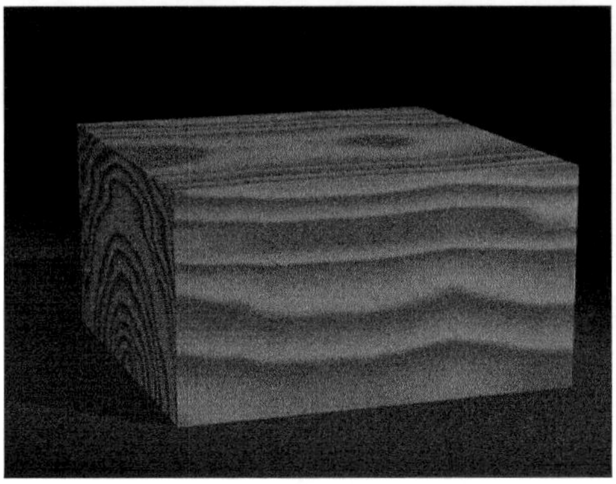

图 7-52

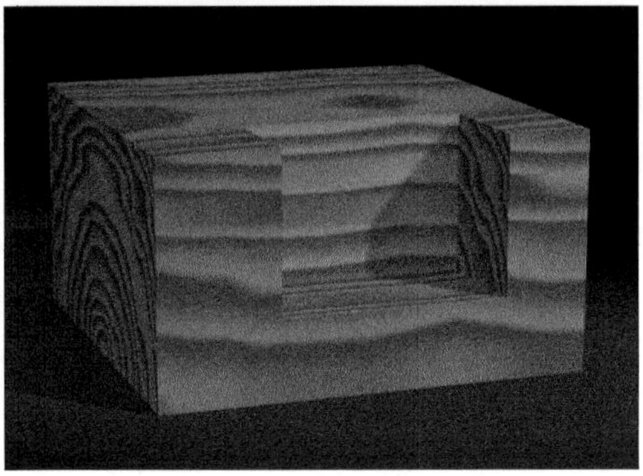

图 7-53

说明: 3ds Max 提供了多种程序贴图，例如凹痕、斑点、噪波、波浪、木材、合成、平面镜、细胞、旋涡以及渐变等，贴图的灵活性提供了外观的多样性。

3．组合贴图

3ds Max 允许将位图和程序贴图组合在同一贴图里，这样就提供了更大的灵活性。如图 7-54 所示，是一个带有位图的程序贴图。

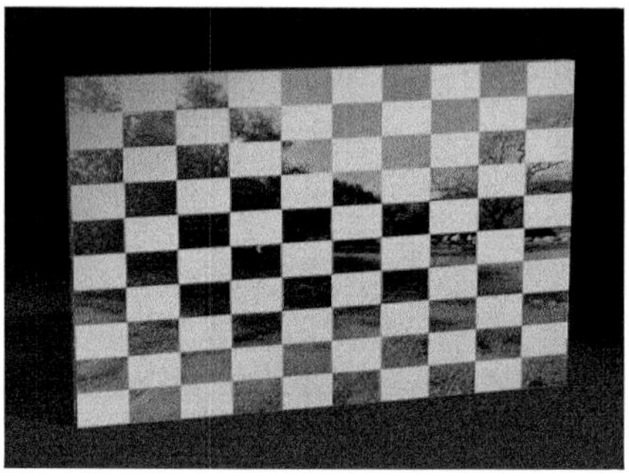

图 7-54

7.8 贴图通道

当创建简单或复杂的贴图材质时，必须使用材质编辑器的一个或多个贴图通道，诸如漫反射颜色、高光颜色、凹凸、反射、折射或其他可使用的贴图通道。这些通道能够使用位图和程序贴图等不同的贴图类型。贴图在使用时候非常方便灵活。贴图可单独使用，也可以组合在一起使用。

7.8.1 进入贴图通道

要设置贴图时，单击“基本参数”卷展栏内颜色样本和微调器右侧的“贴图框”。

注意: 在“基本参数”卷展栏中并不能使用所有的贴图通道。

要观看明暗器的所有贴图通道需要打开“贴图”卷展栏，这样就会看到所有的贴图通道，如图 7-55 所示。

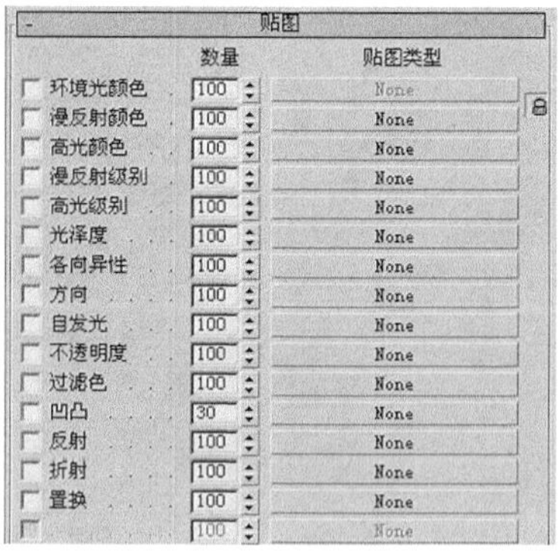

图 7-55

在"贴图"卷展栏中可以改变贴图的"数量"设置。数量可以控制使用贴图的数量（表现程度）。如图 7-56 所示，左边茶壶的漫反射颜色数量设置为 100，而右边茶壶的漫反射颜色数量设置为 40，其他参数设置相同。

图 7-56

7.8.2 贴图通道

不同的明暗器提供的贴图通道选项也不尽相同。如多层、Oren-Nayar-Blinn 和各向异性明暗器就提供了比 Blinn 明暗器更多的贴图通道。明暗器提供贴图通道的多少取决于明暗器自身的特征。越复杂的明暗器提供的贴图通道越多。

下面对贴图通道的常用参数进行一些简单的解释。

1．环境光颜色贴图

"环境光颜色贴图"控制环境光的量和颜色，如图 7-57 显示了环境光颜色贴图的效果。环境光的量受"渲染" > "环境"对话框中"环境光"值的影响，如图 7-58 所示。增加环境中的环境光值，会使环境光贴图变亮。

图 7-57

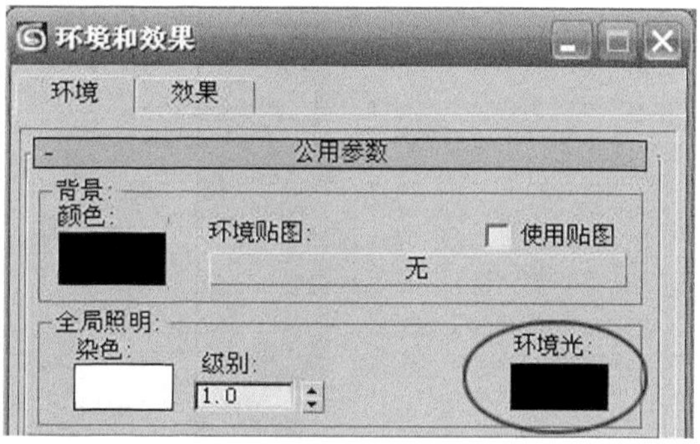

图 7-58

说明：在默认的情况下，该数值与漫反射值锁定在一起，单击 "解锁" 按钮可将锁定打开。

2．漫反射颜色贴图

"漫反射颜色贴图"是最常用的贴图种类。设置漫反射颜色的贴图与在对象的曲面上绘制图像类似。例如，如果要用砖头砌成墙，则可以选择带有砖头图像的贴图。可以选择位图文件或程序贴图，以将图案或纹理指定给材质的漫反射颜色。贴图的颜色将替换材质的漫反射颜色。

说明：默认情况下，环境光贴图和漫反射贴图是锁定在一起的，漫反射贴图也将相同的贴图应用于环境光颜色。很少需要对漫反射组件和环境光组件使用不同的贴图。通过禁用锁定并针对每个组件使用不同的贴图，可以获得有趣的混合效果。但是，通常漫反射贴图的目的是模拟比基本材质更复杂的单个曲面。为此，应该启用锁定。

如图 7-59 所示，是通过设置漫反射颜色的贴图应用纹理的效果。

图 7-59

3．漫反射级别贴图

该贴图通道基于贴图灰度值，用于设定漫反射颜色贴图通道的值。它用来设定反射颜色贴图亮度值，对模拟灰尘效果很有用。

在图 7-60 中，在漫反射颜色贴图通道使用的是位图贴图“花纸”，而在漫反射级别通道中则使用了程序贴图“Speckle（斑点）”。

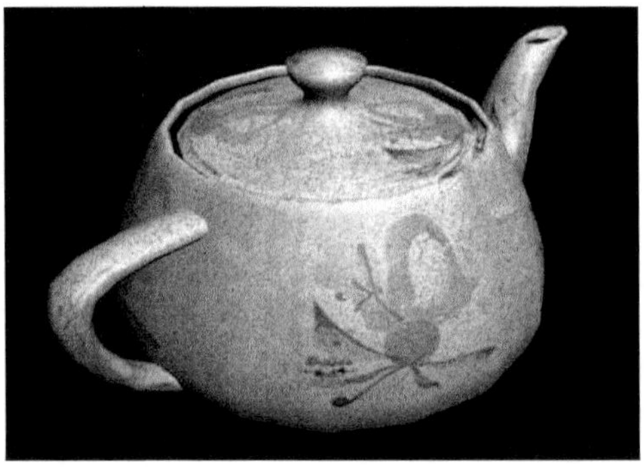

图 7-60

说明：任意一个贴图通道都能用彩色或灰度级图像。但是，某些贴图通道只使用贴图的灰度值而放弃颜色信息。

4．漫反射粗糙度贴图

贴图中的白色像素增加粗糙度。黑色像素将粗糙度减少为 0。中间的值相应调整粗糙度。这个贴图通道常用来模拟老化的表面效果。

注意：粗糙度参数只能用于“Oren-Nayar-Blinn”明暗器和“多层”明暗器，以及建筑与设计材质。

5．高光颜色贴图

贴图的图像只出现在反射高光区域中。它使用贴图改变高光的颜色，从而产生特殊的表面效果。当数量微调器处于 100 时，贴图提供所有高光颜色。

说明：“高光贴图”主要用于某些特殊效果，如将图像放置在反射中。记住，与“高光度”或“光泽度”贴图不同，它将改变反射高光的强度和位置，高光贴图改变反射高光的颜色。

如图 7-61 所示，是设置高光颜色贴图的效果。

图 7-61

6．高光级别

该通道基于贴图灰度值改变贴图的高光亮度。贴图中的白色像素产生全部反射高光。黑色像素将完全移除反射高光，并且中间值相应减少反射高光。

在图 7-62 中，对高光级别进行贴图，海洋比陆地的反光效果强。

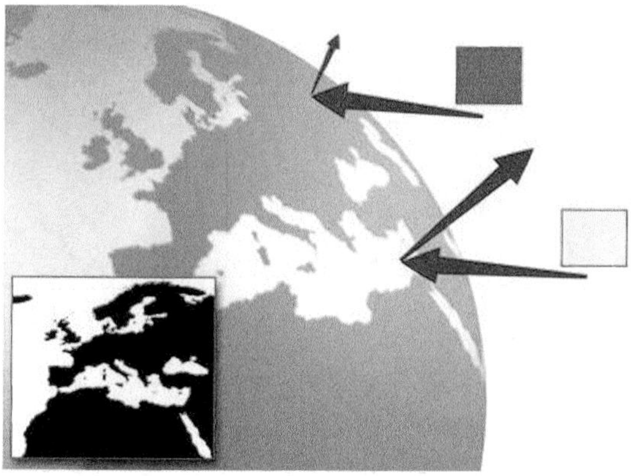

图 7-62

说明：当向光泽度和高光级别指定相同的贴图时，高光级别贴图的效果最好。在“贴图”卷展栏中，可以通过拖动一个贴图按钮到另一个贴图按钮的方式来复制贴图。

7. 光泽度贴图

使用“光泽度贴图”来指定曲面的哪些区域更具有光泽，哪些区域不太有光泽，具体情况取决于贴图中颜色的强度。贴图中的黑色像素将产生全面的光泽。白色像素将完全消除光泽，中间值会减少高光的大小。

在图 7-63 中，使用了光泽度贴图，表现出海洋比陆地的反光效果强。

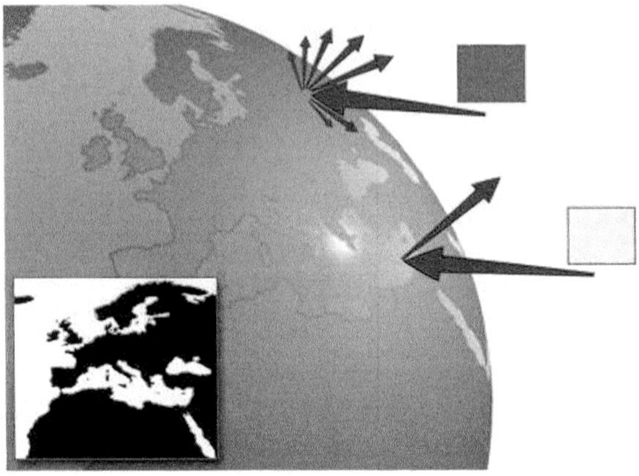

图 7-63

说明：当向光泽和高光度指定相同的贴图时，光泽贴图的效果最好。（在“贴图”卷展栏中，通过将一个贴图按钮拖到另一个按钮即可实现）。

8. 自发光贴图

贴图的白色区域渲染为完全自发光，而黑色区域不渲染自发光。灰色区域渲染为部分自发光，具体情况取决于灰度值。

在图 7-64 中，右边的灯泡与灯罩玻璃使用了自发光贴图，而左边的则没有使用自发光贴图。

图 7-64

说明：自发光意味着发光区域不受场景中的灯光影响，并且不接收阴影。

9．不透明度贴图

可以选择位图文件或程序贴图来生成部分透明的对象。贴图的浅色（较高的值）区域渲染为不透明，深色区域渲染为透明，介于浅色和深色之间的区域渲染为半透明。

在图 7-65 中，在不透明贴图通道中设置了一张黑白贴图，从而控制了彩色贴图的不透明效果。

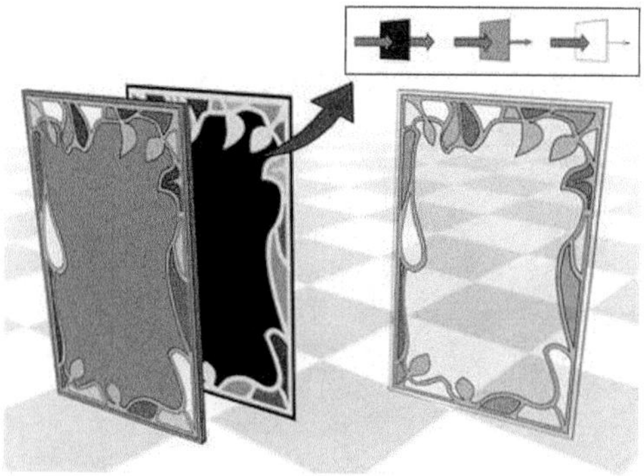

图 7-65

说明：通常可以使用 Photoshop 来制作某个图像的灰度图。

10．各向异性贴图

贴图控制各向异性高光的形状，大致（但不是一定）位于光泽度参数指定的区域内。黑色值和白色值具有一定影响。具有大量灰度值的贴图（如噪波或衰减）可能非常有效。

在图 7-66 中，高光的拉伸取决于贴图中灰度的层级。

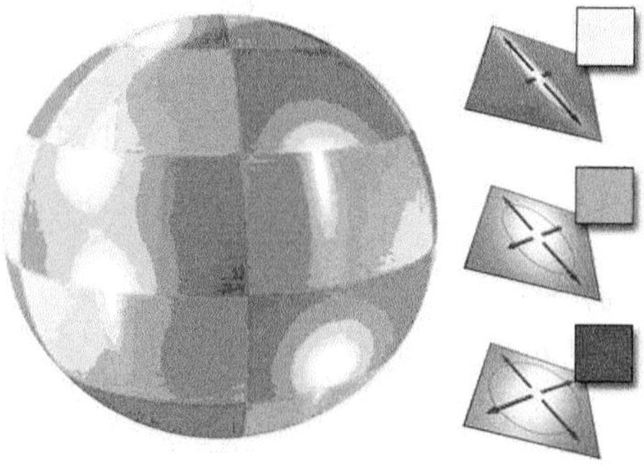

图 7-66

说明：各向异性贴图的效果并不十分明显，除非高光度非常高，而光泽度非常低。

11．方向贴图

该贴图通道用来处理各向异性高光的旋转。它可以基于贴图的灰度数值设置各向异性高光的旋转，从而给材质的高光部分增加复杂性。

12．金属度贴图

可以选择位图文件或程序贴图来控制金属度参数。贴图中的白色像素增加金属度。黑色像素将金属度减少为0。中间的值相应调整金属度。

说明: 金属度参数用于 Strauss 明暗器。

如图 7-67 所示，是使用噪波（贴图）进行贴图的金属度效果。

图 7-67

13. 凹凸贴图

可以选择一个位图文件或者程序贴图用于凹凸贴图。凹凸贴图使对象的表面看起来凹凸不平或呈现不规则形状。凹凸贴图使用贴图的强度影响材质表面。用凹凸贴图材质渲染对象时，贴图较明亮（较白）的区域看上去被提升，而较暗（较黑）的区域看上去被降低。当希望去除表面的平滑度，或要创建浮雕效果时，可以使用凹凸贴图。然而请记住，凹凸贴图的影响深度有限。如果希望表面上出现很深的深度，应该使用建模技术。例如，“位移修改器”根据位图图像的强度将曲面或表面拉伸突出或推挤凹陷。

如图 7-68 所示，是使用凹凸贴图后产生的效果。

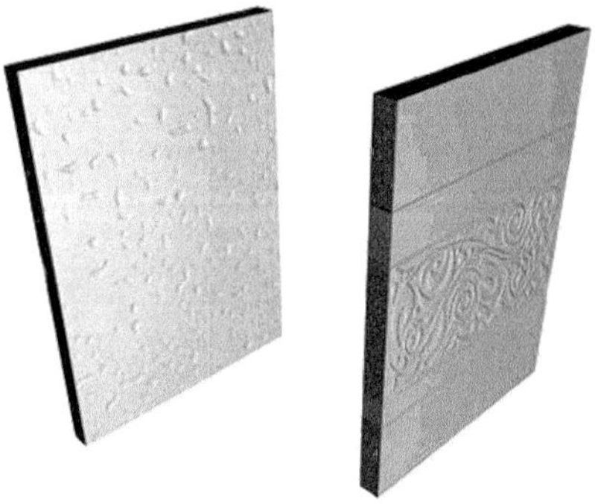

图 7-68

注意: 在视口中不能预览凹凸贴图的效果，必须渲染场景才能看到凹凸效果。

14. 反射贴图

可以选择位图文件或程序贴图来作为反射贴图。

可以创建三种反射：基本反射贴图，自动反射贴图和平面镜反射贴图。

- 基本反射贴图能创建铬合金、玻璃或金属的效果。方法是在几何体上使用贴图，使得图像看起来好像表面反射的一样。
- 自动反射贴图根本不使用贴图，它从对象的中心向外看，把看到的东西映射到表面上。另一种生成自动反射的方法是，指定“光线跟踪贴图”作为反射贴图。
- 平面镜贴图与实际镜子一样，在对象的表面产生镜像效果。

如图 7-69 显示了使用反射贴图模拟物体反射周围环境的效果。

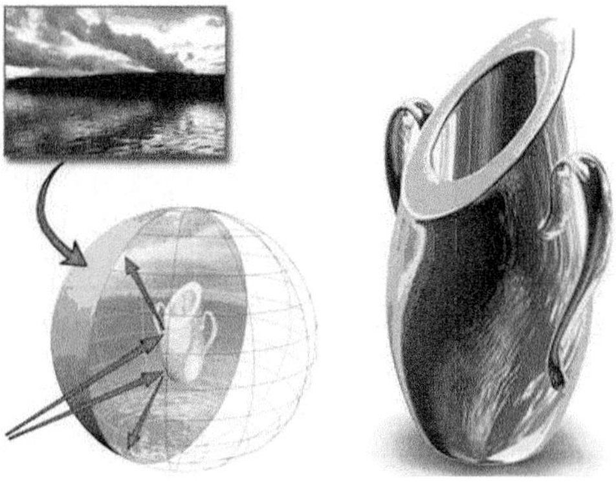

图 7-69

说明：反射贴图不需要贴图坐标。贴图不随着对象移动，而是随着视图的更改而移动，与实际的反射一样。

15．折射贴图

折射贴图通道中可以使用位图文件或程序贴图（如折射贴图所使用的反射/折射）。

折射贴图类似于反射贴图。它将视图贴在表面上，这样图像看起来就象透过表面所看到的一样，而不是从表面反射的效果。

就像反射贴图一样，折射贴图的方向锁定到视图而不是对象。即在移动或旋转对象时，折射图像的位置仍固定不变。

如图 7-70 显示了使用反射贴图模拟物体折射周围环境的效果。

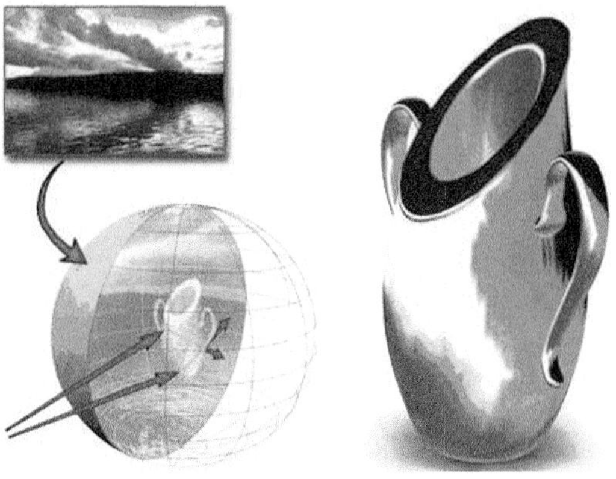

图 7-70

16．位移贴图

位移贴图可以使几何体的表面产生位移。它的效果与使用位移修改器相类似。与凹凸贴图不同，位移贴图实际上更改了几何体表面或对面片进行了细分。位移贴图应用贴图的灰度来生成位移。在 2D 图像中，较亮的颜色比较暗的颜色更多的向外突出，导致几何体的 3D 位移。

如图 7-71 所示，是使用位移贴图的过程和效果。

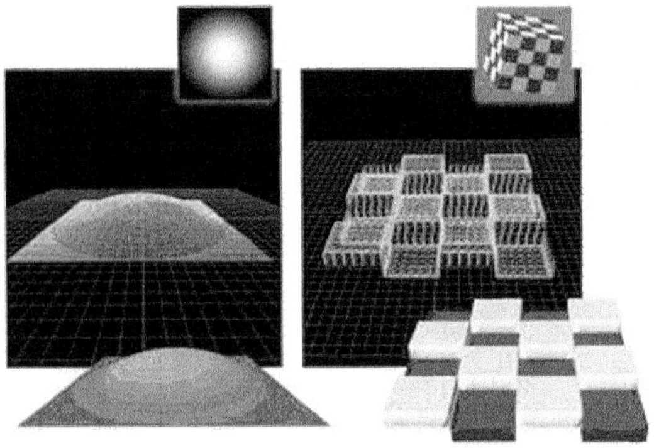

图 7-71

注意：位移贴图会在每个曲面上生成许多个三角形面，有时生成的面会超过 1M。但位移贴图可以创建好的效果，不过会耗费大量的时间和内存。

17．过滤色

当创建透明材质时，有时需要给材质的不同区域加颜色。该贴图通道可以产生如彩色玻璃的效果。

在图 7-72 中，左边是贴图的层级结构，右边是贴图的最后效果。

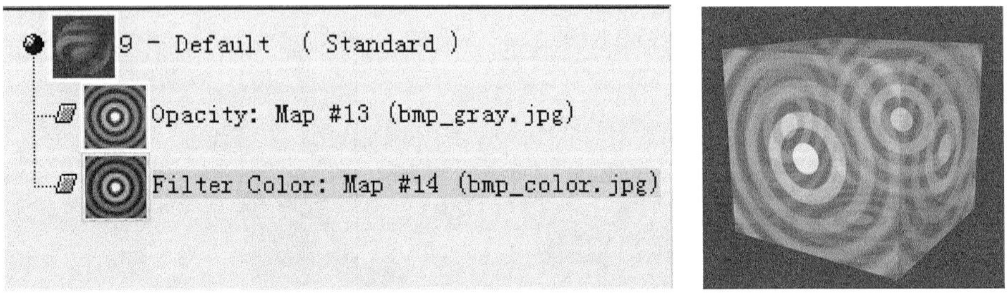

图 7-72

7.9 贴图类型

使用“材质/贴图浏览器”来管理材质和贴图，可以决定浏览器是否列出贴图或者列出材质，或者将贴图和材质一起列出。可以通过“材质/贴图浏览器”非常轻松地选择需要的贴图类型。

不同的贴图类型产生不同的效果并且有其特定的行为方式。

- “2D 贴图”是二维图像，一般将其粘贴在几何体对象的表面，或者和环境贴图一样用于创建场景的背景。最简单的 2D 贴图是位图，其他种类的 2D 贴图按程序生成。
- “3D 贴图”是根据程序以三维形式生成的图案。例如，“大理石”拥有通过指定几何体生成的纹理。对于使用“大理石”纹理的对象，如果将其一部分切除，则其内部纹理将与其外部纹理相匹配。
- “合成器”将用于合成其他的颜色或贴图。
- “颜色修改器”用于改变材料中像素的颜色。
- “其他”类别包括创建反射和折射的贴图。它也包括“mental ray 明暗器”、“法线凸凹贴图”以及“每像素摄影机投影贴图”。

要访问贴图类型，可以有多种途径，一般是单击表示贴图通道的按钮（比如漫反射颜色旁边的“灰色矩形”按钮，高光反射右侧的“None”长按钮等），即可进入“材质/贴图浏览器”。在材质贴图浏览器中，可以根据自己的需要选择贴图类型。

7.9.1　2D 贴图类型

1．“位图 2D”贴图

“位图”是由彩色像素的固定矩阵生成的图像，如马赛克。位图可以用来创建多种材质，从木纹和墙面到蒙皮和羽毛。也可以使用动画或视频文件替代位图来创建动画材质。

指定位图贴图后，“选择位图图像文件”对话框会自动打开，如图 7-73 所示。使用此对话框可将一个文件或序列指定为位图图像。

注意：为了缩短加载时间，如果同名贴图位于两个不同的位置（在两个不同的路径中），则只加载一次。只要当场景包含两个具有不同内容的同名贴图时就会出现问题。在这种情况下，场景中只出现遇到的第一个贴图。

图 7-73

2．方格贴图

“方格贴图”将两色的棋盘图案应用于材质。默认方格贴图是黑白方块图案。方格贴图是 2D 程序贴图。组件方格既可以是颜色，也可以是贴图。

如图 7-74 所示，是用于桌布及用于冰激凌商店地板的方格贴图效果。

图 7-74

提示：为方格贴图启用“噪波”是使用自然外形创建不规则图案的有效方式。

3．Combustion 贴图

使用“Combustion 贴图”可以产生合成效果的材质贴图。当在编辑“Combustion 贴图”时，材质效果将在“材质编辑器”和着色视口中自动更新。

4．渐变贴图

“渐变贴图”从一种颜色过渡到另一种颜色进行着色。为渐变指定两种或三种颜色，该软件将插补中间值。渐变贴图是 2D 贴图。

在图 7-75 中，信号灯材质以及用于场景的背景使用了渐变贴图。

图 7-75

提示：通过将一个色样拖动到另一个色样上，然后单击“复制或交换颜色”对话框中的“交换”按钮，可以交换两个颜色的位置。要反转渐变的总体方向，可以交换第一种和第三种颜色的位置。

5．渐变坡度贴图

“渐变坡度贴图”是与“渐变贴图”相似的 2D 贴图。它从一种颜色到另一种颜色进行着色。在这个贴图中，可以为渐变指定任何数量的颜色或贴图。它有许多用于高度自定义渐变的控件。几乎任何“渐变坡度”参数都可以设置动画。

在图 7-76 中，蛋糕的层使用了渐变坡度贴图。

6．漩涡贴图

“旋涡贴图”是一种 2D 程序的贴图，它生成的图案类似于两种口味冰淇淋的外观。如同其他双色贴图一样，任何一种颜色都可用其他贴图替换。举例来说，大理石与木材也可以生成旋涡。

在图 7-77 中，水中涡流的创建使用了漩涡贴图。

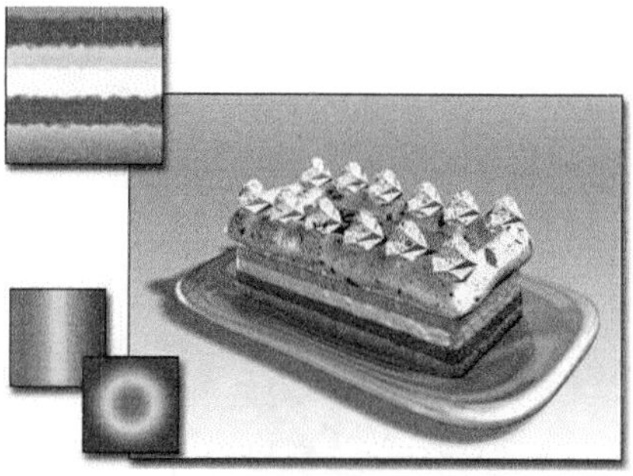

图 7-76

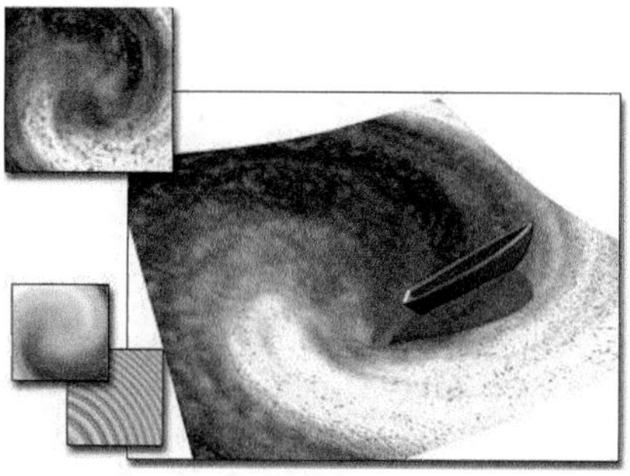

图 7-77

7．平铺贴图

使用“平铺贴图”可以创建砖和彩色瓷砖等贴图效果。通常，有很多定义的建筑砖块图案可以使用“平铺贴图”来创建。

在图 7-78 中，房屋的墙壁使用了平铺贴图。

图 7-78

7.9.2　3D 贴图类型

通过调整 3D 贴图“坐标”卷展栏中的坐标参数，可以相对于应用贴图的对象的体积来移动贴图，3D 贴图“坐标”卷展栏如图 7-79 所示。

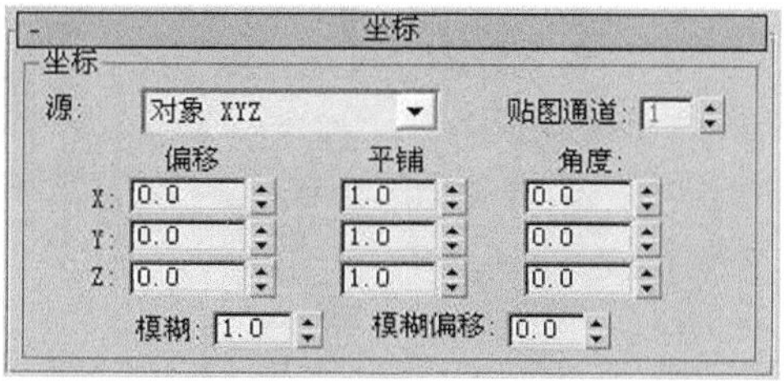

图 7-79

说明: 3D 贴图“坐标”卷展栏适用于所有 3D 贴图，只不过不同的 3D 贴图类型，其参数会有些差异，但基本使用原理都是一样的。

1. 细胞贴图

“细胞贴图”是一种程序贴图，生成用于各种视觉效果的细胞图案，包括马赛克瓷砖、鹅卵石表面甚至海洋表面。

在图 7-80 中，高脚杯的纹理效果通过使用细胞贴图来实现。

图 7-80

提示:“材质编辑器”示例窗不能很清楚地展现细胞效果。将贴图指定给几何体并渲染场景将会得到想要的效果。

2. 凹痕贴图

“凹痕贴图”是 3D 程序贴图。在线渲染过程中，“凹痕贴图”根据分形噪波产生随机图案。图案的效果取决于“凹痕贴图”所在的贴图通道。

在图 7-81 中，当“凹痕贴图”应用于“凹凸贴图通道”中时，为左边的茶杯提供凹凸纹理效果；当“凹痕贴图” 应用于“漫反射颜色贴图通道”中时，右边的茶杯虽然具有相同的图案，但没有凹凸的纹理效果。

图 7-81

3．衰减贴图

“衰减贴图”可以创建半透明的外观。“衰减贴图”基于几何体曲面上面法线的角度衰减来生成从白到黑的值。用于指定角度衰减的方向会随着所选的方法而改变。然而，根据默认设置，贴图会在法线从当前视图指向外部的面上生成白色，而在法线与当前视图相平行的面上生成黑色。

与标准材质“扩展参数”卷展栏的“衰减”设置相比，“衰减”贴图提供了更多的不透明度衰减效果。可以将“衰减”贴图指定为不透明度贴图。但是，为了获得特殊效果也可以使用“衰减”，如彩虹色的效果。

如图 7-82 所示，是使用衰减贴图创建的半透明外观效果。

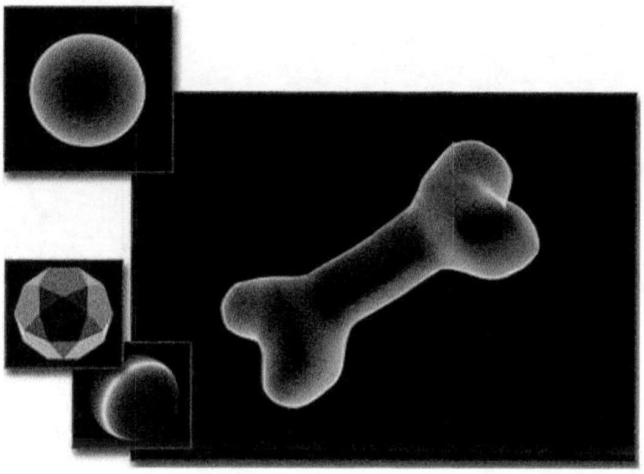

图 7-82

注意：当将“衰减”的旧文件在 3ds Max 中使用时，就会显示旧的“衰减”界面，而取代新的“衰减”界面。

4．大理石贴图

“大理石贴图”用于生成带有彩色纹理的大理石曲面。

在图 7-83 中，栏杆的创建使用了大理石贴图。

图 7-83

5．噪波贴图

“噪波贴图”基于两种颜色或材质的交互来创建曲面的随机扰动效果。

在图 7-84 中，街道的边缘使用了噪波贴图。

图 7-84

6．卫星贴图

“卫星贴图”是使用分形算法模拟卫星表面上颜色的 3D 贴图。可以控制陆地大小以及海洋覆盖的百分比等。

在图 7-85 中，使用卫星贴图创建了另一个世界。

图 7-85

提示：“材质编辑器”的示例窗不会非常清楚地显示卫星效果。要获取所需的效果，可双击示例窗将其放大，或将贴图指定给几何体并渲染场景。

7．烟雾贴图

“烟雾贴图”是生成无序、基于分形的湍流图案的 3D 贴图。其主要设计用于设置动画的不透明贴图，以模拟一束光线中的烟雾效果或其他云状流动贴图效果。

在图 7-86 中，天空中的云彩使用了烟雾贴图。

图 7-86

下面还有一些其他的 3D 贴图类型，其用法大同小异，不再一一赘述，这里只用图示的方式加以简单说明，如图 7-87、图 7-88、图 7-89、图 7-90 及图 7-91 所示。

图 7-87 斑点贴图用于岩石

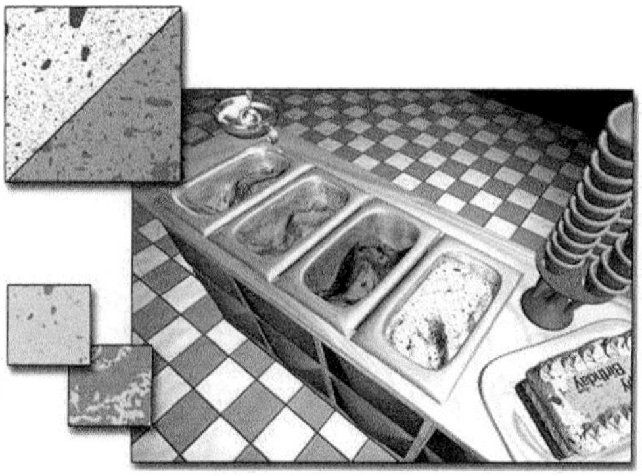

图 7-88 泼溅贴图用于冰淇淋的图案

图 7-89 灰泥贴图用于涂抹灰泥的墙

图 7-90 波浪贴图用于喷泉池

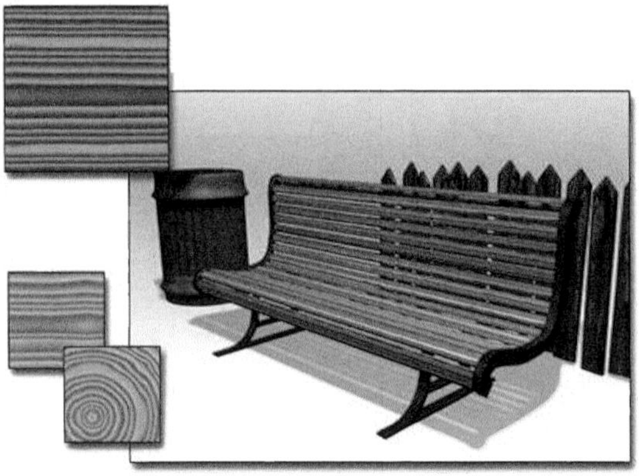

图 7-91　木材贴图用于长椅的座位

7.9.3 合成贴图类型

1. 合成贴图

“合成贴图”类型由其他贴图组成，这些贴图使用 alpha 通道彼此覆盖。对于这类贴图，应使用已经包含 alpha 通道的叠加图像。

在图 7-92 中，合成贴图将星星、月亮和光晕组合到天空中。

图 7-92

注意：可以在合成贴图中显示多个贴图。对于多个贴图显示，显示驱动程序必须是 OpenGL 或者 Direct3D。软件显示驱动程序不支持多个贴图显示。

2. 遮罩贴图

使用“遮罩贴图”，可以在曲面上通过一种材质查看另一种材质。遮罩控制应用到曲面的第二个贴图的位置。

在图 7-93 中，遮罩贴图将标签应用于灭火器。

图 7-93

说明：默认情况下，浅色（白色）的遮罩区域为不透明，显示贴图。深色（黑色）的遮罩区域为透明，显示基本材质。可以使用“反转遮罩”来反转贴图的效果。

3．混合贴图

通过“混合贴图”可以将两种颜色或材质合成在曲面的一侧。也可以将“混合数量”参数设为动画，然后画出使用变形功能曲线的贴图来控制两个贴图随时间混合的方式。

在图 7-94 中，混合贴图使用反射的场景混合头骨和交叉腿骨。

图 7-94

注意：混合贴图中的两个贴图都可以在视口中显示。对于多个贴图显示，显示驱动程序必须是 OpenGL 或者 Direct3D。软件显示驱动程序不支持多个贴图显示。

7.9.4 颜色修改器贴图

使用颜色修改器贴图可以改变材质中像素的颜色。

1．输出贴图

使用“输出贴图”可以控制贴图的输出效果。在“输出贴图”的“输出”卷展栏中，如果勾选“启用颜色贴图”复选框，还可以通过曲线调整的方式来控制贴图的输出效果。

2．RGB 染色贴图

“RGB 染色贴图”通过调整 RGB 颜色通道的值来控制贴图的输出效果。三种色样代表三种通道。更改色样可以调整其相关颜色通道的值。

说明：通道的默认颜色命名为红、绿和蓝，但是可以为它们指定任何颜色。不必局限于红色、绿色和蓝色三种颜色。

3．顶点颜色贴图

“顶点颜色贴图”设置应用于可渲染对象的顶点颜色。可以使用“顶点绘制修改器”指定顶点颜色，也可以使用“可编辑网格顶点控件”、“可编辑多边形顶点控件”或者“可编辑多边形顶点控件”指定顶点颜色。

“顶点颜色贴图”主要用于特殊的应用中，例如游戏引擎或者光能渲染器，也可以使用它来创建彩色渐变的表面效果，也可以使用它来设计视觉效果：使用顶点绘制修改器为地形添加不同的颜色表示草地、灌木以及停车场等，接着使用“顶点颜色贴图”在渲染的图像中应用顶点颜色。当使用地形对象的“按海拔上色”功能时，软件将指定一个使用了“顶点颜色贴图”的材质作为漫反射组件。

提示：如果要查看视图中的顶点颜色，右键单击对象，在四元菜单中选择“属性”命令，然后启用“显示属性”组中的“顶点通道显示”。

7.9.5 反射和折射类贴图

1．平面镜贴图

“平面镜贴图”用于生成反射环境对象的材质。可以将它指定为材质的反射贴图。在图 7-95 中，平面镜贴图反射出冰淇淋商店的内部。

图 7-95

“平面镜”只有遵循以下规则才能正确生成反射。

- 只将“平面镜”指定给选定的面。为此，有两种方法可供选择。可以将“平面镜”作为“多维/子对象材质”的子材质，也可以使用“应用于带 ID 的面”选项。
- 如果将“平面镜”指定给多个面，这些面必须位于一个平面上。

● 同一个对象中，不在同一个平面上的面不能拥有相同的“平面镜”材质。也就是说，如果要使一个对象的两个不同的平面都有平面反射效果，则必须使用“多维/子对象材质”。将“平面镜”指定给两个不同的子材质，并将不同的“材质 ID” 指定给不同的平面。

注意:“反射/折射贴图”不适合平面曲面。使用此技术，一个大平面只能反射环境的一小部分。“平面镜”自动生成包含大部分环境的反射，以更好的模拟类似镜子的曲面。

2．光线跟踪贴图

使用“光线跟踪贴图”可以产生真实的反射和折射效果。生成的反射和折射比“反射/折射贴图”的效果更精确。在渲染时，使用“光线跟踪贴图”的渲染速度比使用“反射/折射贴图”的速度要慢。

图 7-96 中，使用“光线跟踪”贴图创建了真实的反射和折射的曲面效果。

图 7-96

也可以使用“光线跟踪材质”创建“反射/折射”效果，“光线跟踪材质”生成更加精确真实的反射/折射效果。“光线跟踪贴图”和“光线跟踪材质”之间有以下区别。

● 使用“光线跟踪贴图”与使用其他贴图的操作一样，这意味着可以将“光线跟踪贴图”添加到各种材质中。

● “光线跟踪贴图”比“光线跟踪材质”拥有更多衰减控件。

● 通常，“光线跟踪贴图”比“光线跟踪材质”渲染得更快。

说明：由于“光线跟踪贴图”和“光线跟踪材质”使用相同的光线跟踪器和共享全局参数，因此它们具有相同的名称。

3．反射/折射贴图

使用“反射/折射贴图”模拟物体表面的反射或折射效果。要创建反射效果，可以在材质的“反射”贴图通道中指定“反射/折射贴图”。要创建折射效果，可以在材质的“折射”贴图通道中指定“反射/折射贴图”。

此贴图的实现方式是以围绕对象的立方体的形式进行渲染。反射/折射从对象轴点的角度查看立方体贴图，将它们作为球体反射贴图来贴到对象的表面。

在图 7-97 中，气球上使用了反射/折射贴图，气球对周围场景产生了“反射/折射”效果。

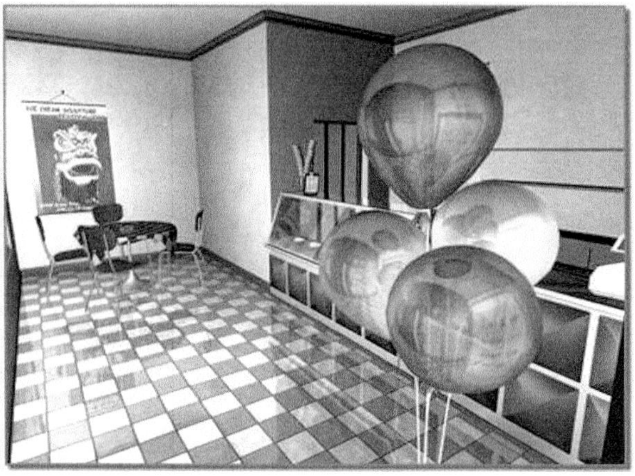

图 7-97

注意：反射/折射专门用于弯曲或不规则形状的对象。对于要准确反映环境的类似镜子的平面，使用平面镜材质。为实现更准确的反射，特别是反射介质中的对象（如一杯水中的一支铅笔），使用薄壁折射材质。

4. **薄壁折射贴图**

“薄壁折射贴图”用于模拟错位的效果或偏移效果，比如查看通过一块玻璃的图像就会看到这种效果。这种贴图的速度更快，所用内存更少，并且提供的视觉效果要优于“反射/折射”贴图。

在图 7-98 中，透过玻璃看玻璃后面的对象，玻璃后面的对象产生了薄壁折射效果。

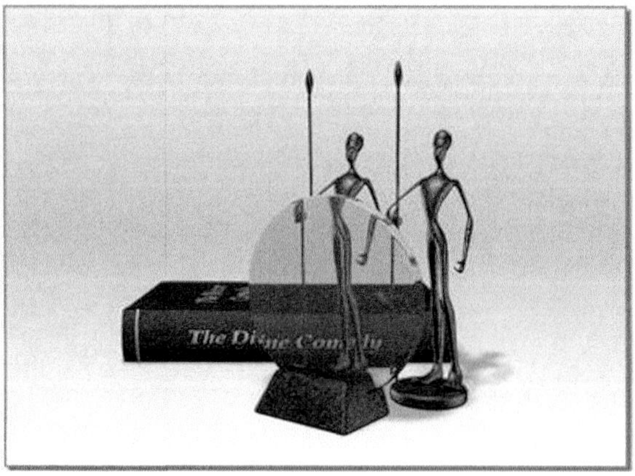

图 7-98

提示：在 100%折射和不透明时，看不到任何漫反射颜色或贴图，几乎也没有反射材质的视觉效果。这种效果是不可见的。

5．光线跟踪贴图

在“折射”贴图通道中使用“光线跟踪贴图”会产生真实的效果。从光线跟踪的原理就知道，在模拟折射效果的时候，最好使用光线跟踪，尽管光线跟踪渲染要花费相当长的时间。

在图 7-99 中，左边是贴图的层级结构，右边是贴图的最后效果。

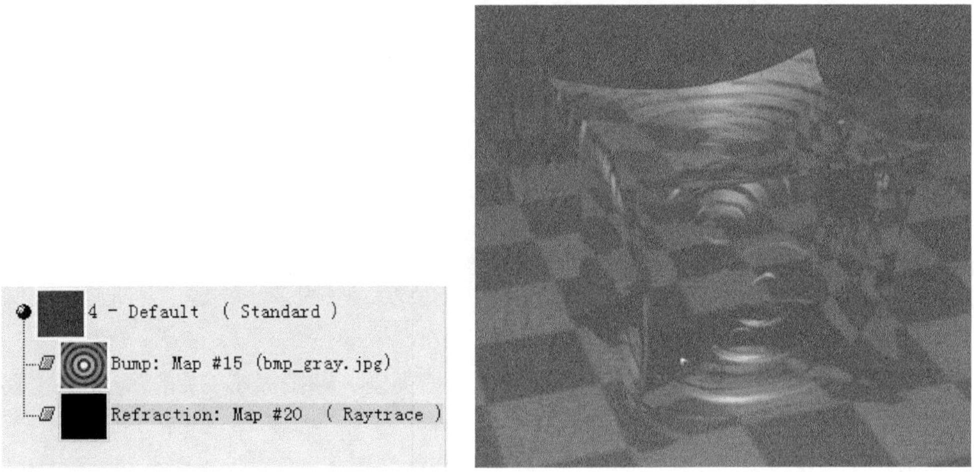

图 7-99

7.10　UVW 贴图

当为几何对象应用 2D 贴图时，经常需要设置对象的贴图信息。这些信息告诉 3ds Max 如何在对象上设计 2D 贴图。

许多 3ds Max 的对象有默认的贴图坐标。放样对象和 NURBS 对象也有它们自己的贴图坐标，但是这些坐标的作用有限。例如如果应用了布尔操作，或材质使用 2D 贴图之前，对象已经塌陷成可编辑的网格，那么就可能丢失了默认的贴图坐标。

在 3ds Max 中，经常使用如下几个编辑修改器来给几何体设置贴图信息。

- UVW 贴图
- UVW 变换
- UVW 贴图清除
- UVW 贴图添加
- UVW 贴图展开

本节介绍最为常用的 UVW 贴图。

7.10.1 UVW 贴图修改器

“UVW 贴图修改器”用来控制对象的 UVW 贴图坐标。

注意：从 Autodesk Architectural Desktop 和 Autodesk Revit 导入或链接绘图时仍保持由这些产品指定给对象的贴图坐标。

在视图中创建一个几何体对象，进入修改命令面板，在修改器列表中选择“UVW 贴图”修改器，即可进入“UVW 贴图”修改器操作面板，其参数卷展栏如图 7-100 所示。

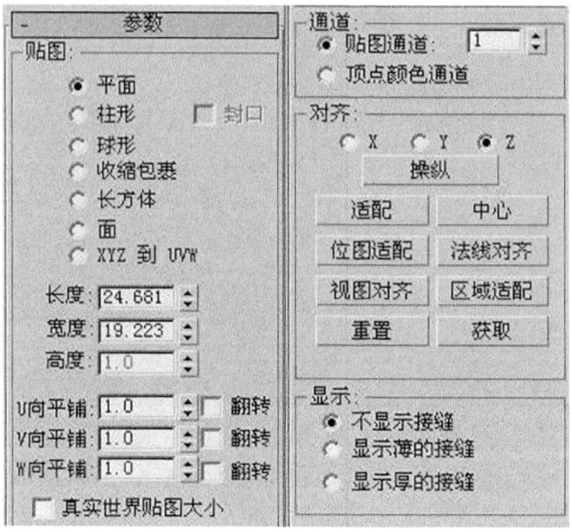

图 7-100

“UVW 贴图”修改器提供了调整贴图坐标类型、贴图大小、贴图的重复次数、贴图通道设置和贴图的对齐设置等功能。

使用“UVW 贴图修改器”可执行以下操作。

- 对指定贴图通道上的对象应用七种贴图坐标之一。不同编号的贴图通道上的贴图可具有不同的贴图坐标，并可以使用修改器堆栈中的两个“UVW 贴图修改器”来单独控制。
- 变换“贴图 Gizmo”以调整贴图的位移、旋转和缩放。具有内置贴图坐标的对象缺少 Gizmo。
- 对不具有贴图坐标的对象（例如导入的网格）应用贴图坐标。
- 在子对象层级应用贴图。

7.10.2 变换 UVW 贴图 Gizmo

在修改器操作面板中，选择“UVW 贴图”的“Gizmo”子对象操作层级，如图 7-101 所示。可以对 Gizmo 进行变换操作（例如移动、旋转、缩放等），Gizmo 的变化会直接影响到贴图的效果。在图 7-102 中，通过变换 Gizmo 来更改贴图的位置。

图 7-101

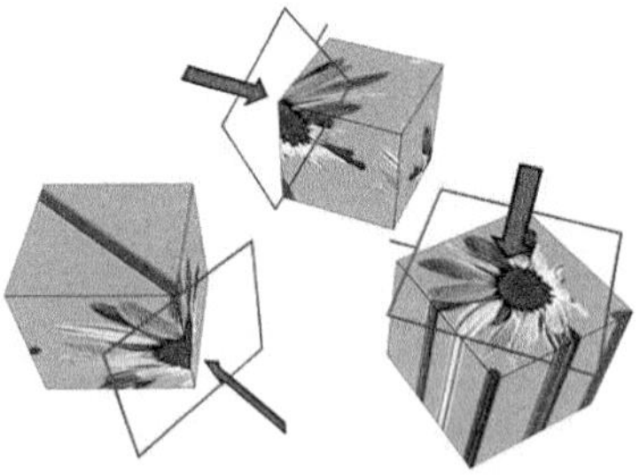

图 7-102

说明:“UVW 贴图”的“Gizmo”将贴图坐标投影到对象上。可移动、旋转或缩放 Gizmo 以调整对象上的贴图坐标，还可以设置 Gizmo 的动画。

移动 Gizmo 会更改投影中心并影响所有类型的贴图。旋转 Gizmo 会更改贴图方向，影响所有类型的贴图。均匀缩放不影响球形或收缩包裹贴图。非均匀缩放影响所有类型的贴图。

说明：如果缩放的 Gizmo 小于几何体，会创建平铺效果，除非缩放对所使用的贴图类型不生效。

在图 7-103 中，由于放大了 Gizmo，在与 Gizmo 正对的平面上放大显示了使用的贴图，同时对象的侧面产生了重复贴图的拉伸效果。

1．不同贴图类型的 Gizmo 显示

对于平面、球形、圆柱形和收缩包裹贴图，一条黄色短线指示贴图顶部。Gizmo 的绿色边指示贴图右侧。在球形或圆柱形贴图上，绿色边是左右边的接合处。必须在修改器子对象层级中选择 Gizmo，才能显示 Gizmo。如图 7-104 显示了几种不同贴图类型的 Gizmo 的显示效果。

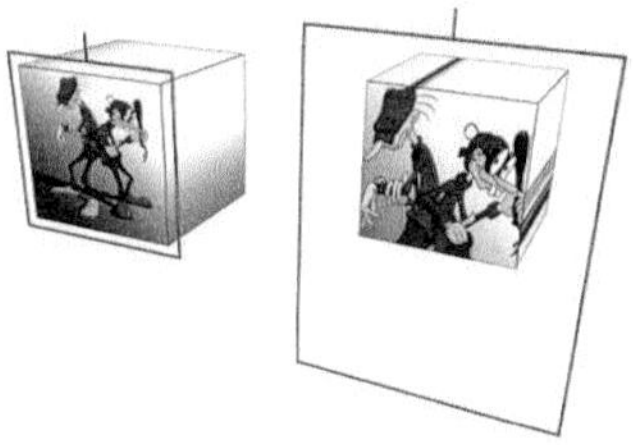

图 7-103

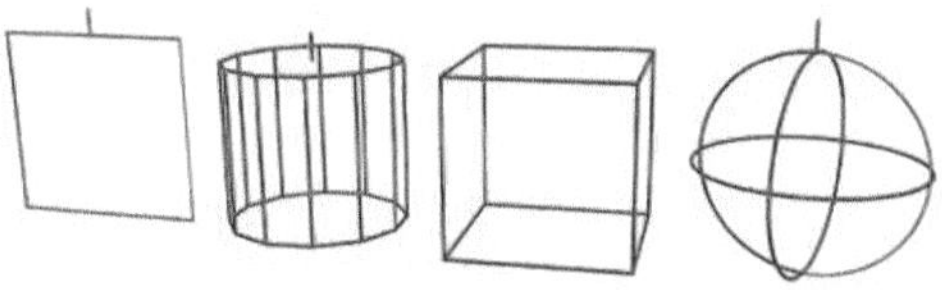

图 7-104

2．贴图坐标类型

“贴图坐标类型”用来确定如何给对象应用 UVW 坐标，共有 7 个选项。

平面

从对象上的一个平面投影贴图，在某种程度上类似于投影幻灯片，如图 7-105 所示。

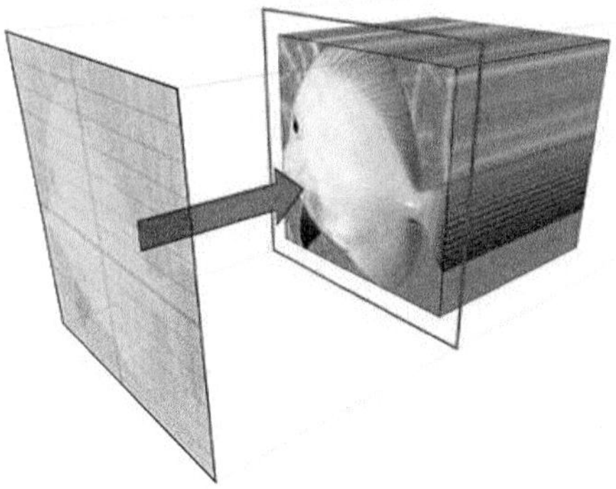

图 7-105

说明：在需要贴图对象的一侧时，会使用平面投影。它还用于倾斜地在多个侧面进行贴图。

柱形

从圆柱体投影贴图，使用它包裹对象，如图 7-106 所示。位图接合处的缝是可见的，除非使用无缝贴图。

说明：圆柱形投影用于基本形状为圆柱形的对象。

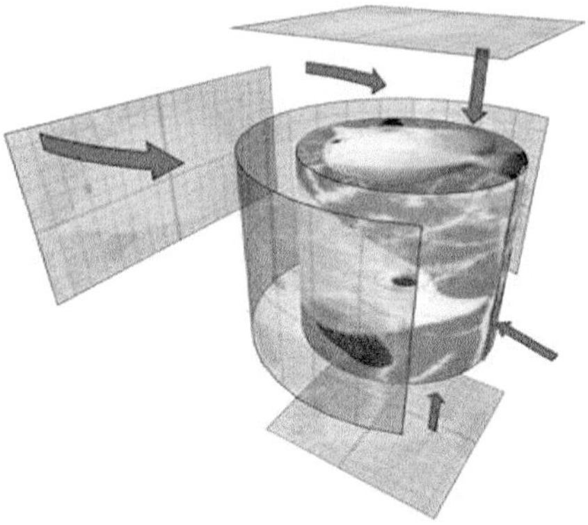

图 7-106

- 封口——对圆柱体的上下两个封口应用平面贴图坐标。

注意：如果几何体对象的两端与侧面没有成正确角度，“封口”投影会扩散到对象的侧面上。

球形

通过从球体投影贴图来包围对象。位图的边缘会在球体的一侧相交，并在球体两个极点产生贴图的奇点，如图 7-107 所示。

说明：球形投影用于基本形状为球形的对象。

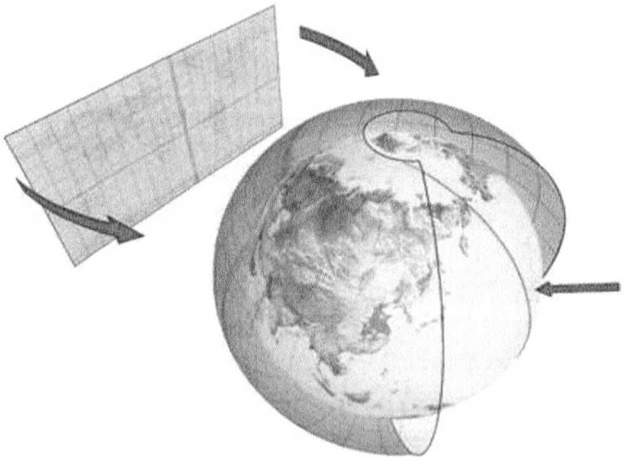

图 7-107

收缩包裹

使用球形贴图，但是它会截去贴图的各个角，然后在一个单独极点将它们全部结合在一起，仅创建一个奇点，如图 7-108 所示。

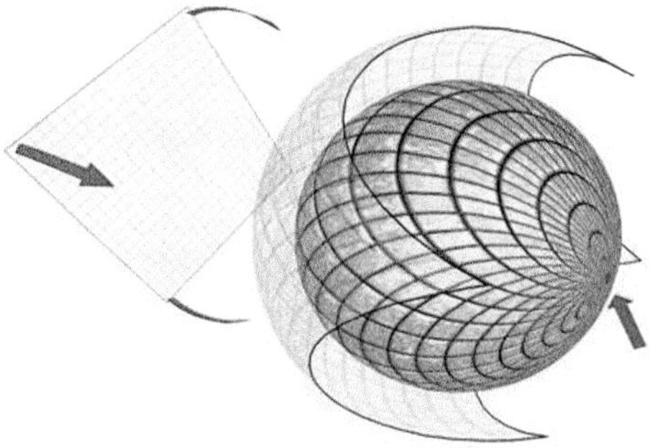

图 7-108

长方体

从长方体的六个侧面投影贴图。每个侧面投影为一个平面贴图，且表面上的效果取决于曲面的法线方向，如图 7-109 所示。

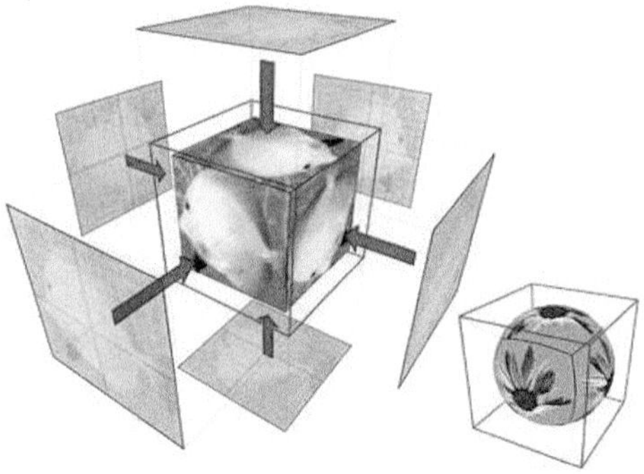

图 7-109

说明：通常情况下，法线是垂直于它们所在的面，并且方向朝外。如果法线的方向朝里，那么法线所在的面将是不可见的，除非设置它为双面。

面

为对象的每个面应用贴图副本，如图 7-110 所示。

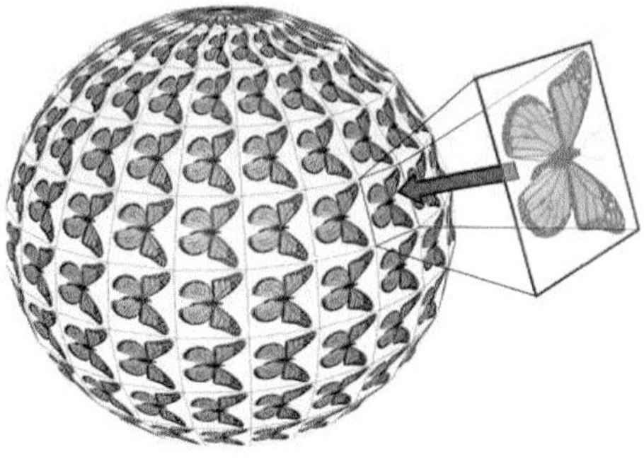

图 7-110

面投影

- XYZ 到 UVW——使用 UVW 坐标来控制 3D 程序坐标贴图。这会将程序纹理贴到几何体对象的表面。如果几何体对象的表面被拉伸，3D 程序贴图也被拉伸，如图 7-111 所示。

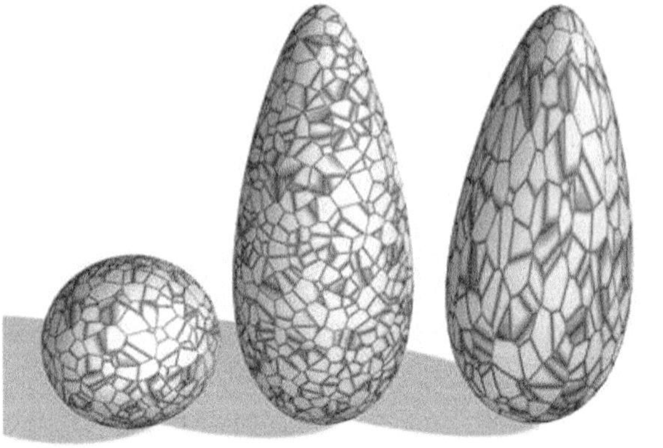

图 7-111

7.11 样题解答

为了学习本章与前章内容，本解题方法可能与试题要求不完全一致，请参考使用。

（1）重新启动 3ds Max，打开素材文件 Samples\ch07\yt_tv.max，效果如图 7-112 所示。

（2）单击主工具栏上的"快速渲染（产品级）"按钮，快速渲染摄像机视图，渲染效果如图 7-113 所示，电视机没有被赋予任何材质。

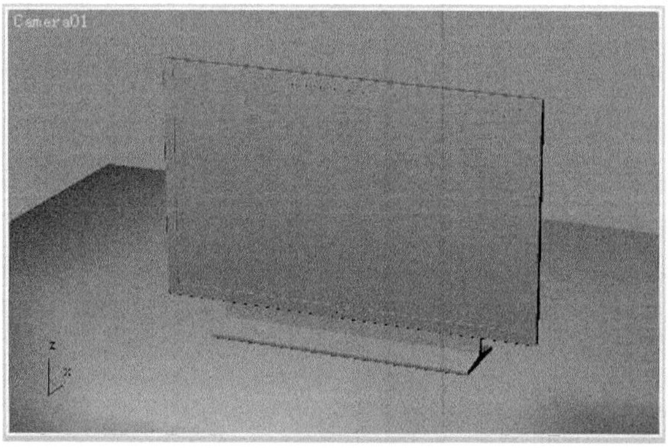

图 7-112

图 7-113

（3）按下键盘上的"M"键，打开材质编辑器，选择材质示例窗的第一个示例球。

（4）设置阴影器为 Blinn，设置自发光数量为 45，高光级别为 40，光泽度为 0，如图 7-114 所示。

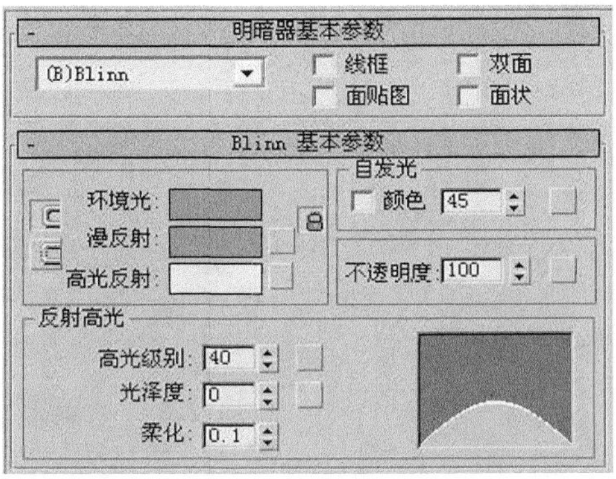

图 7-114

（5）单击漫反射颜色右侧旁的“贴图通道”按钮，出现“材质/贴图浏览器”，如图 7-115 所示。

（6）选择“位图”贴图类型，然后单击“确定”按钮，退出“材质/贴图浏览器”，同时出现“选择位图图像文件”对话框，如图 7-116 所示。

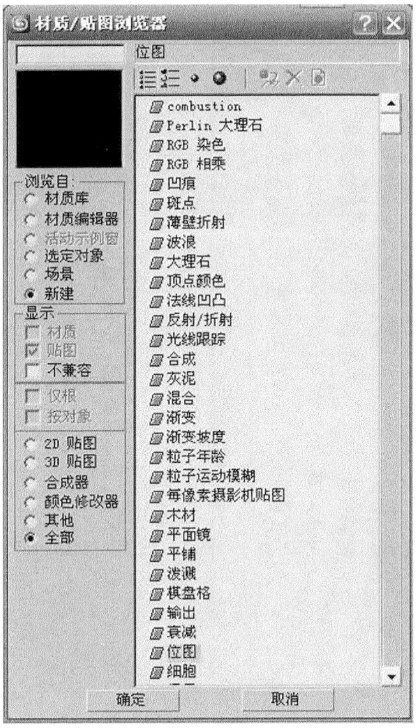

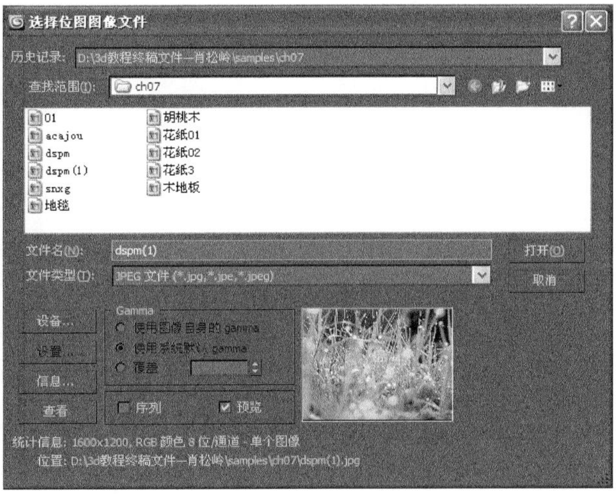

图 7-115　　　　图 7-116

（7）从查找范围项导航到 Samples\ch07 文件夹，选择“dspm (1).jpg”文件，单击“打开”按钮退出“选择位图图像文件”对话框。

（8）在材质名称栏为材质取名为“dspm”，效果如图 7-117 所示。

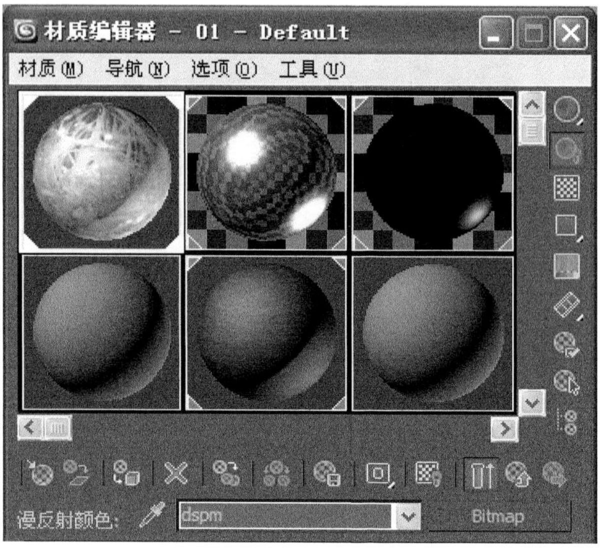

图 7-117

（9）按下键盘上的“H”键，出现“选择对象”对话框，如图 7-118 所示。

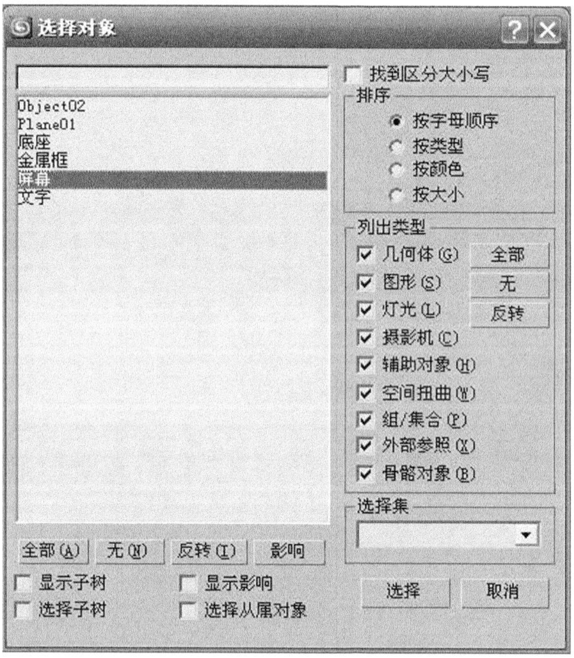

图 7-118

（10）在“选择对象”对话框中双击选择“屏幕”，退出“选择对象”对话框，这样就选择了电视的屏幕模型部分。

（11）选择刚刚编辑好的材质“dspm”，单击 “将材质指定给选定对象”按钮，这样把材质指定给了该电视的屏幕部分。

（12）选择摄像机视图，按下键盘上的“Shift+Q”组合键渲染摄像机视图，结果如图 7-119 所示。

图 7-119

（13）选择第二个材质示例球，将该示例球命名为“金属”，设置明暗器类型为“金属”，如图 7-120 所示设置金属示例参数。

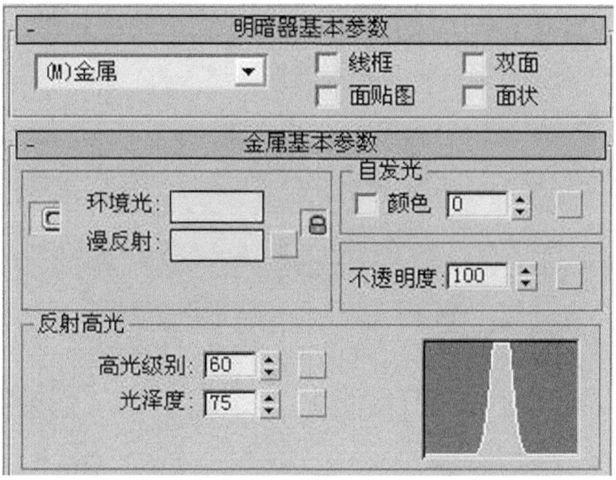

图 7-120

（14）单击漫反射颜色块，出现 “颜色选择器”，如图 7-121 所示，设置色值为：R215，G220，B228。

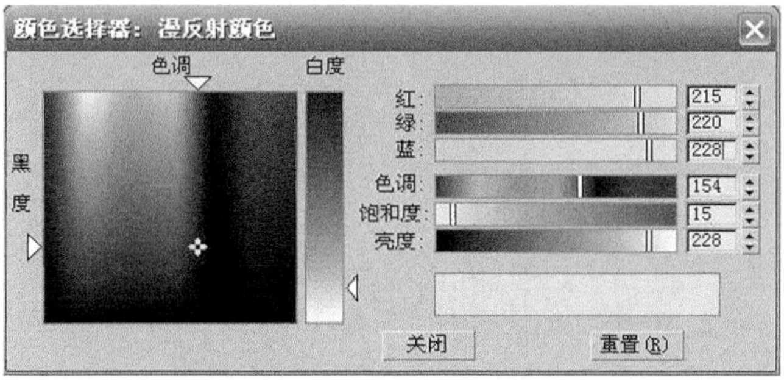

图 7-121

（15）在“贴图通道”卷展栏中单击 ☑ 反射 . . . . 40 Map #38 (Raytrace) 反射贴图通道的“None”长按钮，在出现的“材质/贴图浏览器”中双击 “光线跟踪贴图”类型，设置其数量为 40。

（16）在材质编辑器上单击“背光”按钮，打开材质的背光，金属材质的效果如图 7-122 所示。

图 7-122

（17）在视图中选择电视外壳及底座模型，然后将金属材质赋予它们，快速渲染摄像机视图，效果如图 7-123 所示。

图 7-123

最后来为电视机上的文字添加材质。

（18）在材质编辑器中选择第三个材质示例球，将它重新命名为“文字”。

（19）设置其明暗器的类型为“金属”，设置漫反射的颜色为纯黑色，设置高光级别 100，光泽度 80。

（20）按下键盘上的“H”键，在出现的“选择对象”对话框中，结合 Ctrl 键，选择 Object02 与文字“PHILIPS”，单击“选择”按钮退出“选择对象”对话框。

（21）单击 “将材质指定给选定对象”按钮，将“文字”材质赋给刚才选择的两个对象。

（22）快速渲染摄像机视图，结果如图 7-124 所示。

图 7-124

将最终结果以 X6-20.max 为文件名保存在桌面。

第 8 章　灯光、摄影机与渲染

本章主要讲解灯光与摄影机的设置以及场景的渲染输出。讲解的过程中还会涉及到场景的合成以及场景合成过程中需要注意的其他事项。

灯光用来模拟实际灯光（例如家庭或办公室的灯、舞台和电影工作中的照明设备以及太阳本身）效果。添加灯光到场景有助于使场景显得更加真实。如果一个场景只包含几何体而不包含灯光对象，则会提供默认照明。但如果为场景添加了灯光对象，默认照明就会被禁用。虽然设置照明并不困难，但是要达到好的效果，最好能够首先进行设计，然后再进行实验。

摄影机用于设置场景表现的主题，它可以非常容易地表现场景的透视效果，突出要表现的场景。

场景输出之前需要对渲染选项进行合理设置，以便对效果图进行后期处理。

本章技能考核点

- 灯光类型，灯光的创建和应用
- 摄影机的创建和使用
- 渲染输出

评分细则

本章有 3 个评分点，每题 10 分。

序号	评分点	分值	得分条件	判分要求
1	创建灯光	4	灯光类型正确，位置恰当	类型不正确不得分
2	环境效果	4	特效效果类型正确	效果相似即可得分
3	渲染输出	2	按照场景修饰效果	允许一定的创意发挥

本章导读

如上所述，我们明确了本章所要求掌握的技能考核点以及对应《试题汇编》的评分点、得分条件和判分要求等。下面我们先在“样题示范”中展示《试题汇编》中一道关于制作室内灯光效果的真实试题，并在“样题分析”中对如何解答这道试题进行分析，最后通过一些案例来详细讲解本章中涉及到的技能考核点，最后通过“样题解答”来叙述“制作室内灯光效果”这道试题的详细操作步骤。

8.1 样题示范

- 练习目的——由《试题汇编》中选取一个样题，由此观察本章题目类型，了解本章对学习内容的要求。
- 样题来源——《试题汇编》第 7 单元 7-20 题。
- 操作要点——使用标准灯光，修改灯光参数，模拟室内灯光效果。

【操作要求】

渲染室内灯光效果，效果如图 8-1 所示。

图 8-1

打开场景文件 Samples\ch08\Y7-20.max。

1．**创建灯光**：在客厅（外大厅）中心上方创建全局泛光灯 Omni01（强度 0.7，排除 Rectangle01、Rectangle09、Rectangle10 和天花板 01，启用阴影），在餐厅（内小厅）处创建全局泛光灯 Omni02（强度 0.4）。

2．**环境效果**：在底部创建目标聚光灯 Spot01 照亮天花板，强度为 0.3。

3．**渲染输出**：创建天花板泛光灯 Omni03（强度 0.65、包含天花板 01），如图 8-2 所示。将最终结果以 X7-20.max 为文件名保存在桌面。

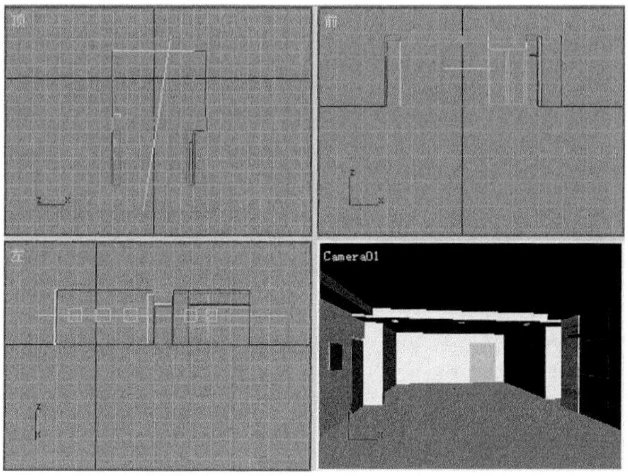

图 8-2

8.2 样题分析

本题主要讲解有关灯光的设置，也牵涉到摄影机的简单设置，操作起来不困难。但是，设置灯光与摄影机的前提是深入理解灯光与摄影机的设置原理与方法，尤其是灯光的设置，需要多练习，勤思考，多总结，把握规律。惟有如此，才能表现出较为真实的灯光效果。

8.3 灯光类型

3ds Max 的灯光有两大类：标准灯光与光度学灯光，本书只就标准灯光进行讲解。

灯光的创建可以通过创建命令面板中的创建命令来实现。单击屏幕右侧的“创建”命令面板中的“灯光”按钮，即可打开灯光创建命令面板，如图 8-3 所示。

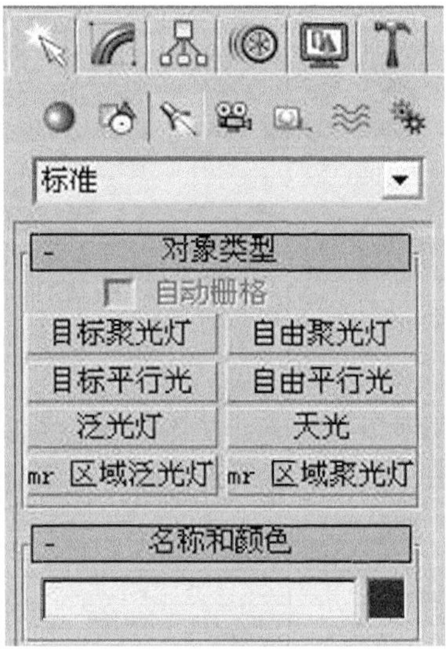

图 8-3

8.3.1 泛光灯

泛光灯非常类似于裸露的灯泡或夜空中的星星。泛光灯没有方向控制，而是均匀地向四周发散光线。

说明：泛光灯的作用是作为一个辅光，帮助照亮场景。优点是比较容易建立和控制，缺点是不能建立太多，否则场景对象将会显得平淡而无层次。

下面来学习创建泛光灯。

（1）重置或重新启动 3ds Max。

（2）执行“文件”＞“打开”菜单命令，打开素材文件 Samples\Ch08\Ch08_ 01.max，如图 8-4 所示。

图 8-4

（3）切换到灯光创建命令面板，然后在“灯光类型”下拉列表中选择“标准”灯光。

（4）在“对象类型”面板中单击“泛光灯”命令按钮，然后在顶视图中半球的中心单击鼠标左键创建一个泛光灯，如图 8-5 所示。

（5）切换到前视图，从主工具栏中单击“选择并移动”按钮，沿 Y 轴向下移动泛光灯，如图 8-6 所示。

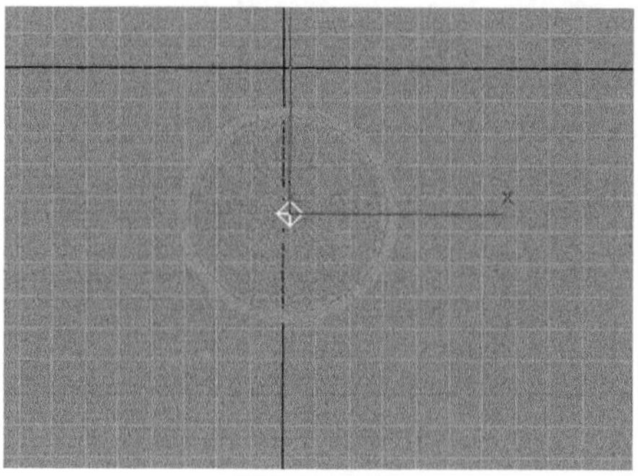

图 8-5

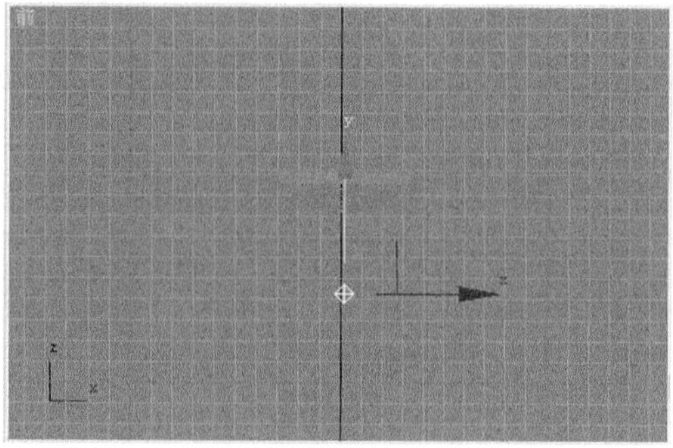

图 8-6

（6）选择摄影机视图，从主工具栏中单击“快速渲染”按钮，渲染摄影机视图，结果如图 8-7 所示。

图 8-7

8.3.2 聚光灯

3ds Max 的聚光灯包括目标聚光灯与自由聚光灯两种，是在三维场景中常用的一种灯光。由于这种灯光有照射方向和照射范围，所以可以对物体进行选择性的照射。

1. **在场景中进行灯光创建练习**

（1）执行“文件”>“打开”菜单命令，打开素材文件 Samples\ch08\ch08_02.max，场景效果如图 8-8 所示。我们将以此为场景进行灯光练习。

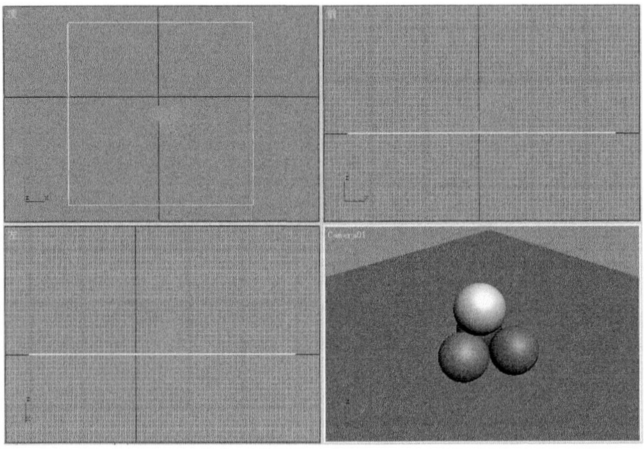

图 8-8

（2）切换到标准灯光创建命令面板，在“对象类型”面板中单击“目标聚光灯”按钮，以缺省参数创建一个目标聚光灯。

说明：将鼠标移至前视图中，按下鼠标左键由右上方向左下方拖拽，松开左键，确定灯光的目标点。这样一个目标聚光灯的场景就创建完成了。目标聚光灯包括光源和目标点两部分，可以分别进行移动修改。

（3）从工具栏中单击“选择并移动”按钮，分别对光源与目标点进行移动调整。参照如图 8-9 所示位置放置灯光。

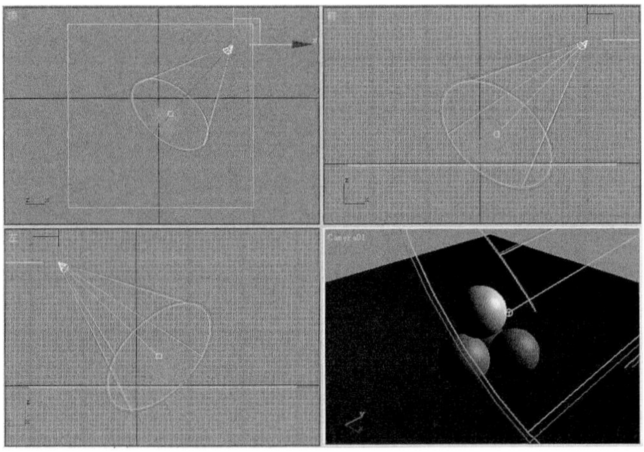

图 8-9

（4）选择摄影机视图，单击主工具栏上的“快速渲染”按钮，渲染摄影机视图，结果如图 8-10 所示。

图 8-10

（5）选择目标聚光灯的光源部分，进入“修改”命令面板，对灯光的参数进行设定。

注意：修改灯光参数时，一定要选择光源本身，而不能选择目标点，否则灯光的参数是不可以调整的。

目标聚光灯修改面板中包括 6 个卷展栏，分别为“常规参数”卷展栏、“强度/颜色/衰减”卷展栏、“聚光灯参数”卷展栏、“高级效果”卷展栏、“阴影参数”卷展栏和“阴影贴图参数”卷展栏。分别对这些卷展栏中的参数进行调整，会出现不同的效果。

- “常规参数”卷展栏如图 8-11 所示。

在这个卷展栏中可以启用灯光阴影，设置阴影方式，使用全局光设置以及对灯光进行排除设置等。

图 8-11

图 8-12

注意：在“常规参数”卷展栏的阴影项下，设置不同的阴影类型，相对应的阴影贴图参数也会发生相应的变化，会有所区别。

● “强度/颜色/衰减”卷展栏如图 8-12 所示。

使用此参数卷展栏可以对灯光的亮度、颜色以及衰减进行设置。

● “聚光灯参数”卷展栏如图 8-13 所示。

使用“聚光灯参数”卷展栏可以对灯光的聚光区和衰减区进行设置。

说明：当创建或选择一个目标聚光灯或自由聚光灯或带有聚光灯分布的光度学灯光时，都可以显示“聚光灯参数”卷展栏。

● “高级效果”卷展栏如图 8-14 所示。

“高级效果”卷展栏用来调整灯光对模型表面的影响效果，常用的控件包括很多微调和投影灯的设置等。

可以为灯光的贴图通道指定贴图，从而使灯光产生特殊的投影效果。投射的贴图可以是静止的图像，也可以是动画效果。

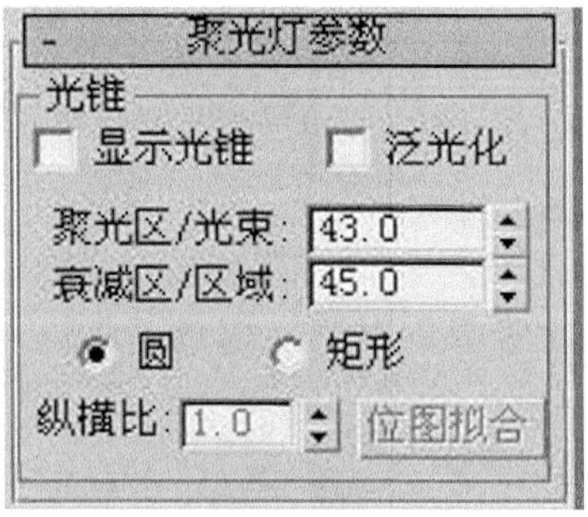

图 8-13

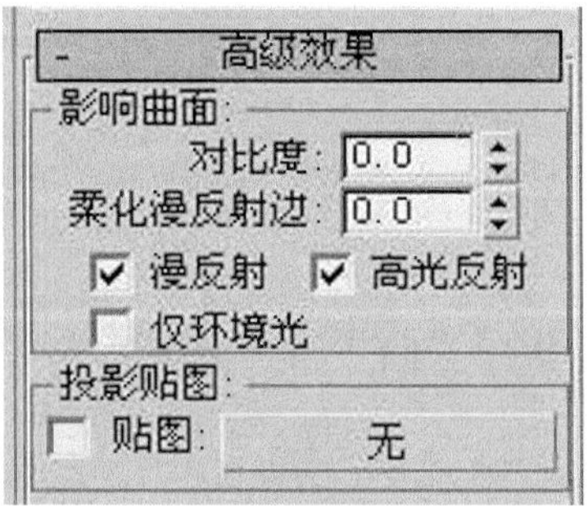

图 8-14

● “阴影参数”卷展栏如图 8-15 所示。

所有灯光类型（除了“天光”和“IES 天光”）和所有阴影类型都具有“阴影参数”卷展栏。使用该选项可以设置阴影颜色和其他常规阴影属性。

说明：通过“阴影参数”卷展栏参数的设置可以使灯光在大气中投射阴影。

● “阴影贴图参数”卷展栏如图 8-16 所示。

在选择“阴影贴图”作为灯光的阴影生成技术时，显示“阴影贴图参数”卷展栏。可以在“常规参数“卷展栏中（“常规参数”卷展栏如图 8-11 所示）选择阴影的类型。

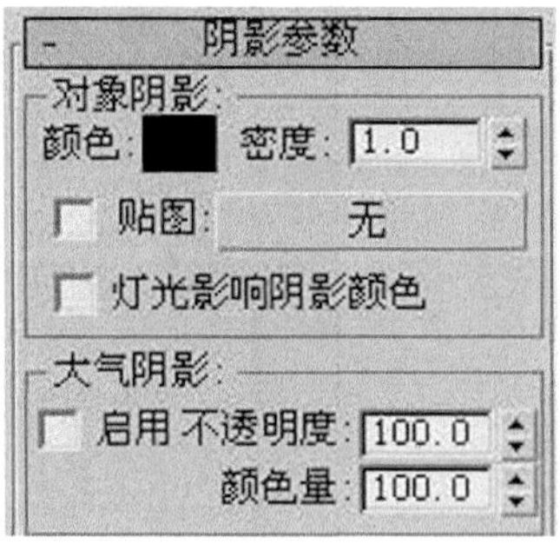

图 8-15

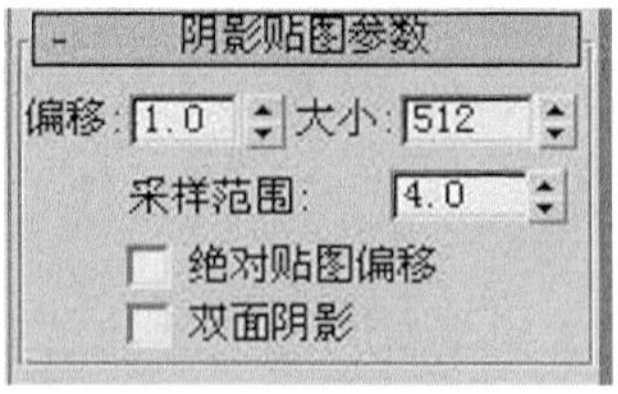

图 8-16

2. 继续进行灯光的设置

（1）在“常规参数”卷展栏中的“灯光类型”参数区，关闭“启用”复选框，结果聚光灯被关闭。

（2）重新启用灯光，然后在“阴影”参数区勾选“启用”复选框，启用灯光的阴影功能，选择阴影的类型为“阴影贴图”，如图 8-17 所示。选择摄像机视图，然后按下键盘上的“Shift+Q”组合键，快速渲染摄影机视图，灯光的阴影效果如图 8-18 所示。

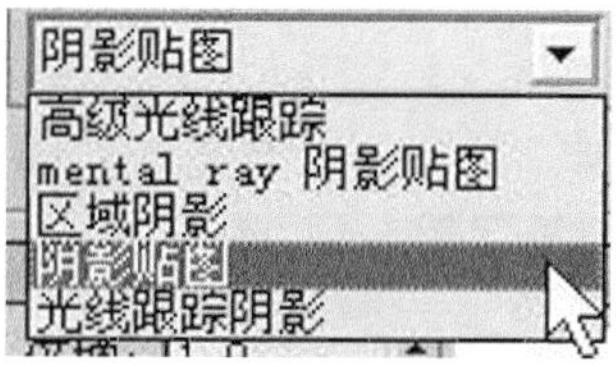

图 8-17

图 8-18

说明：如图 8-17 所示，有 5 种阴影类型可供选择，但是一般情况下选择“阴影贴图”类型的阴影。原因是在渲染时，“阴影贴图”类型渲染速度比较快，而其他类型的阴影虽然效果比较好，但渲染时速度比较慢。

（3）在一个场景中，要实现灯光只对场景中特定的元素起作用，就需要用“灯光排除”功能。单击“常规参数”卷展栏中的“排除”按钮，弹出“包含/排除”对话框，在“包含/排除”对话框中来完成灯光排除操作。

（4）在“包含/排除”对话框的右侧上方点选“排除”单选按钮，然后在左侧的“场景对象”清单中选择“Box01”，最后单击对话框中间的 >> “右向移动”按钮，将“Box01”移动到右侧的区域框中，如图 8-19 所示。

（5）单击“确定”按钮退出“包含/排除”对话框，选择摄像机视图，然后按下键盘上的“Shift+Q”组合键，快速渲染摄影机视图，结果作为地面的长方体“Box01”被排除在了灯光之外，渲染效果如图 8-20 所示。

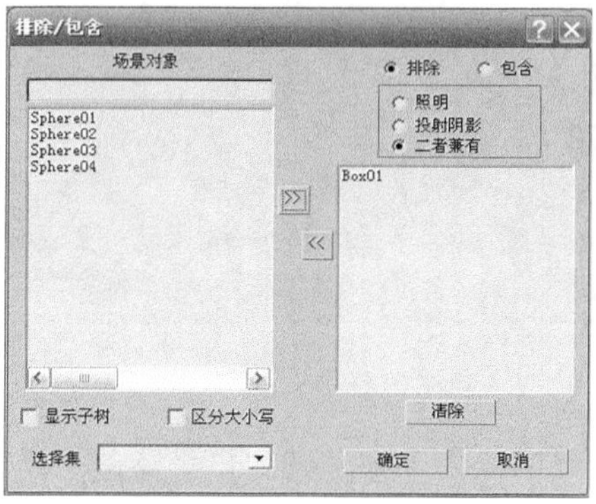

图 8-19

图 8-20

说明:“包含/排除”对话框左侧为场景中物体名称清单，在清单中选择“Box01”后将这个物体发送到排除物体名称清单中。“Box01”已被排除，所以不受光照影响。如果想取消“排除”，就在菜单右侧的清单中，选择要取消的物体名称，然后将名称发送回左侧的清单中即可。

了解灯光排除方法，就可以运用他来实现多种特殊的灯光特技，如：场景中的不同物体可使用不同色彩的灯光进行分别照射。特别是在效果图的制作中，为使场景中的灯光丰富且柔合，就可以使用排除的方法选择不同的灯光分别照射不同的对象，而其他对象则不受影响。

（6）在右侧的“场景对象”名称清单中，选择“Box01”，然后单击对话框中间的《“左向移动”按钮，将“Box01”移动到左侧的区域框中，从而取消灯光对“Box01”的排除。

3. **修改灯光的强度/颜色/衰减**

（1）将灯光的“倍增”值设置为 1.5，渲染场景，场景亮了许多，如图 8-21 所示。

图 8-21

（2）单击灯光倍增器右侧的颜色块，弹出灯光颜色选择器，如图 8-22 所示设置颜色，这时场景中的灯光被调成蓝色，灯光强度减弱，然后渲染摄影机视图，结果如图 8-23 所示。

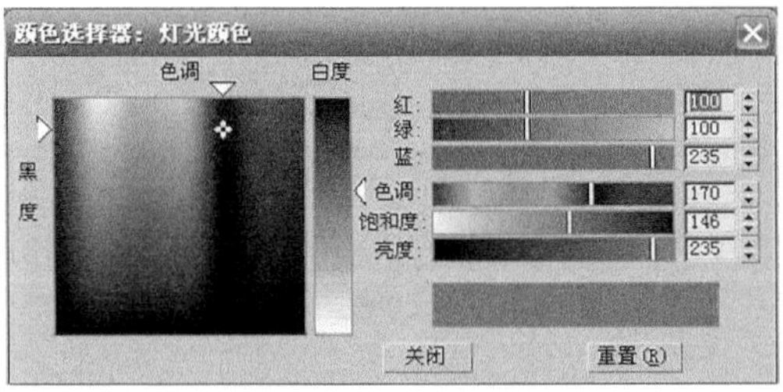

图 8-22

图 8-23

说明：在使用聚光灯时一定要注意灯光的照射范围，并且还要根据场景中的不同要求来调整内外光圈。这些需要在聚光灯参数卷展栏中进行设定。

（3）将灯光的颜色重新设置回白色，在聚光灯参数卷展栏中，设定“聚光灯/光束”为 20，“衰减区/区域”为 25，然后渲染摄影机视图，渲染效果如图 8-24 所示。

（4）设定“聚光灯/光束”为 5，“衰减区/区域”为 40，然后渲染摄影机视图，渲染效果如图 8-25 所示。我们会发现灯光照射范围扩大，且灯光边缘产生了明显的过渡效果。

图 8-24

图 8-25

提示：默认情况下，聚光灯的照射范围是“圆”形范围，如果将聚光灯参数卷展栏中的“光锥”选项修改为“矩形”，可在视图中看到灯光范围已由圆形转化为矩形。在矩形光圈下，灯光边缘成为矩形。这种矩形灯光多用于创建一些大屏幕投影的效果。

4. 练习灯光的衰减

（1）如图 8-26 所示设置灯光衰退。渲染摄影机视图，结果灯光提前衰退，场景暗了下来，如图 8-27 所示。

图 8-26

图 8-27

“衰退”是使远处灯光强度减小的一种方法。光的衰退值控制一个光源的强度，所以它也控制着光离开光源后能传播多远。弱光衰退迅速，而强光衰退缓慢，而且传播的距离远。在现实世界中，光的衰退总是与产生光的光源强度联系在一起。但在 3ds Max 中，衰减参数独立于强度参数。衰减参数定义光离光源而去时的强度变化。由点光源产生的光在所有方向一致衰退，由聚光灯产生的光不仅随着光离开光源而衰减，而且也随着离光束圆锥中心向边缘移动而衰减。为取得慢速衰退效果，用线性插值控制衰退和衰减；为取得迅速衰退效果，用指数插值控制衰退和衰减。

衰退有三种类型可选择:“无”、“倒数”，和“平方反比”。通常情况下选择“无”即可满足需求。

（2）重新设置衰退的类型为“无”。

（3）勾选“远距离衰减”项下的“使用”复选框，设置：开始=200，结束=400。渲染摄影机视图，可以明显地观察到灯光的衰减效果，如图 8-28 所示。

说明：在衰减参数卷展栏中分“近距衰减”和“远距衰减”两个选项，并且在每个项目中都可以设置“开始”值与“结束”值，来控制衰减的范围。当勾选“使用”复选框时就可以将衰减打开，勾选“显示”复选框后衰减的范围就被显示在视窗中，其中球形的蔽片就是衰减的范围。

如图 8-29 所示，是衰减范围显示效果。

图 8-28

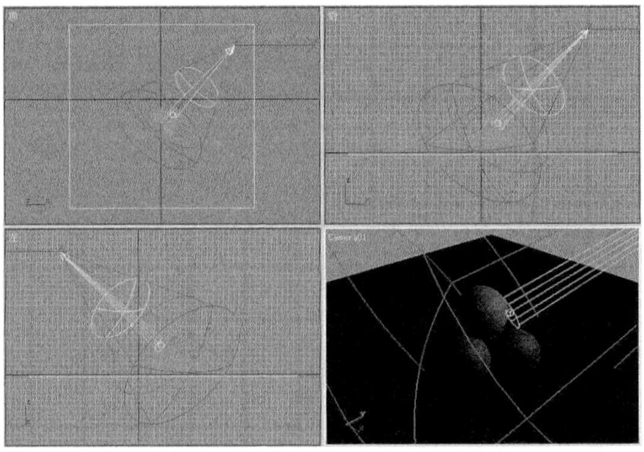

图 8-29

打开衰减后灯光的照射在物体上的强度减弱，并且在衰减范围以外的物体不会被照亮。

5. 练习灯光阴影的控制

（1）确保已经启用了“灯光阴影”，展开“阴影参数”卷展栏。

（2）单击对象阴影项下的颜色块，在弹出的颜色选择器中设置颜色为紫色，如图 8-30 所示。渲染摄影机视图，阴影的颜色变成了紫色，如图 8-31 所示。

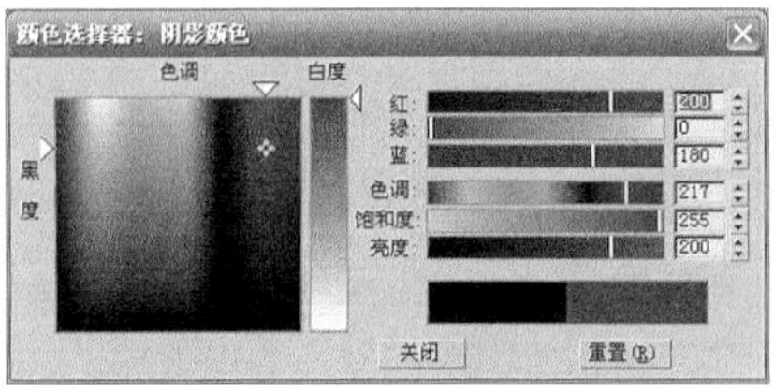

图 8-30

图 8-31

（3）设置阴影的“密度”值为 0.5，渲染摄影机视图，结果阴影透明了许多，如图 8-32 所示。

说明：当设置阴影的密度为负值时，灯光阴影的颜色会以当前阴影颜色的补色来替代，效果非常有趣。

6. 练习创建灯光投影效果

（1）在“阴影参数”卷展栏中，勾选“贴图”复选项，然后单击其右侧的“无”按钮，弹出“材质/贴图浏览器”对话框。在对话框中双击 “位图”贴图类型，在随后出现的“位图图像选择”对话框中导航到素材文件 Samples\Ch08\GOBOGATE.GIF。

（2）渲染摄影机视图，结果阴影中产生了 GOBOGATE.GIF 图片的投影效果，如图 8-33 所示。

图 8-32

图 8-33

8.3.3 平行光

标准灯光中平行光有两种：“目标平行光”与“自由平行光”，都可以用来模拟阳光效果，而且平行光也可以对物体进行选择性的照射。

下面将通过一个简单的场景来使用平行光模拟阳光的照射效果。

（1）重置或重新启动 3ds Max。

（2）执行“文件”＞“打开”菜单命令，打开素材文件 Samples\Ch08\Ch08_ 03.max，如图 8-34 所示。

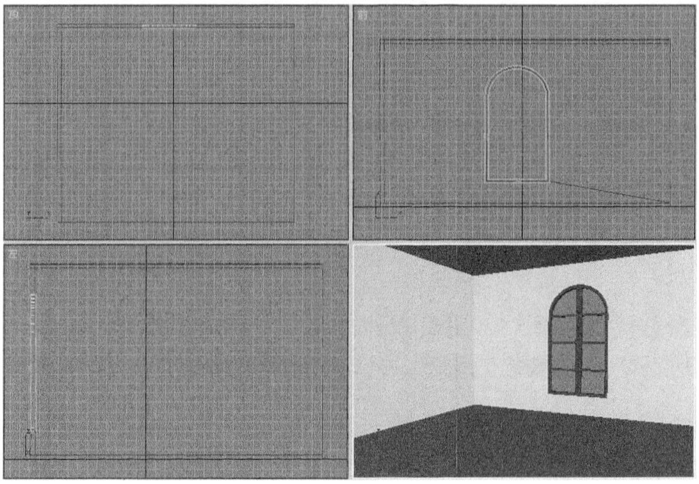

图 8-34

（3）在场景中创建一盏泛光灯，设置灯光的强度为 0.5，其他参数默认，位置如图 8-35 所示。

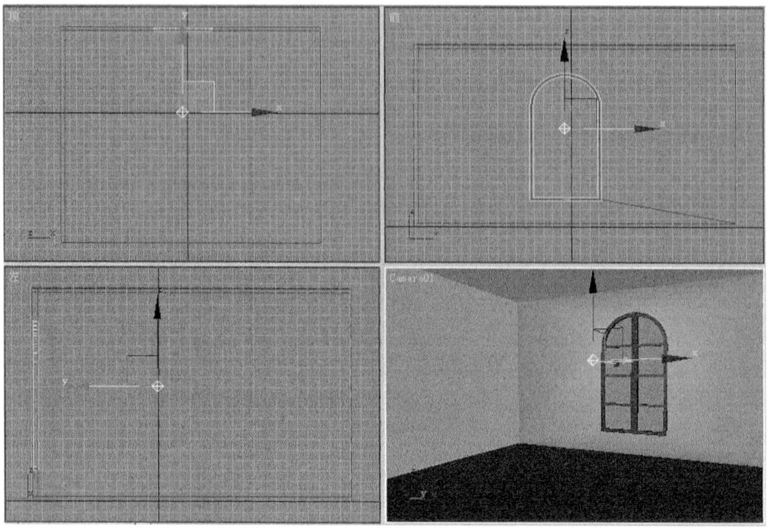

图 8-35

（4）渲染摄影机视图，效果如图 8-36 所示。

图 8-36

说明：刚刚创建的泛光灯主要用来作为场景中的辅助光源将场景照亮，满足基本的照明需要。因为这个泛光灯不是主光源，所以不需要打开投影。

现在房间里的光线很暗，将要创建一束平行光使他穿过窗户射进房间。

（5）切换到标准灯光创建面板，在“对象类型”面板中单击“目标平行灯”按钮，从左视图创建一个目标平行光，如图 8-37 所示。

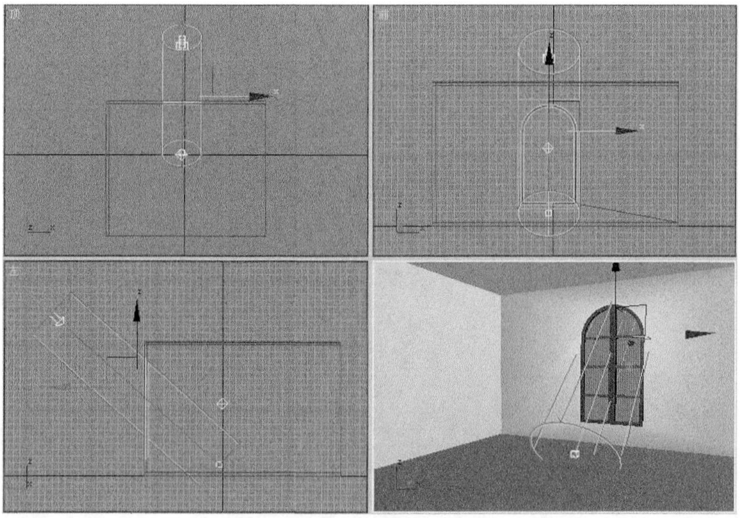

图 8-37

（6）渲染摄影机视图，结果如图 8-38 所示，需要对灯光进行进一步的设置。

图 8-38

（7）启用灯光阴影，并设置阴影的方式为“光线跟踪阴影”。

提示：因为没有打开平行光的投影，所以光源穿过墙体将地面全部照亮。而在现实世界中，光源不会穿过墙射进室内，只能从窗子射进来。因此必须为平行光设置投影效果，这样场景的效果才更接近现实。

说明：因为使用平行光模拟的是阳光，所以尽量使用“光线跟踪阴影”类型。因为“光线跟踪阴影”是精确的，有明显边界，并且几乎完全与投射阴影的对象吻合。光线跟踪最重要的特性是可计算投射阴影对象的透明度值，可将透明对象表面不完全透明的纹理在阴影中真实地表现出来。这种功能是普通阴影所不具有的。

（8）如图 8-39 所示，设置平行光的光锥效果，设置：“聚光区/光束”为 80，“衰减区/区域”为 100，使光锥的范围包含整个窗户。

（9）渲染摄影机视图，结果灯光只透过玻璃窗户照射到屋内，而且在地面上产生了阴影效果，如图 8-40 所示。

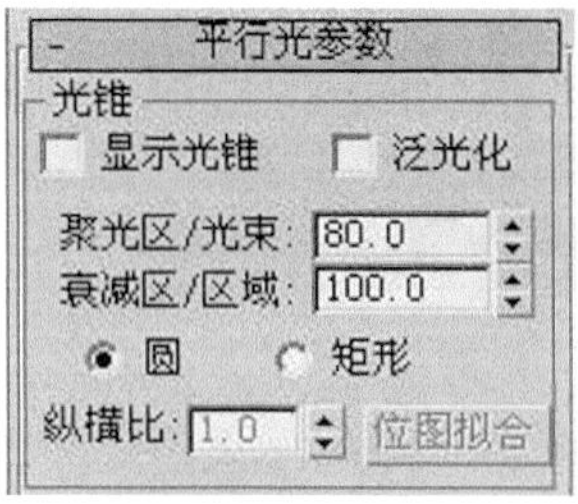

图 8-39

图 8-40

提示：阳光射入房间后，由于玻璃的阻挡事实上光线是有所衰减的，并且由于距离光源远近不同所以光线的强度也有所不同。平行光的衰减设置在这个时候是非常必要的。它有助于更真实地表现场景。

（10）切换到“强度/颜色/衰减”参数卷展栏，在“远距衰减”项下勾选“使用”复选框，如图 8-41 所示设置远距衰减参数。

（11）渲染摄影机视图，平行光阴影出现了逐渐衰减的效果，如图 8-42 所示。

图 8-41

图 8-42

说明：可以在“光线跟踪阴影参数”卷展栏中设置光线的偏移。当光线偏移值为 1.0 时，阴影没有偏移；大于 1.0 时阴影远离投影对象；小于 1.0 时，阴影靠近投影的对象。

8.4　摄影机

在 3ds Max 中，有两个基本的摄影机类型，即“自由摄影机”和“目标摄影机”。两种摄影机的参数相同，但基本用法不同。

8.4.1　自由摄影机

“自由摄影机”就像一个真正的摄影机，它能够被推拉、倾斜及自由移动。自由摄影机显示一个视点和一个锥形图标，如图 8-43 所示。它的一个用途是在建筑模型中沿着路径漫游。

说明：自由摄影机没有目标点，摄影机是唯一的对象。

下面就来练习如何创建和使用自由摄影机。

（1）启动 3ds Max 或者执行“文件”>“重置”菜单命令，复位 3ds Max。

（2）执行“文件”>“打开”菜单命令，打开素材文件 Samples\ch08\ch08_04.max，如图 8-44 所示。

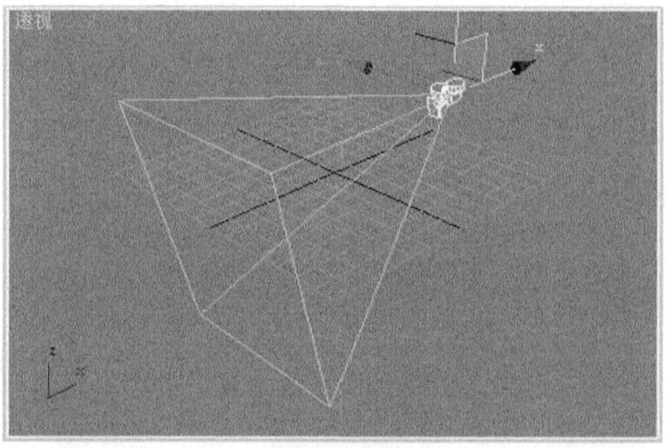

图 8-43

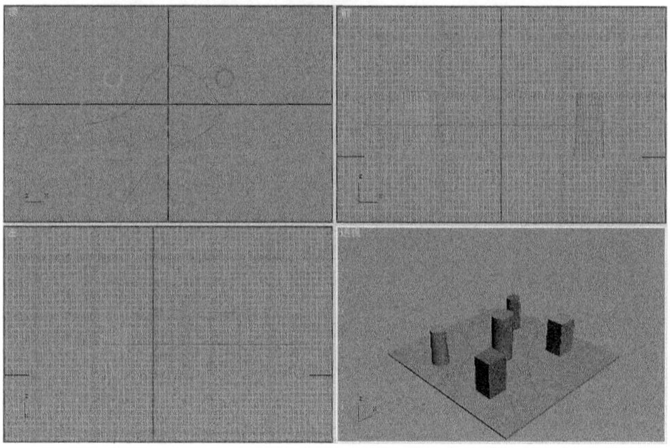

图 8-44

（3）进入“创建”命令面板，然后单击“摄影机”按钮，进入“摄影机”创建命令面板。在“对象类型”卷展栏中单击“自由”按钮，选择自由摄影机类型。

（4）在左视口中单击鼠标（也可以在前视图创建），创建一个自由摄影机，如图 8-45 所示。

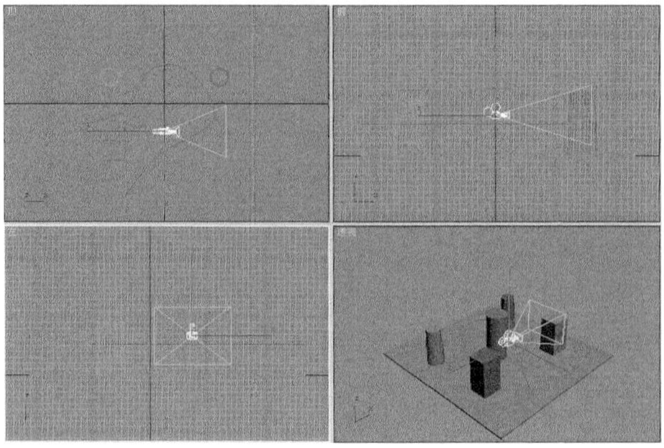

图 8-45

说明：当给场景增加自由摄影机的时候，摄影机的最初方向是指向屏幕里面的。这样，摄影机的观察方向就与创建摄影机时使用的视口有关。如果在顶视口创建摄影机，那么摄影机的观察方向是世界坐标的负 Z 方向。

（5）选择摄影机，进入修改命令面板，设置摄影机的“镜头”为 24 mm。

（6）在透视图中右击鼠标，激活它。按键盘上的“C”键，透视图变成了摄影机视图。观察摄影机视图，效果如图 8-46 所示。

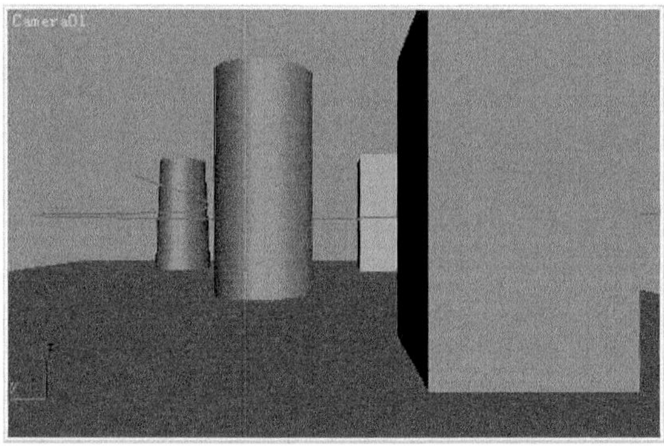

图 8-46

说明：切换到摄影机视口后，视口导航控制区域的按钮就变成摄影机控制按钮。通过调整这些按钮就可以改变摄影机的参数。

（7）选择自由摄影机，执行“动画”＞“约束”＞“路径约束”菜单命令，如图 8-47 所示。

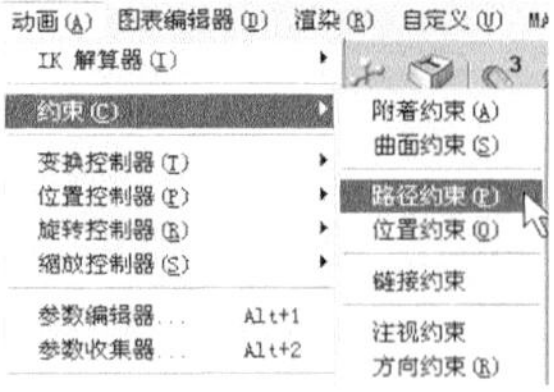

图 8-47

（8）在视图中单击作为摄影机动画路径的“Line01”，自由摄影机会自动移动到 Line01 的起点位置，同时会自动产生“路径动画”效果，而且命令面板也会自动切换到“运动”命令面板。

提示：执行完“动画” > “约束” > “路径约束”菜单命令，移动鼠标，会随着鼠标出现一条虚线，当光标移动到样条线“Line01”上时，会出现提示性信息，表明找到了可以选择的路径。

（9）在运动面板的“路径参数”卷展栏中勾选“跟随”复选框，摄影机的方向会变成与路径一致的方向。

（10）选择摄影机视图，单击视窗下端动画播放区域的“播放动画”按钮，可以观察到摄影机动画效果。

8.4.2 目标摄影机

目标摄影机的功能与自由摄影机类似，但是它有两个对象。第一个对象是摄影机，第二个对象是目标点。摄影机总是盯着目标点，目标点是一个非渲染对象，它用来确定摄影机的观察方向。一旦确定了目标点，也就确定了摄影机的观察方向。目标点还有另外一个用途，就是它可以决定目标的距离。

下面就举例来说明如何使用目标摄影机。

（1）启动 3ds Max 或者执行“文件” > “重置”菜单命令，复位 3ds Max。

（2）执行“文件” > “打开”菜单命令，打开素材文件 Samples\ch08\ ch08_05.max，如图 8-48 所示。

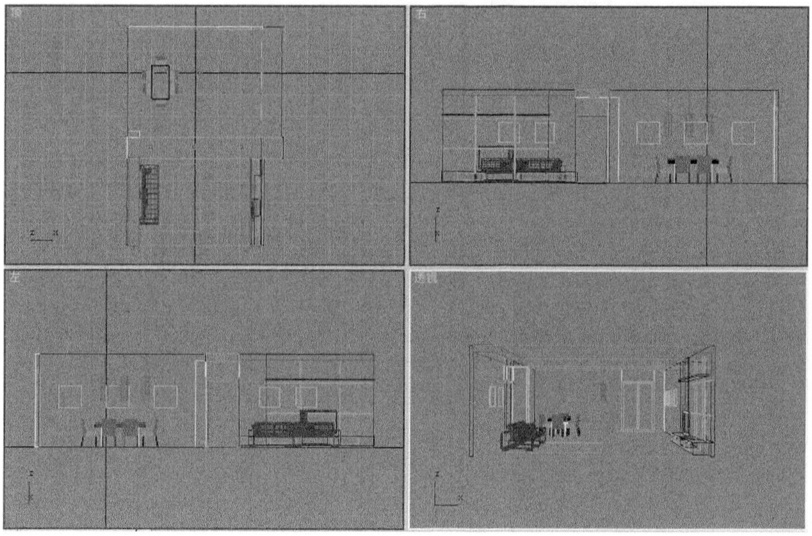

图 8-48

说明：这是一个家居场景，场景中灯光已经设置好，缺少的是使用摄影机来确定场景的空间表现。

（3）在创建命令面板中单击“摄影机”按钮，进入摄影机创建命令面板，最后在“对象类型”卷展栏中单击“目标”按钮，选择目标摄影机。

（4）在顶视口中单击鼠标左键并拖曳创建一个目标摄影机，如图 8-49 所示。

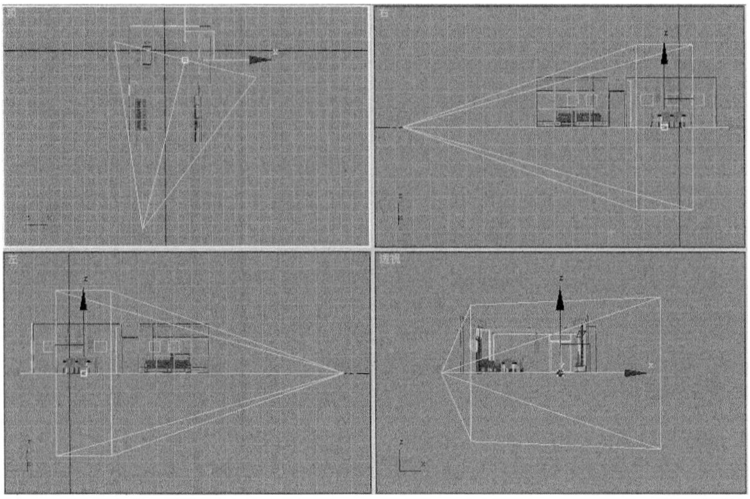

图 8-49

（5）选择摄影机，进入修改命令面板，设置摄影机的“镜头”为 20 mm。

（6）在主工具栏中单击“选择并移动”按钮，分别调整摄影机和目标点，调整位置如图 8-50 所示。

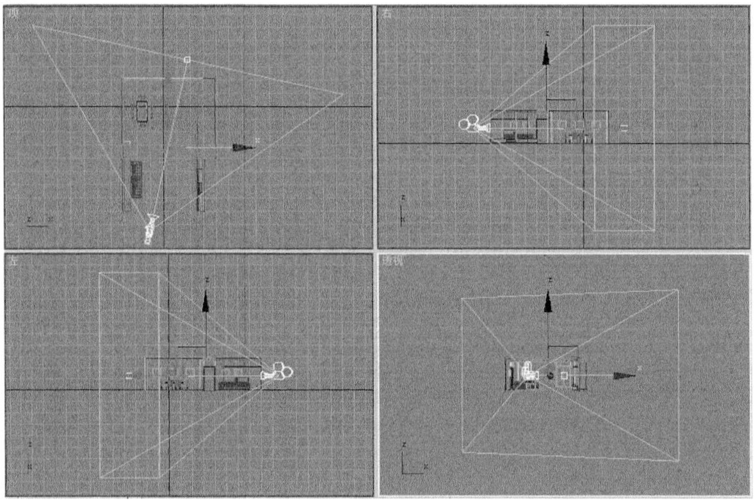

图 8-50

（7）选择透视图，按下键盘上的“C”键，透视图转换成了摄影机视图，如图 8-51 所示。

说明：可以选择任意一个视图，然后按下键盘上的“C”键，将该视图变成摄影机视图。也可以在摄像机的视口标签上右击鼠标，然后在弹出的菜单上选取另外一个视口即可，如图 8-52 所示。

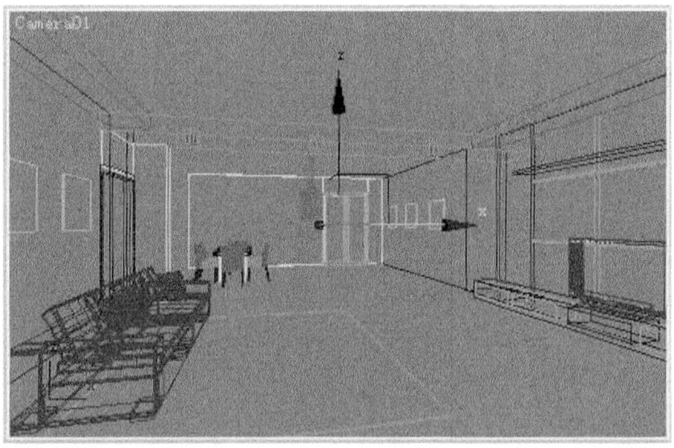

图 8-51

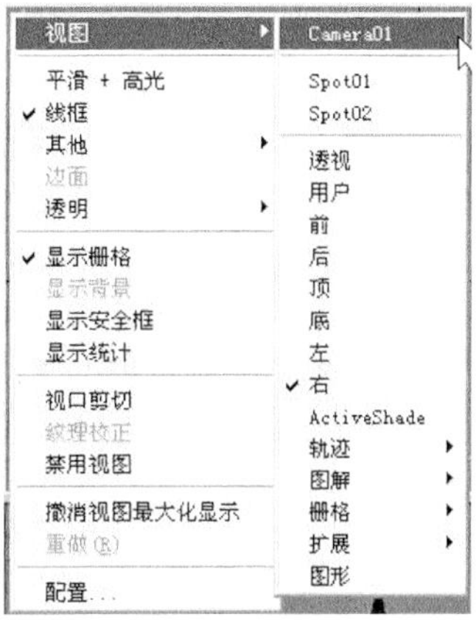

图 8-52

8.4.3 摄影机参数

创建摄影机后，摄影机即被指定了默认的参数。但是在实际中经常需要改变这些参数。改变摄影机的参数可以在“修改”命令面板的“参数”卷展栏中进行，摄影机的参数面板如图 8-53 所示。

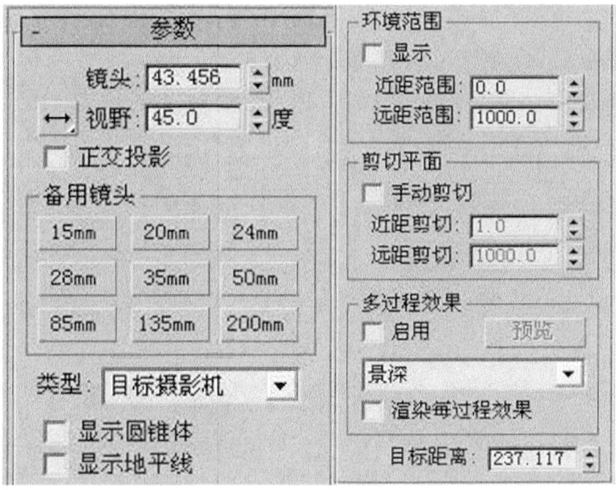

图 8-53

- 镜头——以毫米为单位设置摄影机的焦距。使用“镜头”微调器来指定焦距值，而不是指定在“备用镜头”组框中按钮上的预设“备用”值。

说明：镜头与感光表面间的距离称为焦距。不管是电影还是视频电子系统都被称为镜头的焦距。焦距影响对象出现在图片上的清晰度。焦距越短，图片中包含的场景就越多；焦距越长，包含的场景就越少，但却能够更清晰地表现远处场景的细节。焦距总以毫米（mm）为单位，通常将 50 mm 的镜头定为摄影机的标准镜头，低于 50 mm 的镜头称为广角镜头，高于 50 mm 的镜头称为长焦镜头。

- FOV 方向弹出按钮——可以选择怎样应用“视野（FOV）”值。
- 水平——（默认设置）水平应用视野。这是设置和测量 FOV 的标准方法。
- 垂直——垂直应用视野。

- 对角线——在对角线上应用视野，从视口的一角到另一角。
- 视野（FOV）——视野（FOV）是用来控制可见场景范围的大小。FOV 以水平线度数进行测量，它与镜头的焦距直接相关。例如 50 mm 的视角范围为 46°。镜头越长，视角越窄；镜头越短，视角越宽。

说明：视角和透视的关系——短焦距（宽视角）会加剧场景的透视失真，使对象朝向观察者看起来更深、更模糊。长焦距（窄视角）能够降低透视失真。50 mm 的镜头最为接近人眼所看到的场景，所以产生的图像效果比较正常。该镜头多用于快照、新闻图片和电影制作中。

- 备用镜头——使用预先设置好的参数设置摄影机的焦距（以 mm 为单位）。
- 类型——将摄影机类型从目标摄影机更改为自由摄影机，反之亦然。

注意：当从目标摄影机切换为自由摄影机时，将丢失应用于摄影机目标的任何动画，因为目标对象已消失。

- 显示圆锥体——显示摄影机视野定义的锥形光线（实际上是一个四棱锥）。锥形光线出现在其他视口但是不出现在摄影机视口中。
- 显示地平线——显示地平线。在摄影机视口中的地平线层级显示一条深灰色的线条。

8.4.4 环境范围

- 近距范围和远距范围——确定在“环境”面板上设置大气效果的近距范围和远距范围限制。

（1）启动或重置复位 3ds Max。

（2）执行“文件”>“打开”菜单命令，打开素材文件 Samples\ch08\ ch08_06.max，如图 8-54 所示。

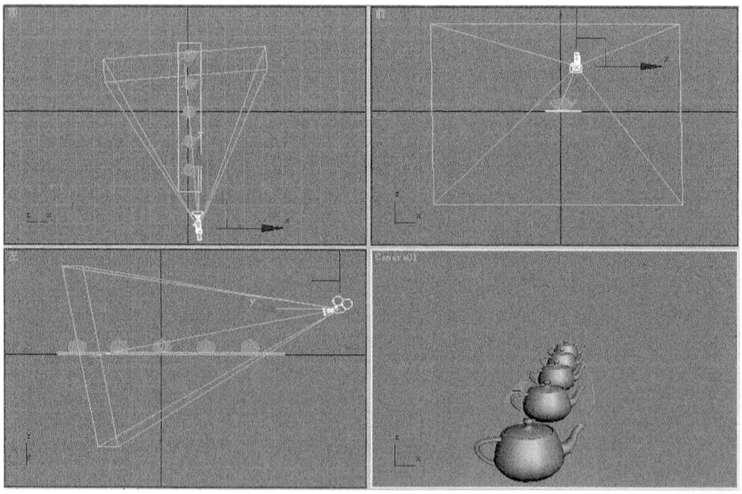

图 8-54

（3）按下键盘上的数字“8”，弹出“环境与效果”对话框，如图 8-55 所示。

注意：也可以执行“渲染”＞“环境”菜单命令，调出“环境与效果”对话框。值得注意的是，按下的必须是主键盘区的“8”键，如果按下数字键盘区的“8”是不能调出“环境与效果”对话框的。

（4）在“环境与效果”对话框中单击“大气”项下的 添加... 按钮，弹出“添加大气效果”对话框，如图 8-56 所示。

（5）在“添加大气效果”对话框中，选择“雾”，然后按“确定”按钮，退出对话框，这样为场景添加了一种大气效果。

说明：通过“添加大气效果”对话框可以添加四种大气效果，但是“火效果”与“体积雾”需要通过大气装置才能实现，而“体积光”是一种灯光效果。

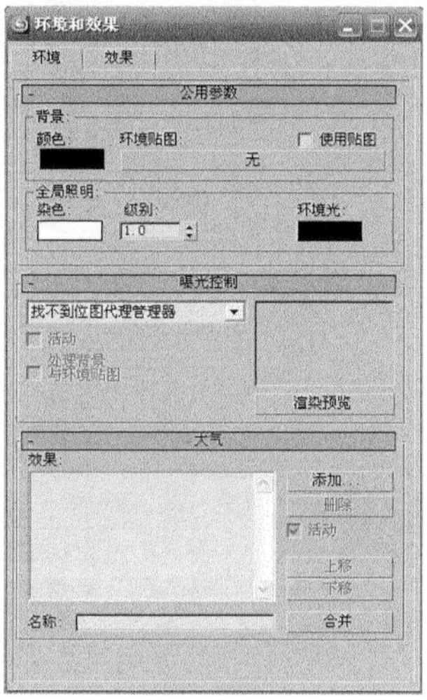

图 8-55

图 8-56

（6）渲染摄影机视图，效果如图 8-57 所示。

（7）选择摄影机，进入修改命令面板，勾选环境范围的“显示”复选框，设置“近距离范围”为 350，“远距离范围”为 580，渲染摄影机视图，效果如图 8-58 所示。

图 8-57

图 8-58

提示：设置环境范围后，雾效提前达到 100%的浓度。

8.4.5 剪切平面

使用“剪切平面”可以排除场景的一些几何体并只查看或渲染场景的某些部分。每个摄影机对象都具有近端和远端剪切平面。对于摄影机，比近距剪切平面近或比远距剪切平面远的对象是不可视的。

（1）启动 3ds Max 或者执行“文件”>“重置”菜单命令，复位 3ds Max。

（2）执行“文件”>“打开”菜单命令，然后重新打开素材文件 Samples\ch08\ch08_06.max。

（3）摄影机视图渲染效果如图 8-59 所示。

图 8-59

（4）选择摄影机，进入修改面板，勾选“手动剪切”复选框，设置“近距离剪切”为 220，“远距离剪切”为 630，在摄影机的锥形框中会出现两个红色的剪切面，如图 8-60 所示。

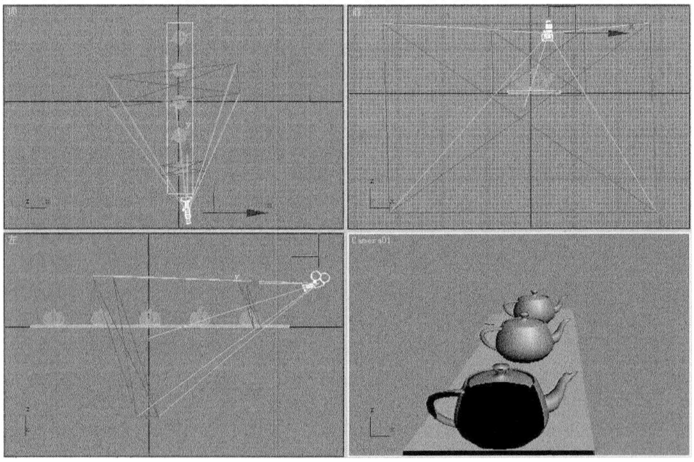

图 8-60

说明：如果剪切平面与一个对象相交，则该平面将穿过该对象，并创建剖面视图（剖面对象的可见数量取决于对象材质是否为双面）。

8.5 渲染

渲染是生成图像的过程。3ds Max 使用扫描线、光线追踪和光能传递相结合的渲染器。扫描线渲染方法的反射和折射效果不是十分理想，而光线追踪和光能传递可以提供真实的反射和折射效果。由于 3ds Max 使用的是一个混合的渲染器，因此可以给指定的某个对象应用光线追踪的渲染方法，而给另外的对象应用扫描线的渲染方法，这样可以在保证渲染效果的情况下，得到较快的渲染速度。

8.5.1 合并场景

使用“合并”命令将多个场景合并成一个单独的大型场景。当合并文件时，可以选择要合并的对象。如果要合并的对象与场景的对象名称相同，可以重命名或跳过合并对象。

下面来练习如何合并场景。

（1）启动 3ds Max 或者执行“文件”>“重置”菜单命令，复位 3ds Max。

（2）执行“文件”>“打开”菜单命令，然后重新打开素材文件 Samples\ch08\ch08_07.max，如图 8-61 所示。

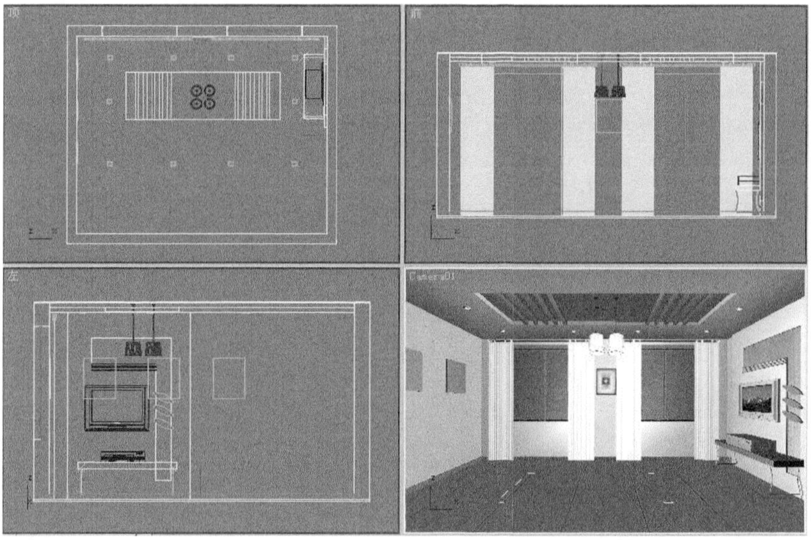

图 8-61

场景中缺少一些家具，需要给场景增添一些家具。

（3）执行“文件”>“合并”菜单命令，弹出“合并文件”对话框。

（4）修改查找文件的范围：素材文件 Samples\ch08_08.max。

说明：默认情况下，合并文件的查找范围并不一定正好是要合并文件所在的文件夹，这种情况下就需要重新确定所要查找文件的位置。

（5）选择文件“ch08_08.max”，然后单击“打开”按钮，退出“合并文件”对话框，弹出“合并”对话框，如图 8-62 所示。

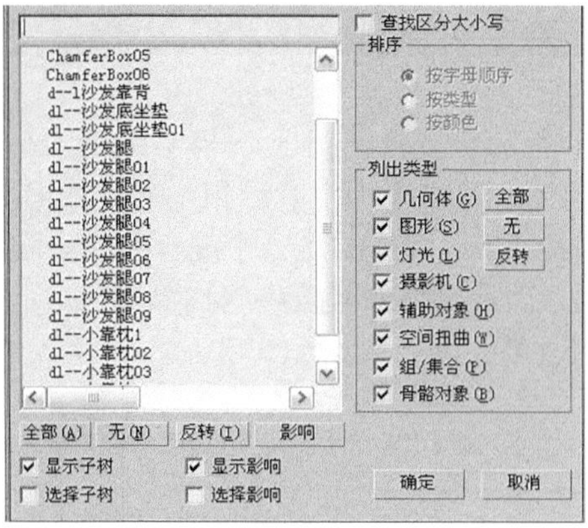

图 8-62

（6）单击合并文件列表下方的“全部”按钮以选择列表中所有对象，然后单击“确定”按钮，退出“合并”对话框，出现一个“重复材质名称”对话框，如图 8-63 所示。

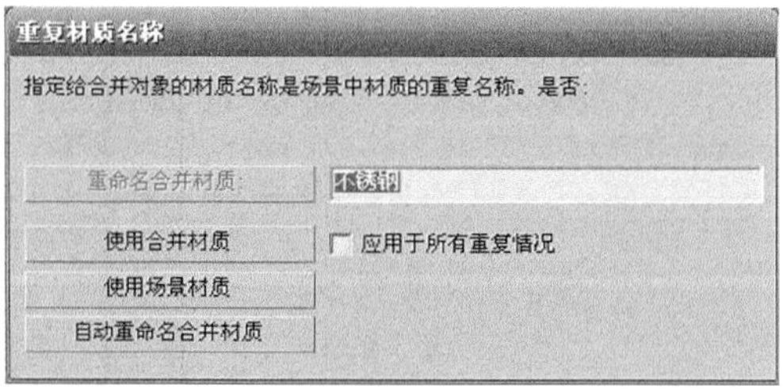

图 8-63

说明：出现该对话框表示合并场景中包含有与当前场景中相同名称的材质，这样就需要做出相应的选择。另外，如果合并场景中包含有与当前场景中重名的对象，会先出现“重复名称”对话框，需要在“重复名称”对话框中做出相应选择。

（7）单击“自动重命名合并材质”按钮，退出“重复材质名称”对话框。这样，要合并的沙发对象被合并到了当前场景中，如图 8-64 所示。

说明：合并到当前场景中的对象的位置和大小不一定都很合适，有时需要对合并对象的大小及位置进行重新调整。

（8）以同样的方法将“ch08_09.max”合并到当前场景中，效果如图 8-65 所示。

图 8-64

图 8-65

（9）执行 “文件”＞“另存为”菜单命令，以“客厅.max”为文件名，保存场景文件。

8.5.2 交互渲染器

3ds Max 除了可以提供最后的渲染结果外，3ds Max 还提供了一个交互渲染器，即“快速渲染（ActiveShade）”，来产生快速低质量的渲染效果，并且这些效果是随着场景的更新而不断更新的。这样就可以在一个完全的渲染视口预览用户的场景。交互渲染器可以是一个浮动的对话框，也可以被放置在一个视口中。

当“交互渲染器”被激活后，诸如灯光等调整的效果就可以交互地显示在视口中。“交互渲染器”有它自己的右键菜单用来渲染指定的对象和指定的区域。渲染时还可以将材质编辑器的材质直接拖曳在交互渲染器中的对象上。

说明：激活交互渲染器的方法是单击主工具栏中的“快速渲染”按钮。要显示“快速渲染”按钮，可以按住“快速渲染”按钮两秒钟，然后从出现的弹出按钮中选择隐藏的“快速渲染（ActiveShade）”按钮。

下面就举例来说明如何使用交互渲染器。

接着前面的练习，使用前面合并后的场景进行练习，在这个练习中，将打开一个快速渲染对话框，然后使用拖曳材质的方法取代场景中的材质。

（1）启动 3ds Max 或者执行“文件”＞“重置”菜单命令，复位 3ds Max。

（2）打开前面制作并保存的“客厅.max”文件。

（3）在摄影机视口中右击鼠标将激活摄影机视图。

（4）在主工具栏上单击“快速渲染”按钮，然后在弹出按钮中选择“快捷渲染”按钮，这样将打开一个“ActiveShade”对话框，如图 8-66 所示。打开时可能需要一定的初始化时间。

（5）在主工具栏上单击“材质编辑器”按钮，打开材质编辑器，如图 8-67 所示。

图 8-66

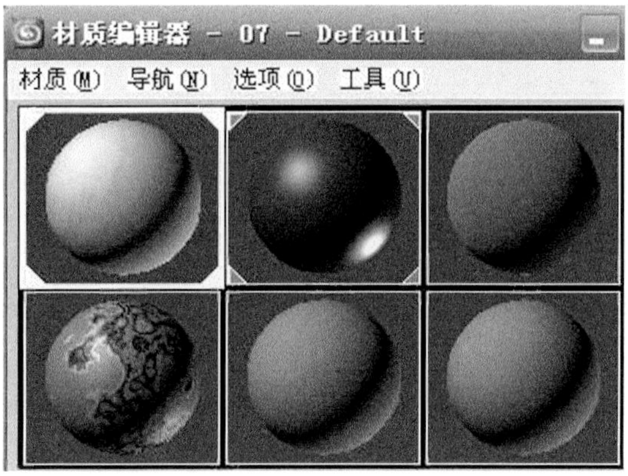

图 8-67

（6）在材质编辑器中选择“大理石”，然后将材质拖曳到“ActiveShade”对话框中的客厅地面对象上。这样将使用新的大理石材质取代原来的地面材质，如图 8-68 所示。

图 8-68

8.5.3 渲染场景对话框

当完成了场景动画后，需要使用“渲染场景”对话框来渲染输出场景文件。这个对话框包含四个用来设置渲染效果的标签面板，包括“公用”、“渲染器”、“光线跟踪器”和“高级照明”面板，每个标签面板下又有相应的卷展栏，下面就分别给予介绍。

1. “公用”面板

公用面板有四个卷展栏，如图 8-69 所示，包括“公用参数”卷展栏、“电子邮件通知”卷展栏、“脚本”卷展栏和“指定渲染器”卷展栏。

“公用面板”卷展栏

“公用参数”卷展栏如图 8-70 所示。

- 时间输出——该区域的参数主要用来设置渲染的时间；
  - 单帧——渲染当前帧；
  - 活动时间段——渲染轨迹栏中指定的帧范围；
  - 范围——指定渲染的起始和结束帧；
  - 帧——指定渲染一些不连续的帧，帧与帧之间用逗号隔开；
  - 每 N 帧——使渲染器按设定的间隔渲染帧，如果每 N 帧被设置为 3，那么每 3 帧渲染 1 帧。

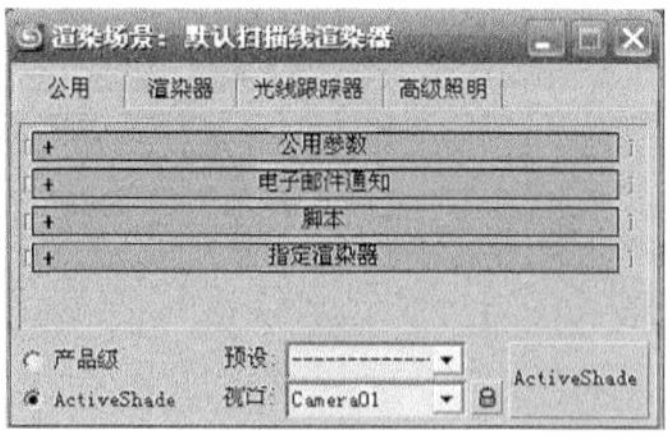

图 8-69

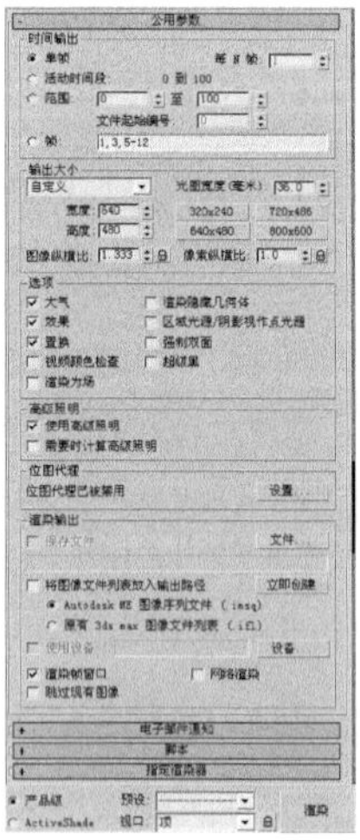

图 8-70

- 输出大小——用来控制最后渲染图像的大小和比例。可以在下拉式列表中直接选取预先设置的工业标准，也可以直接指定图像的宽度和高度。

说明：可以通过输出大小的设置来设置输出图像的大小，以及输出图像文件的长宽比。

- 选项——这个区域包含 9 个复选框用来激活不同的渲染选项。
- 高级光照——该区域有两个复选框来设定是否渲染高级光照效果，以及什么时候计算高级光照效果。
- 渲染输出——用来设置渲染输出文件要保存的位置。

“电子邮件通知”卷展栏

“电子邮件通知”卷展栏如图 8-71 所示，提供了一些参数来设置渲染过程中出现的问题（例如异常中断及渲染结束等）时给用户发 E-mail 提示。这对需要长时间渲染的动画来讲非常有用。

“脚本”卷展栏

“脚本”卷展栏允许指定渲染之前或渲染之后要运行的脚本，“脚本”卷展栏效果如图 8-72 所示。

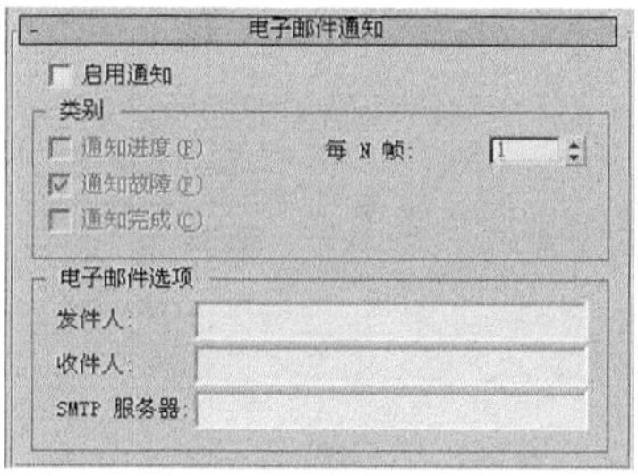

图 8-71

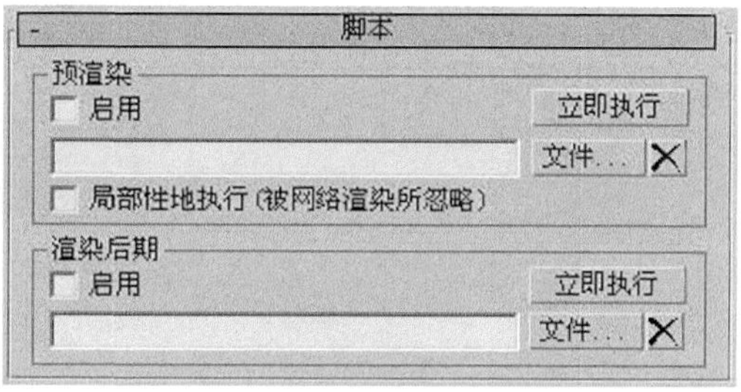

图 8-72

“指定渲染器”卷展栏

“指定渲染器”卷展栏如图 8-73 所示，它显示了“产品级”和“ActiveShade 级”以及“材质编辑器”样本球当前使用的渲染器，可以单击…按钮改变当前的渲染器设置。默认情况下有 3 种渲染器可以使用：“默认扫描线渲染器“、“mental ray 渲染器”和“VUE File 渲染器”。

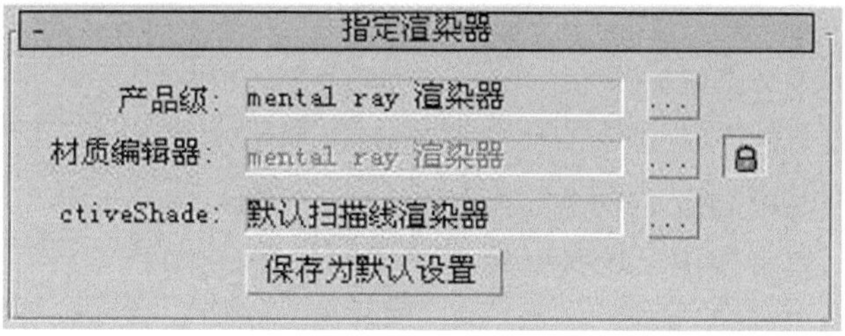

图 8-73

注意：在使用 mental ray 渲染器和 VUE File 渲染器时，ActiveShade 交互渲染是不起作用的。

2．“渲染器”面板

“渲染器”面板如图 8-74 所示。

“渲染场景”对话框中的“渲染器”面板包含用于当前渲染器的主要控件。其他面板是否可用取决于哪个渲染器处于活动状态。

提示:“默认扫描线渲染器”卷展栏和“mental ray 渲染器”都各自具备自己的功能。通常，可以针对每个场景决定要使用的渲染器。最好使用特定渲染器设计材质。

3．“光线跟踪器”面板

“光线跟踪器”面板如图 8-75 所示。

“全局光线跟踪器设置”对话框中的参数全局控制光线跟踪器本身。即它们影响场景中所有光线跟踪材质和光线跟踪贴图。它们也影响高级光线跟踪阴影和区域阴影的生成。

注意：这些控件只调整扫描线渲染器的光线跟踪设置。这些控件的设置不影响 mental ray 渲染器，它们具有自己的光线跟踪控件。

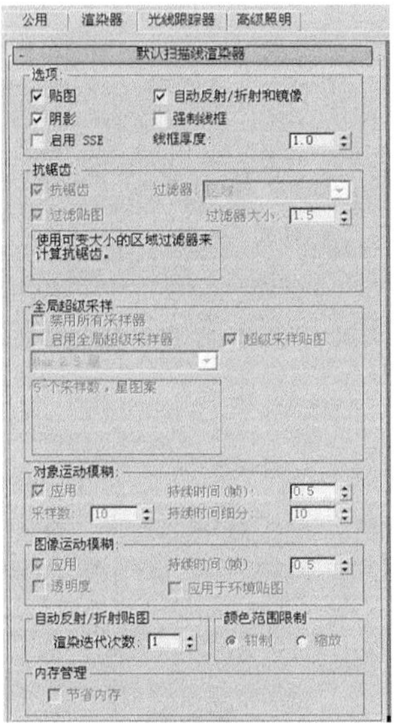

图 8-74

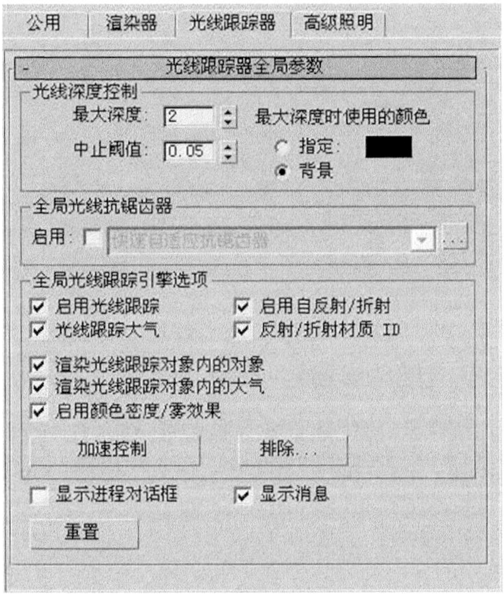

图 8-75

4．“高级照明”面板

“高级照明”面板如图 8-76 所示。

“高级照明”卷展栏用于选择一个高级照明选项。

说明：默认扫描线渲染器提供两个选项供选择：光线跟踪器与光能传递。

5．“渲染元素”面板

当合成动画层的时候，“渲染元素”卷展栏（如图 8-77 所示）的内容非常有用。

可以将每个元素想像成一个层，然后将高光、漫射、阴影和反射元素结合成图像。使用渲染元素可以灵活地控制合成的各个方面。例如可以单独渲染阴影，然后再将他们合成在一起。

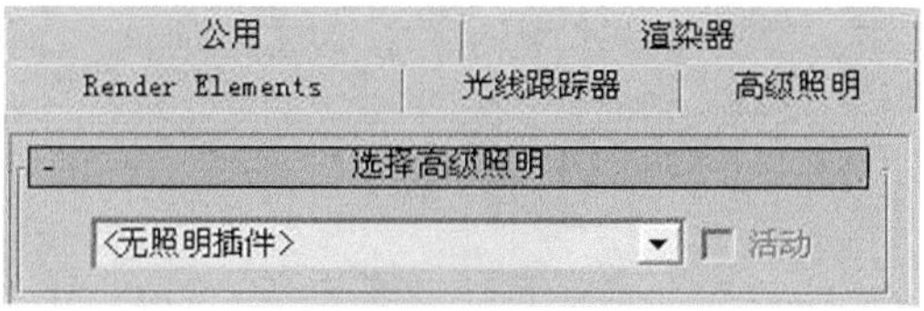

图 8-76

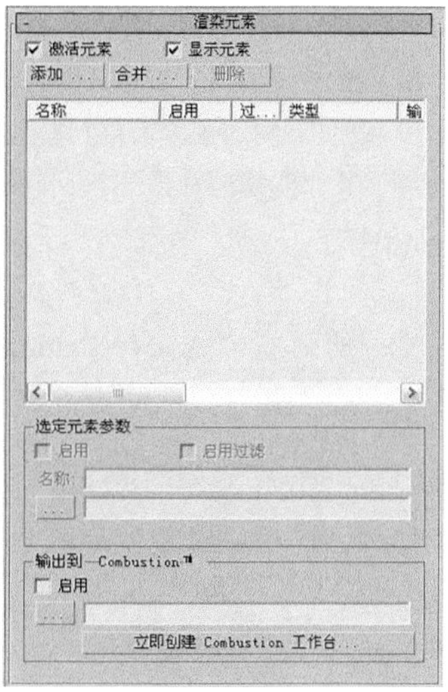

图 8-77

8.5.4 渲染举例

（1）启动 3ds Max 或者执行“文件”＞“重置”菜单命令，复位 3ds Max。

（2）打开前面制作保存的“客厅.max”文件，如图 8-78 所示。

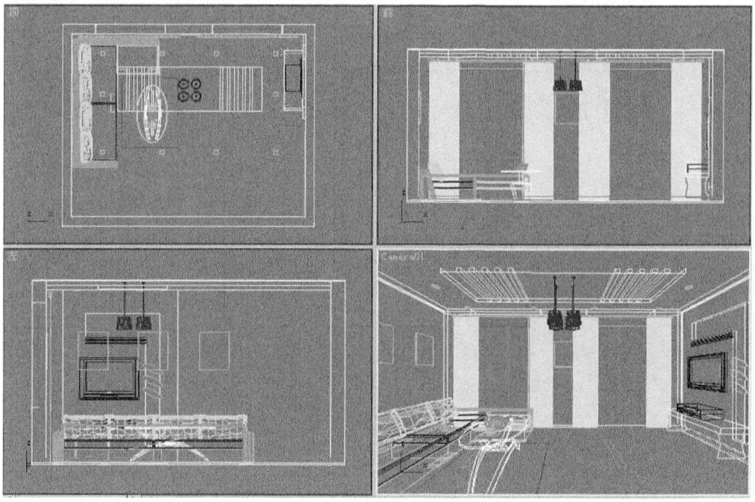

图 8-78

（3）单击主工具栏中的“渲染场景”按钮，出现“渲染场景”对话框。

（4）在“公用”卷展栏的时间输出区域中选取“单帧”选项。

说明：如果设置了场景动画，渲染时可以设置其他三个选项，根据需要确定要渲染输出的动画帧。

（5）在“输出大小”区域中单击 800×600 按钮。

（6）在“选项”区域取消所有复选框的勾选，如图 8-79 所示。

（7）在“渲染输出”区域中单击“文件”按钮。在“渲染输出文件”对话框中选择保存文件的位置，并将文件类型设置为“tga”格式。在文件名区域键入“客厅”，然后单击“保存”按钮。

（8）在“视频压缩”对话框中保留默认的压缩方法，然后单击“确定”按钮。

（9）在“渲染场景”对话框的下端选择“产品级”选项，设置渲染的“视口”为“Camera01”。

注意：当选择“ActiveShade”渲染方式时，无法设置输出文件保存的路径，也不能设置时间输出方式等。

（10）单击“渲染”按钮，渲染摄影机视图，效果如图 8-80 所示。

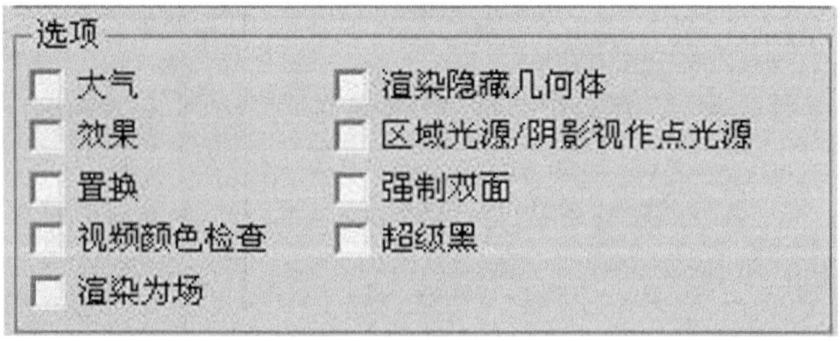

图 8-79

图 8-80

8.6 样题解答

说明：为了学习本章与前章内容，本解题方法可能与试题要求不完全一致，请参考使用。

（1）启动 3ds Max 或者复位 3ds Max。

（2）执行“文件”>“打开”菜单命令，然后从素材文件中打开 Samples\ch08\ Y7-20.max，如图 8-81 所示。

（3）渲染摄影机视图，效果如图 8-82 所示。由于没有设置灯光，整个场景看起来比较暗淡，而且没有层次。

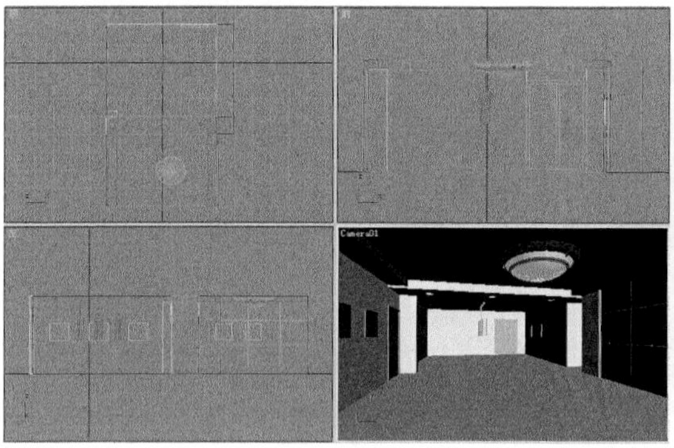

图 8-81

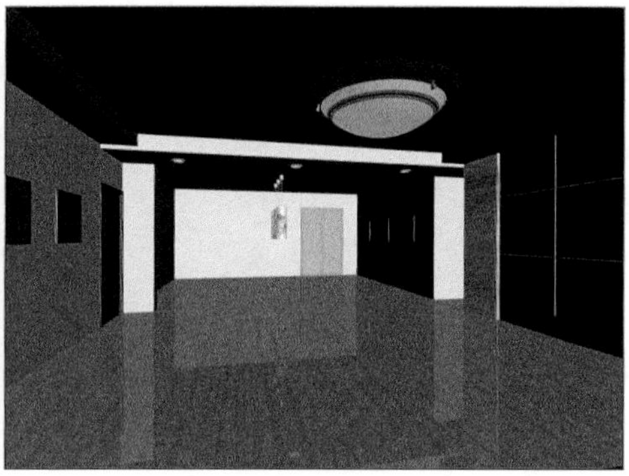

图 8-82

（4）切换到灯光创建面板，单击“泛光灯”按钮，然后在顶视图客厅吸顶灯中心位置创建第一个泛光灯 Omni01，设置灯光的强度为 0.7，启用“灯光阴影”。

（5）在选择 Omni01 情况下，进入修改命令面板，进入灯光“排除/包含”对话框，将 Rectangle01、Rectangle09 和 Rectangle10 排除在 Omni01 之外，如图 8-83 所示。

图 8-83

（6）按照同样的方法在餐厅位置再设置第二个泛光灯 Omni02，设置灯光的强度为 0.4，不启用阴影，进入灯光“排除/包含”对话框，将 Rectangle01、Rectangle09 和 Rectangle10 排除在 Omni02 之外，灯光位置如图 8-84 所示。

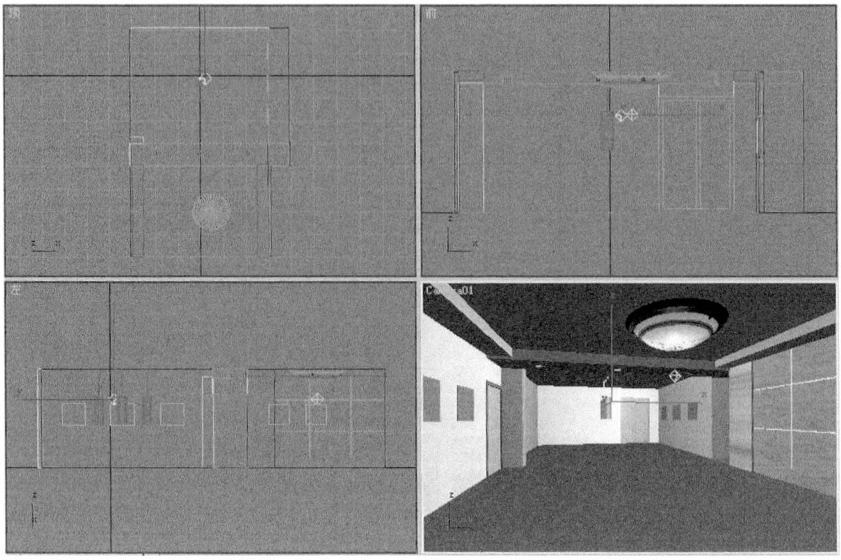

图 8-84

（7）然后继续在客厅吸顶灯附近创建第三个泛光灯 Omni03，设置灯光强度为 0.2，不设置阴影，进入灯光“排除/包含”对话框，将 Rectangle01、Rectangle09 和 Rectangle10 排除在 Omni03 之外，灯光位置如图 8-85 所示。

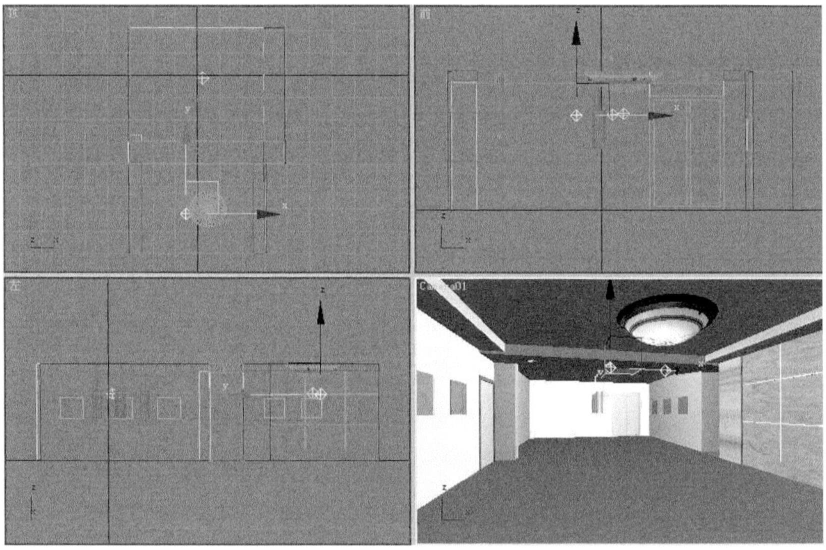

图 8-85

（8）渲染摄影机视图，发现房子天花板太暗，需要把天花板照亮一些。

在场景地板上创建一个目标聚光灯 Spot01 照亮天花板，设置灯光的强度为 0.3，如图 8-86 所示设置聚光灯参数。如图 8-87 所示调整聚光灯的位置。

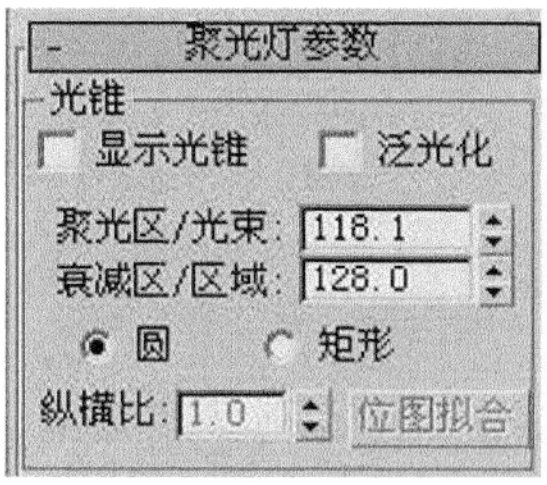

图 8-86

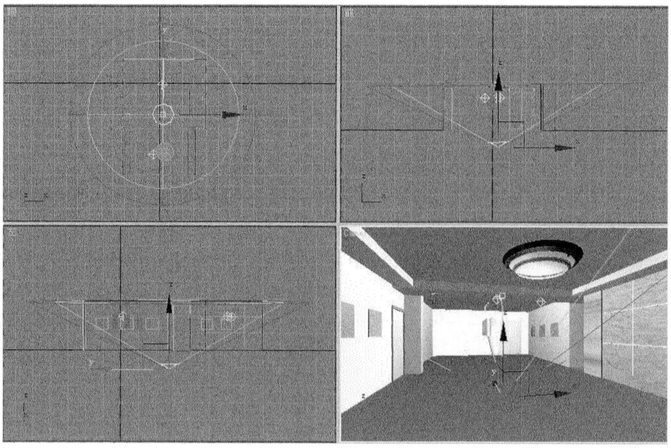

图 8-87

（9）进入灯光“排除/包含”对话框，设置灯光排除方式为“包含”，设置灯光只对“天花板 01”起作用，如图 8-88 所示。

（10）渲染摄影机视图，效果如图 8-89 所示。

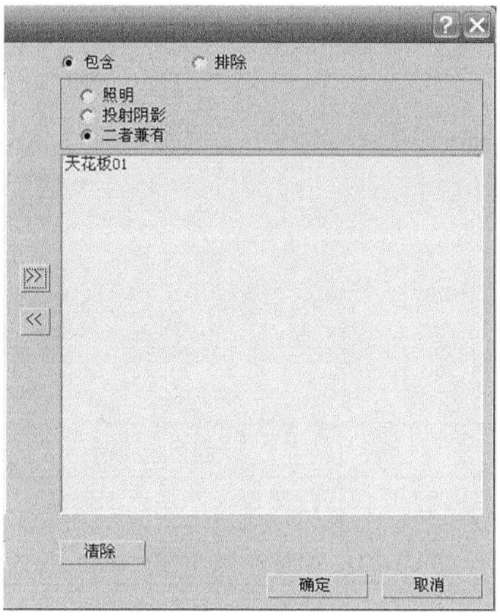

图 8-88

图 8-89

将最终结果以 X7-20.max 为文件名保存在桌面。

第 9 章　基础动画

在前面的“模型修改”章节中，我们已经接触到使用“自动关键点”将物体修改过程记录成动画的方法。除此之外，3ds Max 动画系统还提供了多种动画创作方式，例如在关键帧模式中，用户既可以使用“自动关键点”模式也可以使用“设置关键点”模式。编辑关键帧方式包括：摄影表、曲线编辑器、运动面板、时间滑块以及 Mini 曲线编辑器 5 种方式。用户可以根据自己的喜好和具体动画的实际需要从各种编辑方式中任意选择。

另外通过使用“表达式”和“脚本控制器”，用户可以实现动画的二次开发。要想创建物体之间的相关动画，我们还可以使用“IK”和“运动约束”将运动参数与模型绑定到一起来创建动画。

3ds Max 中几乎所有的对象都可以设置动画，包括材质和参数等。还有多个修改器专门用于物体动画制作。为了制作专业的动态模拟效果，3ds Max 还在“Reactor”中提供了“Havoc 包”，他可以快速进行“柔体”和“刚体”的动态效果模拟。

“粒子流”是 3ds Max 提供的一个制作粒子效果的工具，它的界面非常直观，用户可以通过鼠标拖放来完成粒子系统动态效果的基本设置。对于制作角色动画而言，“Character Studio”是一个当然的选择。

本章中我们只侧重讲解 3ds Max 中常用基本动画的设置方法，包括关键帧动画、动画控制器的使用以及动画的渲染输出方法。

本章技能考核点

- 关键帧动画
- 使用路径约束

本章有 3 个评分点，每题 15 分。

序号	评分点	分值	得分条件	判分要求
1	设置场景	6	场景设置与命令正确	设置命令不正确不得分
2	制作动画	6	按照要求制作正确的动画	动作控制正确得分
3	记录动画	3	依照动画要求效果	允许一定的创意发挥

本章导读

如上所述，我们明确了本章所要求掌握的技能考核点以及对应《试题汇编》的评分点、得分条件和判分要求等。下面我们先在“样题示范”中展示《试题汇编》中一道关于制作摄像机移动效果的真实试题，并在“样题分析”中对如何解答这道试题进行分析，最后通过一些案例来详细讲解本章中涉及到的技能考核点，最后通过“样题解答”来叙述“制作摄像机移动效果”这道试题的详细操作步骤。

9.1　样题示范

- 练习目的——由试题汇编中选取 1 个样题，由此观察本章题目类型，了解本章对学习内容的要求。
- 样题来源——《试题汇编》第 8 单元 8-20 题。
- 操作要点——使用自由相机漫游动画，创建室内漫游动画效果。

【操作要求】

制作摄像机移动效果，效果如图 9-1 所示。

图 9-1

打开场景文件 Samples\ch09\Y8-20.max，如图 9-2 所示。

1. **设置场景**：设置摄像机跟随路径 Line01。
2. **制作动画**：制作摄像机角度和方向与路径一致的跟随动画。
3. **记录动画**：记录沿路径向前运动过程的 100 帧动画。

将最终结果以 X8-20.max 为文件名保存在桌面。

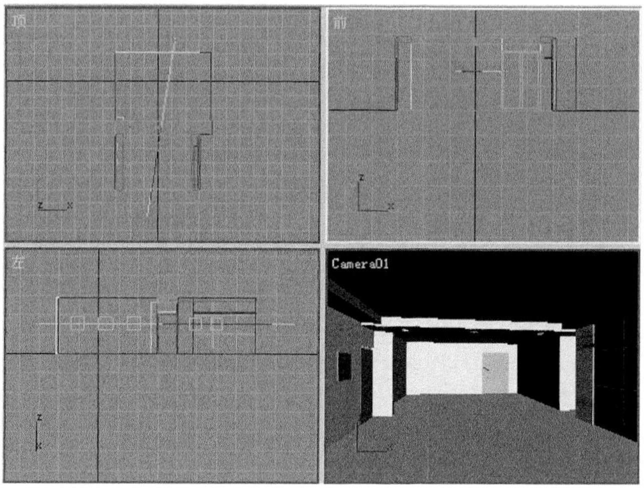

图 9-2

9.2 样题分析

本题是一道基础动画题，涉及到关键帧动画以及路径跟随动画设置，都是比较简单的动画设置。当然 3ds Max 中设置动画的方法比较多，只要多练习，勤思考，善于总结，就能够学好动画。

9.3 关键帧动画

本节主要介绍 3ds Max 的基本动画技术——关键帧动画。通过本节的学习，能够掌握如下内容。

- 理解关键帧动画的概念，关键帧动画的制作与编辑方法
- 使用轨迹栏（Track Bar）编辑关键帧

9.3.1 3ds Max 中的关键帧

由于动画中的帧数很多，因此手工定义每一帧的位置和形状是很困难的。3ds Max 极大地简化了这个工作。可以在时间线上的几个关键点定义对象的位置和状态，这样 3ds Max 将自动计算中间帧的位置，从而得到一个流畅的动画。在 3ds Max 中，需要手工定位的帧被叫做关键帧。

注意：在制作动画的过程中，并非只能针对物体的位置设置动画。在 3ds Max 中，只要可以改变参数，包括位置、旋转、比例、参数变化和材质特征等都可以设置动画。因此，3ds Max 中的关键帧只是在时间线上的某个特定位置指定了一个特定数值的标记。

9.3.2 插值

根据关键帧计算中间帧的过程称之为“插值”。3ds Max 使用控制器进行插值。3ds Max 的控制器很多，因此插值方法也很多。

9.3.3 时间配置

3ds Max 是根据时间来定义动画的，最小的时间单位是点（Tick），一个点相当于 1/4800 秒。在用户界面中，默认的时间单位是帧。但是需要注意的是：帧并不是严格的时间单位。同样是 25 帧的图像，对于 NTSC 制式电视来讲，时间长度不够 1 秒；对于 PAL 制式电视来讲，时间长度正好 1 秒；对于电影来讲，时间长度大于 1 秒。由于 3ds Max 记录与时间相关的所有数值，因此在制作完动画后再改变帧速率和输入格式，系统将自动进行调整以适应所做的改变。

默认情况下，3ds Max 显示时间的单位为帧，帧速率为每秒 30 帧。

单击 3ds Max 窗口右下方的“时间配置”按钮，如图 9-3 所示，可以使用“时间配置”对话框来改变帧速率和时间的显示。“时间配置”对话框包含以下几个区域。

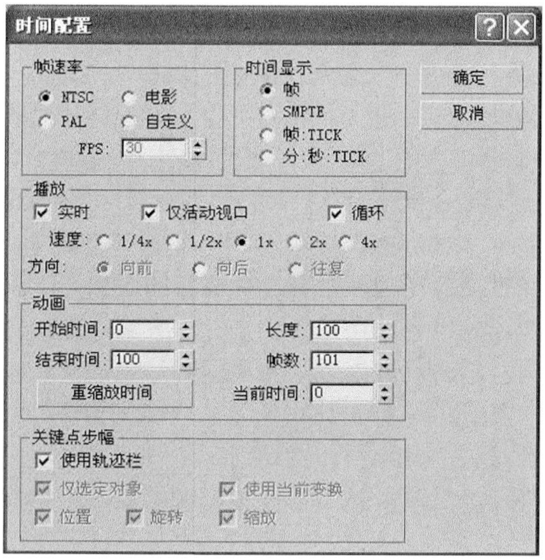

图 9-3

- 帧速率——在这个区域可以确定播放速度，可以在预设置的 NTSC（National Television Standards Committee）、电影（Film）或者 PAL（Phase Alternate Line）之间进行选择，也可以使用自定义（Custom）设置。NTSC 的帧速率是 30fps（每秒帧），PAL 的帧速率是 25fps，Film 的帧速率是 24fps。
- 时间显示——这个区域的选项用来指定时间的显示方式。
- 播放——这个区域的选项用来控制如何在视口中回放动画，可以使用“实时回放”，也可以指定帧速率。如果机器播放速度跟不上指定的帧速度，那么将丢掉某些帧。
- 动画——动画区域的参数用来指定激活的时间段。激活的时间段是可以使用时间滑动块直接访问的帧数。可以在这个区域缩放总帧数。例如，当前的动画有 300 帧，现在需要将动画变成 500 帧，而且保留原来的关键帧不变，那么就需要缩放时间。
- 关键点步幅——该区域的参数控制如何在关键帧之间移动时间滑动块。

9.3.4 创建关键帧

要在 3ds Max 中创建关键帧，就必须在打开动画按钮的情况下，在第 0 帧以外的其他帧改变某些对象。一旦进行了某些改变，原始数值即被记录在第 0 帧，新的数值或者关键帧数值即被记录在当前帧。这时第 0 帧和当前帧都是关键帧。这些改变可以是“变换操作”的改变，也可以是“参数”的改变。例如创建了一个球，然后打开动画按钮，到第 0 帧以外的某一帧改变球的半径参数，这样，3ds Max 将创建一个关键帧。只要“自动关键点”按钮处于打开状态，就一直处于动画记录模式，3ds Max 将记录除第 0 帧以外的其他帧所做的任何改变。

创建关键帧之后就可以拖曳时间滑动块来观察动画效果。

9.3.5 播放动画

通常在创建了动画的关键帧后就要观察动画效果。可以通过拖曳时间滑动块的方式来观察动画。但是除此之外，还可以使用时间控制区域的“播放动画”按钮播放动画。下面介绍时间控制区域的按钮。

- "播放动画"按钮——用来在激活的视口播放动画。
- "停止播放动画"按钮——该按钮用来停止播放动画。单击"播放动画"按钮播放动画后，"播放动画"按钮就变成了"停止动画播放"按钮。单击该按钮后，动画被停在当前帧位置。
- "播放选择对象的动画"按钮——他是"播放动画"的弹出按钮。它只在激活的视口中播放被选择对象的动画。如果没有选择的对象，就不播放动画。
- "到开始"按钮——单击该按钮后，将时间滑动块移动到当前动画范围的开始帧。如果正在播放动画，那么单击该按钮后动画就停止播放。
- "到结束"按钮——单击该按钮后，将时间滑动块移动到动画范围的末端。
- "下一帧"按钮——单击该按钮后，将时间滑动块向后移动一帧。当"关键点模式切换"按钮被打开后，单击"下一帧"按钮后，将把时间滑动块移动到动画的下一个关键帧。
- "前一帧"按钮——单击该按钮后，将时间滑动块向前移动一帧。当"关键点模式切换"按钮被打开后，单击"前一帧"按钮后，将把时间滑动块移动到选择对象的上一个关键帧。也可以在 30 时间输入区域设置当前帧。
- "关键点模式切换"按钮——当单击该按钮后，再单击和，时间滑动块就在关键帧之间移动。

9.3.6 关键帧动画举例

下面举一个例子，使用前面所讲的知识，设置并编辑翻书的关键帧动画过程。

（1）启动 3ds Max，执行"文件">"打开"菜单命令，打开素材文件 Samples\ch09\ch9_01.max，如图 9-4 所示。

图 9-4

（2）拖曳时间滑动块，检查是否已经为书本设置了动画。

（3）单击 自动关键点 按钮，以便创建关键帧。

（4）在透视视口单击 Box02，选择他，进入修改命令面板，观察到已经为 Box02 添加了一个"弯曲"修改器。

（5）将时间滑动块移动第 30 帧，如图 9-5 所示，在修改命令面板中设置 Box02 的弯曲参数（角度：−42.444，弯曲轴：X，勾选“限制效果”复选框，上限：90）。

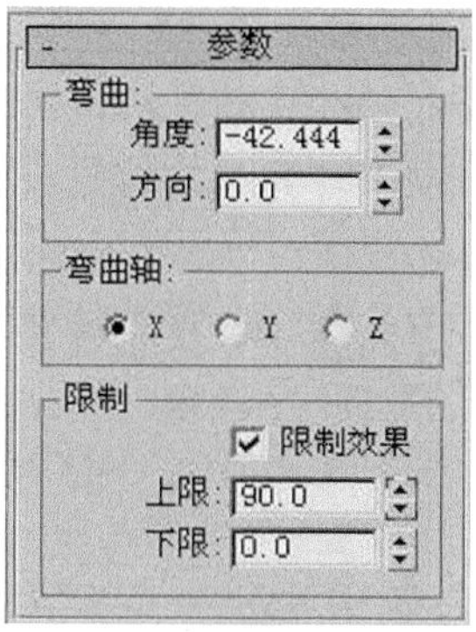

图 9-5

（6）将时间滑动块移动第 50 帧，同样的方法设置（角度：−98.25，上限：115）。

（7）将时间滑动块移动第 75 帧，同样的方法设置（角度：−165，上限：150）。

（8）将时间滑动块移动第 75 帧，同样的方法设置（角度：−196，上限：40）。

提示：注意观察轨迹栏，如图 9-6 所示。分别在第 0 帧、第 30 帧、第 50 帧、第 75 帧和第 100 帧处创建关键帧。

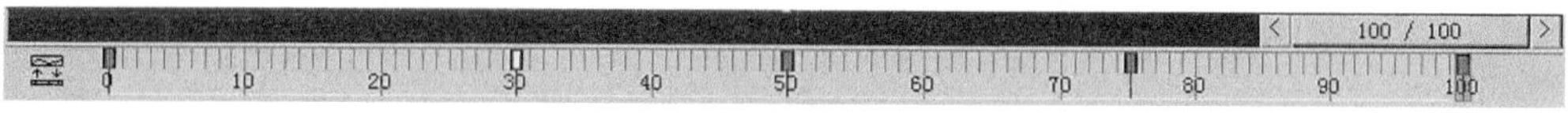

图 9-6

说明：如果没有选择对象，轨迹栏将不显示对象的关键帧。

（9）单击自动关键点按钮，在动画控制区域单击“播放动画”按钮，播放动画。整个翻书的过程看起来还不错，效果如图 9-7 所示。

图 9-7

9.3.7 编辑关键帧

关键帧由“时间”和“数值”两项内容组成。编辑关键帧常常涉及改变时间和数值。

3ds Max 提供了几种访问和编辑关键帧的方法。

- 在视口中——使用 3ds Max 工作时总是需要定义时间。常用的设置当前时间的方法是拖曳时间滑动块。当时间滑动块放在关键帧之上的时候，对象就被一个白色方框环绕。如果当前时间与关键帧一致，就可以打开动画按钮来改变动画数值。
- 轨迹栏——“轨迹栏”位于时间滑动块的下面。当一个动画对象被选择后，关键帧按矩形的方式显示在轨迹栏中。使用“轨迹栏”可以方便地访问和改变关键帧的数值。
- 运动面板——“运动面板”是 3ds Max 的 6 个面板之一。可以在“运动面板”中方便地改变关键帧的数值。
- 轨迹视图——“轨迹视图”是制作动画的主要工作区域。在 3ds Max 中基本上所有的动画都可以通过轨迹视图进行编辑。

不管使用哪种方法编辑关键帧，其结果都是一样的。下面我们着重介绍使用“轨迹栏”来编辑关键帧。

在下面的例子中，将使用“轨迹栏”来编辑关键帧。

（1）启动 3ds Max，执行“文件”>“打开”菜单命令，打开素材文件 Samples\ch09\ch9_02.max。该文件中包含了一个已经被设置了动画的球，球的动画中有两个关键帧。第 1 个在第 0 帧，第 2 个在第 50 帧。

（2）在前视口单击球，选择他。

（3）在轨迹栏上第 50 帧的关键帧处右击鼠标，弹出一个右键菜单，如图 9-8 所示。

图 9-8

（4）从右键菜单上单击“Sphere01：位置”命令，出现“Sphere01：位置”对话框，如图 9-9 所示。

在图 9-9 中包含如下信息。

- 标记为 1 的区域指明当前的关键帧，这里是第 2 个关键帧。
- 标记为 2 的区域代表第 2 个关键帧处对象的位置。这里 X 坐标为 75.0，Y 和 Z 的数值为 0.0。
- 标记为 3 的区域中，“输入”和“输出”按钮是关键帧的切线类型，他控制关键帧处动画的平滑程度。后面还要详细介绍切线类型。

（5）在“Sphere01：位置”对话框中，将 Z 值改变为 20，如图 9-10 所示。

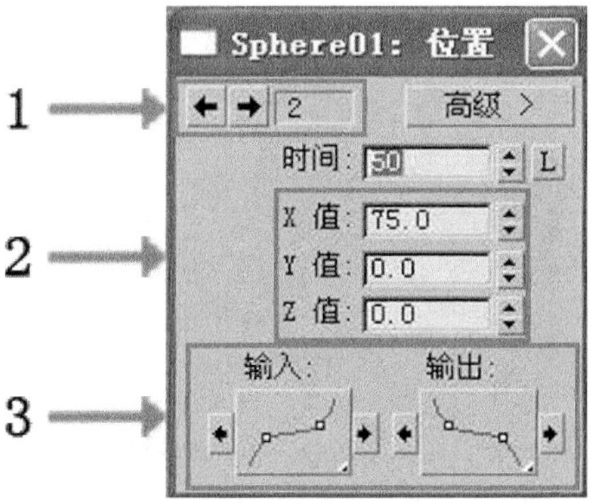

图 9-9

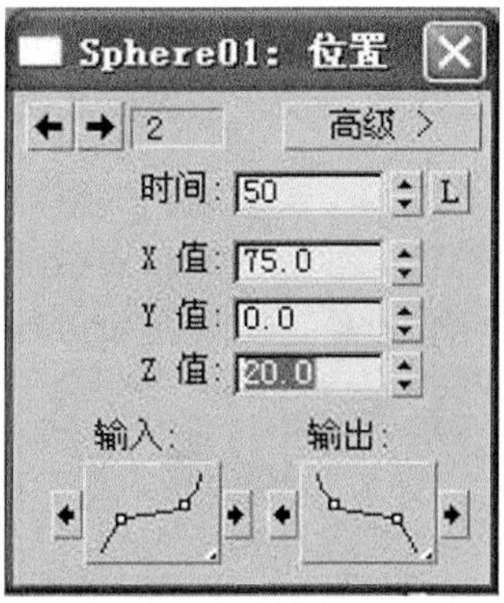

图 9-10

（6）关闭“Sphere01：位置”对话框。

（7）在动画控制区域，单击“播放动画”按钮，在激活的视口中播放动画，球沿着 Z 方向升起。

关键帧对话框也可以用来改变关键帧的时间。

（8）在动画控制区域，单击“停止播放动画”按钮，停止播放动画。

（9）在轨迹栏上第 50 帧处右击鼠标。

（10）在右键弹出菜单上单击“Sphere01：位置”命令。

（11）在出现的“Sphere01：位置”对话框中向下拖曳“时间微调器”，如图 9-11 所示。这样关键帧就沿着轨迹线移动到了新的位置。

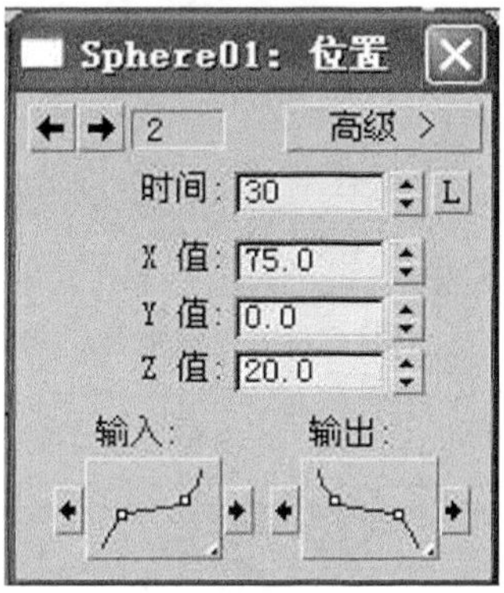

图 9-11

（12）在“Sphere01：位置”对话框中，将时间设置回第 50 帧。

（13）关闭“Sphere01：位置”对话框。也可以直接在轨迹栏上改变关键帧的位置。

（14）在轨迹栏上将光标放在第 50 帧。

（15）按下鼠标不放并向右拖曳关键帧。当将关键帧拖曳偏离当前位置时，新的位置显示在状态栏上，如图 9-12 所示。

图 9-12

说明：拖曳关键帧的时候，关键帧的值保持不变，只改变时间。此外，关键帧偏移的数值只在状态行显示。当释放鼠标后，状态行的显示消失。

在轨迹栏中快速复制关键帧的方法是按下 Shift 键后移动关键帧。复制关键帧后就会增加一个新的关键帧，但是两个关键帧的数值仍然是相等的。

（16）在轨迹栏选择第 50 帧处的关键帧，然后将关键帧移动到第 10 帧位置。

（17）在轨迹栏选择第 0 帧处的关键帧。

（18）按下 Shift 键，将关键帧移动到第 20 帧。

将关键帧第 0 帧复制到了第 20 帧。但是，这两个关键帧的数值相等。

（19）在第 10 帧处单击鼠标右键，在右键弹出菜单上单击“Sphere01：位置”命令。

（20）在随后出现的“Sphere01：位置”对话框中，将“X 值”设置为 0，如图 9-13 所示。

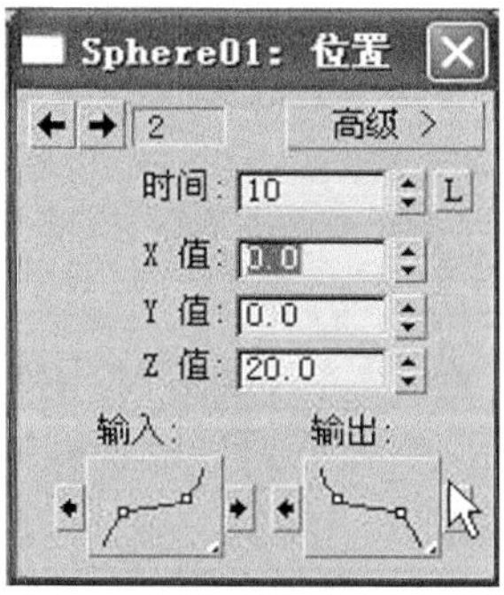

图 9-13

技巧：可以在“Sphere01：位置”对话框中快速切换关键帧，并调整关键帧的数值。

（21）关闭“Sphere01：位置”对话框。

（22）在动画控制区域单击 “播放动画”按钮，播放动画。注意观察球的动画，现在由球的平移动画变成了球的弹跳动画了。

9.4 使用路径约束（路径约束）控制器

本节将讨论几个与动画相关的重要问题。当布置完场景后，一般要创建摄像机来观察场景。本节先介绍如何用控制器控制摄像机的运动，最后介绍如何渲染和输出动画文件。

通过本节的学习，能够完成如下工作。

- 使用路径约束 Position 控制器
- 使用路径控制器控制自由摄像机
- 使用 Link Constraint 控制器
- 渲染输出动画文件

9.4.1 路径约束的主要参数

在 3ds Max 中，“路径约束控制器”允许指定多个路径，这样对象运动的轨迹线是多个路径的加权混合。例如，有两个二维图形分别定义弯弯曲曲的河流的两岸，那么使用路径约束控制器可以使船沿着河流的中央行走。

路径约束控制器的“路径参数”卷展栏如图 9-14 所示。下面介绍它的主要参数项。

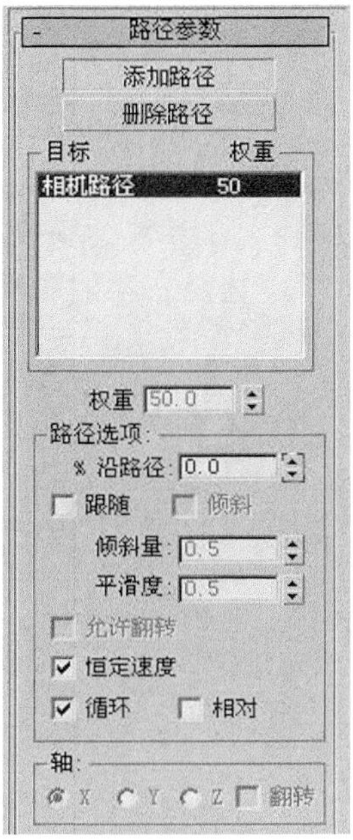

图 9-14

- “跟随”——“跟随”选项使对象的某个局部坐标系与运动的轨迹线相切。与轨迹线相切的默认轴是 X，也可以指定任何一个轴与对象运动的轨迹线相切。默认情况下，对象局部坐标系的 Z 轴与世界坐标系的 Z 轴平行。如果给摄像机应用了路径约束控制器，可以使用“跟随”选项使摄像机的观察方向与运动方向一致。
- “倾斜”——“倾斜”选项使对象局部坐标系的 Z 轴朝向曲线的中心。只有复选了“跟随”选项后才能使用该选项。倾斜角度与“倾斜量”参数相关。该数值越大，倾斜得越厉害。倾斜角度也受路径曲线度的影响，曲线越弯曲，倾斜角度越大。“倾斜”选项可以用来模拟飞机飞行的效果。
- “平滑度”——只有当复选了“倾斜”选项，才能设置平滑度参数。平滑度参数沿着路径均分倾斜角度。该数值越大，倾斜角度越小。
- “恒定速度”——在通常情况下，样条线是由几个线段组成的。当第一次给对象应用路径约束控制器后，对象在每段样条线上运动速度是不一样的。样条线越短，对象运动得越慢；样条线越长，对象运动得越快。复选该选项后，就可以使对象在样条线的所有线段上的运动速度一样。
- “控制路径运动距离”——在“路径参数”卷展栏中还有一个“% 沿路径”选项。该选项指定对象沿着路径运动的百分比。

说明：当选择一个路径后，就在当前动画范围两端创建了两个关键帧。关键帧的值是 0 到 100 之间的一个数，代表路径的百分比。第 1 个关键帧的数值是 0%，代表路径的起点；第二个关键帧的数值是 100%，代表路径的终点。

9.4.2 使用路径约束控制器

下面举例说明如何使用路径约束控制器控制沿路径的运动。

（1）启动 3ds Max，执行“文件” > “打开”菜单命令，打开素材文件 Samples\ ch09 \ ch9_03.max，效果如图 9-15 所示。

场景中包含了一个小区场景和一个自由相机以及即将作为运动路径的样条线。

（2）在透视视口单击自由相机，选择它。

（3）进入“运动”命令面板，在参数标签中展开“指定控制器”卷展栏。

（4）单击“位置：位置 XYZ”，选定它，如图 9-16 所示。

图 9-15

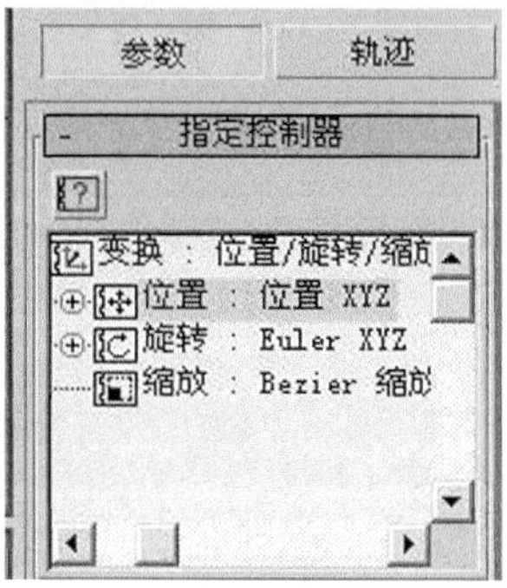

图 9-16

（5）在“指定控制器”卷展栏中单击“指定控制器”按钮。出现“指定 位置 控制器”对话框，如图 9-17 所示。

（6）在“指定 位置 控制器”对话框中单击“路径约束”命令，然后单击“确定”按钮。

在运动命令面板上出现“路径参数”卷展栏，如图 9-18 所示。

（7）在“路径参数”卷展栏中单击“添加路径”按钮，然后在透视视口中单击“相机路径”样条曲线。

（8）在透视视口右击鼠标结束“添加路径”操作。现在“相机路径”被增加到路径列表中。

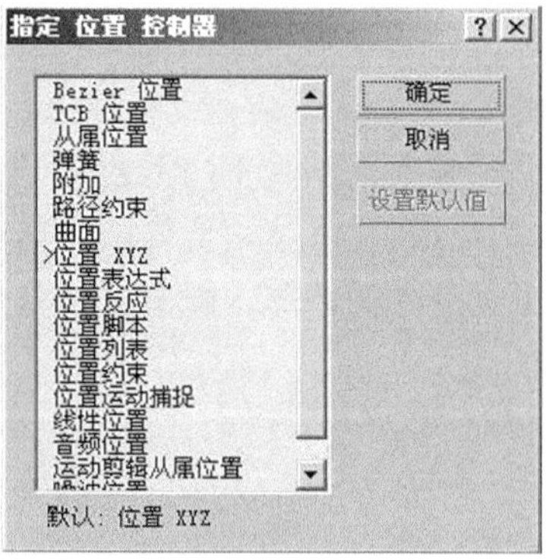

图 9-17

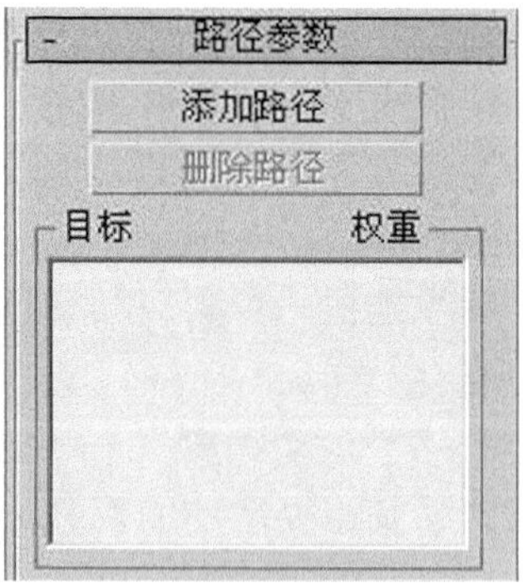

图 9-18

（9）拖曳时间滑动块或单击“播放动画”按钮，观察相机的运动。相机沿着路径向前运动。

9.4.3 渲染动画

设置完动画后，就需要渲染动画。渲染完动画后，就可以真实地、质感地播放动画了。

为了更好地渲染整个动画，需要考虑如下几个问题。

1. 图像文件格式

可以采用不同的方法渲染动画。一种方法是直接渲染某种格式的动画文件，例如“AVI”、“MOV”或“FLC”。当渲染完成后就可以回放渲染的动画。回放的速度与文件大小和播放速率有关。

第二种方法是渲染诸如“TGA”、“BMP”、“TGA”或 “TIF”一类的独立静态位图文件。然后再使用非线性编辑软件编辑独立的位图文件，最后输出成 DVD 和计算机能播放的文件格式等。某些输出选项需要特别的硬件支持。

此外，高级动态范围图像（HDRI）文件（*.hdr, .pic）可以在 3ds Max 渲染器中调用或保存，这样更加利于增加动画的真实效果。

在默认的情况下，3ds Max 的渲染器可以生成如下格式的文件：avi、flc、movmp、cin、jpg、png、rla、rpf、eps、rgb、tif 以及 tga 等。

2. 渲染的时间

渲染动画可能需要花费很长的时间。例如，有一个 45 秒长的动画需要渲染，播放速率是每秒 15 帧，如果每帧渲染需要花费 2 分钟，那么总的渲染时间是：

45 秒×15 帧/秒×2 分/帧=1350 分（或者 22.5 小时）

既然渲染时间很长，那么就要避免重复渲染。有以下几种方法可以避免重复渲染。

- 测试渲染——从动画中选择几帧，然后将它渲染成静帧，以检查材质、灯光等效果和摄像机的位置等。
- 预览动画——在菜单栏的“渲染”菜单下有一个“Make Preview”菜单命令。该命令可以在较低图像质量情况下渲染出 AVI 文件，以检查摄像机和对象的运动效果。

下面举例说明如何渲染动画。

（1）启动 3ds Max，执行“文件”>“打开”菜单命令，打开素材文件 Samples\ch09\ch9_04.max。

这是一个旋转风扇的动画场景，如图 9-19 所示。

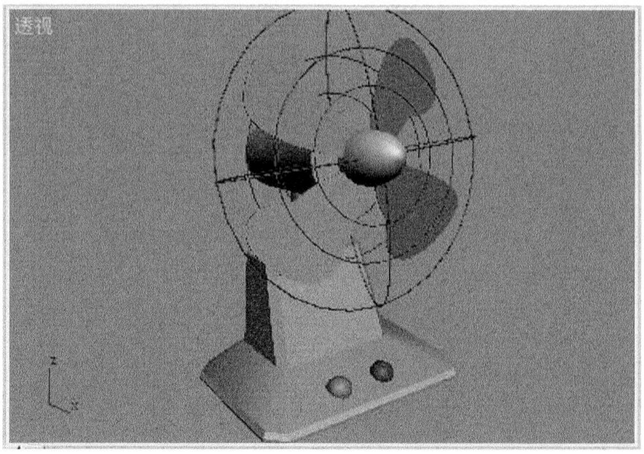

图 9-19

（2）执行“渲染”＞“渲染”菜单命令，或者按下键盘上的“F10”键，将出现“渲染场景”对话框。

（3）在“渲染场景”对话框公用标签中的“公用参数”卷展栏中，点选“范围”单选按钮。

（4）在范围区域的第 1 个数值区键入“0”，第 2 个数值区域键入“100”，如图 9-20 所示。

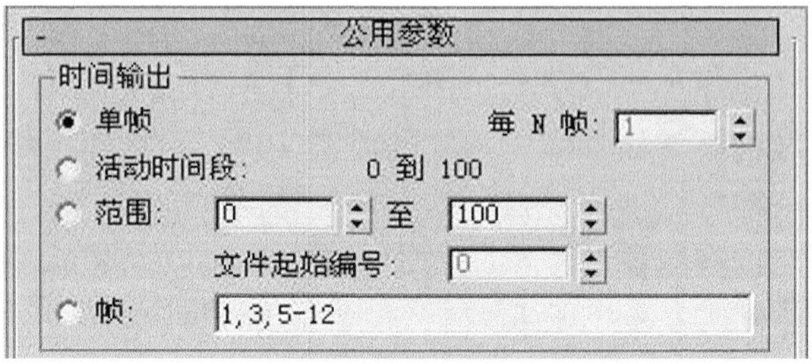

图 9-20

（5）在“公用参数”卷展栏的“输出大小”区域中单击“320x240”按钮，如图 9-21 所示。

说明:“图像纵横比”指的是图像的宽高比，320/240 ≈ 1.333。

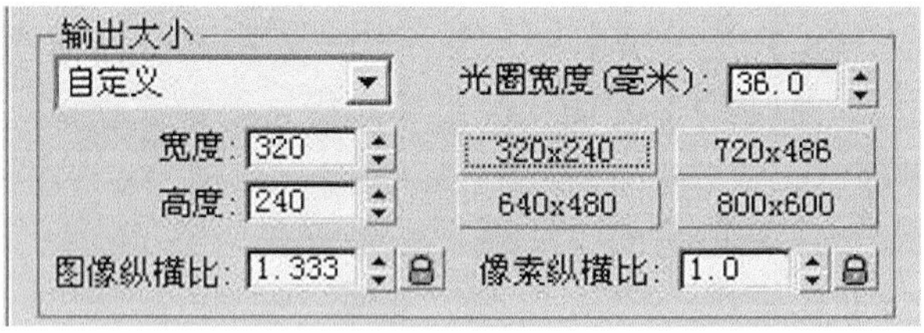

图 9-21

（6）在“渲染输出”区域单击“文件”按钮。

（7）在出现的“渲染输出”对话框的“文件名”区域指定一个文件名，例如“风扇动画”。

（8）在“保存类型（T）”下拉式列表中选取“AVI 文件（*.avi）”文件类型，如图 9-22 所示。

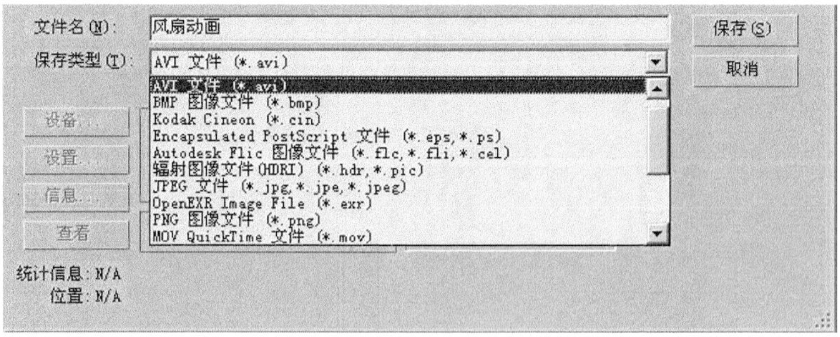

图 9-22

（9）在“渲染输出”对话框中单击“保存”按钮。

（10）默认“AVI 文件压缩设置”对话框中的设置，如图 9-23 所示。

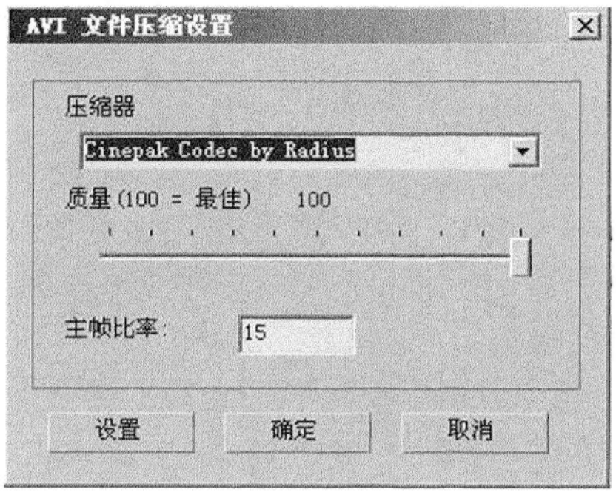

图 9-23

说明：压缩质量的数值越大，图像质量就越高，文件也越大。

（11）单击“确定”按钮，退出“AVI 文件压缩设置”对话框。

（12）单击“渲染场景”对话框中右下角的“渲染”按钮，出现“渲染进程”对话框。

（13）完成了动画渲染后关闭“渲染场景”对话框。

（14）执行“文件”>“查看图像文件”菜单命令，然后在“查看文件”对话框中选择并播放刚刚渲染的文件。

9.5　样题解答

（1）启动 3ds Max 或者执行“文件”>“重置”菜单命令，复位 3ds Max。

（2）执行“文件”>“打开”菜单命令，然后从素材文件中打开 Samples\ch09\ Y8-20.max，如图 9-24 所示。

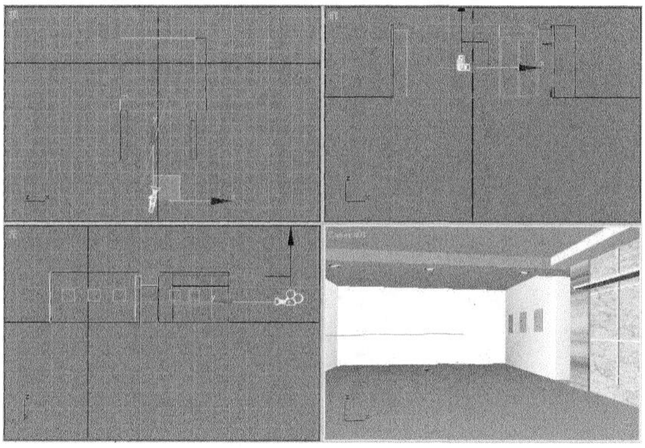

图 9-24

（3）选择摄像机，执行“动画”>“约束”>“路径约束”菜单命令，如图 9-25 所示。移动鼠标，并用鼠标在路径“Line01”上单击，会发现摄像机移动到路径“Line01”上，如图 9-26 所示。

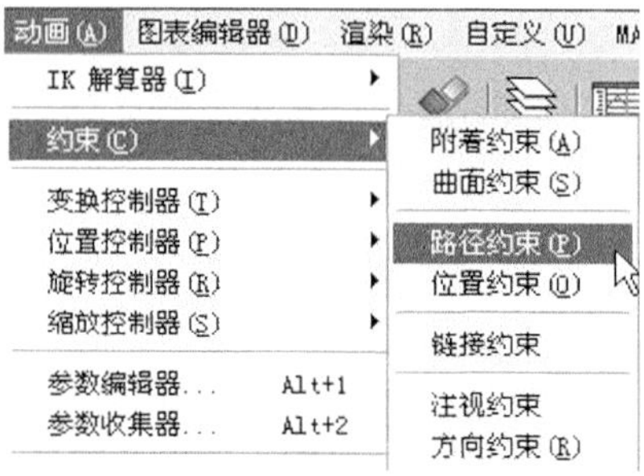

图 9-25

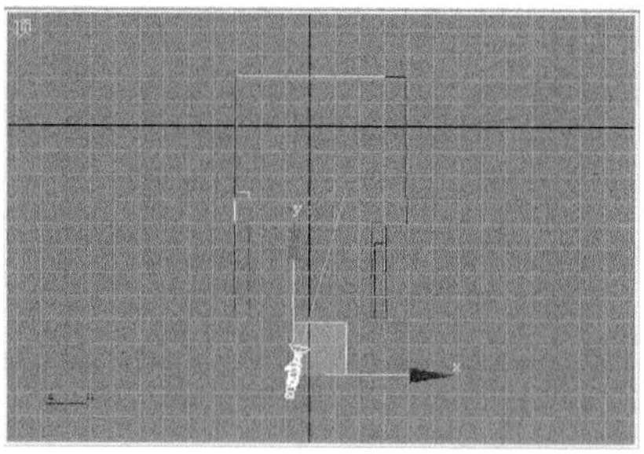

图 9-26

说明: 选择摄像机，执行“动画” > “约束” > “路径约束”菜单命令，然后移动鼠标时，会在鼠标指针和摄像机之间出现一条虚线，以表示寻找运动的路径。

（4）在界面下方的动画控制区域拖曳时间滑动块或单击“播放动画”按钮，观察相机的运动。运动时相机没有随着路径方向的变化而自动改变方向，需要我们进一步调整相机的运动状态。

（5）在选择相机的状态下，进入“运动”命令面板，勾选“跟随”复选框，并选择“Y”轴选项，如图 9-27 所示。

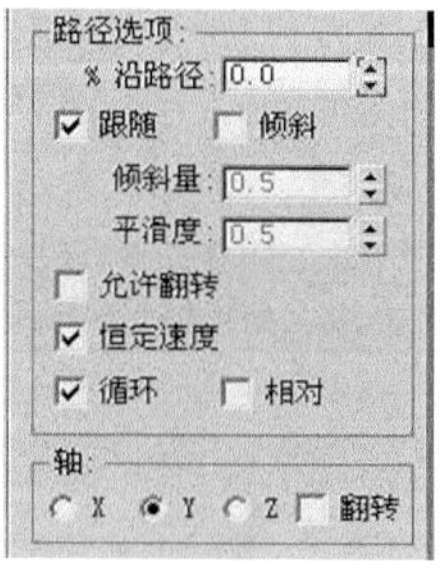

图 9-27

（6）按照第（4）步测试相机动画的方式再一次测试相机的运动状态，发现相机随着路径方向的变化会自动调整自己的方向。如图 9-28 所示为其中一帧动画效果。

图 9-28

将最终结果以 X8-20.max 为文件名保存在桌面。

第 10 章　综合实例

10.1　场景合并

说明：该实例使用前面章样题的最终结果通过“合并”命令组成一个综合效果。

（1）启动 3ds Max，执行“文件”>“打开”菜单命令，打开素材文件 Samples\ch10\ktkj.max，如图 10-1 所示。

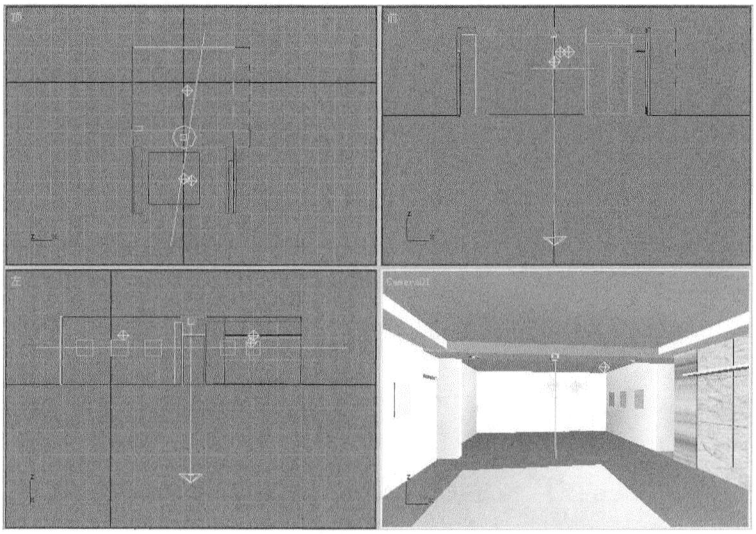

图 10-1

（2）为了“净化”空间，可以暂时隐藏一些内容。在命令面板区域单击“显示”按钮，进入“显示”命令面板，如图 10-2 所示。在“按类别隐藏”卷展栏中勾选“灯光”和“摄像机”复选框，这样可以在场景中隐藏灯光和摄像机，模型空间相对就比较“干净”了。

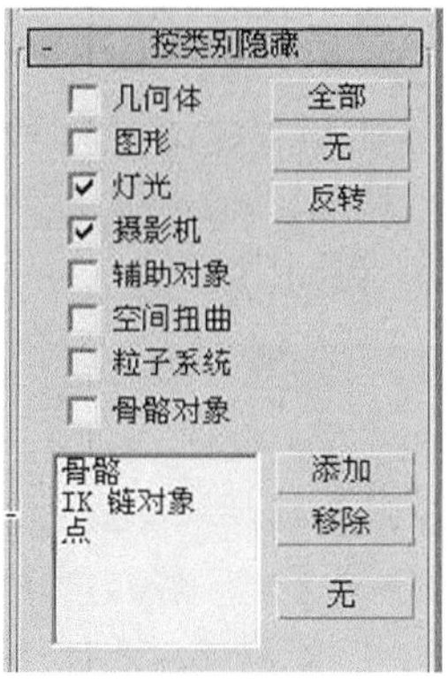

图 10-2

（3）执行“文件”>“合并”菜单命令，打开“合并文件”对话框，通过“查找范围”导航到“Sample\ch10”文件夹，在“合并文件”对话框中选择“1-ctd.max”文件，如

图 10-3 所示。

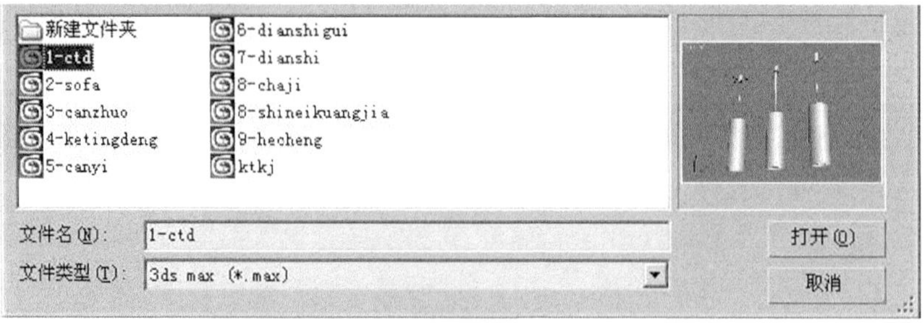

图 10-3

（4）单击“打开”命令按钮，出现“合并-1-ctd”对话框，如图 10-4 所示。

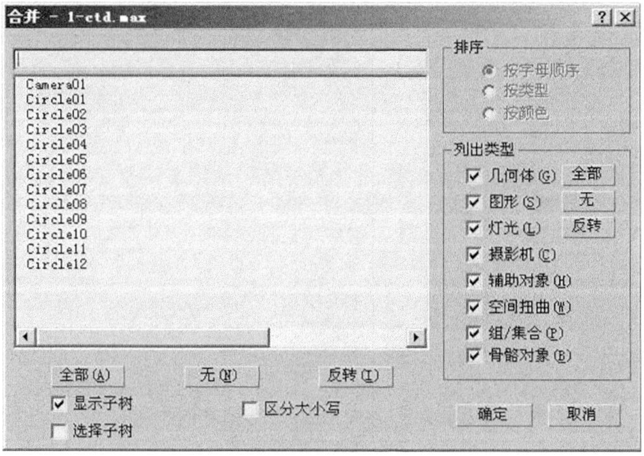

图 10-4

（5）在对话框右侧“列出类型”组下取消勾选“灯光”和“摄影机”复选框。

说明：取消灯光和摄像机的勾选后，在对话框左侧的显示列表中将不再显示灯光和摄像机的名称。

（6）单击“全部（A）”按钮，选择场景中的所有模型，然后单击“合并-1-ctd”对话框右下方的“确定”按钮，被选择的所有模型都将被合并到当前的场景中。

（7）如果没有进行其他操作，被合并的模型处在被选择状态下，执行“组”>“成组”菜单命令，出现“组”对话框，在对话框中给成组的对象取一个名称“ctd”，如图 10-5 所示。

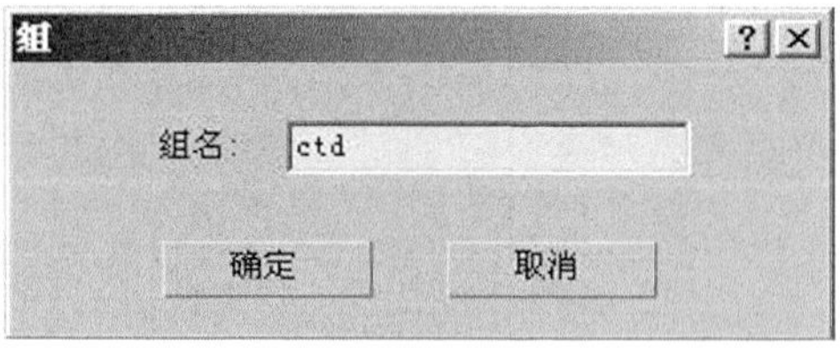

图 10-5

（8）单击“确定”按钮，退出“组”对话框，这样刚合并进来的所有模型都被合并到了“ctd”这个群组中。

（9）通过使用“移动”、“旋转”及“缩放”等变换操作工具调整“ctd”的大小、位置以及方向到合适状态，如图 10-6 所示。

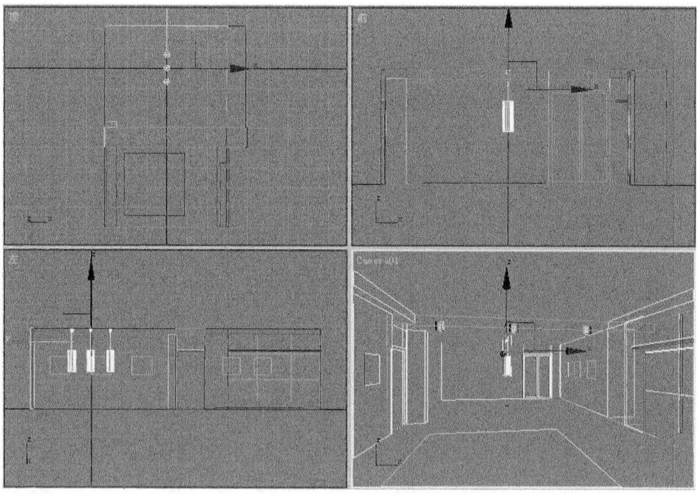

图 10-6

（10）以同样的方法合并场景文件“2-sofa.max”，合并过程中会出现“重复名称”对话框，如图 10-7 所示。

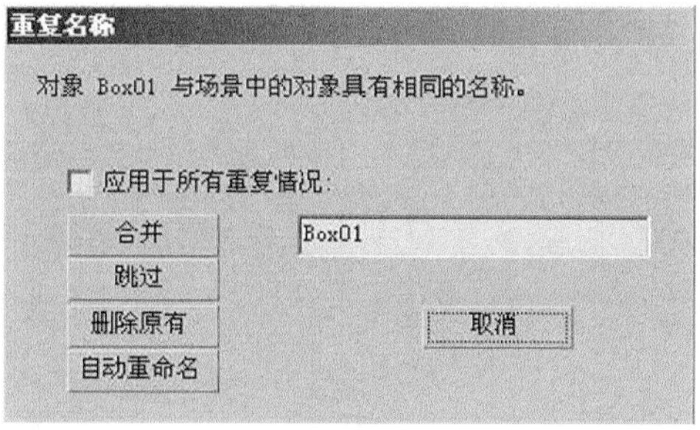

图 10-7

（11）勾选“应用于所有重复情况”复选框，然后单击“自动重命名”按钮，退出“重复名称”对话框，然后会出现“重复材质名称”对话框，如图 10-8 所示。

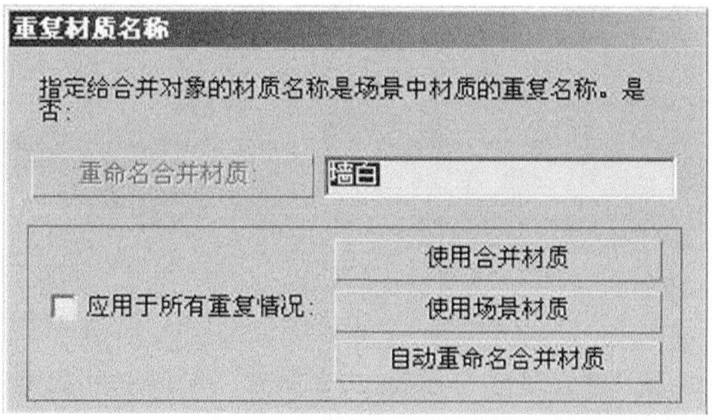

图 10-8

（12）在对话框中勾选“应用于所有重复情况”复选框，然后单击“自动重命名合并材质”按钮，退出“重复材质名称”对话框。

(13) 按照前面第 (7) 步的操作方法，为 2-sofa. max 中的所有组件组成一个群组，并命名为“sofa”，然后调整沙发的大小、位置和角度到合适状态，效果如图 10-9 所示。

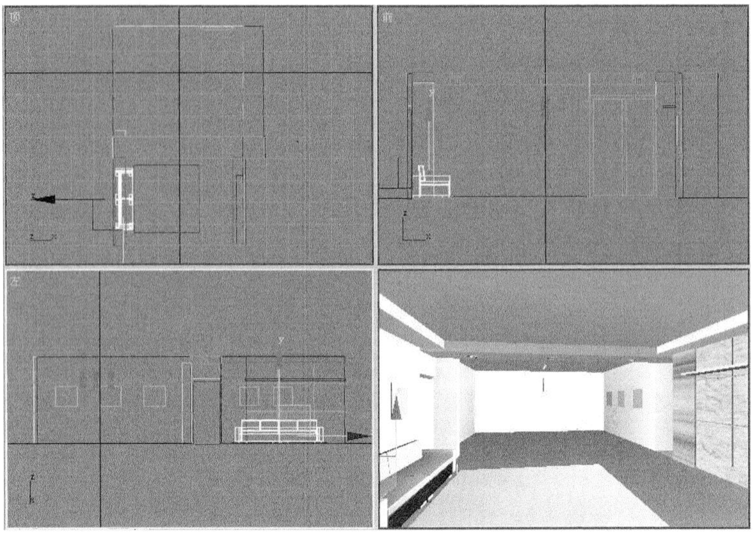

图 10-9

(14)按照同样的方法，依次合并“3-canzhuo.max”、“4-ketingdeng.max”、“5-canyi.max”、“6-dianshigui.max”、“7-dianshi.max”和“8-chaji.max”等场景文件，成组后分别将它们调整到合适状态，最终结果如图 10-10 所示。

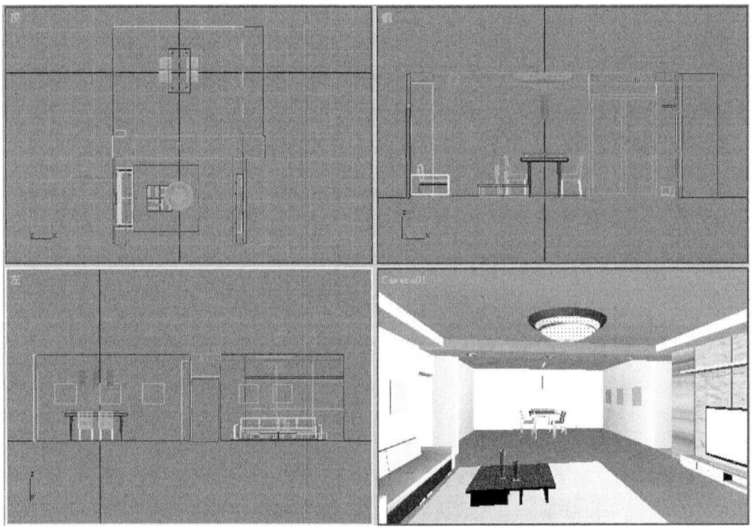

图 10-10

说明: 在合并文件的过程中如果遇到“重复名称”和“重复材质名称”的情况出现，请按照前面第 10、11 和 12 步骤的方法操作。

(15) 渲染完成后的场景效果如图 10-11 所示。

图 10-11

10.2　沙发

说明：本实例为《试题汇编》中的第一单元第 9 题。

（1）打开或重置 3ds Max 软件，选择“创建”＞“扩展基本体”＞“切角长方体”命令，创建切角方体 01（长 89、宽 182、高 52、圆角 10），创建切角方体 02（长 180、宽 180、高 42、圆角 8），创建切角方体 03（长 190、宽 170、高 28.3、圆角 3.3）；选择“方体”，创建方体 01（长 117、宽 173、高 35）；选择“圆柱”，创建圆柱体 01（半径 10、高 24），如图 10-12 所示。

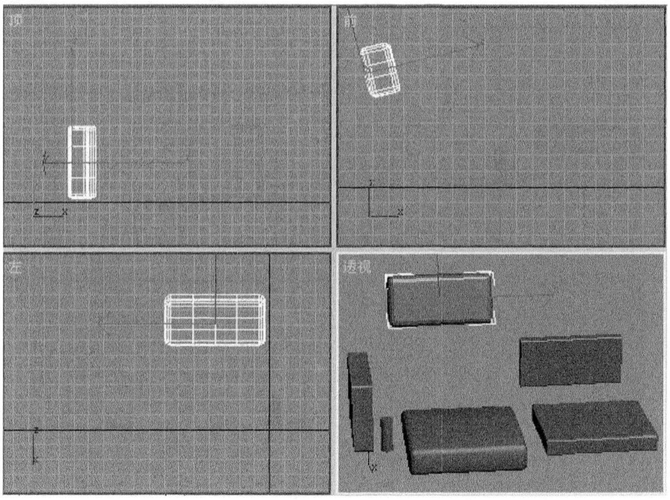

图 10-12

（2）如果有兴趣，可进入修改命令面板，在修改列表中选择“平滑”修改器处理，如图 10-13 所示。

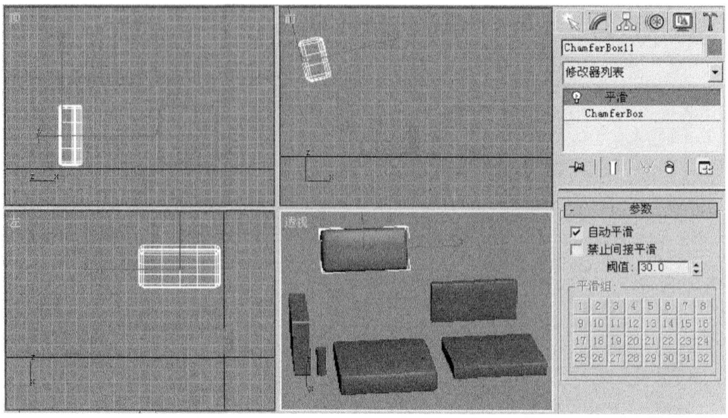

图 10-13

（3）复制方体 01 为扶手，圆柱体 01 为支脚，按照效果图组合沙发，如图 10-14 所示。

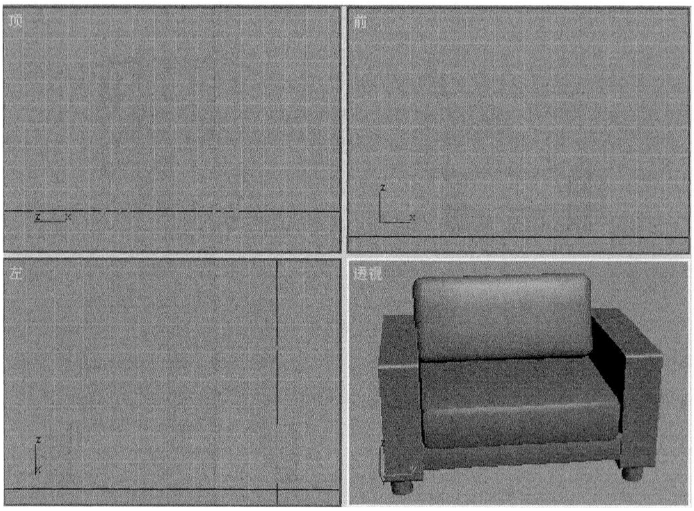

图 10-14

（4）指定材质颜色（R211、G68、B53），调整透视图，渲染效果如图 10-15 所示。

图 10-15

10.3　车轮

说明：本实例为《试题汇编》第二单元第 9 题。

（1）打开或重置 3ds Max 软件，执行“文件”＞“打开”菜单命令，打开素材文件 Samples\ch10\Y2-9.max，如图 10-16 所示。

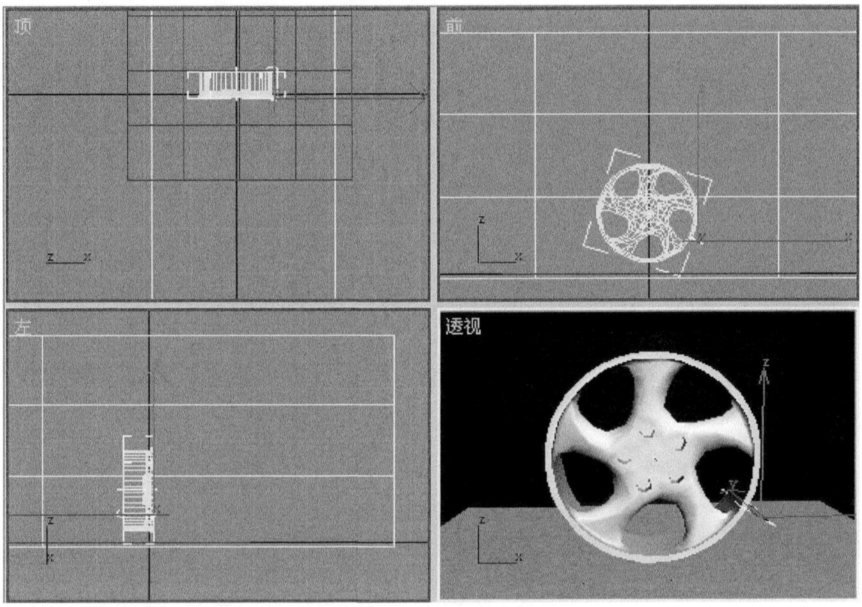

图 10-16

（2）选择图形“Tire”，进入修改命令面板，在修改器列表中选择“车削”命令，图形“Tire”被车削成三维图形，如图 10-17 所示。

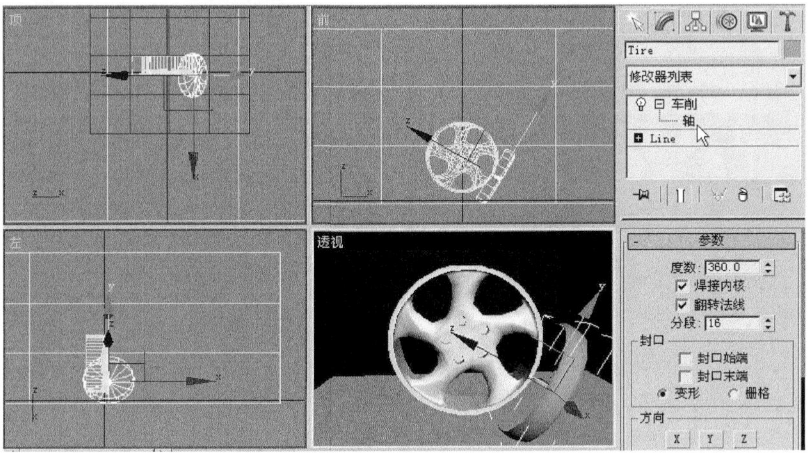

图 10-17

（3）车削参数设置，如图 10-18 所示，选择“方向”组，单击“X”按钮，观察轮胎形状。

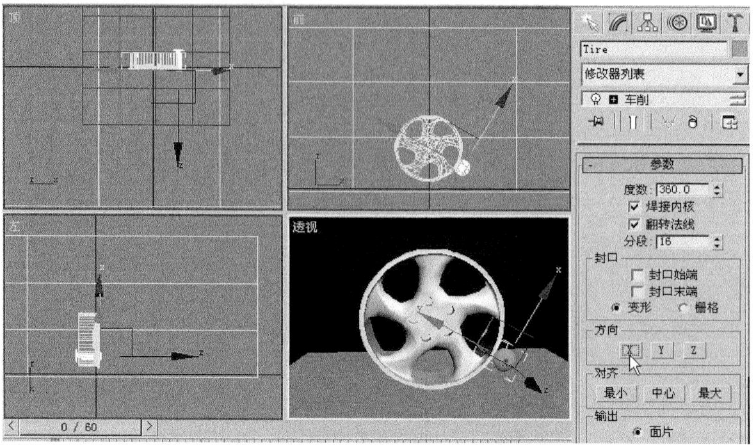

图 10-18

（4）打开“车削”堆栈，选择“轴”子对象层级，使用移动工具拖移车削物体的轴心与轮毂轴心重合，如图 10-19 所示，轮胎形状与轮毂贴合。

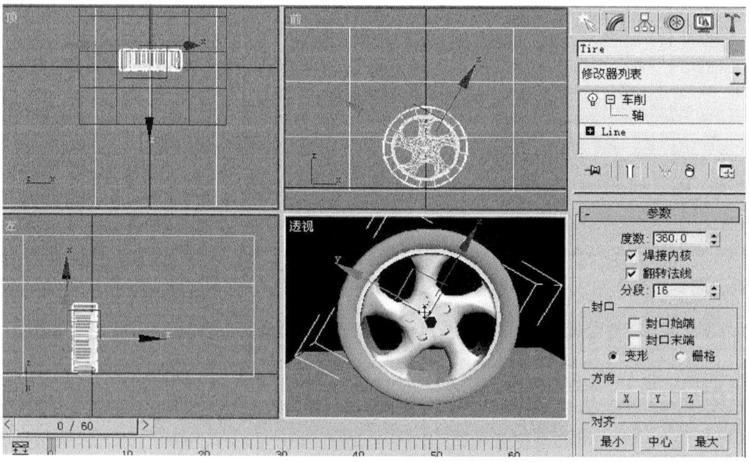

图 10-19

（5）单击“材质编辑器”按钮，打开材质编辑器，选择第二个样本球材质“Tire”，单击“将材质指定给选定对象”按钮，将材质指定给轮胎模型“Tire”，如图 10-20 所示。

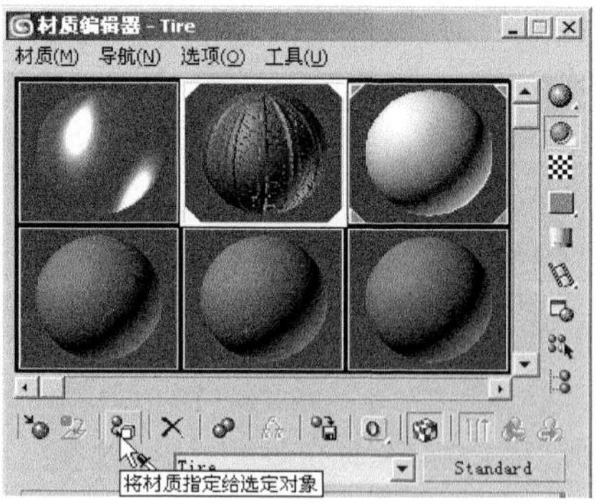

图 10-20

（6）渲染车轮效果如图 10-21 所示。

图 10-21

10.4　台桌

说明：本实例为《试题汇编》第三单元第 9 题。

（1）打开或重置 3ds Max 软件，执行“文件”＞“打开”菜单命令，打开素材文件 Samples\ch10\Y3-9.max，如图 10-22 所示。

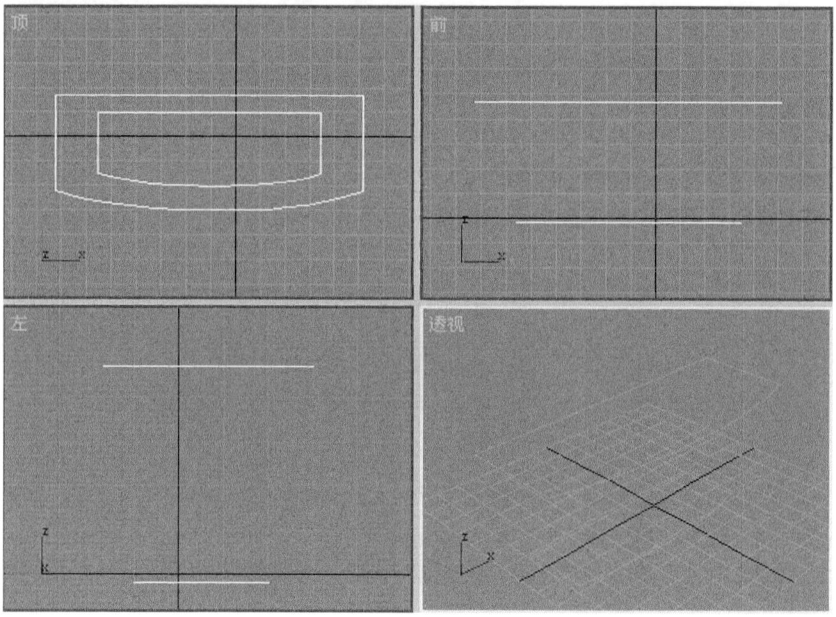

图 10-22

（2）选择“shigui01”图形，进入修改命令面板，在修改器列表中选择“挤出”修改器，在“参数”卷展栏中修改数量为 50，如图 10-23 所示。

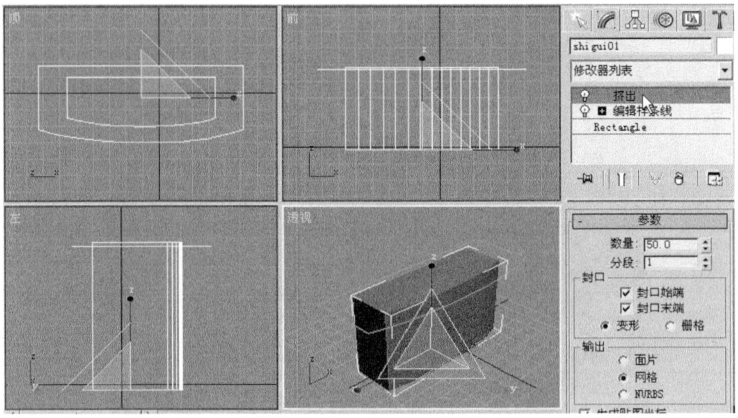

图 10-23

（3）选择“shigui02”图形，在修改器列表中选择“挤出”修改器，在“参数”卷展栏中修改“数量”为 5，如图 10-24 所示，形成三维台桌效果。

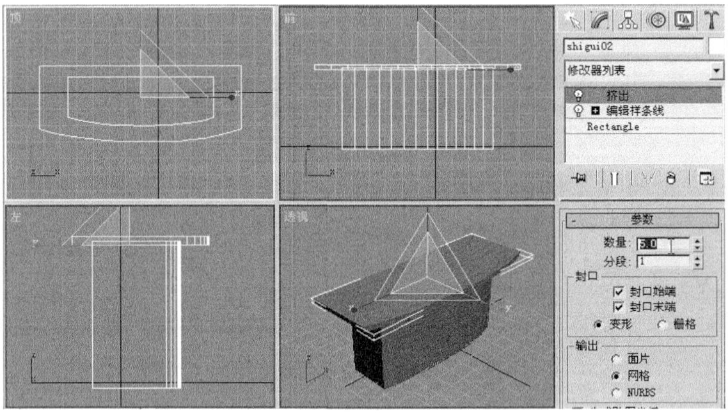

图 10-24

（4）单击“材质编辑器”按钮，打开材质编辑器，选择第二个样本球材质“Wood”，单击“将材质指定给选定对象”按钮，将材质指定给台桌模型 shigui01/02，如图 10-25 所示。

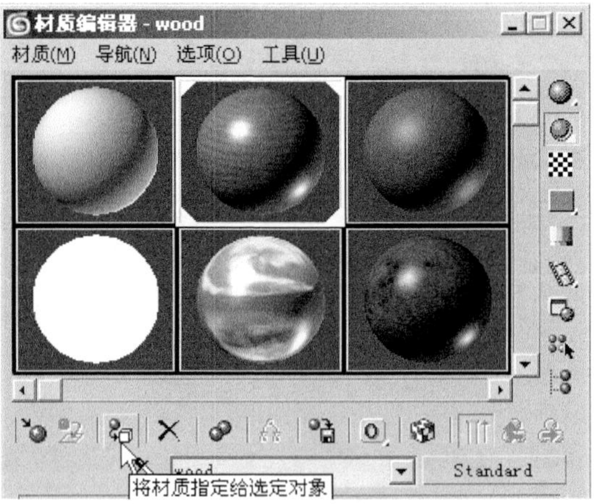

图 10-25

（5）渲染板桌效果如图 10-26 所示。

图 10-26

10.5　烛台

说明：本实例为《试题汇编》第四单元第 9 题。

（1）打开或重置 3ds Max 软件，选择“创建”＞“图形”＞“线”命令，选择“线”，创建直线（长 190），如图 10-27 所示。再选择“矩形”，创建方形（长 40、宽 40、圆角 15）。

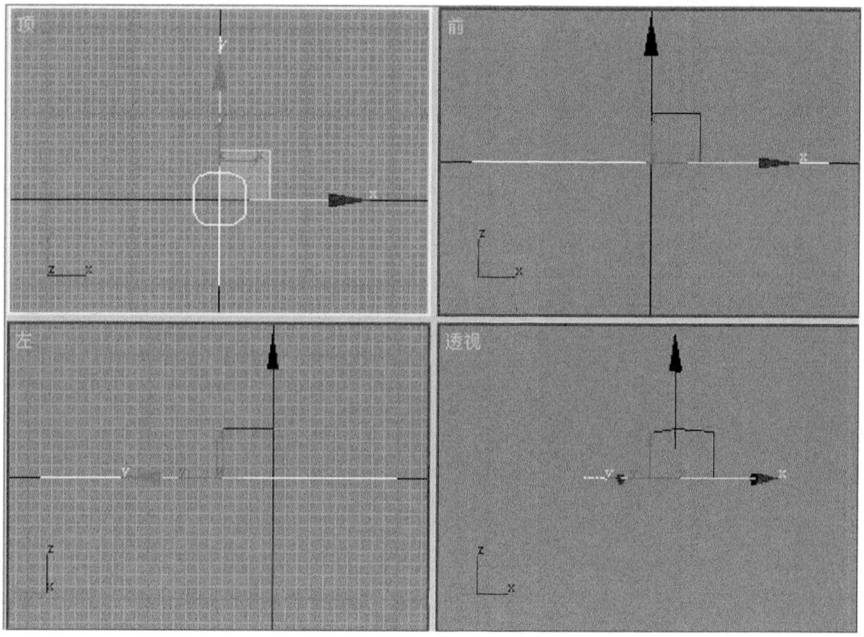

图 10-27

（2）选择圆角矩形放样图形，选择“创建”＞“复合对象”＞“几何体”＞“放样”命令，如图 10-28 所示，在“创建方法”卷展栏中单击“获取路径”按钮，在视窗中单击

“线”，放样图形成为三维模型。

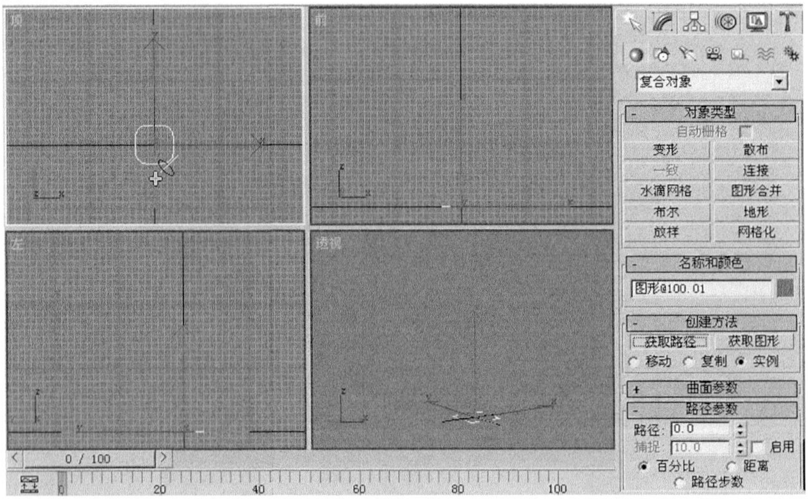

图 10-28

（3）进入修改命令面板，单击“变形”卷展栏中的“缩放”按钮，打开“缩放变形”对话框，如图 10-29 所示，单击“插入角点”按钮插入一些控制点，然后单击“移动控制点”按钮将控制点调整到合适位置，放样对象发生变化，关闭“缩放变形”对话框。

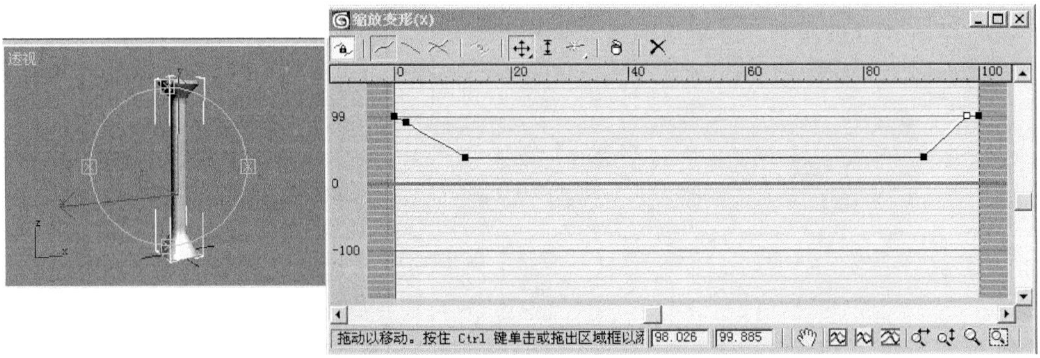

图 10-29

（4）单击“变形”卷展栏中的“扭曲”按钮，打开“扭曲变形”对话框，如图 10-30 所示将右侧角点拖至（100，-399）处，扭曲放样物体形成烛台形状。

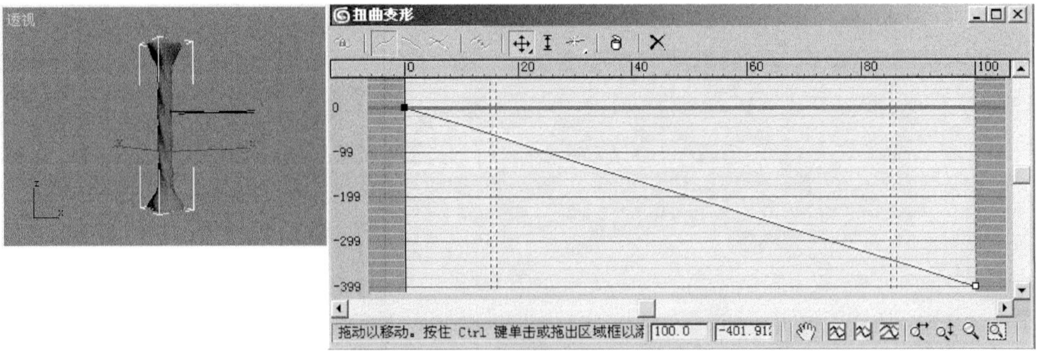

图 10-30

（5）指定材质颜色（R207、G98、B38），渲染效果如图 10-31 所示。

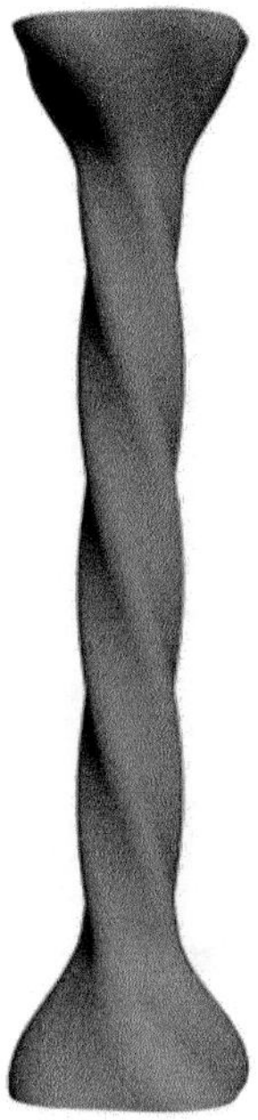

图 10-31

10.6 变形体

说明：本实例为《试题汇编》第五单元第 9 题。

（1）打开或重置 3ds Max 软件，选择“创建”>“图形”>“星形”命令，创建星形（半径 1：8、半径 2：7、点 12、扭曲 8），如图 10-32 所示。

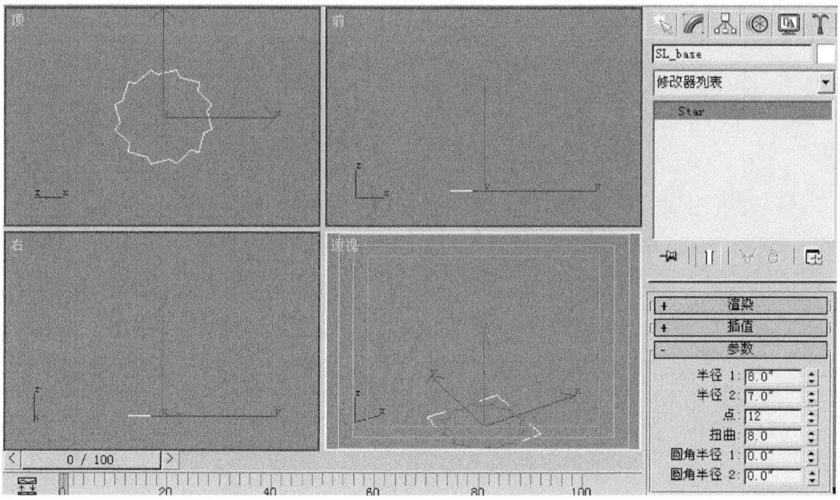

图 10-32

（2）进入修改命令面板，在修改器列表中选择“挤出”，设置“数量”40、“分段”12、“封口末端”，如图 10-33 所示。

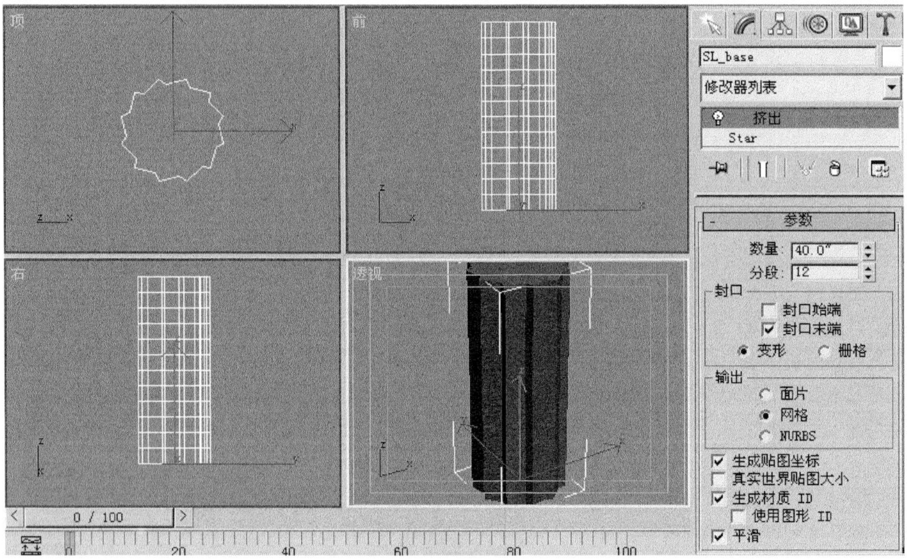

图 10-33

（3）在修改器列表中选择“FDD（长方体）2×2×6”修改器，设置点数为“2X2X6”，调整控制点形成瓶状物，如图 10-34 所示。

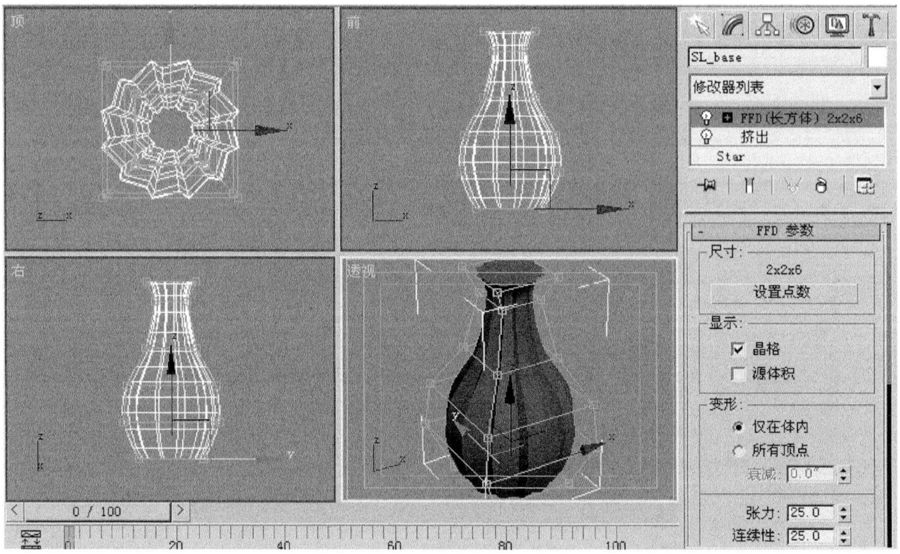

图 10-34

（4）在修改器列表中，选择“扭曲”，设置扭曲角度为 180°，如图 10-35 所示。

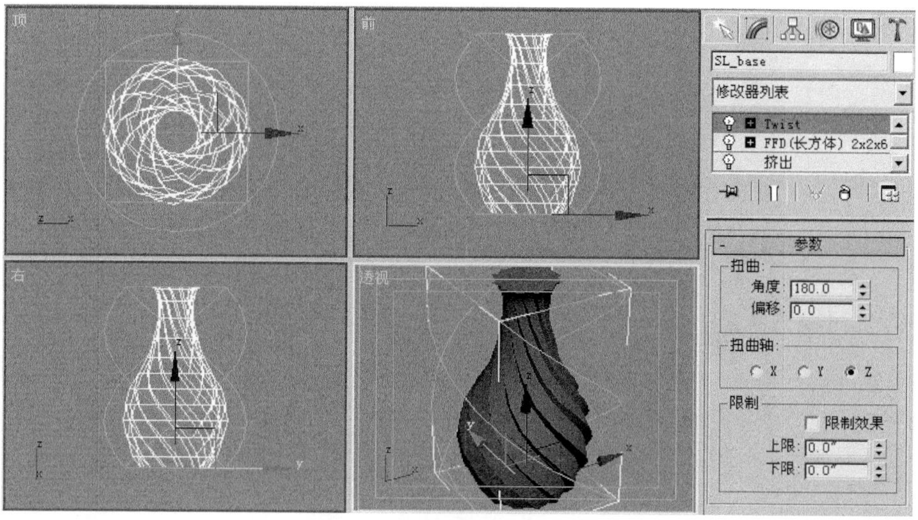

图 10-35

（5）指定材质颜色（R233、G49、B49），渲染效果如图 10-36 所示。

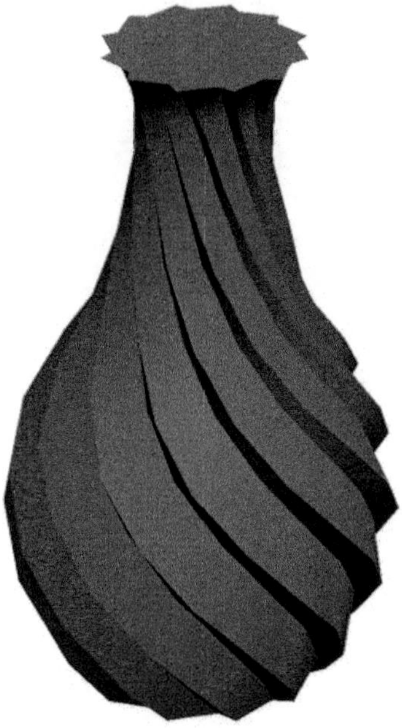

图 10-36

10.7　金属材质

说明：本实例为《试题汇编》第六单元第 9 题。

（1）打开或重置 3ds Max 软件，执行“文件” > “打开”菜单命令，打开素材文件 Samples\ch10\Y6-9.max，如图 10-37 所示。

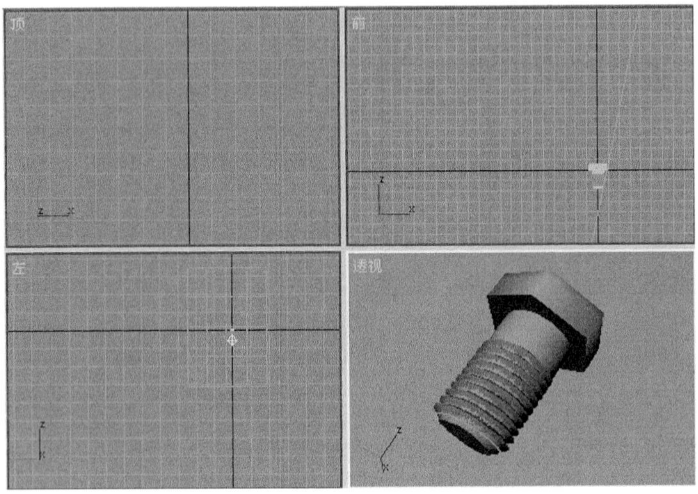

图 10-37

（2）单击“材质编辑器”按钮，打开材质编辑器，选择第一个样本球“1−Default”，如图 10-38 所示。

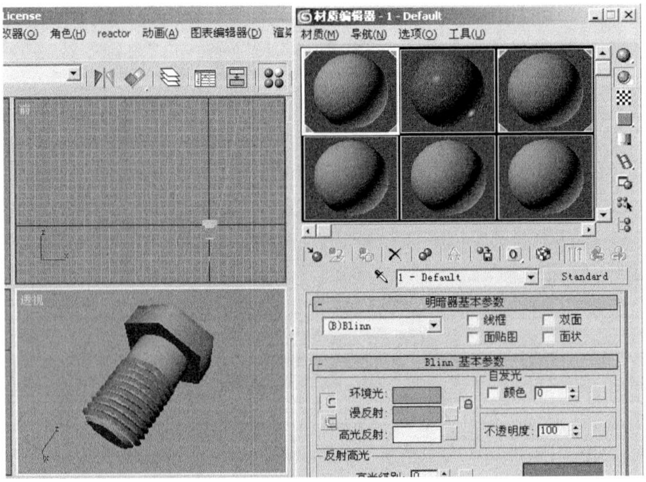

图 10-38

（3）在“明暗器基本参数”卷展栏中的“明暗器类型”下拉列表中选择“（M）金属”类型，单击“环境光色块”，打开“颜色选择器”对话框，设置金属材质颜色，如图 10-39 所示，然后关闭“颜色选择器”对话框。

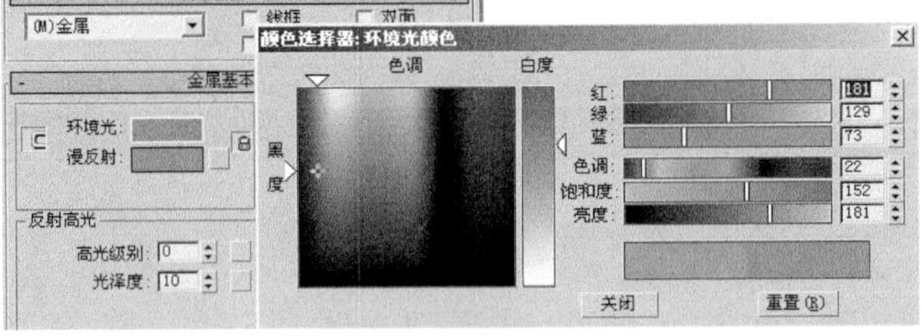

图 10-39

（4）设置反射高光，高光级别为 31，光泽度为 73，如图 10-40 所示。

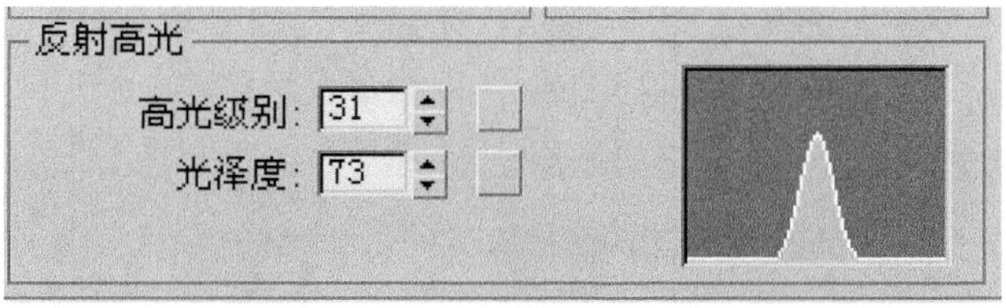

图 10-40

（5）打开贴图卷展栏，选择“凹凸”贴图，设置“数量”为 30，单击右侧“None”按钮，打开“材质/贴图浏览器”窗口，选择“噪波”，如图 10-41 所示。

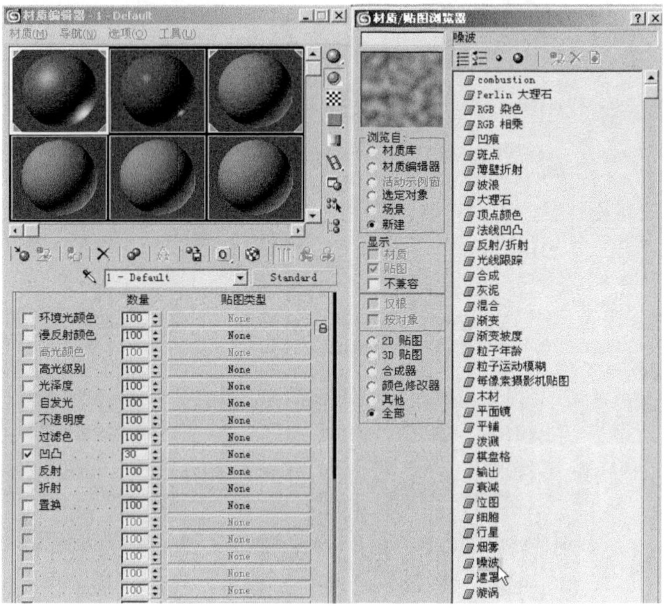

图 10-41

（6）在打开的噪波“坐标”卷展栏内，设置大小为 1，如图 10-42 所示。

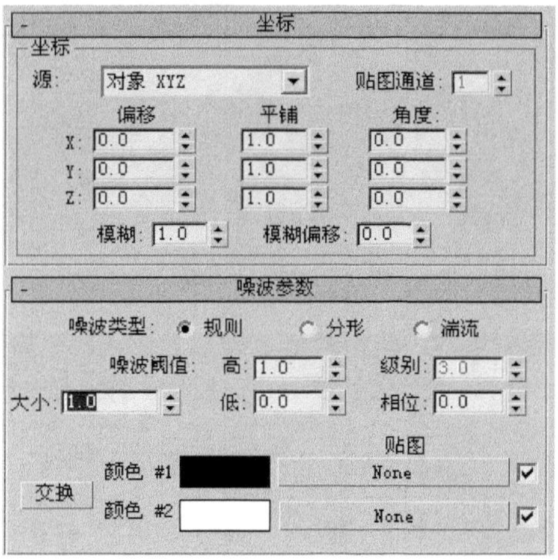

图 10-42

（7）单击“转到父级对象”按钮，返回到材质编辑器的上一级别。在贴图卷展栏中选择“反射”，“数量”为 40，单击右侧“None”按钮，打开“材质/贴图浏览器”对话框，选择“光线跟踪”，如图 10-43 所示。

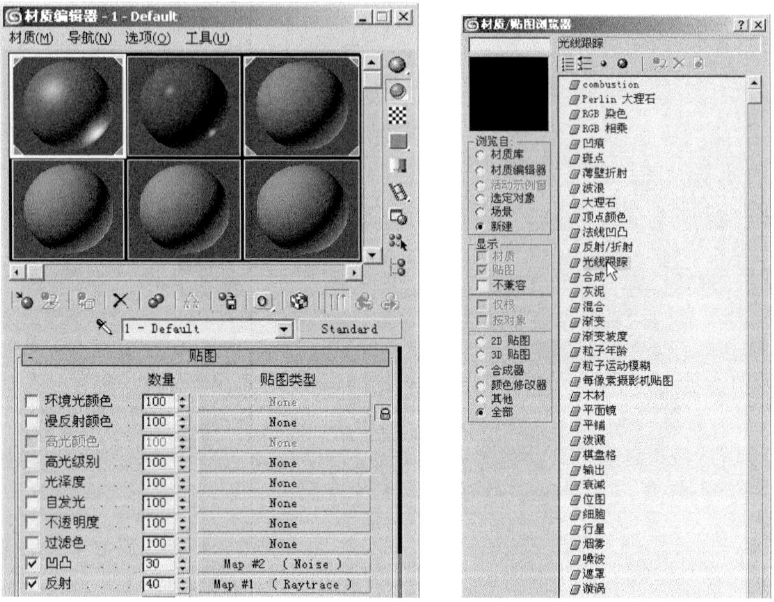

图 10-43

（8）在视窗选择“Loft01”和“Cylinder01”，单击材质编辑器内的“将材质指给选定对象”按钮，将材质赋予模型，渲染效果如图 10-44 所示。

图 10-44

10.8 光照效果

说明：本实例为《试题汇编》第七单元第 9 题。

（1）打开或重置 3ds Max 软件，执行“文件”>“打开”菜单命令，打开素材文件 Samples\ch10\Y7-9.max，如图 10-45 所示。

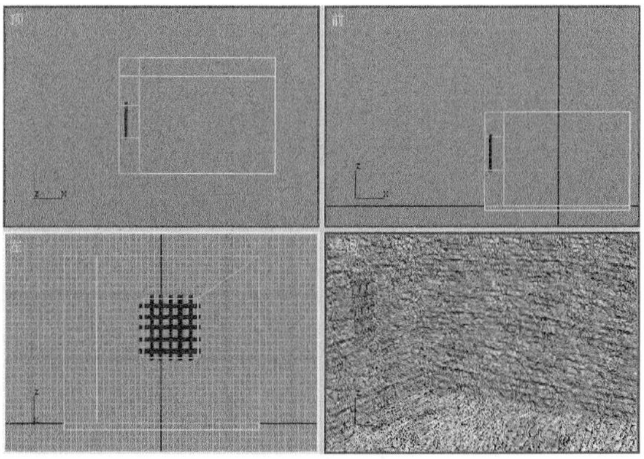

图 10-45

（2）选择“创建”＞“灯光”＞“泛光灯”命令，如图 10-46 所示，在室外创建泛光灯，并命名为“OutLight”。

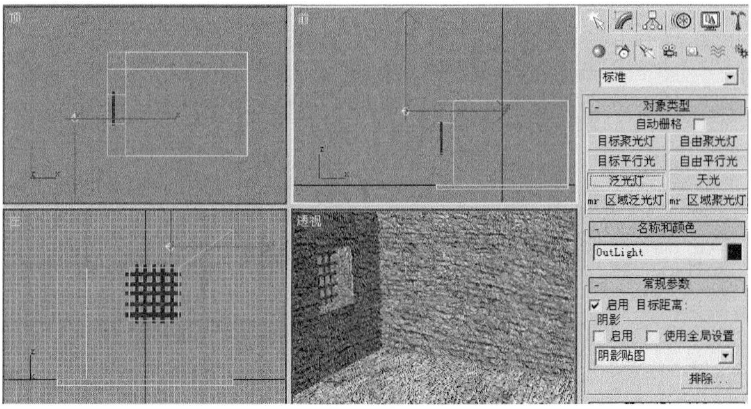

图 10-46

（3）选择“创建”＞“灯光”＞“目标平行光”命令，如图 10-47 所示，在室外创建目标平行光，并将目标引入室内地面，命名为“Direct01”。

（4）在目标平行光“常规参数”栏“阴影”组内勾选“启用”复选框，如图 10-48 所示。

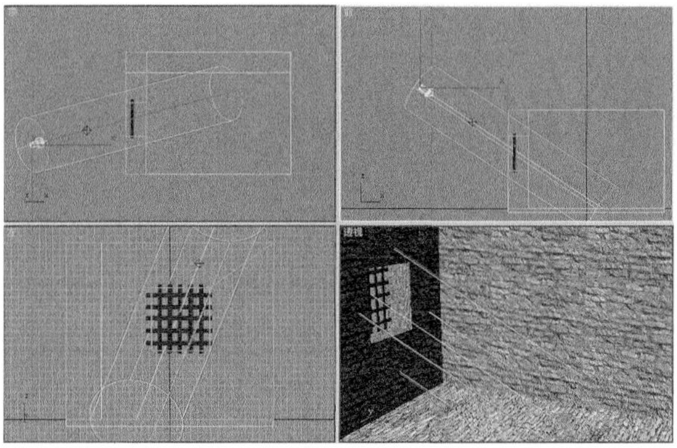

图 10-47

图 10-48

（5）继续选择目标平行光“Direct01”，进入修改面板，打开“大气和效果”卷展栏，单击“添加”按钮，在“添加大气和效果”对话框中选择“体积光”，单击“确定”按钮，如图 10-49 所示，为目标平行光添加体积光效果。

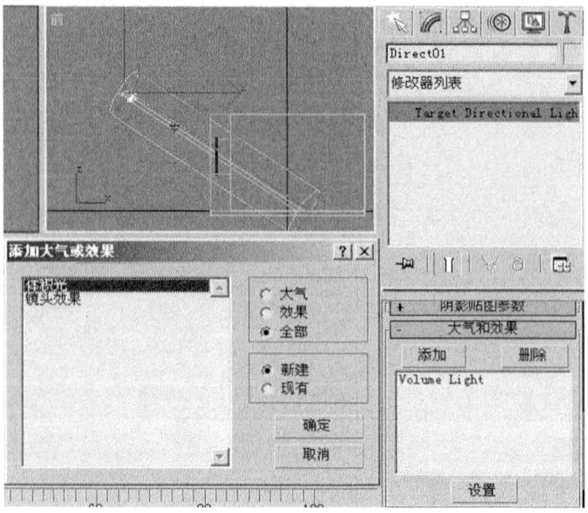

图 10-49

（6）单击“设置”按钮，打开“环境和效果”对话框，选择“体积光”，设置其密度为 1，过滤阴影为低，“启用噪波”，数量为 0.5，类型为分形，如图 10-50 所示。

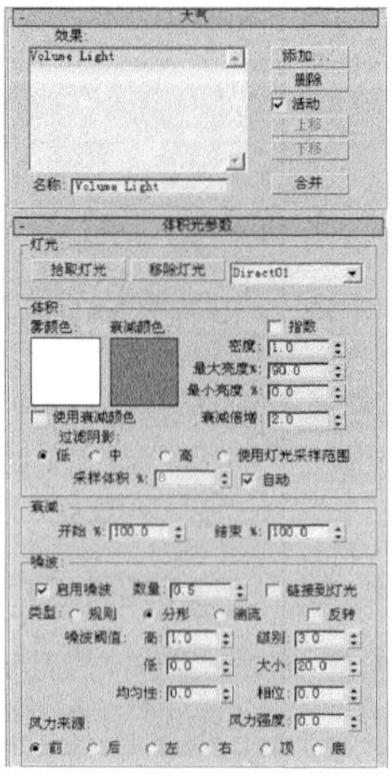

图 10-50

（7）关闭“环境和效果”对话框，渲染透视窗效果，如图 10-51 所示。

图 10-51

10.9　游鱼

说明：本实例为《试题汇编》第八单元第 9 题。

（1）打开或重置 3ds Max 软件，执行“文件”>“打开”菜单命令，打开素材文件 Samples\ch10\Y8-9.max，如图 10-52 所示。

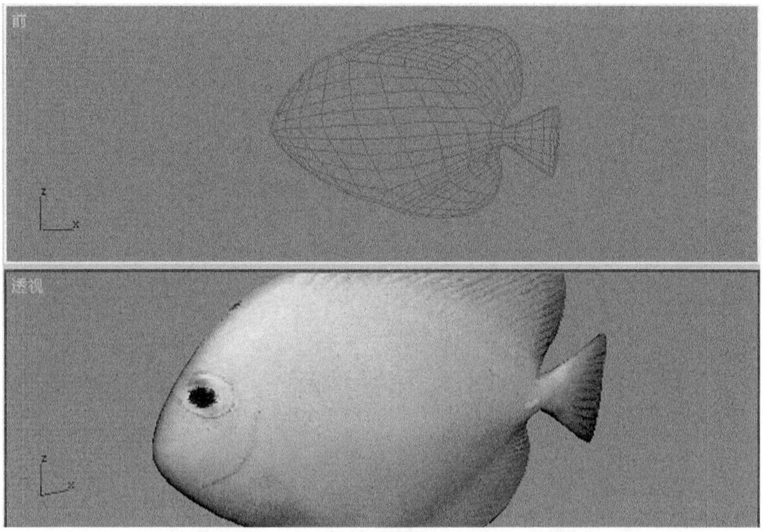

图 10-52

（2）单击“自动关键点”按钮，开始关键帧动画设置，如图 10-53 所示。

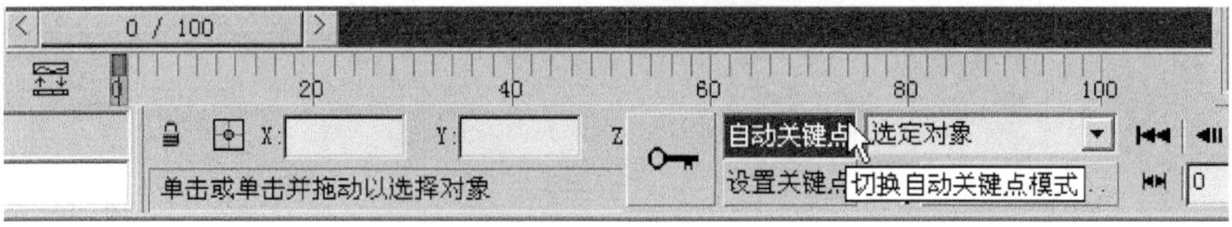

图 10-53

（3）选择鱼体（Box01），选取修改命令，如图 10-54 所示，打开修改器列表，选择“波浪”命令。

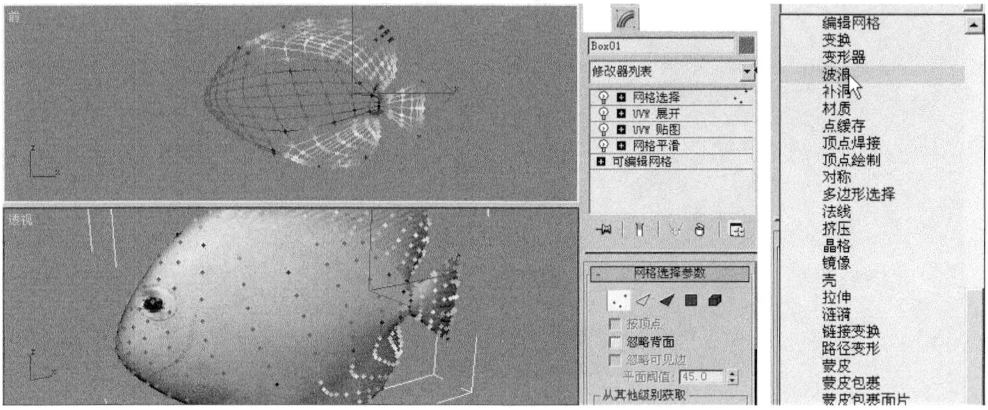

图 10-54

（4）设置波浪修改参数：振幅 1 和 2 均为 5，波长为 100，如图 10-55 所示。

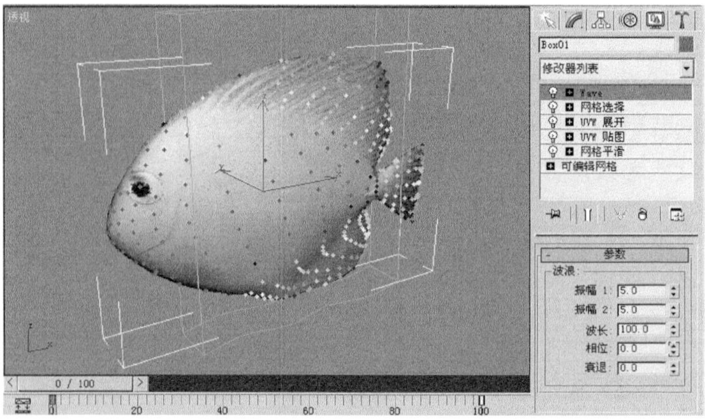

图 10-55

（5）拖动动画时间滑块至 100，设置“波浪修改器”参数（相位为 50），如图 10-56 所示，关闭“自动关键点”按钮。

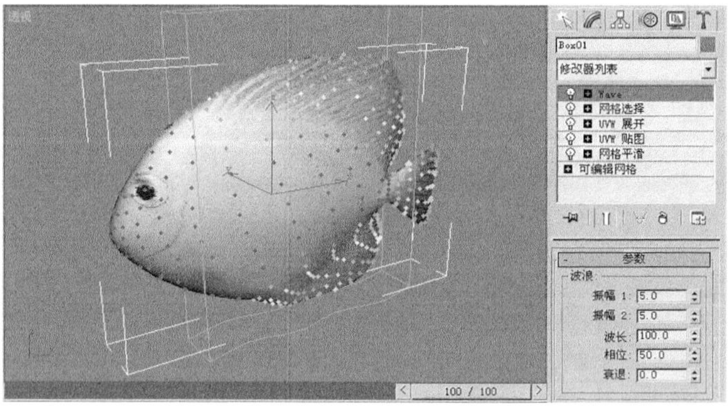

图 10-56

（6）单击动画播放按钮，观察鱼鳍与鱼尾摆动向前游动效果，如图 10-57 所示。

图 10-57